15天学会

JavaScript

王金柱 编著 （视频教学版）

清华大学出版社

北京

内 容 简 介

本书从技术和实际应用场景相结合的角度出发，结合当下热门技术（JavaScript、ECMAScript 6、Ajax、Prototype.js、HTML 5、CSS 3 等），用大量的、易懂的、最具代表性的代码实例帮助读者学习 JavaScript 技术开发。

本书共分为 15 章，从 JavaScript 的基础知识到技术难点循序渐进地呈现给读者，让读者有一个学习编程语言从易到难、由简至繁的体验过程。基础部分包括 JavaScript 的发展历史、语法基础、表达式、函数等内容；提高部分主要介绍 JavaScript 对象、类、继承等方面的知识难点；应用部分侧重 Web 开发方向，包括 DOM 操作、事件处理、正则表达式、Ajax 技术和 JavaScript 框架等主流技术。

本书是读者学习掌握 JavaScript 技术非常好的工具，相信丰富的内容和大量的实例能够为读者学习和工作带来启发，是前端开发初学者不错的选择。

图书在版编目（CIP）数据

15 天学会 JavaScript：视频教学版 / 王金柱编著. — 北京：清华大学出版社，2018
（Web 前端技术丛书）
ISBN 978-7-302-51128-1

I. ①1… Ⅱ. ①王… Ⅲ. ①JAVA 语言—程序设计 Ⅳ. ①TP312.8

中国版本图书馆 CIP 数据核字（2018）第 202139 号

责任编辑：夏毓彦
封面设计：王　翔
责任校对：闫秀华
责任印制：李红英

出版发行：清华大学出版社
   网 址：http://www.tup.com.cn，http://www.wqbook.com
   地 址：北京清华大学学研大厦 A 座   邮 编：100084
   社 总 机：010-62770175   邮 购：010-62786544
   投稿与读者服务：010-62776969，c-service@tup.tsinghua.edu.cn
   质量反馈：010-62772015，zhiliang@tup.tsinghua.edu.cn

印 装 者：三河市铭诚印务有限公司
经 销：全国新华书店
开 本：190mm×260mm   印 张：31.75   字 数：813 千字
版 次：2018 年 10 月第 1 版   印 次：2018 年 10 月第 1 次印刷
定 价：79.00 元

产品编号：077576-01

前　言

学习编程关键是兴趣

　　学习编程的过程比较枯燥，相信只有强烈的兴趣才是程序员坚持下去的动力。编程语言都会有非常多的知识点需要掌握，为了帮助读者加深理解，笔者在本书中演示大量的、有趣的代码实例，期望读者都能够尽快地喜欢上 JavaScript 技术，它确实太棒了！

基础知识点与发展大趋势

　　本书不仅包括 JavaScript 技术在当下主流和热门领域的发展应用，而且还着重介绍了 JavaScript 原生语法的基础及其应用。对于初学者需要注意的方方面面本书还有特别提示，以期帮助读者尽量少走弯路。本书不仅介绍技术而且还介绍相关技术的来龙去脉，让读者可以做一个有方向感的技术开发者！

本书适合你吗？

　　本书的基础知识可以帮助读者快速踏入 JavaScript 领域之门，让读者随心所欲地去付诸实践开发。Ajax 部分可以帮助读者掌握 Web 2.0 技术的精髓。JavaScript 框架部分则可以让读者了解前端技术的前沿方向。

　　本书完全是从一个新手的视角出发去讲解 JavaScript 技术、ECMAScript 6 新特性、JS 框架应用。作者按照初学的规律，循序渐进、由浅入深地介绍各门各类、相互关联的知识点。本书是一本实例书，也是一本引导书，首先教会读者写代码，而不是教会读者看语法。本书涉及的工具和技术在这里给读者做一个简介。

本书涉及的主要软件工具、技术与框架

Apache HTTP	CSS 3	Prototype.js
EditPlus	CSS Sprites	HTTP
Visio	CSS Hack	ECMAScript 6
Mozilla Firefox	JSON	HTML5
Sublime Text	MIME	Regexp
SmartDraw	JavaScript	DHTML
WebStorm	jQuery	PHP
Notepad	AJAX	延迟加载

本书特点

（1）本书不是纯粹的理论知识介绍，也不是高深技术研讨，而是从基础出发，用简单的、典型的示例引申出核心知识，最后还指出通往"高精尖"进一步深入学习的道路。

（2）本书全面介绍了 JavaScript 涉及的前端领域、后端应用范围，让读者能够系统综合性地观看到这门语言的全貌，在学习的过程中不至于迷失方向。

（3）本书注重知识难点探究，着力于技术实践结合，应用场景效果，能大大激活读者的阅读兴趣且能够时时为读者提供参考。

（4）本书旨在引导读者进行更多技术上的创新，每章最后都会用技术点参考的方式扩大读者的阅读范围。

（5）本书代码遵循重构原理，避免代码污染，真心希望读者能写出优秀的、简洁的、可维护的代码。

本书代码与教学视频下载

本书代码与视频教学地址请扫描右边的二维码获取。如果下载有问题或者对本书有疑问与建议，请联系电子邮箱 booksaga@163.com，邮件主题为"15 天学会 JavaScript"。

本书读者与作者

- 爱好网页设计的大中专院校的学生
- 准备从事前端开发的人员
- 喜欢或从事网页设计且对前端感兴趣的人员
- 想拓展前端知识面的读者
- JavaScript、ECMAScript 6 的爱好者
- Web 技术从业人员
- 可作为各种培训学校的入门实践教材

本书由王金柱主笔，其他参与创作的还有张婷、谢志强、李一鸣、胡松涛、王晓华、杨旺功、陈明红、林龙、王小辉、张光泽、刘鑫。

编　者

2018 年 8 月

目　录

第 1 章

JavaScript基础

作为本书的第一章，我们将会向读者介绍关于 JavaScript 的基本概念、发展历史、标准规范、组成部分、基本特性、扩展知识以及使用方法等内容。JavaScript 本身属于直译式的脚本语言，主要是一种用来增强 HTML 动态网页功能的编程语言。JavaScript 语言具有易学易用、技术领先、功能强大等优点，同时还拥有非常丰富的扩展框架，是一款深受广大 Web 前端设计人员所喜爱的开发利器。

1.1　JavaScript 概述

首先，我们简单介绍一下 JavaScript 脚本语言的概念、发展历史、标准规范和组成部分等内容，为读者掌握 JavaScript 技术打好基础。

1.1.1　JavaScript 脚本语言的概念

JavaScript 是一种直译式的脚本语言，是内置支持动态类型、弱类型、基于原型的编程语言。JavaScript 既然是直译式的脚本语言，自然就需要一款解释器来执行脚本程序。那么什么是解释器呢？

所谓解释器，简单来说就是在执行程序时、负责将程序代码解释成机器语言，然后交由计算机操作系统运行的程序工具。因此，解释器本质上也是一种计算机程序，不过是负责运行程序的程序。

读者若是没有清楚地理解解释器的概念，没关系，笔者再多讲一些来帮助读者加深理解。其实，与解释器相对应的是编译器这个概念。编译器的功能是负责将程序代码编译成机器语言后、再存储成一种特定的二进制文件（Windows 系统也称为可执行文件），这样计算机操作系统就可以直接运行该程序。例如，读者所熟知的 C 语言和 Java 语言，都是编译类型的程序语言。

理解编译器与解释器的区别，自然也就明白 JavaScript 直译式脚本语言解释器的重要性。因此，设计人员就赋予 JavaScript 解释器一个十分高大上的名字 —— JavaScript 引擎。

JavaScript 引擎是运行 JavaScript 脚本语言的核心。

目前，JavaScript 引擎已经全部内置于主流浏览器之中，虽然各个浏览器厂商在功能实现上各有特点，但均是遵循 ECMA（欧洲计算机制造商协会）推出的 ECMAScript 标准开发的，这样就保证其最大程度的兼容性。例如，Google 公司推出的 Chrome 浏览器中所内置的 V8 引擎就是非常有影响力、性能非常强大的 JavaScript 引擎。

1.1.2　JavaScript 发展历史

JavaScript 的发展历史可以说是一波三折，下面就简单回顾一下。JavaScript 最初由 Netscape 公司（著名的网景公司）的 Brendan Eich 于 1995 年设计的，而且最初也是在 Netscape 浏览器上设计实现的。

其实，JavaScript 最初的名称是 LiveScript，不过由于后来 Netscape 公司与 Sun 公司的合作而将其改名为 JavaScript。如果将 JavaScript 拆开来就是 "Java + Script"，而 Java 语言是 Sun 公司比较著名的产品之一，这一切都源于 JavaScript 最初就是受 Java 启发而模仿设计的。至今，我们仍可以看到 JavaScript 在语法和命名规范上都有 Java 语言的影子，二者确实有着千丝万缕的渊源。

JavaScript 发展初期并没有确立所谓的统一标准，而在同期除了 JavaScript 语言，还有微软的 JScript 语言和 CEnvi 的 ScriptEase 语言，这三种脚本语言均可以在浏览器中运行。尤其是 JScript 语言，就是微软在看到 JavaScript 的迅猛势头后，针对 JavaScript 而推出的。这一时期可以说是群雄逐鹿，各个厂商都在加紧研发自己的产品。

事物的发展绝大多数情况总是向着好的方向发展的。1997 年，在 ECMA（欧洲计算机制造商协会）的协调下，由 Netscape、Sun、微软、Borland 组成的工作组确定了统一脚本语言标准 ECMA-262，也就是大家所熟知的 ECMAScript。

目前，ECMA-262 规范事实上就是脚本语言的设计标准，各大浏览器厂商在浏览器产品上实现 JavaScript 功能时，都必须要遵循 ECMA-262 规范，这也是出于兼容性考虑。当然，在实现一些浏览器特效时又有各自的特点，这也是 JavaScript 跨平台设计时需要设计人员需要注意的。

1.1.3　JavaScript 的组成

说到 JavaScript 脚本语言的组成，就不得不提到 ECMAScript 规范标准了。事实上，完整的 JavaScript 脚本语言包含三个部分（详见图 1.1）：ECMAScript 规范标准，浏览器对象模型（BOM），文档对象模型（DOM），具体描述如下：

- ECMAScript：描述 JavaScript 语言的语法和基本对象；
- 浏览器对象模型（BOM）：描述 JavaScript 语言与浏览器进行交互的方法和接口；
- 文档对象模型（DOM）：描述 JavaScript 语言处理网页内容的方法和接口。

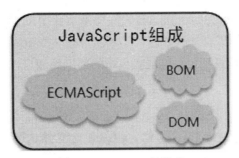

图 1.1　JavaScript 的组成

1.1.4　ECMAScript 概述

前文中，我们简单介绍了 ECMAScript 的由来，知道了 ECMAScript 其实是一种标准规范。具体来讲，ECMAScript 是由 ECMA 国际（前身为欧洲计算机制造商协会，英文全称是 European Computer Manufacturers Association）通过 ECMA-262 规范标准化了的脚本程序设计语言。而我们所熟知的、用于网页设计的 JavaScript 和 JScript，实际上也都是基于 ECMA-262 标准规范而扩展设计的脚本语言。

ECMAScript 自诞生至今，已经经历了多次重大的版本更新，目前共计有 6 个版本。最新的一个版本是 ECMAScript 6，该版本是 ECMA 于 2015 年 6 月 17 日正式发布的，也称为 ECMAScript 2015。

ECMAScript 标准规范是由 ECMA 的第 39 号技术专家委员会（Technical Committee 39，简称 TC39）负责制订的，其成员自然包括 Google、Microsoft、Mozilla 等互联网技术巨头公司。TC39 的职责就是要保证 ECMAScript 新版本的基本兼容性，在较大的语法修正及新功能特性增加方面，兼顾老版本的语言支持。

1.1.5　JavaScript 的特点

JavaScript 实际上就是一种应用于 Web 客户端开发的脚本语言，主要用来增强网页的动态功能，提高用户的交互体验。JavaScript 脚本语言的主要特点如下：

- JavaScript 是一种解释性脚本语言（直译式），需要解释器来执行，该解释器也被称为 JavaScript 引擎；
- JavaScript 脚本语言通常是嵌入在 HTML 网页代码中来实现交互功能的；
- JavaScript 脚本语言具有很友好的跨平台特性（如 Windows、Linux、Mac、Android、iOS 等平台），同样也具有跨浏览器特性；
- JavaScript 脚本语言具有非常好的面向对象功能，基于其开发的前端框架十分丰富，功能也十分强大（如 ProtoType、jQuery 等框架）；
- 随着 JavaScript 技术的不断发展，JavaScript 开发不单单是应用于客户端，目前已经有用于服务器端开发的 Node.js 框架。

与其他编程语言一样，JavaScript 脚本语言支持基本数据类型、表达式、算术运算符及基本程序框架。JavaScript 脚本语言提供了四种基本的数据类型和两种特殊数据类型用来处理数据和文字，而 JavaScript 表达式则可以完成较复杂的信息处理。

1.2 网页中的 JavaScript 脚本语言

本节介绍 HTML 网页中的 JavaScript 脚本语言，具体就是如何在网页中使用 JavaScript 脚本语言的方法。

1.2.1 <script>标签

如果想在 HTML 网页中使用 JavaScript 脚本语言，那么就一定要用到<script>标签，无论是嵌入式脚本还是外部脚本。当然，<script>既然是一种标签元素，就需要有开始和结束标记，具体见下面的代码：

```
<script>
// TODO
// 脚本代码
…
</script>
```

这里需要说明的一点是，上面的写法适用于最新的 HTML5 版本网页的，而对于早期的网页（如 HTML 4.01 版本）则必须使用以下的写法：

```
<script type="text/javascript">
…
</script>
```

必须要在<script>标签中加入"type="text/javascript""的描述，这样写才能让浏览器正确识别 HTML 网页。

1.2.2 嵌入式 JavaScript 脚本

在网页中使用 JavaScript 脚本语言比较直接的方法就是将 JavaScript 脚本嵌入到网页代码中。设计人员可以在 HTML 网页中的任何位置使用<script>标签定义嵌入式 JavaScript 脚本代码。

下面，介绍如何在 HTML 网页中使用嵌入式 JavaScript 脚本代码（详见源代码 ch01 目录中 ch01-js-embedding.html 文件）。

【代码 1-1】

```
01  <!doctype html>
02  <html lang="en">
```

```
03  <head>
04  <!-- 添加文档头部内容 -->
05  <meta http-equiv="Content-Type" content="text/html; charset=utf-8" />
06  <meta http-equiv="Content-Language" content="zh-cn" />
07  <link rel="stylesheet" type="text/css" href="css/style.css">
08  <script>
09      alert("JavaScript 基础 - 嵌入 js 脚本代码");
10  </script>
11  <title>JavaScript in 15-days</title>
12  </head>
13  <body>
14  <!-- 添加文档主体内容 -->
15  </body>
16  </html>
```

关于【代码 1-1】的分析如下：

第 08～10 行代码通过<script>标签定义一段嵌入式 JavaScript 脚本语言，第 09 行的 JS 代码通过"alert()"函数定义一个弹出式警告提示框。

下面通过 FireFox 浏览器测试一下【代码 1-1】所定义的 HTML 页面，查看一下页面中嵌入式 JavaScript 脚本代码的执行效果，如图 1.2 所示。

图 1.2　嵌入式 JavaScript 脚本代码

由图 1.2 可知【代码 1-1】中第 09 行 JS 代码定义的弹出式警告提示框在页面加载过程中成功显示出来了，注意到此时页面应该还没有加载完成，关于这一点我们在后文中会给出原因分析。

1.2.3　引入外部 JavaScript 脚本文件

在 HTML 网页中引入外部 JavaScript 脚本文件是另一种使用 JavaScript 脚本语言的方法。这种方法非常适用于需要使用大量 JavaScript 脚本代码的情况，尤其是在应用 JavaScript 框架的场景，一般称该方法为外链式（Linking）JavaScript 脚本。

外链式（Linking）JavaScript 脚本的基本使用方法如下：

```
<script src="xxx.js"></script>
```

"src" 属性用于定义外部 JavaScript 文件的路径地址。其中，路径可以为绝对路径或相对路径，这要看具体项目的情况。

下面就将【代码 1-1】稍加修改，按照外链式 JavaScript 脚本进行设计，具体代码如下（详见源代码 ch01 目录中 ch01-js-linking.html 文件）。

【代码 1-2】

```
01  <!doctype html>
02  <html lang="en">
03  <head>
04  <!-- 添加文档头部内容 -->
05  <meta http-equiv="Content-Type" content="text/html; charset=utf-8" />
06  <meta http-equiv="Content-Language" content="zh-cn" />
07  <link rel="stylesheet" type="text/css" href="css/style.css">
08  <script type="text/javascript" src="js/ch01-js-linking.js"></script>
09  <title>JavaScript in 15-days</title>
10  </head>
11  <body>
12  <!-- 添加文档主体内容 -->
13  </body>
14  </html>
```

关于【代码 1-2】的分析如下：

第 08 行代码通过<script>标签定义了外链式 JavaScript 脚本，其中 "src" 属性定义外部脚本的相对路径地址（"js/ch01-js-linking.js"）。

关于上面引入的外部脚本文件的具体代码如下（详见源代码 ch01 目录中 js/ch01-js-linking.js 文件）。

【代码 1-3】

```
01  alert("JavaScript 基础 - 外链式 js 脚本");
```

关于【代码 1-3】的分析如下：

第 01 行 JS 代码通过 "alert()" 函数定义了一个弹出式警告提示框，这与【代码 1-1】中第 09 行代码的功能类似。

下面运行测试【代码 1-2】使用外链式 JavaScript 脚本定义的 HTML 页面，页面打开后的效果如图 1.3 所示。

图 1.3　外链式 JavaScript 脚本

如图 1.3 所示，外链式 JavaScript 脚本与嵌入式 JavaScript 脚本实现的功能是完全相同的，只不过是定义手法不同而已。

1.3 JavaScript 脚本运行机制

上一节介绍了 HTML 网页中的 JavaScript 脚本语言，并通过实例演示了 JavaScript 脚本代码在网页中执行的结果。我们知道 JavaScript 脚本代码可以放在 HTML 网页中的任何位置，比如在页面头部<head>标签内、页面主体<body>标签内、又或者是页面<body>标签之后。那么，这样就会带来一个问题，那就是 JavaScript 脚本代码在页面中的不同位置有没有什么区别呢？

要想解答这个疑问，就要先理解 HTML 网页的运行机制。HTML 网页是按照页面代码定义的先后顺序，自上而下依次执行的。我们在浏览网页时就会发现，页面内容是自上而下显示出来的。举一个例子大家就明白了，早期在个人家庭中接入互联网一般是使用调制解调器（Modem），当时的带宽都是 56Kb 或 128Kb 的，因此网速很慢甚至很卡。经常会遇到浏览器 k 网页的内容显示到一半就卡住不动了，不过这恰恰解释了 HTML 网页的执行顺序。只不过如今个人家庭中都是百兆、甚至千兆宽带接入，网速非常快，大家在打开网页时也就体会不到 HTML 页面自上而下的执行顺序。

理解了 HTML 网页的运行机制，我们继续讲解 JavaScript 脚本代码的运行机制。对于定义在页面中的 JavaScript 脚本代码，会随着 HTML 网页自上而下的顺序执行。只不过，JavaScript 脚本代码是按照中断机制执行的，也就是说 HTML 网页遇到 JS 代码时会中止执行，直到 JS 脚本解析完成后网页才会继续运行。那么问题就来了，JavaScript 脚本代码在 HTML 网页中定义的位置会对浏览器页面内容的显示产生很大的影响。

下面，先看一个将 JavaScript 脚本代码定义在页面头部<head>标签中的实例（一般初学者的常规做法），具体代码如下（详见源代码 ch01 目录中 ch01-js-run-in-head.html 文件）。

【代码 1-4】

```
01  <!doctype html>
02  <html lang="en">
03  <head>
04  <!-- 添加文档头部内容 -->
05  <meta http-equiv="Content-Type" content="text/html; charset=utf-8" />
06  <meta http-equiv="Content-Language" content="zh-cn" />
07  <link rel="stylesheet" type="text/css" href="css/style.css">
08  <script>
09      alert("JavaScript 脚本代码定义在页面头部 head 标签元素内.");
10  </script>
11  <title>JavaScript in 15-days</title>
12  </head>
13  <body>
14  <!-- 添加文档主体内容 -->
15  <header>
16      <nav>JavaScript 基础 - js 脚本代码运行机制</nav>
17  </header>
18  <hr>
19  <!-- 添加文档主体内容 -->
20  <h3>正文</h3>
21  <p>
22      JavaScript 脚本代码定义在页面头部 head 标签元素内.
23  </p>
24  </body>
25  </html>
```

关于【代码 1-4】的分析如下：

第 08～10 行代码通过<script>标签定义一段嵌入式 JavaScript 脚本代码，第 09 行的 JS 代码通过"alert()"函数定义了一个弹出式警告提示框；

第 13～24 行代码在<body>标签内定义了一些页面内容，具体包括标题和正文文本。

下面运行测试【代码 1-4】定义的 HTML 页面，查看一下 JavaScript 脚本代码的执行结果，具体如图 1.4 所示。第 08～10 行代码定义的警告提示框弹出来了，但页面中定义的文本内容却没有显示出来，浏览器窗口还是灰色的。这恰恰说明 JavaScript 脚本代码的中断执行机制，由于本例中 JS 脚本定义在<head>标签内，因此页面内容还没有加载完成就被 JS 脚本中断了。单击警告提示框中的"确定"按钮将 JS 代码执行完成，具体结果如图 1.5 所示。直到 JavaScript 脚本代码执行完成后，页面内容才会加载完成并显示在浏览器中。

图 1.4　定义在页面头部的 JavaScript 脚本（1）

图 1.5　定义在页面头部中的 JavaScript 脚本（2）

接下来介绍将 JavaScript 脚本代码定义在页面主体<body>标签中的实例(JS 脚本是允许定义在 HTML 页面中的任何位置)，具体代码如下（详见源代码 ch01 目录中 ch01-js-run-in-body.html 文件）。

【代码 1-5】

```
01  <!doctype html>
02  <html lang="en">
03  <head>
04  <!-- 添加文档头部内容 -->
05  <meta http-equiv="Content-Type" content="text/html; charset=utf-8" />
06  <meta http-equiv="Content-Language" content="zh-cn" />
07  <link rel="stylesheet" type="text/css" href="css/style.css">
08  <title>JavaScript in 15-days</title>
09  </head>
10  <body>
11  <!-- 添加文档主体内容 -->
12  <header>
13      <nav>JavaScript 基础 - js 脚本代码运行机制</nav>
14  </header>
15  <hr>
16  <!-- 添加文档主体内容 -->
```

```
17    <script>
18        alert("JavaScript 脚本代码定义在页面主体body 标签元素内.");
19    </script>
20    <h3>正文</h3>
21    <p>
22        JavaScript 脚本代码定义在页面主体body 标签元素内.
23    </p>
24    </body>
25    </html>
```

关于【代码1-5】的分析如下：

第17～19 行代码通过<script>标签定义了一段嵌入式 JavaScript 脚本代码，其定义位置是在页面主体<body>标签中。第18 行的 JS 代码通过"alert()"函数定义了一个弹出式警告提示框。

在第17～19 行 JS 脚本代码的前后，分别定义了一些页面内容，具体包括标题和正文文本。

下面运行测试【代码1-5】定义的 HTML 页面，查看一下 JavaScript 脚本代码的执行结果，具体如图 1.6 所示。

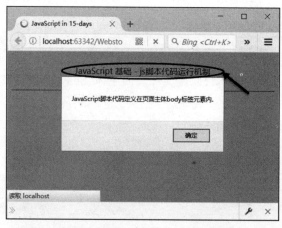

图 1.6　定义在页面主体中的 JavaScript 脚本（1）

如图 1.6 所示，第17～19 行代码定义的警告提示框弹出来了。同时，大家注意图中箭头指向的内容，第12～14 行代码定义的页面标题和第15 行代码水平分割线已经显示出来了，但第20～23 行代码定义的页面正文却没有显示出来。

这同样是因为 JavaScript 脚本代码的中断执行机制起的作用，由于本例中 JS 脚本定义在第17～19 行，正好在页面文本内容的中间。

单击警告提示框中的"确定"按钮将 JS 代码执行完成，具体结果如图 1.7 所示。

图 1.7　定义在页面主体中的 JavaScript 脚本（2）

通过图 1.7 可知直到 JavaScript 脚本代码执行完成后，后面的页面内容才加载完成显示在浏览器中。

最后介绍将 JavaScript 脚本代码定义在页面主体<body>标签后的实例（之后会有总结分析），具体代码如下（详见源代码 ch01 目录中 ch01-js-run-in-end.html 文件）。

【代码 1-6】

```
01  <!doctype html>
02  <html lang="en">
03  <head>
04  <!-- 添加文档头部内容 -->
05  <meta http-equiv="Content-Type" content="text/html; charset=utf-8" />
06  <meta http-equiv="Content-Language" content="zh-cn" />
07  <link rel="stylesheet" type="text/css" href="css/style.css">
08  <title>JavaScript in 15-days</title>
09  </head>
10  <body>
11  <!-- 添加文档主体内容 -->
12  <header>
13      <nav>JavaScript 基础 - js 脚本代码运行机制</nav>
14  </header>
15  <hr>
16  <!-- 添加文档主体内容 -->
17  <h3>正文</h3>
18  <p>
19      JavaScript 脚本代码定义在页面主体 body 标签元素后.
20  </p>
21  </body>
22  <script type="text/javascript" src="js/ch01-js-run-in-end.js"></script>
23  </html>
```

关于【代码1-6】的分析如下：

第10～21行代码在页面主体<body>标签内定义了一些页面内容，具体包括标题和正文文本；

第22行代码通过<script>标签定义了外链式 JavaScript 脚本，其中"src"属性定义了外部脚本的相对路径地址（"js/ch01-js-run-in-end.js"）。这里 JavaScript 脚本的位置是放在了<body>标签后的，也就是 HTML 网页的最后。

关于上面引入的外部脚本文件的具体代码如下（详见源代码 ch01 目录中 js/ch01-js-run-in-end.js 文件）。

【代码1-7】

```
01   alert("JavaScript 脚本代码定义在页面主体 body 标签元素后.");
```

关于【代码1-7】的分析如下：

第01行 JS 代码通过"alert()"函数定义了一个弹出式警告提示框，与前面两个实例的 JS 脚本功能类似。

下面运行测试【代码1-6】定义的 HTML 页面，查看一下 JavaScript 脚本代码的执行结果，具体如图1.8所示。

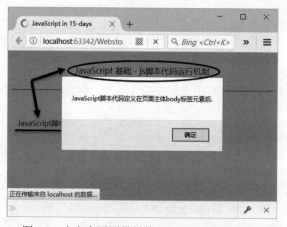

图 1.8　定义在页面最后的 JavaScript 脚本（1）

从图1.8看出，第17～19行代码定义的警告提示框弹出来了。同时，大家注意图中箭头指向的内容（部分内容被弹出框遮盖了），第10～21行代码定义的页面内容已经全部显示出来了。

这就说明本例中在页面主体<body>标签后引用的 JS 脚本是在页面内容全部加载完成后执行的，与 JavaScript 脚本定义的位置是一致的。单击警告提示框中的"确定"按钮将 JS 代码执行完成，具体结果如图1.9所示。

图 1.9　定义在页面最后的 JavaScript 脚本（2）

通过以上三个实例，我们大致了解 JavaScript 脚本代码在 HTML 网页中定义的位置对页面执行结果的影响。那么，简单总结一下关于 JavaScript 脚本代码的位置在 HTML 网页中定义要遵循的几个原则。

（1）尽可能地将 JavaScript 脚本代码（包括嵌入式和外链式）放在<body>标签之后，这样在 HTML 网页内容加载时就不会因为 JavaScript 脚本的中断执行机制而延迟阻塞，自然就会提高页面的显示速度。

（2）如果要实现一些页面特效，而需要预先动态加载一些 JavaScript 脚本代码，那么这些 JS 脚本就应该放在<head>标签内或<body>标签的前面。因此，对于"全部 JavaScript 脚本代码要放在页面的最后便于提高加载速度"的说法并不可靠。可见上述的第一条原则并不是通用的，因情况而异。

（3）对于需要使用 JavaScript 脚本代码动态访问操作页面 DOM 元素的情况，要将 JS 脚本放在 DOM 元素定义之后（当然依据第一条原则，最好统一放在<body>标签之后）；如果放在 DOM 元素定义之前，由于 DOM 元素还没有生成，必然会产生 JS 脚本访问错误或无效操作的情况。

以上三条就是 JavaScript 脚本代码定义位置需要遵循的大致原则，当然这不是硬性规定，而是根据经验总结出来的比较不错的方法。

1.4　JavaScript 脚本语言开发与调试

本节将通过一个实例介绍 JavaScript 脚本语言开发与调试的基本方法，即 JavaScript 脚本语言开发工具和调试工具的使用。

开发 JavaScript 脚本语言的方式非常灵活、可供选择的工具也非常多，比如：简单的文本编辑器，轻量级的 EditPlus、UltraEdit 或 Sublime Text 代码编辑器，以及功能非常强大的 Visual Studio、Adobe Dreamweaver 和 JetBrains WebStrom 重量级的集成开发平台，这些工具均可编写开发 JavaScript 脚本程序。笔者个人感觉，如果只是单纯编写 JS 代码可选择 EditPlus 这类的轻量级代码编辑器，因其具有简洁、快速、易于上手的特性，同时功能也非常齐全。但如果是开发大型 Web 项目，最好是选择 WebStrom 这类重量级的集成开发平台，因其具有强大的代码管理和调试功能，自然会事半功倍。

虽然集成开发平台具有一定的 JavaScript 脚本语言调试功能，不过更专业的做法是使用带有 JS 调试功能的浏览器进行 JavaScript 脚本代码的调试工作。目前，Google Chrome、Firefox、Safrai、Microsoft Edge、Opera developer 等这些国外主流厂商的浏览器均内置有 JS 调试功能，且各个浏览器的界面、功能和方法大同小异，读者可根据个人喜好自行选择一款浏览器进行测试即可。笔者这里选用的是 FireFox 浏览器，主要是因为 FireFox 是较早实现 JS 调试功能的浏览器之一，且一直保持着及时更新。

下面通过一个具体的 JavaScript 代码实例介绍一下 JS 脚本开发与调试的基本步骤（基于 WebStrom + EditPlus + FireFox）。

1.4.1　使用 WebStrom 集成开发平台创建项目、页面文件

打开 WebStrom 开发平台，在文件（File）菜单中选择 New Projects（新建工程）命令，新建一个 Web 工程项目，命名为"js-15days"，如图 1.10 所示。在工程项目中新建一个 HTML5 网页文件，命名为"ch01-js-debug.html"，如图 1.11 所示。

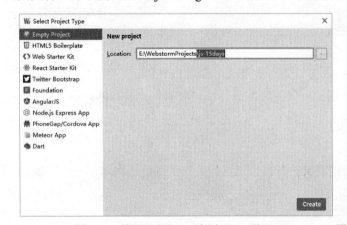

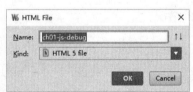

图 1.10　使用 WebStrom 创建 Web 项目　　　　图 1.11　使用 WebStrom 创建 HTML5 网页

该 HTML5 网页文件中定义的代码如下（详见源代码 ch01 目录中 ch10-js-debug.html 文件）。

【代码 1-8】

```
01  <!doctype html>
02  <html lang="en">
03  <head>
04  <!-- 添加文档头部内容 -->
05  <meta http-equiv="Content-Type" content="text/html; charset=utf-8" />
06  <meta http-equiv="Content-Language" content="zh-cn" />
```

```
07    <link rel="stylesheet" type="text/css" href="css/style.css">
08    <title>JavaScript in 15-days</title>
09    </head>
10    <body>
11    <!-- 添加文档主体内容 -->
12    <header>
13        <nav>JavaScript 基础 - 脚本调试</nav>
14    </header>
15    <hr>
16    <!-- 添加文档主体内容 -->
17    <div id="id-div-count">
18    </div>
19    </body>
20    <script type="text/javascript" src="js/ch01-js-debug.js"></script>
21    </html>
```

关于【代码 1-8】的分析如下：

第 17～18 行代码通过<div>标签定义了一个层元素，用于动态输出页面内容；

第 20 行代码通过<script>标签引入了外部 JavaScript 脚本文件，其中 "src" 属性定义了外部脚本文件的相对路径地址（"js/ch01-js-debug.js"）。

1.4.2　使用 WebStrom 集成开发平台创建脚本文件

下面通过 WebStrom 开发平台创建【代码 1-8】中引入的 "ch01-js-debug.js" 脚本文件，如图 1.12 所示。

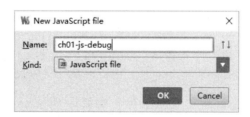

图 1.12　使用 WebStrom 创建 JavaScript 脚本文件

然后暂时离开 WebStrom 开发平台，使用 EditPlus 代码编辑器编写 JS 代码，如图 1.13 所示。

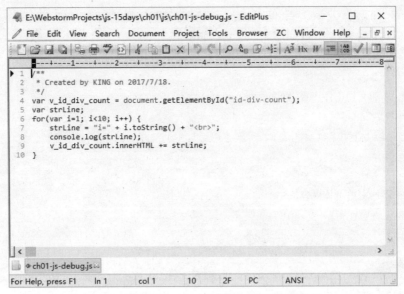

图 1.13　使用 EditPlus 编写 JavaScript 脚本代码

EditPlus 代码编辑器简洁、快速、易于上手，编写具体代码时比使用集成开发工具有一定优势。当然，这也因人而异，软件本身没有高低优劣之分。

JavaScript 脚本文件（"ch01-js-debug.js"）中定义的代码如下（详见源代码 ch01 目录中 js/ch01-js-debug.js 文件）。

【代码 1-9】

```
01  var v_id_div_count = document.getElementById("id-div-count");
02  var strLine;
03  for(var i=1; i<10; i++) {
04      strLine = "i=" + i.toString() + "<br>";
05      console.log(strLine);
06      v_id_div_count.innerHTML += strLine;
07  }
```

【代码 1-9】的主要功能就是向 HTML 网页中循环动态写入文本，因这里主要是介绍 JavaScript 脚本语言开发与调试的基本方法，所以每行代码的具体功能含义在此就不具体介绍了。

1.4.3　使用 FireFox 浏览器运行 HTML 页面和调试 JS 脚本

下面使用 FireFox 浏览器运行【代码 1-8】与【代码 1-9】定义的 HTML 网页（ch01-js-debug.html），如图 1.14 所示。打开 FireFox 浏览器的调试功能窗口，如图 1.15 所示。

图 1.14　使用 FireFox 浏览器调试 JS 脚本　　　图 1.15　打开 FireFox 浏览器 JS 调试功能窗口

在图 1.15 的 JS 源码窗口中为【代码 1-9】的第 05 行脚本语句设置断点，如图 1.16 所示。

然后，按 F5 功能键重新刷新页面，再按"步进 F11"功能键来调试执行 JS 代码，页面效果如图 1.17 和图 1.18 所示。从这两幅图中可以看到，每次执行到【代码 1-9】中第 05 行脚本语句设置的断点处时，JS 代码均会被中断，然后在日志窗口中输出调试信息（变量"i"计数器的数值）。以上就是 JavaScript 脚本语言开发与调试的基本过程方法。

图 1.16　使用 FireFox 浏览器为 JS 脚本代码设置断点　图 1.17　使用 FireFox 浏览器调试脚本代码（1）

图 1.18　使用 FireFox 浏览器调试脚本代码（2）

1.5　JavaScript 脚本语言功能

本节简单介绍一下 JavaScript 脚本语言功能，具体就是 JS 脚本在 HTML 网页中都可以实现哪些功能。

1.5.1　在 HTML 网页中输出内容

通过 JavaScript 脚本可以直接在 HTML 网页中输出内容，具体示例如下：

```
document.write("……");
```

每当浏览器载入一个 HTML 文档时，其就会成为 document 对象，通过 document 对象的 write()方法就可以向网页中输出内容。

不过需要读者注意的是，该方法在页面加载的过程中比较实用，如果在页面加载完成后使用需要小心，使用不当就会将页面内容全部进行重写。

1.5.2　改变 HTML 网页中节点内容

通过 JavaScript 脚本可以改变 HTML 网页中节点的内容，具体使用示例如下：

```
dom = document.getElementById("id")        // 查找元素
dom.innerHTML = "new content ";            // 改变内容
```

通过以上方法就可以动态改变 HTML 网页中节点的内容，这也是 JavaScript 脚本语言的特点。

1.5.3　改变 HTML 网页中节点样式

同样，还可以通过 JavaScript 脚本改变 HTML 网页中节点的样式，具体使用样例如下：

```
dom = document.getElementById("id")          // 查找元素
dom.style.color = #RRGGBB;                    // 改变颜色样式
```

通过以上方法就可以动态改变 HTML 网页中节点的样色样式，这也同样是 JavaScript 脚本语言的特点。

1.5.4　HTML 网页事件处理

通过 JavaScript 脚本可以对 HTML 网页中的事件进行处理，这也是比较能体现 JavaScript 功能的地方，具体使用样例如下：

```
<button type="button" onclick="alert('JavaScript Event Handle.')">Click
Me</button>
```

通过以上方法就可以处理<button>按钮的单击（onclick）事件，当然事件的处理方法是使用 alert()警告弹出框这种简单的形式，此处也可以使用自定义函数完成更复杂的功能。

1.5.5　HTML 网页表单验证

通过 JavaScript 脚本还可以对 HTML 网页表单进行验证，我们知道表单是网页中使用场景最多的元素，JS 脚本可以实现在前端就完成验证的功能，尤其是针对 HTML5 网页更是如此，具体使用样例如下：

```
if isNaN(n) {
alert("Not Numeric");
};
```

通过以上方法就可以验证变量 n 是否是非数字值，应用在表单中就可以实现判断表单域的功能。

当然，除了以上介绍的一些 JavaScript 脚本语言功能，还有很多功能是可以通过 JS 脚本在 HTML 网页中实现的，后面的章节会详细介绍。

1.6　本章小结

本章主要介绍 JavaScript 脚本语言的基础知识，包括 JavaScript 的发展历史、标准、使用、执行和调试等方面的内容，并通过一些具体实例逐一进行讲解。希望本章介绍的内容能为读者深入学习 JavaScript 技术做好铺垫。

第 2 章

ECMAScript语法基础

从本章开始，我们将循序渐进地介绍 JavaScript 的核心内容。首先，本章就是对 ECMAScript 语法进行全面的、系统的和详尽的介绍。这里读者可能会有疑问，为什么是 ECMAScript 语法而不是 JavaScript 语法呢？

其实，在第 1 章关于 JavaScript 组成的介绍中，我们就知道 JavaScript 与 ECMAScript 的关系。依据 ECMA 国际的标准规范（ECMA-262），ECMAScript 描述了 JavaScript 脚本语言的语法和基本对象。因此，本书从严谨的角度出发，这里使用 ECMAScript 语法基础作为本章标题。不过，绝大多数的设计人员还是不区分 JavaScript 与 ECMAScript 的，更习惯用 JavaScript 语法的称谓。

2.1 ECMAScript 基础

在第 1 章中，我们了解到 JavaScript 语言与 Java 语言的历史渊源，其实 JavaScript 起初就是模仿 Java 而开发出来的。如果读者熟悉 Java 语言，就会发现 ECMAScript 语法很容易掌握，因其主要就是借用了 Java 语言的语法。当然，JavaScript 与 Java 毕竟是两种功能作用不同的编程语言，ECMAScript 还有一些特殊的语法特性。

2.1.1 ECMAScript 语句

相信读者在学习人生中的第一门编程语言（比如 C 语言、Java 语言等）时，最先要明确的就是程序语句。学校为什么会将诸如 C 或 Java 这类的语言作为基础性编程语言呢？其中有一条原因是非常重要的，这类语言对于语法语句都有严格的规定，这样便于初学者对编程语言的语法语句有深刻的理解。

那么 JavaScript 脚本语言的语句规则是如何定义的呢？通常，一条 JavaScript 语句用于描述一个完整的变量定义或功能操作，且每一条 JavaScript 语句都要以分号（;）来结束，分号（;）用来分割各条 JavaScript 语句。

使用分号（;）分割 JavaScript 语句的一个好处就是可以在一行中编写多条 JavaScript 语句，

这一点与某些编程语言是有明显区别的。

　　不过，如果读者在阅读其他 JavaScript 源码发现有不带分号（;）的 JavaScript 语句时，也不必大惊小怪。这是因为在 ECMA-262 规范中，规定了可以不必使用分号（;）来结束 JavaScript 语句。如果没有使用分号（;）来结束，ECMAScript 语法就会将每行代码结尾处的换行作为 JavaScript 语句的结束，不过前提是没有破坏 JavaScript 语句的完整功能。因此，绝大多数的程序员还是会老老实实地写上分号（;）作为 JavaScript 语句的结束，这样既便于自己管理代码，也便于给别人阅读。

2.1.2　区分大小写

　　ECMAScript 语法规定对字母大小写是敏感的，也就是区分大小写的，这点是与 Java 语法一致的。ECMAScript 语法区分大小写的规定适用于变量、函数名、运算符及其他一切代码。比如变量 id 与 Id 是不同的；同样，函数 getElementById() 与 getElementbyID() 也是不同的，而且 getElementbyID() 是无效函数。

2.1.3　代码换行

　　ECMAScript 语法规定可以在文本字符串中使用反斜杠（\）对代码行进行换行。例如，下面的代码是可以正确解析的。

```
document.write("Hello \
EcmaScript!");
```

　　不过需要注意的是，代码换行限于文本字符串中。如果将上面的代码改写成下面的形式，代码是无法正确解析的。

```
document.write \
("Hello EcmaScript!");
```

2.1.4　代码中的空格

　　ECMAScript 语法规定会忽略多余的空格。因此，依据这个特点可以通过添加空格对代码进行排版，从而提高代码的可读性。

2.1.5　代码注释

　　ECMAScript（JavaScript）代码注释分为单行注释和多行注释，被注释的 JavaScript 代码是不会被执行的。具体说明如下：

1. ECMAScript 代码单行注释

单行注释以"//"开头，例如：

```
document.write("Hello EcmaScript!");    // 向浏览器输出字符串"Hello EcmaScript!"
```

2. ECMAScript 代码多行注释

多行注释以"/*"开头、并以"*/"结束，例如：

```
/*
* 向浏览器输出字符串"Hello EcmaScript!"
*/
document.write("Hello EcmaScript!");
```

2.2 ECMAScript 变量

本节介绍关于 ECMAScript 变量的知识，从本节开始就接触到 ECMAScript 语法的核心部分内容。

2.2.1 ECMAScript 变量是弱类型的

在学习高级编程语言的过程中，最先接触的，也是最重要的概念应该就是变量了。所谓"变量"，一般意义上理解就是程序中用于存储数据信息的容器，或者也可以理解为用于替代数据信息的符号。

ECMAScript 规范中定义的变量既可以存储数据信息，也可以定义为替代表达式的符号。一般都是通过"var"关键字来定义变量，且定义的均是无特定类型的变量（也称为弱类型）。因此，ECMAScript 变量可以初始化为任意类型的值，且可以随时改变变量的数据类型。当然，我们不建议随意改变变量的数据类型，建议初始化成什么类型就一直沿用该类型，避免不必要的麻烦。

2.2.2 变量的声明

ECMAScript 规范中规定通过"var"（单词 variable 的缩写）关键字来定义声明的变量，当然也可以不使用"var"关键字。一般使用"var"关键字定义的是局部变量，而不使用"var"关键字定义的是全局变量。

此外，在 ECMAScript 规范中还规定一些定义变量的准则，具体描述如下：

● ECMAScript 变量需要以字母开头、大小写字母均可、且对大小写字母敏感（例如：a 和 A 是不同的变量）；

● ECMAScript 变量也可以用"$"或"_"符号开头；

● ECMAScript 变量分为全局变量和局部变量，且二者的定义方式、作用域及使用用法有明显区别。

下面，来看一个声明 ECMAScript 变量的代码示例（详见源代码 ch02 目录中

ch02-js-variable.html 文件）。

【代码 2-1】

```
01  <script type="text/javascript">
02      var i = 1;
03      var j = 2;
04      var s = i + j;
05      console.log("s = " + s);
06  </script>
```

关于【代码 2-1】的分析如下：

第 02～03 行代码通过"var"关键字分别定义了两个变量（i 和 j），并进行了初始化赋值操作。注意，这里赋的值均是整数类型，因为 ECMAScript 变量弱类型的特点，所以解释程序会自动为变量创建整数值；

第 04 行代码通过"var"关键字定义了一个变量表达式（var s = i + j;），而表达式中的变量"i"和"j"正是第 02～03 行代码中定义的，表达式运算的结果则会保存在变量"s"中；

第 05 行代码通过 console.log() 函数向浏览器控制台输出调试信息（表达式变量"s"的运算结果）。

运行测试【代码 2-1】所指定的 HTML 页面，并使用浏览器控制台查看调试信息，页面效果如图 2.1 所示。在浏览器控制台中输出了【代码 2-1】中第 05 行 JS 代码所定义的调试信息。

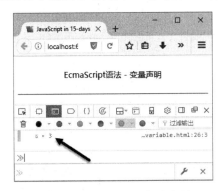

图 2.1　ECMAScript 变量声明

2.2.3　改变变量数据类型

我们在前文中介绍了 ECMAScript 变量弱类型的特点，因此 ECMAScript 规范允许改变 ECMAScript 变量的数据类型。简单来说，就是初始化一个 ECMAScript 变量时为一种数据类型，后面还可以改变该变量的数据类型。这对于使用强类型变量的 C 语言的用户和 Java 语言来说，是有点不可思议的，不过这也恰恰体现了 JavaScript 脚本语言的灵活性。

下面来看一个改变 ECMAScript 变量数据类型的代码示例（详见源代码 ch02 目录中

ch02-js-variable-revise.html 文件）。

【代码 2-2】

```
01  <script type="text/javascript">
02  var i = 1, s = "EcmaScript";
03  console.log("i : " + i);
04  console.log("s : " + s);
05  i = s;
06  s = 1;
07  console.log("i = " + i);
08  console.log("s = " + s);
09  </script>
```

关于【代码 2-2】的分析如下：

第 02 行代码通过"var"关键字在一行内分别定义了两个变量（i 和 s），并进行了初始化赋值操作。注意，ECMAScript 语法规定可以在一行内定义多个变量，并允许初始化操作，数据类型也可以不同；

第 03～04 行代码分别通过 console.log()函数向浏览器控制台输出调试信息（变量初始化的数据内容）；

第 05 行代码通过表达式将变量"s"的数据内容赋给了变量"i"。注意这里的数据类型是不一致的，如果是变量强类型的编程语言（C 语言和 Java 语言），肯定会报错了。但是，ECMAScript 语法规范却是允许的，读者看后面的调试结果就知道了。

第 07～08 行代码再次分别通过 console.log()函数向浏览器控制台输出调试信息（变量改变后的数据内容）。

运行测试【代码 2-2】所指定的 HTML 页面，并使用浏览器控制台查看调试信息，页面效果如图 2.2 所示。在浏览器控制台中分别输出了【代码 2-2】中第 03～04 行与第 07～08 行 JS 代码所定义的调试信息，改变了数据类型的变量内容也被成功输出了。

图 2.2　改变 ECMAScript 变量数据类型

2.2.4　变量命名习惯

计算机软件编程有许多关于变量命名的习惯，比较著名的有 Camel 标记法（小写字母开头）、Pascal 标记法（大写字母开头）和匈牙利类型标记法（个人认为集合了前两者的优点）。

匈牙利类型标记法是为了纪念具有传奇色彩的匈牙利籍微软程序员（Charles Simonyi）而命名的，自然该标记法也是 Charles Simonyi 首先提出的。关于 Charles Simonyi 其人，用"伟大"来形容其功绩是一点也不为过的（自己搜索一下吧）。

那么匈牙利类型标记法是如何定义呢？简单来讲，就是变量名由该变量所代表数据类型的小写字母缩写开始，后面由该变量代表的具体含义的单词（首字母大写，可为缩写）组成。同时，匈牙利类型标记法约定了代表数据类型的小写字母缩写，关于 ECMAScript 语法约定的匈牙利类型标记法见表 2-1。

表 2-1　匈牙利类型标记法（ECMAScript）

类型	前缀	示例
整型（数字）	i	iValue
浮点型（数字）	f	fValue
字符串	s	sValue
数组	a	aArray
布尔型	b	bBoolean
对象	o	oObject
函数	fn	fnMethod
正则表达式	re	rePattern
变型（可以是任何类型）	v	vValue

匈牙利类型标记法在使用上是非常灵活的，读者领会到其中的精要即可，需要掌握的是其总体原则，可以不必拘泥不变。

2.2.5　未声明的变量

ECMAScript 规范中对于变量的声明还有一点比较特殊的规定，那就是可以不通过"var"关键字来声明变量，这一点与其他大多数程序语言是有所区别的。当然，前面也提到对于未使用"var"关键字声明的变量一般都是全局变量，关于全局变量与局部变量的内容会在后面专门进行具体的介绍。

下面来看一个未使用"var"关键字声明 ECMAScript 变量的代码示例（详见源代码 ch02 目录中 ch02-js-variable-novar.html 文件）。

【代码 2-3】

```
01  <script type="text/javascript">
02      var sVar = "EcmaScript Variable";
03      console.log("sVar : " + sVar);
```

25

```
04        sNoVar = sVar + "with no var";
05        console.log("sNoVar : " + sNoVar);
06 </script>
```

关于【代码 2-3】的分析如下：

第 02～03 行代码通过"var"关键字分别定义一个变量（sVar），并进行了初始化赋值操作，然后在浏览器控制台窗口中输出了该变量的内容；

第 04～05 行代码未通过"var"关键字定义一个变量（sNoVar），并通过变量（sVar）连接字符串的方式对其进行初始化赋值操作，然后在浏览器控制台窗口中输出该变量的内容。

运行测试【代码 2-3】所指定的 HTML 页面，并使用浏览器控制台查看调试信息，页面效果如图 2.3 所示。【代码 2-3】中第 04 行脚本代码没有使用"var"关键字定义的变量（sNoVar）的内容成功显示出来了，这说明第 04 行代码的初始化赋值操作是有效的，JavaScript 解释器是能够识别变量（sNoVar）的。

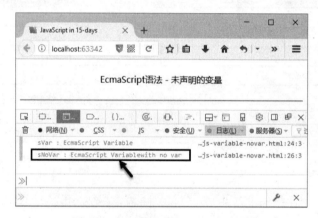

图 2.3　未声明的 ECMAScript 变量

 虽然 ECMAScript 语法不强制使用"var"关键字定义变量，这给编程设计带来了灵活性，但同样也会带来危险性。如果对于未声明的变量失去监管（特别是代码体量很大的场景），会带来意想不到的严重后果。因此，建议设计人员还是保持良好的编程习惯，按照规范严格声明所有的变量。

2.2.6　严格模式（use strict）

在 ECMAScript 规范中，虽然允许可以不通过"var"关键字来声明变量，但这一点终归是不被大多数严谨的设计人员所接受的。不仅仅是因为这类代码的可读性与可维护性比较差，最主要的是因为如果不通过"var"关键字来声明变量，在大型 Web 开发项目中会出现很多意想不到的错误，大大增加调试纠错的难度。

因此，在 ECMAScript 5 规范之后，增加了一个严格模式"use strict"字面量用来强制设计人员通过"var"关键字来声明变量，否则调试运行时就会报错。另外，"use strict"字面量必须放置在所有 JavaScript 脚本代码的最顶端，如果是仅仅针对一个函数内的代码，就要放置在函数体内代码的最开始位置。

下面来看一个使用严格模式（use strict）的 JavaScript 代码示例（详见源代码 ch02 目录中 ch02-js-variable-use-strict.html 文件），这段代码是在【代码 2-3】的基础上修改而完成的。

【代码 2-4】

```
01  <script type="text/javascript">
02      "use strict";
03      var sVar = "EcmaScript Variable";
04      console.log("sVar : " + sVar);
05      sNoVar = sVar + "with no var";
06      console.log("sNoVar : " + sNoVar);
07  </script>
```

关于【代码 2-4】的分析如下。

代码【代码 2-4】与【代码 2-3】的唯一区别就是在第 02 行代码（JavaScript 脚本代码的最顶端）定义了"use strict"字面量；

运行测试【代码 2-4】所指定的 HTML 页面，并使用浏览器控制台查看调试信息，页面效果如图 2.4 所示。从浏览器控制台中输出的结果来看，【代码 2-4】中第 05 行代码没有使用"var"关键字定义变量（sNoVar），被浏览器报错了（undeclared variable，未声明的变量）。这个结果与【代码 2-3】运行结果是完全不同的（见图 2-3）。

图 2.4　ECMAScript 严格模式（use strict）

严格模式（use strict）对于编写 JavaScript 脚本代码来说非常有实际作用，可以有效地避免未声明变量。其实，对于严谨的设计人员来讲，使用变量前必须先声明该变量，这是一个良好的习惯，建议读者从一开始就养成良好的编程习惯。

2.3 ECMAScript 类型

本节介绍关于 ECMAScript 类型的知识，这是 ECMAScript 语法基础中非常重要的部分。

2.3.1 原始值与引用值

根据 Ecma-262 规范中的定义，变量可以为两种类型的值，即原始值和引用值。那么这两种类型的值有什么区别呢？我们先看一下官方给出的原始值和引用值的定义。

● 原始值：原始值是存储在栈（stack）中的简单数据段，换句话解释就是原始值是直接存储在变量访问的位置。

● 引用值：引用值是存储在堆（heap）中的对象，简单解释就是存储在变量处的值是一个指针（pointer），指向存储对象的内存处。

另外，这里提到关于指针的概念，对于学习过 C 语言的读者会比较容易理解引用值的概念。如果读者对指针的概念比较模糊，建议最好选一本 C 语言教材认真阅读一下，相信一定有很大的帮助。

2.3.2 变量赋值机制

根据 Ecma-262 规范，在为变量赋值时，ECMAScript 解释程序必须判断该值是原始类型还是引用类型。ECMAScript 解释程序在处理原始类型和引用类型的变量赋值机制上，采用了不同的方式。

ECMAScript 的原始类型包括 Undefined、Null、Boolean、Number 和 String 五大类型。因此，ECMAScript 解释程序在为变量赋值时，就会先判断该值是否为这五大原始类型。而 Ecma-262 规范对于引用类型的定义比较抽象，其实引用类型就是一个对象，类似于 Java 语言中类（class）的概念。如果 ECMAScript 解释程序判断出值不是原始类型，那么就是引用类型。

由于原始类型的值所占据的空间是固定的，因此可将其存储在占用较小内存区域的"栈"中，这种存储机制便于 ECMAScript 解释程序迅速查找变量的值。而如果一个值是引用类型，那么其存储空间将从"堆"中分配。

"栈"与"堆"是计算机操作系统中两个十分重要的概念，这是因为二者作用的重要性。从数据结构上理解，"栈"是一种"先进后出、后进先出"的存储结构；"堆"是一种树形存储结构。从计算机操作系统原理上理解，"栈"一般位于一级缓存中；而"堆"一般位于二级缓存中，一级缓存的存取速度自然是快于二级缓存的。

"栈"与"堆"的结构关系到变量的存储机制。由于 ECMAScript 引用值的大小会改变，因此不能将其存储在"栈"中，否则会降低变量查找访问的速度。而指向引用值的指针（pointer）是存储在"栈"中的，该值是该引用值对象存储在堆中的地址，因为地址的大小是固定的，所以将其存储在栈中是没有任何问题的。

在许多编程语言中，字符串都是被当作引用类型处理的，而不是原始类型。这是因为字符串的长度大小是可变的，不适于作为原始类型来处理。不过，ECMAScript 语法改变了这一点，字符串在 ECMAScript 中是作为原始类型来处理的。自然，ECMAScript 字符串的处理速度会更快。

2.3.3　原始类型

ECMAScript 语法定义五种原始类型（primitive type），即前文中提到的 Undefined、Null、Boolean、Number 和 String。根据 ECMA-262 规范中的描述，将术语"类型（type）"定义为"值的一个集合"，其中每种原始类型均定义了其所包含值的范围及其字面量的表示形式。

ECMAScript 语法提供"typeof"运算符来判断一个值是否在某种类型的范围内。设计人员不但可以用该运算符判断一个值是否表示一种原始类型，还可以判断出其具体表示哪种原始类型。在 JS 脚本中使用"typeof"运算符将返回下列值之一：

- undefined：如果变量是 Undefined 类型的会返回该类型；
- boolean：如果变量是 Boolean 类型的会返回该类型；
- number：如果变量是 Number 类型的会返回该类型；
- string：如果变量是 String 类型的会返回该类型；
- object：如果变量是一种引用类型或 Null 类型的会返回该类型。

下面的几个小节，将为读者逐一讲解 ECMAScript 语法定义的这五种原始类型及其应用实例。

2.3.4　Undefined 原始类型

首先介绍 ECMAScript 语法中的第一种原始类型 —— Undefined。对于 Undefined 类型其实只有一个值，即"undefined"。当声明的变量未进行初始化时，该变量的默认值就是 undefined。

ECMAScript 语法中的 Undefined 类型学习起来是一个难点，通过文字描述来概括总结多少还是有点晦涩难懂，下面还是通过具体实例帮助读者学习理解 Undefined 原始类型的概念与用法。

先看第一个关于 Undefined 类型的代码示例（详见源代码 ch02 目录中 ch02-js-undefined-a.html 文件）。

【代码 2-5】

```
01  <script type="text/javascript">
02      console.log("print undefined is : " + undefined);
03      console.log("print typeof undefined is : " + typeof undefined);
04  </script>
```

关于【代码 2-5】的分析如下：

第 02 行代码直接在浏览器控制台窗口中输出了"undefined"，目的是看一下 Undefined 类型在页面中的输出结果；

第 03 行代码直接在浏览器控制台窗口中输出了"typeof undefined"，目的是看一下通过"typeof"运算符操作后的 Undefined 类型在页面中的输出效果。

页面效果如图 2.5 所示。Undefined 类型和通过"typeof"运算符操作后的 Undefined 类型，在控制台中的输出结果均是"undefined"。

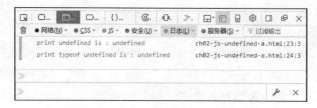

图 2.5　Undefined 原始类型（1）

下面，继续看第二个关于 Undefined 类型的代码示例（详见源代码 ch02 目录中 ch02-js-undefined-b.html 文件）。

【代码 2-6】

```
01  <script type="text/javascript">
02   var v_undefined;
03   console.log(v_undefined);
04   console.log(typeof v_undefined);
05  </script>
```

页面效果如图 2.6 所示。如果变量定义后未初始化，则无论是直接输出该变量，或是通过"typeof"运算符操作后，在控制台中的输出结果均是"undefined"。

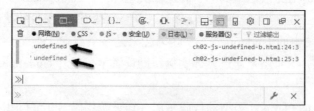

图 2.6　Undefined 原始类型（2）

下面，继续看第三个关于 Undefined 类型的代码示例（详见源代码 ch02 目录中 ch02-js-undefined-c.html 文件）。

【代码 2-7】

```
01  <script type="text/javascript">
02   console.log(typeof v_undefined);
```

```
03   console.log(v_undefined);
04   </script>
```

页面效果如图 2.7 所示。如果变量未声明，则通过"typeof"运算符操作后的变量在控制台中的输出结果仍是"undefined"。但如果未经过"typeof"运算符操作，直接在控制台中输出该未声明的变量（也未初始化），就会提示 JS 脚本错误，如图 2.7 中箭头所示。

图 2.7　Undefined 原始类型（3）

下面，继续看第四个关于 Undefined 类型的代码示例（详见源代码 ch02 目录中 ch02-js-undefined-d.html 文件）。

【代码 2-8】

```
01   <script type="text/javascript">
02   var v_undefined;
03   if(v_undefined == undefined) {
04       console.log("if v_undefined == undefined is true.");
05   } else {
06       console.log("if v_undefined == undefined is false.");
07   }
08   </script>
```

声明后未初始化定义的变量，在逻辑判断上与 Undefined 原始类型是相等的，如图 2.8 中箭头所指的结果所示。

图 2.8　Undefined 原始类型（4）

最后，看一下第五段关于 Undefined 类型的代码示例（详见源代码 ch02 目录中 ch02-js-undefined-e.html 文件）。

【代码 2-9】

```
01   <script type="text/javascript">
02       var v_func_undefined = (function(){})();
03       console.log(v_func_undefined);
```

31

```
04  </script>
```

页面效果如图 2.9 所示。当函数未定义明确的返回值时，函数表达式变量（v_func_undefined）获取的返回值也是"undefined"，如图 2.9 中箭头所指的结果所示。

以上就是关于 Undefined 类型的一组代码示例，希望通过这组代码示例能够帮助读者进一步加深对 ECMAScript 原始类型"Undefined"的理解。

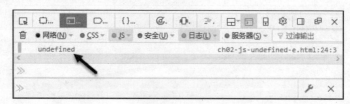

图 2.9　Undefined 原始类型（5）

2.3.5　Null 原始类型

在这一小节中，我们继续介绍 ECMAScript 语法中的第二种原始类型 —— Null。Null 与 Undefined 类似，也是只有一个值的原始类型，其只有一个专用值，即"null"。严格意义上讲，值"undefined"实际上是从值"null"派生而来的。正因为如此，ECMAScript 语法将"undefined"和"null"定义为相等的。

ECMAScript 语法中的 Null 类型学习起来也是一个难点，仅仅通过文字描述估计还是无法让读者掌握其真正的使用方法，下面还是通过具体实例来帮助读者学习理解 Null 原始类型的概念与用法。

先看第一个关于 Null 类型的代码示例（详见源代码 ch02 目录中 ch02-js-null-a.html 文件）。

【代码 2-10】

```
01  <script type="text/javascript">
02   console.log("print null is : " + null);
03   console.log("print typeof null is : " + typeof null);
04  </script>
```

关于【代码 2-10】的分析如下：

第 02 行代码直接在浏览器控制台窗口中输出了"null"，目的是看一下 Null 类型在页面中的输出结果；

第 03 行代码直接在浏览器控制台窗口中输出了"typeof null"，目的是看一下通过"typeof"运算符操作后的 Null 类型在页面中的输出结果。

页面效果如图 2.10 所示。浏览器控制台中直接输出 Null 类型的结果是"null"，而通过"typeof"运算符操作后的 Null 类型在浏览器控制台中输出的结果却是"object"。

图 2.10　Null 原始类型（1）

读者也许会有疑问了，为什么通过"typeof"运算符操作后的"null"值会返回"object"的结果呢？其实这源于 JavaScript 脚本语言的最初实现版本中的一个错误，然后又恰恰被 ECMAScript 语法沿用了。现在，"null"值被认为是对象的占位符，这样似乎能够解释这一矛盾。但是，从严格意义的技术上来讲，"null"仍然是原始值，Null 也仍然是 ECMAScript 原始类型。

下面，继续看第二个关于 Null 类型的代码示例（详见源代码 ch02 目录中 ch02-js-null-b.html 文件）。

【代码 2-11】

```
01  <script type="text/javascript">
02  var v_null = null;
03  console.log(v_null);
04  console.log(typeof v_null);
05  </script>
```

页面效果如图 2.11 所示。浏览器控制台中直接输出了变量（v_null）类型的结果是"null"，而通过"typeof"运算符操作后的变量（v_null）在浏览器控制台中输出的结果是预想中的"object"。

图 2.11　Null 原始类型（2）

下面，继续看一个关于 Null 类型与 Undefined 类型比较有趣的的代码示例（详见源代码 ch02 目录中 ch02-js-null-c.html 文件）。

【代码 2-12】

```
01  <script type="text/javascript">
02  if(null == undefined) {
03      console.log("if null == undefined is true.");
04  } else {
```

```
05        console.log("if null == undefined is false.");
06    }
07  </script>
```

页面效果如图 2.12 所示。值（null）与值（undefined）在逻辑等于判断上是相等的，如图 2.12 中箭头所指的结果所示。

图 2.12　Null 原始类型与 Undefined 原始类型比较

不过，尽管值（null）与值（undefined）在逻辑等于判断上是相等的，但是这两个值的具体含义还是有所区别的。为变量赋"null"值表示该对象目前并不存在，也可以理解为仅仅是一个空的占位符（如前文所述）。而将变量定义为"undefined"值则是声明了变量但未对其进行初始化赋值（如前文代码示例）。

另外，当为函数方法定义返回的是对象类型时，如果找不到该对象，则返回值通常就是"null"。而当尝试获取函数方法的返回值时，如果该函数方法未定义返回值，则返回值通常就是"undefined"。

2.3.6　Boolean 原始类型

本小节继续介绍 ECMAScript 语法中的第三种原始类型 —— Boolean。Boolean 原始类型是 ECMAScript 语法中定义的非常常用的类型之一。Boolean 类型有两个值，即大家所熟悉的"true"和"false"。

下面来看一个关于 Boolean 类型的代码示例（详见源代码 ch02 目录中 ch02-js-boolean.html 文件）。

【代码 2-13】

```
01  <script type="text/javascript">
02  var v_b_true = true;
03  console.log(v_b_true);
04  console.log(typeof v_b_true);
05  if(v_b_true) {
06      console.log("v_b_true is true.");
07  } else {
08      console.log("v_b_true is false.");
09  }
10  if(v_b_true == 1) {
11      console.log("v_b_true == 1.");
12  } else {
```

```
13      console.log("v_b_true != 1.");
14  }
15  var v_b_false = false;
16  console.log(v_b_false);
17  console.log(typeof v_b_false);
18  if(v_b_false) {
19      console.log("v_b_false is true.");
20  } else {
21      console.log("v_b_false is false.");
22  }
23  if(v_b_false == 0) {
24      console.log("v_b_false == 0.");
25  } else {
26      console.log("v_b_false != 0.");
27  }
28  </script>
```

关于【代码 2-13】的分析如下：

第 02 行代码定义了一个变量（v_b_true），并初始化赋值为"true"；

第 03 行代码直接在浏览器控制台窗口中输出了变量（v_b_true），目的是看一下 Boolean 类型在页面中的输出效果；

第 04 行代码直接在浏览器控制台窗口中输出了"typeof v_b_true"，目的是看一下通过 "typeof"运算符操作后的 Boolean 类型在页面中的输出效果；

第 05～09 行代码直接通过"if"条件运算符判断变量（v_b_true）的逻辑值，并根据逻辑运算结果在浏览器控制台窗口中进行相应的输出；

第 10～14 行代码直接通过"if"条件运算符判断变量（v_b_true）与数值"1"是否逻辑相等，并根据逻辑运算结果在浏览器控制台窗口中进行相应的输出。这样测试的目的是源于 C 语言和 Java 语言的语法中，布尔值"真"与数值"1"是逻辑相等的，因此查看一下在 ECMAScript 语法中是否也是如此；

第 15～27 行代码与第 02～14 行代码的功能类似，只不过第 15 行代码定义的变量（v_b_false），其初始化赋值为"false"，目的就是测试一下布尔值"false"的输出结果。

页面效果如图 2.13 所示。浏览器控制台中直接输出变量（v_b_true）的结果是"true"，而通过"typeof"运算符操作后的变量（v_b_true）在浏览器控制台中输出的结果就是 "Boolean"类型；而通过"if"条件运算符判断变量（v_b_true）与数值"1"是否逻辑相等的结果表明，Boolean 值"true"在逻辑上是等于数值"1"的；同样，Boolean 值"false"与数值"0"在逻辑也是相等的。

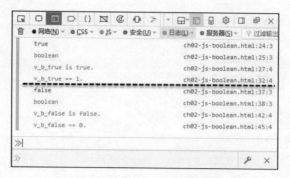

图 2.13 Boolean 原始类型

通过以上的测试结果的学习，相信读者对于 ECMAScript 语法中的 Boolean 类型的使用会有一个比较清楚的理解。

2.3.7 Number 原始类型

本小节继续介绍 ECMAScript 语法中的第四种原始类型 —— Number。Number 原始类型是 ECMAScript 语法中定义的比较特殊的类型之一。特殊之处就在于 Number 类型既可以表示 32 位整数值，也可以表示 64 位浮点数值。对于直接定义的任意类型数值，ECMAScript 语法均识别为 Number 类型的值，故而 Number 类型使用起来也是非常灵活的。

下面，先看第一个关于 Number 类型十进制数值的代码示例（详见源代码 ch02 目录中 ch02-js-number-dec.html 文件）。

【代码 2-14】

```
01 <script type="text/javascript">
02  var i = 123;
03  var j = 456;
04  var sum = i + j;
05  console.log("sum = " + sum);
06  console.log(i.toString() + j.toString());
07 </script>
```

关于【代码 2-14】的分析如下：

第 04 行代码定义了变量（sum），并初始化赋值为变量（i）和变量（j）相加的和；

第 06 行代码分别通过 Number 对象的 toString()方法将变量（i）和变量（j）转换为字符串类型，并通过运算符"+"执行字符串连接操作，然后将操作后的结果在浏览器控制台窗口中进行了输出。

页面效果如图 2.14 所示。可以看出 Number 类型十进制数值可以通过 toString()方法转换为字符串类型。

图 2.14　Number 原始类型（1）

　　下面，继续看第二个关于 Number 类型八进制数值的代码示例（详见源代码 ch02 目录中 ch02-js-number-oct.html 文件）。

【代码 2-15】

```
01  <script type="text/javascript">
02   var v_dec = 147;
03   console.log("147 = " + v_dec);
04   var v_oct = 0147;   // TODO: 定义八进制数值
05   console.log("0147 = " + v_oct);
06   var v_oct_oct = v_oct + v_oct;
07   console.log("0147 + 0147 = " + v_oct_oct);
08   var v_dec_oct = v_dec + v_oct;
09   console.log("147 + 0147 = " + v_dec_oct);
10  </script>
```

　　页面效果如图 2.15 所示。第 05 行代码在浏览器控制台窗口中输出变量（v_oct）的内容为 "103"，而不是初始化定义的数值 "0147"，这说明 ECMAScript 语法对八进制变量返回的是换算后的十进制数值；同样，第 07 行代码在浏览器控制台窗口中输出的变量（v_oct_oct）的内容为 "206"，也是十进制相加运算得出的结果。

　　另外，第 09 行代码在浏览器控制台窗口中输出的变量（v_dec_oct）的内容为 250，是十进制数值 147 和十进制数值 103 相加运算得出的结果。这就表明在 ECMAScript 语法中，八进制与十进制运算时，默认都是换算成十进制来计算的。八进制数值如此，十六进制数值也是一样的。

图 2.15　Number 原始类型（2）

　　下面，继续看第三个关于 Number 类型十六进制数值的代码示例（详见源代码 ch02 目录中 ch02-js-number-hex.html 文件）。

【代码 2-16】

```
01  <script type="text/javascript">
02  var v_dec = 1234;
03  console.log("1234 = " + v_dec);
04  var v_oct = 0147;          // TODO: 定义八进制数值
05  console.log("0147 = " + v_oct);
06  var v_hex = 0x12ff;        // TODO: 定义十六进制数值
07  console.log("0x12ff = " + v_hex);
08  var v_hex_hex = v_hex + v_hex;
09  console.log("0x12ff + 0x12ff = " + v_hex_hex);
10  var v_dec_hex = v_dec + v_hex;
11  console.log("1234 + 0x12ff = " + v_dec_hex);
12  var v_oct_hex = v_oct + v_hex;
13  console.log("0147 + 0x12ff = " + v_oct_hex);
14  </script>
```

页面效果如图 2.16 所示。第 07 行代码在浏览器控制台窗口中输出的变量（v_hex）的内容为 4863，而不是初始化定义的数值"0x12ff"，这说明 ECMAScript 语法对十六进制变量同样返回的是换算后的十进制数值。第 09 行代码在浏览器控制台窗口中输出的变量（v_hex_hex）的内容为 9726，也是十进制运算相加得出的结果。

另外，第 11 行代码在浏览器控制台窗口中输出的变量（v_dec_hex）的内容为 6097，是十进制数值 1234 和十进制数值 4863 相加运算得出的结果。这就表明在 ECMAScript 语法中，十进制与十六进制运算时，默认都是换算成十进制来计算的。同样，第 13 行代码在浏览器控制台窗口中输出的变量（v_oct_hex）的内容为 4966，是十进制数值 103 和十进制数值 4863 相加运算得出的结果。这同样表明在 ECMAScript 语法中，八进制与十六进制运算时，也默认都是换算成十进制来计算的。

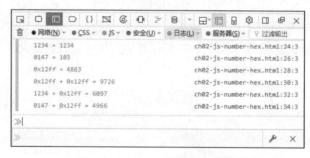

图 2.16　Number 原始类型（3）

下面，继续看第四个关于 Number 类型浮点数值的代码示例（详见源代码 ch02 目录中 ch02-js-number-float.html 文件）。

【代码 2-17】

```
01  <script type="text/javascript">
02    // TODO: 定义浮点数值必须使用小数点和至少一位小数
03    var v_f = 16.8;
04    console.log("16.8 = " + v_f);
05    var v_f_f = v_f + v_f;
06    console.log("16.8 + 16.8 = " + v_f_f);
07    var v_i = 168;
08    var v_i_f = v_i + v_f;
09    console.log("168 + 16.8 = " + v_i_f);
10    var v_str = "16.8";
11    var v_f_str = v_f + v_str;
12    console.log("16.8 + '16.8' = " + v_f_str);
13  </script>
```

页面效果如图 2.17 所示。第 06 行代码在浏览器控制台窗口中输出的变量（v_f_f）的内容为 33.6，正是两个浮点数 16.8 相加后的结果；第 09 行代码在浏览器控制台窗口中输出的变量（v_i_f）的内容为 184.8，正是整数 168 和浮点数 16.8 相加后的结果，且整数与浮点数运算后自动保存为浮点数类型。

另外，第 12 行代码在浏览器控制台窗口中输出的内容为 "16.816.8"，这明显是一个字符串类型。这就明显表明在 ECMAScript 语法中，浮点数与字符串通过运算符 "+" 连接时，浮点数会被当成字符串来处理，而此时的运算符 "+" 不再是加法运算，而是字符串连接运算。

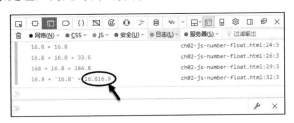

图 2.17　Number 原始类型（浮点数）

其实，读者可以测试一下整数类型与字符串类型通过运算符 "+" 连接后的结果，同样是字符串连接运算。由此可以推断出，无论是整数或是浮点数，在运算之前均是被存储成字符串类型的，而 ECMAScript 语法中确实也是这样规定的。这就与传统的 C 语言不同，【代码 2-17】中第 11 行代码的表达式在 C 语言中，编译时一定会报错。这也恰恰说明 JavaScript 语言的弱类型性。

最后，对于 Number 类型中的非常大或非常小的数值，一般采用科学记数法来表示浮点数。具体说就是把一个很大或很小的数值表示为数字（包括十进制数字）加 e（或 E），后面加乘以 10 的幂。

接下来，继续看第五个关于 Number 类型科学记数法的代码示例（详见源代码 ch02 目录中 ch02-js-number-e.html 文件）。

【代码 2-18】

```
01  <script type="text/javascript">
02   // TODO: 科学记数法使用 e 加上10的幂来表示
03   var v_e_plus = 1.68e8;          // TODO: 很大的数的表示方法
04   console.log("1.68e8 = " + v_e_plus);
05   var v_e_neg_6 = 0.000000168;          // TODO: 很小的数的表示方法
06   console.log("0.000000168 = " + v_e_neg_6);
07   var v_e_neg_5 = 0.00000168;       // TODO: 很小的数的表示方法
08   console.log("0.000000168 = " + v_e_neg_5);
09  </script>
```

 变量（v_e_neg_6）与变量（v_e_neg_5）的区别就是小数点后的前导 0 的个数不同，变量（v_e_neg_6）是六个 0，而变量（v_e_neg_5）是五个 0。

页面效果如图 2.18 所示。第 04 行代码在浏览器控制台窗口中输出的变量（v_e_plus）的内容为 168000000，正是科学记数法 1.68e8（1.68×10^8）通过运算后的结果。

第 06 行代码在浏览器控制台窗口中输出的变量（v_e_neg_6）的内容为 1.68e-7，正是浮点数 0.000000168 转换为科学记数法后的结果。而第 08 行代码在浏览器控制台窗口中输出的变量（v_e_neg_5）的内容，并没有转换为科学记数法。这是因为 ECMAScript 语法规定，默认会把具有 6 个或 6 个以上前导 0 的浮点数自动转换成科学记数法。

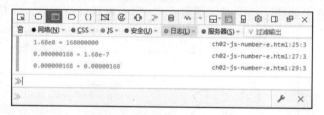

图 2.18　Number 原始类型（科学记数法）

2.3.8　特殊的 Number 类型值

ECMAScript 语法中为 Number 原始类型定义了几个特殊值。下面，我们就逐一介绍这些 Number 类型特殊值。

首先，就是 Number.MAX_VALUE 和 Number.MIN_VALUE 这两个特殊值，其分别定义了 Number 值集合的上下界限。ECMAScript 语法规定所有数值都必须介于这两个值之间。不过，如果是通过计算生成的数值则可以不在这两个值之间。

下面来看一个关于特殊值 Number.MAX_VALUE 和 Number.MIN_VALUE 的代码示例（详见源代码 ch02 目录中 ch02-js-number-min-max.html 文件）。

【代码 2-19】

```
01  <script type="text/javascript">
02   // TODO: Number 特殊值
03   console.log("Number 类型上界限:"+Number.MAX_VALUE);  // TODO: Number 上限值
04   console.log("Number 类型下界限:"+Number.MIN_VALUE);  // TODO: Number 下限值
05  </script>
```

关于【代码 2-19】的分析如下：

这段代码直接在浏览器控制台窗口中输出了 Number.MAX_VALUE 和 Number.MIN_VALUE 这两个特殊值的内容。页面效果如图 2.19 所示。

图 2.19　Number 类型特殊值（上下界限）

当通过计算生成的数值大于 Number.MAX_VALUE 时，其会被赋予特殊值 Number.POSITIVE_INFINITY，该值表示正无限大的数值，也就是不再有具体的数值。同样的，当通过计算生成的数值小于 Number.MIN_VALUE 时，其会被赋予特殊值 Number.NEGATIVE_INFINITY，该值表示负无限大的数值，同样也是不再有具体的数值。当通过计算返回的是无穷大值时，该值也就不能再用于其他计算。

ECMAScript 语法中有专用值表示正无穷大（Infinity）和负无穷大（-Infinity）。事实上，Number.POSITIVE_INFINITY 的值就是 Infinity，而 Number.NEGATIVE_INFINITY 的值就是 -Infinity。

下面来看一个关于特殊值 Number.POSITIVE_INFINITY 和 Number.NEGATIVE_INFINITY 的代码示例（详见源代码 ch02 目录中 ch02-js-number-posi-nega-infinity.html 文件）。

【代码 2-20】

```
01  <script type="text/javascript">
02   // TODO: Number 特殊值
03   console.log("Number.POSITIVE_INFINITY(正无穷大) : " +
Number.POSITIVE_INFINITY);
04   console.log("Number.NEGATIVE_INFINITY(负无穷大) : " +
Number.NEGATIVE_INFINITY);
05  </script>
```

关于【代码 2-20】的分析如下：

这段代码直接在浏览器控制台窗口中输出了 Number.POSITIVE_INFINITY 和 Number.NEGATIVE_INFINITY 这两个特殊值的内容。

页面效果如图 2.20 所示。浏览器控制台中输出了特殊值 Number.POSITIVE_INFINITY 和 Number.NEGATIVE_INFINITY 的具体值，分别就是特殊值正无穷大（Infinity）和负无穷大（-Infinity）。

既然无穷大数可以是正数也可以是负数，所以可用一个方法判断一个数是否是有穷的。ECMAScript 语法中提供了一个 isFinite()函数方法，其可以判断数值是否为非无穷大。

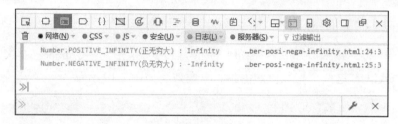

图 2.20　Number 类型特殊值（无穷大）

下面来看一个通过 isFinite()函数方法判断数值是否为无穷大的代码示例（详见源代码 ch02 目录中 ch02-js-number-isInfinity.html 文件）。

【代码 2-21】

```
01  <script type="text/javascript">
02    // TODO: Number 特殊值
03    if(isFinite(1)) {
04        console.log("isFinite(1) is not Infinity.");
05    } else {
06        console.log("isFinite(1) is Infinity.");
07    }
08    if(isFinite(Number.MAX_VALUE)) {
09        console.log("isFinite(Number.MAX_VALUE) is not Infinity.");
10    } else {
11        console.log("isFinite(Number.MAX_VALUE) is Infinity.");
12    }
13    if(isFinite(Number.MAX_VALUE * 2)) {
14        console.log("Number.MAX_VALUE * 2 = " + Number.MAX_VALUE * 2);
15        console.log("isFinite(Number.MAX_VALUE * 2) is not Infinity.");
16    } else {
17        console.log("Number.MAX_VALUE * 2 = " + Number.MAX_VALUE * 2);
18        console.log("isFinite(Number.MAX_VALUE * 2) is Infinity.");
19    }
20    if(isFinite(Number.POSITIVE_INFINITY)) {
21        console.log("isFinite(Number.POSITIVE_INFINITY) is not Infinity.");
22    } else {
23        console.log("isFinite(Number.POSITIVE_INFINITY) is Infinity.");
24    }
25  </script>
```

页面效果如图 2.21 所示。数值 1 为非无穷大；特殊值 Number.MAX_VALUE 同样也为非无穷大；而两倍的特殊值 Number.MAX_VALUE 和特殊值 Number.POSITIVE_INFINITY 则为无穷大。

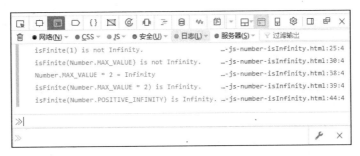

图 2.21 Number 类型特殊值（判断是否为非无穷大）

最后要介绍的 Number 类型特殊值是 NaN，其表示非数值（Not a Number）。在 ECMAScript 语法中，NaN 是一个非常奇怪的特殊值，奇怪之处就是其与自身逻辑判断上是不相等的。NaN 与 Infinity 一样都是不能用于算术计算的。另外，ECMAScript 语法中提供了一个 isNaN()函数方法，其可以判断某个数据类型是否为非数值。

下面来看一个关于特殊值 NaN 和 isNaN()函数方法的代码示例（详见源代码 ch02 目录中 ch02-js-isNaN.html 文件）。

【代码 2-22】

```
01 <script type="text/javascript">
02 console.log("NaN is " + NaN);
03 console.log("typeof NaN is " + typeof NaN);
04 if(isNaN(NaN)) {
05     console.log("isNaN(NaN) return true.");
06 } else {
07     console.log("isNaN(NaN) return false.");
08 }
09 if(isNaN(123)) {
10     console.log("isNaN(123) return true.");
11 } else {
12     console.log("isNaN(123) return false.");
13 }
14 if(isNaN("123")) {
15     console.log("isNaN('123') return true.");
16 } else {
17     console.log("isNaN('123') return false.");
18 }
19 if(isNaN("abc")) {
20     console.log("isNaN('abc') return true.");
21 } else {
```

```
22        console.log("isNaN('abc') return false.");
23    }
24    if(NaN == NaN) {
25        console.log("NaN == NaN return true.");
26    } else {
27        console.log("NaN == NaN return false.");
28    }
29  </script>
```

关于【代码 2-22】的分析如下：

第 02 行代码直接在浏览器控制台窗口中输出了特殊值 NaN 的内容；

第 03 行代码通过 typeof 运算符对特殊值 NaN 进行了操作，并在浏览器控制台窗口中输出运算后的结果；

第 04～08 行代码通过 isNaN()函数方法判断特殊值 NaN 是否为非数值，并根据判断结果在浏览器控制台窗口中进行相应的输出；

第 09～13 行代码通过 isNaN()函数方法判断数值 123 是否为非数值，并根据判断结果在浏览器控制台窗口中进行相应的输出；

第 14～18 行代码通过 isNaN()函数方法判断字符串"123"是否为非数值，并根据判断结果在浏览器控制台窗口中进行相应的输出；

第 19～23 行代码通过 isNaN()函数方法判断字符串"abc"是否为非数值，并根据判断结果在浏览器控制台窗口中进行相应的输出；

第 24～28 行代码通过 if 语句判断特殊值 NaN 自身是否为逻辑相等，并根据判断结果在浏览器控制台窗口中进行相应的输出。

页面效果如图 2.22 所示。第 03 行代码通过 typeof 运算符操作特殊值 NaN 后的结果为 Number 类型，这与 NaN 的定义是一致的。

第 04～08 行代码通过 isNaN()函数方法判断特殊值 NaN 是否为非数值的结果为"true"，表示 NaN 为非数值；

第 09～13 行代码通过 isNaN()函数方法判断数值 123 是否为非数值的结果为"false"，表示 123 不是非数值；

而第 14～18 行代码通过 isNaN()函数方法判断字符串"123"是否为非数值的结果为"false"，表示"123"同样不是非数值；

第 19～23 行代码通过 isNaN()函数方法判断字符串"abc"是否为非数值的结果为"true"，表示"abc"为非数值；

第 24～28 行代码通过 if 语句判断特殊值 NaN 自身是否为逻辑相等的结果为"false"，表示特殊值 NaN 与其自身逻辑不相等，这就是前文中提到的特殊值 NaN 的奇怪之处。

图 2.22　Number 类型特殊值（NaN）

2.3.9　String 原始类型

下面，我们介绍 ECMAScript 语法中的第五种原始类型 —— String（字符串）。String 类型与前几种原始类型的区别之处在于其是唯一没有固定大小的原始类型。我们可以用字符串存储 0 或更多的 Unicode 字符（Unicode 是一种国际通用字符集标准，又称为统一字符编码）。

String 类型字符串中的每个字符都有固定的位置，首字符从位置标记 0 开始，第二个字符在位置标记 1 处，依此类推。因此，字符串中的最后一个字符的位置标记一定是字符串的长度减 1。

ECMAScript 语法中规定 String 类型字符串是通过双引号（"）或单引号（'）来定义声明的，这与 Java 语言是有区别的，Java 语言必须是使用双引号（"）来定义声明字符串，而用单引号（'）定义声明的仅仅是字符。由于 ECMAScript 语法中没有定义字符类型，所以定义声明字符串既可使用双引号（"），也可以使用单引号（'）。

下面，先看第一个关于 String 类型的代码示例（详见源代码 ch02 目录中 ch02-js-string-a.html 文件）。

【代码 2-23】

```
01  <script type="text/javascript">
02   var v_str_a = "Hello EcmaScript!";
03   var v_str_b = "Hello 'EcmaScript!'";
04   var v_str_c = 'Hello "EcmaScript!"';
05   console.log(v_str_a);
06   console.log(v_str_b);
07   console.log(v_str_c);
08  </script>
```

关于【代码 2-23】的分析如下：

第 02～04 行代码通过 "var" 关键字定义了三个变量（v_str_a、v_str_b、v_str_c），并初始化字符串。其中，第 03 行和第 04 行代码初始化的字符串中，演示如何在定义字符串时以嵌套方式使用双引号（"）和单引号（'）；

第 05～07 行代码在浏览器控制台窗口中输出了三个变量（v_str_a、v_str_b、v_str_c）相应的内容。

页面效果如图 2.23 所示。如果想输出带有双引号（"）或单引号（'）的字符串，那么在定义字符串时必须以嵌套方式将双引号（"）或单引号（'）加进去。

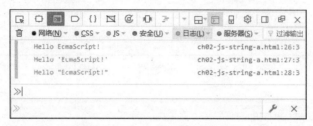

图 2.23　String 原始类型（1）

下面，我们继续看第二个关于 String 类型的代码示例（详见源代码 ch02 目录中 ch02-js-string-b.html 文件）。

【代码 2-24】

```
01  <script type="text/javascript">
02   var v_str_a = "Hello";
03   var v_str_b = "Ecma";
04   var v_str_c = "Script";
05   console.log(v_str_a + " " + v_str_b + v_str_c + "!");
06  </script>
```

页面效果如图 2.24 所示。使用运算符"+"就可以有效地将字符串进行连接，比操作方式在具体设计中十分有用。

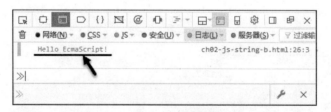

图 2.24　String 原始类型（2）

最后，看一下 ECMAScript 语法中定义的一些特殊字符串，详见表 2-2，这些特殊字符串在某些特定环境下非常有用。

表 2-2　ECMAScript 特殊字符串

编码	描述
\n	换行
\b	空格
\t	制表符

（续表）

编码	描述
\r	回车
\\	反斜杠
\'	单引号
\"	双引号

下面，就看一段使用 String 类型特殊字符串的代码示例（详见源代码 ch02 目录中 ch02-js-string-c.html 文件）。

【代码 2-25】

```
01  <script type="text/javascript">
02   var v_str_a = "Hello";
03   var v_str_b = "Ecma";
04   var v_str_c = "Script";
05   console.log(v_str_a + "\b\'\n" + v_str_b + "\"\n\r" + v_str_c + "\t!\\");
06  </script>
```

页面效果如图 2.25 所示。从图中可以看出，使用特殊字符串就可以实现空格、换行和添加标点符号的效果，这在具体设计中是非常实用的。

图 2.25　String 原始类型（3）

2.3.10　获取字符串长度

本小节介绍 ECMAScript 语法中获取字符串长度的方法。ECMAScript 语法中规定通过 String 类型的"length"属性可以获取字符串的长度。

下面来看一个关于获取 String 类型字符串长度的代码示例（详见源代码 ch02 目录中 ch02-js-string-length.html 文件）。

【代码 2-26】

```
01  <script type="text/javascript">
02   var v_str = "Hello EcmaScript!";
03   console.log(v_str.length);
04   var v_i = 123;
05   console.log(v_i.length);
06   var v_null = null;
```

```
07   console.log(v_null.length);
08   </script>
```

关于【代码 2-26】的分析如下：

第 02 行代码通过"var"关键字定义了第一个变量（v_str），并初始化赋值一个字符串；

第 03 行代码通过 length 属性获取字符串变量（v_str）的长度，然后将操作后的结果在浏览器控制台窗口中进行了输出；

第 04 行代码通过"var"关键字定义了第二个变量（v_i），并初始化赋值一个整数数值；

第 05 行代试图通过 length 属性获取整数变量（v_i）的长度，然后将操作后的结果在浏览器控制台窗口中进行了输出。定义这行代码的目的就是想测试一下 length 属性是否对 Number 类型的变量有效；

第 06 行代码通过"var"关键字定义了第三个变量（v_null），并初始化赋值"null"原始值；

第 07 行代试图通过 length 属性获取变量（v_null）的长度，然后将操作后的结果在浏览器控制台窗口中进行了输出。同样，定义这行代码的目的也是想测试一下 length 属性是否对 Null 类型的变量有效。

页面效果如图 2.26 所示。length 属性对于字符串有效，而对于 Number 类型数值和 Null 类型无效（即使可以使用 length 属性），这一点需要设计人员在使用 length 属性时注意。

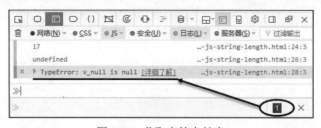

图 2.26　获取字符串长度

2.4　ECMAScript 类型转换

本节介绍关于 ECMAScript 类型转换的知识，ECMAScript 语法为设计人员提供既丰富又简单的类型转换方法，类型转换基本可以通过一步操作即可完成。ECMAScript 类型转换同样是语法基础中非常重要的一部分。

2.4.1　转换成字符串

根据 Ecma-262 规范中的定义，ECMAScript 语法提供一个 toString(argument) 函数方法用于实现将数据类型转换成字符串的功能，该方法适用于 Boolean 原始类型、Number 原始类型和 String 原始类型的原始值。关于 toString(argument)函数方法的语法说明如下：

```
toString(argument);        // TODO：用于实现将数据类型转换成字符串的功能
```

其中，"argument"参数是可选的，当需要转换成特殊类型的字符串时，可以通过定义该
参数来实现。

下面，先看第一个使用 toString(argument)函数方法将数据类型转换成字符串操作的代码示
例（详见源代码 ch02 目录中 ch02-js-toString-a.html 文件）。

【代码 2-27】

```
01  <script type="text/javascript">
02  var v_str = "toString()";
03  console.log(v_str.toString());
04  var v_b_t = true;
05  console.log(v_b_t.toString());
06  var v_b_f = false;
07  console.log(v_b_f.toString());
08  var v_null = null;
09  console.log(v_null.toString());
10  </script>
```

关于【代码 2-27】的分析如下：

第 02 行代码定义了第一个变量（v_str），并初始化赋值了字符串"toString()"；

第 03 行代码应用 toString()函数方法将变量（v_str）转换为字符串，然后将返回的结果在
浏览器控制台窗口中进行了输出。此处读者可能会有疑问，既然变量（v_str）已经初始化为字
符串，还可以使用 toString()函数方法再次转换为字符串类型吗？答案是肯定的，ECMAScript
语法允许这样操作，因为 String 类型本身是原始类型，定义的变量还是伪对象，自然就支持
toString()函数方法；

第 04 行代码定义了第二个变量（v_b_t），并初始化赋值 Boolean 类型的原始值（"true"）；

第 05 行代码应用 toString()函数方法将 Boolean 变量（v_b_t）转换为字符串，然后将返回
的结果在浏览器控制台窗口中进行输出；

类似地，第 06 行代码定义了第三个变量（v_b_f），并初始化赋值 Boolean 类型的原始值
（"false"）；

第 07 行代码应用 toString()函数方法将 Boolean 变量（v_b_f）转换为字符串，然后将返回
的结果在浏览器控制台窗口中进行输出；

第 08 行代码定义了第四个变量（v_null），并初始化赋值 Null 类型的原始值（"null"）；定
义这行代码的目的是测试 Null 类型是否支持 toString()函数方法的操作；

第 09 行代码应用 toString()函数方法将 Null 类型变量（v_null）转换为字符串，然后将返
回后的结果在浏览器控制台窗口中进行了输出。

页面效果如图 2.27 所示。第 03 行代码输出的结果表明对 String 类型变量应用 toString()

方法后返回的仍是原字符串的内容；第 05 行和第 07 行代码输出的结果表明对 Boolean 类型变量应用 toString()方法后返回的是"true"或"false"原始值；第 09 行代码输出的结果表明，对 Null 类型变量应用 toString()方法后会返回类型错误的提示信息。

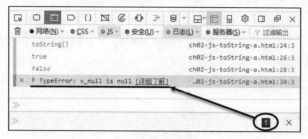

图 2.27　toString()函数方法（1）

下面，继续看第二个使用 toString(argument)函数方法对 Number 类型数值进行转换成字符串操作的代码示例（详见源代码 ch02 目录中 ch02-js-toString-b.html 文件）。

【代码 2-28】

```
01 <script type="text/javascript">
02   var v_i_1 = 123;
03   console.log(v_i_1.toString());
04   var v_i_2 = -123;
05   console.log(v_i_2.toString());
06   var v_f_1 = 123.0;
07   console.log(v_f_1.toString());
08   var v_f_2 = 123.123;
09   console.log(v_f_2.toString());
10   var v_e = 123e8;
11   console.log(v_e.toString());
12 </script>
```

页面效果如图 2.28 所示。通过以上代码输出的结果来看，Number 类型的数值在应用 toString()方法后返回的仍是表示原始值内容的字符串。

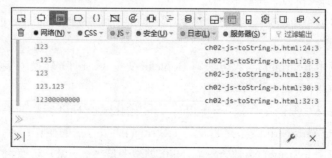

图 2.28　toString()函数方法（2）

最后，我们看第三个使用带参数"argument"的 toString(argument)函数方法对 Number 类型数值进行转换成字符串操作的代码示例（详见源代码 ch02 目录中 ch02-js-toString-c.html 文件）。

【代码 2-29】

```
01  <script type="text/javascript">
02  var v_i_2 = 11;
03  console.log(v_i_2.toString(2));
04  var v_i_8 = 63;
05  console.log(v_i_8.toString(8));
06  var v_i_16 = 255;
07  console.log(v_i_16.toString(16));
08  </script>
```

页面效果如图 2.29 所示。第 03 行代码输出的结果表明十进制数值 11 对应的二进制数值正是 1011；第 05 行代码输出的结果表明十进制数值 63 对应的八进制数值正是 77；第 07 行代码输出的结果表明十进制数值 255 对应的十六进制数值正是 ff。

另外，toString()函数方法默认参数为 0，其实与 toString(10)函数方法一致，只不过十进制参数 10 可以省略。

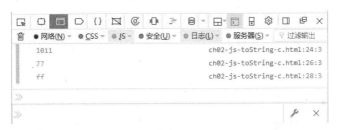

图 2.29　toString()函数方法（3）

2.4.2　转换成数字

根据 Ecma-262 规范中的定义，ECMAScript 语法提供了两个函数方法可以将非数字的原始值转换成数字，分别是 parseInt()函数方法和 parseFloat()函数方法。

其中，parseInt()方法用于将值转换成整数，parseFloat()方法用于将值转换成浮点数。另外，parseInt()方法和 parseFloat()方法仅仅对 String 类型才有效，而对于其他类型返回的都是值 NaN。

下面，先看第一使用 parseInt()函数方法将值转换成数字操作的代码示例（详见源代码 ch02 目录中 ch02-js-parseInt.html 文件）。

【代码 2-30】

```
01  <script type="text/javascript">
02  var v_i = parseInt("123");
03  console.log(v_i);
```

```
04    var v_f = parseInt("123.123");
05    console.log(v_f);
06    var v_hex = parseInt("0x11ff");
07    console.log(v_hex);
08    var v_i_str = parseInt("123abc");
09    console.log(v_i_str);
10    var v_str = parseInt("abc123");
11    console.log(v_str);
12    </script>
```

关于【代码2-30】的分析如下：

第 02 行代码定义了第一个变量（v_i），并初始化赋值为通过 parseInt("123")方法将整数字符串转换成数字的返回值；

第 04 行代码定义了第二个变量（v_f），并初始化赋值为通过 parseInt("123.123")方法将浮点数字符串转换成数字的返回值；

第 06 行代码定义了第三个变量（v_hex），并初始化赋值为通过 parseInt("0x11ff")方法将十六进制字符串转换成数字的返回值；

第 08 行代码定义了第四个变量（v_i_str），并初始化赋值为通过 parseInt("123abc")方法将字符串（"123abc"）转换成数字的返回值；

第 10 行代码定义了第四个变量（v_str_i），并初始化赋值为通过 parseInt("abc123")方法将字符串（"abc123"）转换成数字的返回值。

页面的效果如图 2.30 所示。

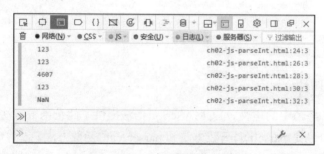

图 2.30　parseInt()函数方法（1）

从图中可以看到，第 03 行和第 05 行代码输出的结果相同，也就是说对于应用 parseInt()方法进行转换的字符串如果包含 Number 类型数值，无论是整数或浮点数，返回的均是整数类型；因为 parseInt()方法不能识别小数点（.），所以 parseInt()方法会自动舍弃浮点数中小数点以后（包含小数点）的数值；

第 07 行代码输出的结果表明如果字符串定义成十六进制形式的字符串，parseInt()方法是能够识别出来并按照十六进制数值换算成十进制数值进行返回；

第 09 行代码输出的结果表明如果字符串定义成类似"123abc"字符串的形式，parseInt()

方法能够识别出前面的数值，并将识别出来的数值进行返回。这是因为 parseInt()方法是按照从前至后的顺序依次识别字符串中的字符的，一旦遇到字符串中的字符为非数字，就会马上终止执行，并将已经识别的数字（本例为 123）进行返回；

第 11 行代码输出的结果表明如果字符串定义成类似"abc123"字符串的形式，parseInt()方法会认为是无效字符串，并会返回原始值 NaN。

通过以上的代码可以看出 parseInt()方法主要就是针对 Number 类型为数据，而对于其他类型的数据使用 parseInt()方法是无效的。

下面，继续看第二个使用 parseInt()函数方法将字符串转换成不同进制数字的代码示例（详见源代码 ch02 目录中 ch02-js-parseInt-argument.html 文件）。

【代码 2-31】

```
01  <script type="text/javascript">
02      var v_i_2 = 11;
03      console.log("parseInt(11, 2) = " + parseInt(v_i_2, 2));
04      var v_i_8 = 77;
05      console.log("parseInt(77, 8) = " + parseInt(v_i_8, 8));
06      var v_i_16 = "ff";
07      console.log("parseInt(ff, 16) = " + parseInt(v_i_16, 16));
08  </script>
```

页面效果如图 2.31 所示。使用带参数的 parseInt()函数方法可以将目标值按照参数指定的进制数进行转换。另外，parseInt()函数方法默认参数为 10，也就是说 parseInt()方法默认就是将字符串转换成十进制数。

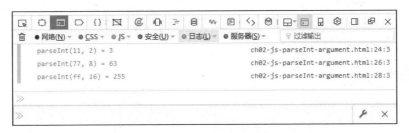

图 2.31　parseInt()函数方法（2）

最后，看一个使用 parseFloat()函数方法将字符串转换成浮点数字操作的代码示例（详见源代码 ch02 目录中 ch02-js-parseFloat.html 文件）。

【代码 2-32】

```
01  <script type="text/javascript">
02      var v_f_1= parseFloat("123.0");
03      console.log('parseFloat("123.0") = ' + v_f_1);
04      var v_f_3 = parseFloat("123.123");
05      console.log('parseFloat("123.123") = ' + v_f_3);
```

```
06        var v_f_f = parseFloat("123.123.123");
07        console.log('parseFloat("123.123.123") = ' + v_f_f);
08        var v_f_oct = parseFloat("063");
09        console.log('parseFloat("063") = ' + v_f_oct);
10        var v_f_hex = parseFloat("0x1f");
11        console.log('parseFloat("0x1f") = ' + v_f_hex);
12        var v_f_str = parseFloat("123.abc");
13        console.log('parseFloat("123.abc") = ' + v_f_str);
14        var v_str_f = parseFloat("abc.123");
15        console.log('parseFloat("abc.123") = ' + v_str_f);
16  </script>
```

页面效果如图 2.32 所示。通过以上的代码可以看出，parseFloat()方法与 parseInt()方法在识别字符的功能上是类似的，都是按照从前至后的顺序依次识别字符串中的字符，一旦遇到字符串中的字符为非数字（注意，parseFloat()方法会将第一个小数点认为是有效的），就会马上终止执行，并将已经识别的浮点数进行返回。

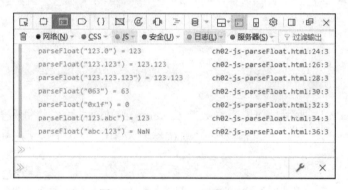

图 2.32　parseFloat()函数方法

2.4.3　强制类型转换

根据 Ecma-262 规范中的定义，ECMAScript 语法还提供了强制类型转换（type casting）来处理转换值的类型，这一点与其他很多高级程序设计语言是类似的。ECMAScript 语法规定，在使用强制类型转换时可以访问特定的值，即使其是另一种类型。

ECMAScript 语法中定义了三种强制类型转换，具体如下：

- Number(value)函数方法：可以将给定的值转换成数字（整数或浮点数均可）；
- Boolean(value)函数方法：可以将给定的值转换成 Boolean 类型；
- String(value)函数方法：可以将给定的值转换成 String 字符串类型。

另外，在使用这三个函数进行转换值操作时，将会创建一个新值，存放由原始值直接转换成的值。

下面，先看第一个使用 Number()函数方法进行强制类型转换操作的代码示例（详见源代码 ch02 目录中 ch02-js-number-cast.html 文件）。

【代码 2-33】

```
01  <script type="text/javascript">
02      console.info("Number(123) = " + Number(123));
03      console.info('Number("123") = ' + Number("123"));
04      console.info('Number("abc") = ' + Number("abc"));
05      console.info('Number(123.123) = ' + Number(123.123));
06      console.info('Number("123.123") = ' + Number("123.123"));
07      console.info('Number("123.123.123") = ' + Number("123.123.123"));
08      console.info("Number(true) = " + Number(true));
09      console.info("Number(false) = " + Number(false));
10      console.info("Number(null) = " + Number(null));
11      console.info("Number(undefined) = " + Number(undefined));
12  </script>
```

关于【代码 2-33】的分析如下：

第 02 行代码通过 Number(123)方法将整数 123 强制转换成 Number 类型；

第 03 行代码通过 Number("123")方法将字符串"123"强制转换成 Number 类型；

第 04 行代码通过 Number("abc")方法将字符串"abc"强制转换成 Number 类型；

第 05 行代码通过 Number(123.123)方法将浮点数 123.123 强制转换成 Number 类型；

第 06 行代码通过 Number("123.123")方法将字符串"123.123"强制转换成 Number 类型；

第 07 行代码通过 Number("123.123.123")方法将字符串"123.123.123"强制转换成 Number 类型；

第 08～09 行代码通过 Number(true)方法和 Number(false)方法将 Boolean 类型值强制转换成 Number 类型；

第 10 行代码通过 Number(null)方法尝试将 Null 类型值强制转换成 Number 类型；

第 11 行代码通过 Number(undefined)方法尝试将 Undefined 类型值强制转换成 Number 类型。

页面效果如图 2.33 所示。

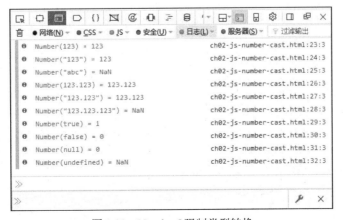

图 2.33　Number()强制类型转换

以上就是使用 Number() 方法对大部分类型进行强制类型转换的结果，读者在使用 Number() 方法时需要加以注意。

下面，继续看第二个使用 Boolean() 函数方法进行强制类型转换操作的代码示例（详见源代码 ch02 目录中 ch02-js-boolean-cast.html 文件）。

【代码 2-34】

```
01    <script type="text/javascript">
02        console.info("Boolean(true) = " + Boolean(true));
03        console.info("Boolean(false) = " + Boolean(false));
04        console.info("Boolean(1) = " + Boolean(1));
05        console.info("Boolean(10) = " + Boolean(10));
06        console.info("Boolean(0) = " + Boolean(0));
07        console.info('Boolean("abc") = ' + Boolean("abc"));
08        console.info('Boolean("") = ' + Boolean(""));
09        console.info("Boolean(null) = " + Boolean(null));
10        console.info("Boolean(undefined) = " + Boolean(undefined));
11    </script>
```

页面效果如图 2.34 所示。

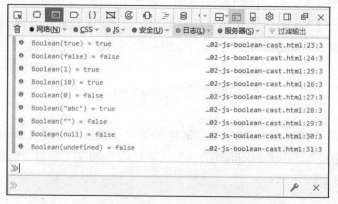

图 2.34　Boolean() 强制类型转换

以上就是使用 Boolean() 方法对部分类型进行强制类型转换的结果，读者在使用 Boolean() 方法时需要加以注意。

最后，看第三个使用 String() 函数方法进行强制类型转换操作的代码示例（详见源代码 ch02 目录中 ch02-js-string-cast.html 文件）。

【代码 2-35】

```
01    <script type="text/javascript">
02        var v_str_null = String(null);
03        console.info("String(null) = " + v_str_null);
04        var v_null = null;
```

```
05          console.info("null.toString() = " + v_null.toString());
06   </script>
```

页面效果如图 2.35 所示。对 null 值使用 String()方法进行强制类型转换时，可以正确生成字符串而不会引发错误；而对 null 值使用 toString()方法进行操作时，则引发了类型错误。同样的，对于 undefined 值也会产生同样的结果，读者可自行将【代码 2-35】中的 null 值替换为 undefined 值测试一下。

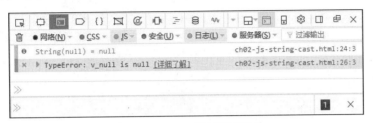

图 2.35　String()强制类型转换

其实，String()强制类型转换方法是非常简单的，该方法可以将任何值转换成字符串。不过，还是建议使用 toString()方法进行转换字符串的操作，除非必须使用【代码 2-35】中大多数情况下第 02 行同样的代码。

对于本小节介绍的强制类型转换方法，在实际项目开发中是非常有用的；因为我们知道 ECMAScript 是弱类型的编程语言，在很多情况下都需要对变量进行强制类型转换操作，希望读者加以重视。

2.5　ECMAScript 6 新特新——let、const 关键字

本节介绍关于 ECMAScript 6 语法的新特性，主要就是 let 和 const 关键字的使用方法，还包括 var 关键字与 let 和 const 关键字的区别。同时，在介绍 ECMAScript 6 语法的新特性之前，还会介绍一些关于 ECMAScript 语法的特殊知识，作为介绍 ECMAScript 6 语法新特性的铺垫。

2.5.1　变量作用域

前文中，我们介绍不通过 "var" 关键字来声明变量的方法。其实，使用或不使用 "var" 关键字还有一个很常见的问题，那就是变量的作用域。

下面来看一个关于 ECMAScript 变量作用域的代码示例（详见源代码 ch02 目录中 ch02-js-variable-scope.html 文件）。

【代码 2-36】

```
01   <script type="text/javascript">
02       var a = 1;
```

```
03          console.log("a = " + a);
04          function func_a() {
05              a = 2;
06          }
07          func_a();
08          console.log("a = " + a);
09          var b = 1;
10          console.log("b = " + b);
11          function func_b() {
12              var b = 2;
13          }
14          func_b();
15          console.log("b = " + b);
16      </script>
```

关于【代码2-36】的分析如下：

第 04～06 行代码定义一个函数方法（func_a()）。其中，第 05 行代码重新为变量（a）进行赋值操作（a=2）；

第 07 行代码直接调用第 04～06 行代码定义的函数方法（func_a()）；

第 09～15 行代码与第 02～08 行代码类似，定义变量（b），几乎再次复制第 02～08 行代码的内容。唯一不同的地方就是第 12 行代码，细心的读者会发现其与第 05 行代码的不同，使用"var"关键字重新定义了变量（b）。

页面效果如图 2.36 所示。

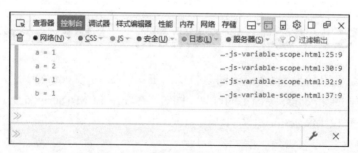

图 2.36　ECMAScript 变量作用域

从浏览器控制台中输出的内容来看，【代码2-36】中第 05 行代码没有使用"var"和第 12 行代码使用"var"关键字定义变量还是有区别的：变量（a）的内容在经过第 05 行代码的操作后，第 08 行代码输出重新赋值后的数值；而变量（b）的内容在经过第 12 行代码的操作后，第 15 行代码输出的数值没有发生任何改变。这是为什么呢？

因为在第 12 行代码中，我们使用"var"关键字定义了变量（b），此时的变量（b）仅仅是局部变量（只在函数方法（func_a()）中有效）。换句话说，第 12 行代码定义的变量（b）与第 09 行代码定义的变量（b）是完全不相关的两个变量，因此第 12 行代码中对变量（b）的赋值操作（b=2）是根本不会影响到第 15 行代码的输出结果。

以上就是对变量作用域的简单介绍，接下来介绍 ECMAScript 语法规范中关于变量提升的知识。

2.5.2　变量提升

在 JavaScript（ECMAScript）语法中，变量的提升是一种很常见的现象。那么具体什么是 JavaScript（ECMAScript）变量的提升呢？

下面来看一个关于 JavaScript（ECMAScript）变量提升的代码示例（详见源代码 ch02 目录中 ch02-js-variable-enhance.html 文件）。

【代码 2-37】

```
01  <script type="text/javascript">
02      console.log("a = " + a);
03      var a = 1;
04      console.log("a = " + a);
05      function func_b() {
06          console.log("b = " + b);
07          var b = 1;
08          console.log("b = " + b);
09      }
10      func_b();
11  </script>
```

关于【代码 2-37】的分析如下：

第 02 行和第 04 行代码分别在定义变量（a）之前和之后，尝试在浏览器控制台窗口中输出变量（a）的内容；

第 05～09 行代码定义一个函数方法（func_b()），其中第 06 行和第 08 行代码分别在定义变量（b）之前和之后，尝试在浏览器控制台窗口中输出变量（b）的内容；

第 10 行代码调用第 05～09 行代码定义的函数方法（func_b()）。

页面效果如图 2.37 所示。从浏览器控制台中输出的内容来看，虽然【代码 2-37】中定义的第 02 行代码和第 06 行代码看似会报错，但实际却输出变量未定义（undefined）的内容。这是为什么呢？

图 2.37　ECMAScript 变量提升

这是因为 JavaScript（ECMAScript）变量提升的特性而产生的结果，在 JavaScript（ECMAScript）脚本代码编译过程中，会将全部变量提升到该变量作用域的最顶部，返回到【代码 2-37】中，根据变量提升的特点，在执行第 02 行代码和第 06 行代码时，变量（a 和 b）已经存在（只不过未初始化），因此会有输出值（undefined）。

2.5.3　块级作用域

在 JavaScript（ECMAScript）语法中，是没有"块级作用域"这个概念的。因此，JavaScript（ECMAScript）全局变量的有效作用域就是整个页面，而局部变量的有效作用域就是其所定义位置的函数内。那么该如何理解呢？

下面来看一个关于 JavaScript（ECMAScript）变量"块级作用域"的代码示例（详见源代码 ch02 目录中 ch02-js-variable-block.html 文件）。

【代码 2-38】

```
01    <script type="text/javascript">
02        function func_block() {
03            var i;
04            for (i = 0; i < 3; i++) {
05                console.log("i = " + i);
06                var j = i;
07            }
08            console.log("j = " + j);
09            if (i == 3) {
10                var k = i;
11            }
12            console.log("k = i = " + k);
13        }
14        func_block();
15    </script>
```

关于【代码 2-38】的分析如下：

第 02～13 行代码定义一个函数方法（func_block()）；

第 04～07 行代码定义一个 for 循环语句，其自变量就是变量（i）。比较特殊的是第 06 行代码，通过"var"关键字定义变量（j），并赋值为变量（i）的值；

第 09～11 行代码通过 if 条件选择语句判断变量（i）是否等于数值 3；

第 10 行代码通过"var"关键字定义第三个变量（k），并赋值为变量（i）的值；

第 14 行代码调用了第 02～13 行代码定义的函数方法（func_block()）。

页面效果如图 2.38 所示。从浏览器控制台中输出的内容来看，虽然【代码 2-38】中第 06 行代码通过"var"关键字定义的第二个变量（j）是在 for 循环语句内，但第 08 行代码仍然成功地获取并输出了变量（j）的值。这是为什么呢？

图 2.38　ECMAScript 块级作用域

这就是因为 JavaScript（ECMAScript）语法规范中没有定义"块级作用域"而产生的结果，变量（j）虽然是定义在 for 循环语句内的，但其有效作用域都是在整个函数方法（func_block()）内的。

同样的，第 12 行代码能够成功获取并输出第 10 行代码定义的变量（k）的值，也就不难理解了。

2.5.4　通过 let 关键字实现块级作用域

为了解决前文中介绍的 JavaScript（ECMAScript）语法中没有"块级作用域"这个问题，ECMAScript 6 语法规范中增加了一个"let"关键字来实现"块级作用域"的功能。

下面来看一个关于 let 关键字的代码示例（详见源代码 ch02 目录中 ch02-js-es6-let.html 文件），该代码是在【代码 2-38】的基础上修改而完成的。

【代码 2-39】

```
01    <script type="text/javascript">
02        function func_let() {
03            var i;
04            for (i = 0; i < 3; i++) {
05                console.log("i = " + i);
06                let j = i;
07                console.log("j = " + j);
08            }
09            console.log("j = " + j);
10        }
11        func_let();
12    </script>
```

关于【代码 2-39】的分析如下：

第 04～08 行代码定义一个 for 循环语句，其自变量就是变量（i）。比较特殊的是第 06 行代码，通过"let"关键字定义了第二个变量（j），并赋值为变量（i）的值；

第 09 行代码在 for 循环语句之后，再次在浏览器控制台窗口中输出变量（j）的值。

页面效果如图 2.39 所示。从浏览器控制台中输出的内容来看，【代码 2-39】中第 09 行代码的变量（j）是未定义的，这就与【代码 2-38】中第 08 行代码执行结果完全不同了。而从第 07 行代码输出的内容来看，在 for 循环语句内的变量（j）均获取了具体的，这就充分地说明第 06 行代码中，通过"let"关键字定义的变量（j）的有效作用域仅存在于第 04～08 行代码定义的"块级作用域（for 循环语句）"内。

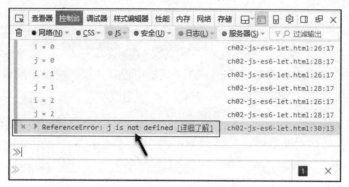

图 2.39　通过 let 运算符实现块级作用域

2.5.5　let 关键字使用规则

既然"let"关键字是 ECMAScript 6 语法规范中新增的了一个特性，那么其在使用规则上自然会与"var"关键字有所区别，在使用"let"关键字时要避免出现以下两种错误情形：

- 变量在使用"let"声明之前就使用会报错；
- 重复使用"let"声明同一变量会报错。

下面，先看一个关于 let 关键字使用规则的代码示例（详见源代码 ch02 目录中 ch02-js-es6-let-rules-a.html 文件）。

【代码 2-40】

```
01    <script type="text/javascript">
02        function func_let_rules() {
03            console.log("a = " + a);
04            let a = 1;
05            console.log("a = " + a);
06        }
07        func_let_rules();
08    </script>
```

关于【代码 2-40】的分析如下：

第 04 行代码通过"let"关键字定义第一个变量（a），并进行初始化赋值（a=1）；

第 03 行和第 05 行代码分别尝试直接在浏览器控制台窗口中输出变量（a）的值。其中，第 03 行代码是在变量（a）声明定义之前，第 05 行代码是在变量（a）声明定义之后。

页面效果如图 2.40 所示。从浏览器控制台中输出的内容来看，【代码 2-40】中第 03 行代码直接报错，在使用"let"关键字声明变量初始化之前是无法调用该变量的。

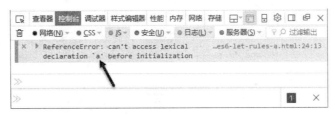

图 2.40　let 关键字使用规则（1）

下面，接着再看一个关于 let 关键字使用规则的代码示例（详见源代码 ch02 目录中 ch02-js-es6-let-rules-b.html 文件）。

【代码 2-41】

```
01  <script type="text/javascript">
02      function func_let_rules() {
03          let a = 1;
04          console.log("a = " + a);
05          let a = 2;
06          console.log("a = " + a);
07      }
08      func_let_rules();
09  </script>
```

页面效果如图 2.41 所示。从浏览器控制台中输出的内容来看，【代码 2-41】中第 03 行和第 05 行代码直接报错，使用"let"关键字是无法重新声明变量的。

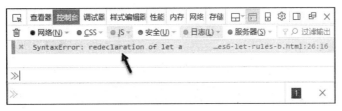

图 2.41　let 关键字使用规则（2）

2.5.6　let 关键字应用

前面铺垫这么多内容，接下来该是重点要介绍的内容。读者可能会有疑问，既然"let"关键字的功能也可以通过"var"关键字来实现，那么 ECMAScript 6 语法规范中新增"let"关键字的作用是什么呢？文字阐述往往没有实际代码表达得透彻，我们还是先看一个具体的代码示例。

下面是一个为了更好地介绍 let 关键字应用所进行铺垫的代码示例（详见源代码 ch02 目录中 ch02-js-es6-let-usage-a.html 文件）。

【代码 2-42】

```
01    <script type="text/javascript">
02        var arrJS = ["JavaScript", "EcmaScript", "jQuery"];
03        for (var i = 0; i < 3; i++) {
04            console.log("arrJS[" + i + "] = " + arrJS[i]);
05        }
06    </script>  .
```

关于【代码 2-42】的分析如下：

这段代码很简单，先定义一个字符串数组，然后通过 for 循环语句依次在浏览器控制台中输出每个数组项的内容。

页面效果如图 2.42 所示。浏览器控制台中依次输出了每个数组项的内容。【代码 2-42】很简单，我们先铺垫该代码的目的是为了介绍下面的代码示例。

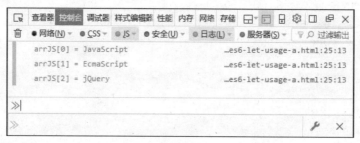

图 2.42　let 关键字应用（1）

下面接着看一个在【代码 2-42】的基础上稍作改动的代码示例（详见源代码 ch02 目录中 ch02-js-es6-let-usage-b.html 文件）。

【代码 2-43】

```
01    <script type="text/javascript">
02        var arrJS = ["JavaScript", "EcmaScript", "jQuery"];
03        for (var i = 0; i < 3; i++) {
04            setTimeout(function () {
05                console.log("arrJS[" + i + "] = " + arrJS[i]);
06            }, 500);
07        }
08    </script>
```

页面效果如图 2.43 所示。从浏览器控制台中输出的内容来看，第 05 行代码连续输出重复三次的数组项内容（undefined）。这个结果与图 2.42 的内容完全不同，这是什么原因呢？

图 2.43　let 关键字应用（2）

其实，主要原因还是变量的作用域造成的。第 03 行代码定义的 for 循环语句的自变量（i）是通过"var"关键字声明的，因此该自变量（i）的作用域是整个脚本代码空间。由于 setTimeout() 方法会设定延时，因此在 for 循环语句执行完毕后，第 05 行代码定义的在浏览器控制台中输出内容仍未执行，而此时自变量（i）的值已经变为 3 了。所以，最后等到第 05 行代码执行时获取已经是数组项 arrJS[3]（未定义，undefined）的内容。

【代码 2-43】的问题主要就是 JavaScript（ECMAScript）语法规范中没有"块级作用域"的概念造成的。那么如何解决呢？这时就该是前文中介绍的"let"关键字发挥作用的时刻了。

在【代码 2-43】的基础上稍作改动，代码示例如下（详见源代码 ch02 目录中 ch02-js-es6-let-usage-c.html 文件）。

【代码 2-44】

```
01    <script type="text/javascript">
02        var arrJS = ["JavaScript", "EcmaScript", "jQuery"];
03        for (let i = 0; i < 3; i++) {
04            setTimeout(function () {
05                console.log("arrJS[" + i + "] = " + arrJS[i]);
06            }, 500);
07        }
08    </script>
```

页面效果如图 2.44 所示。从浏览器控制台中输出的内容来看，其与图 2.42 中的内容完全相同，说明"let"关键字成功将自变量（i）的作用域限定在每一次 for 循环语句块内，因此也就能获取正常的数组项的内容。

图 2.44　let 关键字应用（3）

2.5.7　通过 const 关键字定义常量

在类似 C 和 Java 的这类高级语言中常量很常用，ECMAScript 6 语法规范中也增加一个"const"关键字来实现常量定义的功能。

ECMAScript 6 语法规范中的常量也适用于"块级作用域"，有点像使用"let"关键字定义的变量。与其他高级语言类似，ECMAScript 的常量值同样不能通过重新赋值来改变，并且也不能重新进行声明。

常量声明的同时就要进行初始化，而且创建的值仅是一个只读引用，因此无法进行更改。但也有例外，如果创建的常量是一个引用的对象，就可以改变对象的内容（如对象的参数值）。

下面，先看一个关于 const 关键字的代码示例（详见源代码 ch02 目录中 ch02-js-es6-const.html 文件）。

【代码 2-45】

```
01    <script type="text/javascript">
02        /**
03         * const 声明时必须初始化
04         */
05        const myPI;
06    </script>
```

关于【代码 2-45】的分析如下：

第 05 行代码尝试通过"const"关键字声明一个常量（myPI），但并没有进行初始化操作。

页面效果如图 2.45 所示。从浏览器控制台中输出的内容来看，JS 调试器直接提示需要进行常量的初始化操作。

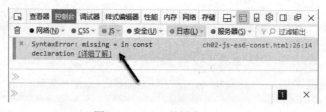

图 2.45　const 关键字（1）

下面，继续看一个关于 const 关键字的代码示例（详见源代码 ch02 目录中 ch02-js-es6-const.html 文件）。

【代码 2-46】

```
01    <script type="text/javascript">
02        /**
03         * const 常量不能再进行赋值操作
04         * @type {number}
05         */
```

```
06        const myPI = 3.1415926;
07        myPI = 3.14;
08    </script>
```

页面效果如图 2.46 所示。从浏览器控制台中输出的内容来看，JS 调试器直接对常量再次赋值的初始化操作进行了报错。

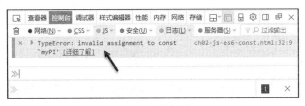

图 2.46　const 关键字（2）

在【代码 2-46】的基础上进行修改，完成一个关于 const 关键字的代码示例（详见源代码 ch02 目录中 ch02-js-es6-const.html 文件）。

【代码 2-47】

```
01    <script type="text/javascript">
02        /**
03         * const 常量不能重复声明
04         * @type {number}
05         */
06        const myPI = 3.1415926;
07        const myPI = 3.1415926;
08    </script>
```

页面效果如图 2.47 所示。从浏览器控制台中输出的内容来看，JS 调试器直接对常量重复声明的操作进行了报错。

图 2.47　const 关键字（3）

另外，对于已经通过"const"关键字声明的常量，再次使用"var"或"let"关键字声明也是不被允许的。

前面的几个代码示例说明常量已经声明定义就无法再更改了，这点是毋庸置疑的。不过也有一种例外，那就是对象常量的参数值是可以更改的。不过需要注意，对象常量本身是不可更改的，仅仅是常量参数可以更改。

下面来看一个关于 const 关键字定义对象常量的代码示例（详见源代码 ch02 目录中 ch02-js-es6-const.html 文件）。

【代码 2-48】

```
01    <script type="text/javascript">
02        /**
03         * const 声明对象常量
04         * @type {{key: string}}
05         */
06        const myObj = {"key": "JavaScript"};
07        console.log("key : " + myObj.key);
08        myObj.key = "EcmaScript";
09        console.log("key : " + myObj.key);
10    </script>
```

页面效果如图 2.48 所示。从浏览器控制台中输出的内容来看，第 08 行代码成功修改了常量对象（myObj）中"key"的参数值。

图 2.48　const 关键字（4）

2.6　关键字和保留字

在 ECMAScript 语法规范中，规定一些字符串是关键字和保留字，都是不能作为变量名和函数名来使用的。我们知道，目前 ECMAScript 语法的最新官方版本已经是 ECMA-262 了。下面列举一些 ECMAScript 语法中定义的保留字和关键字，详见表 2-3。

表 2-3　ECMAScript 关键字和保留字

abstract	arguments	boolean	break	byte	case
catch	char	class*	const*	continue	debugger
default	delete	do	double	else	enum*
export*	eval	extends*	false	final	finally
float	for	function	goto	if	implements
import*	in	instanceof	int	interface	let*
long	native	new	null	package	private
protected	public	return	short	static	super*
switch	synchronized	this	throw	throws	transient
true	try	typeof	var	void	volatile
while	with	yield			

备注：表中带"*"号的是 ECMAScript 最新版中新增的。

除了表 2-3 中定义的保留字和关键字，还有一些 ECMAScript 定义的对象、属性和方法也应该避免作为变量名和函数名来使用的，具体见表 2-4。

表 2-4　ECMAScript 对象、属性和方法

Array	Date	eval	function	hasOwnProperty	Infinity
isFinite	isNaN	isPrototypeOf	length	Math	NaN
name	Number	Object	prototype	String	toString
undefined	valueOf				

 如果把关键字和保留字作为变量名或函数名来使用，可能得到类似 "Identifier Expected" 这样的错误消息。

2.7 开发实战：ECMAScript 类型工具

本节基于前文介绍的 ECMAScript 语法基础知识，设计实现一个 ECMAScript 类型测试和转换工具。

下面是 ECMAScript 类型测试和转换工具的 HTML 网页代码（详见源代码 ch02 目录中 TypeTo\ch02-js-typeto.html 文件）：

【代码 02-49】

```
01  <table>
02   <tr>
03      <td><label for="id-type">原始输入:  </label></td>
04      <td><input type="text" id="id-type" value="" placeholder="请输入..."
onblur="on_id_type_blur('id-type');" /></td>
05   </tr>
06   <tr>
07      <td><label for="id-typeof">typeof:  </label></td>
08      <td><input type="text" id="id-typeof" value="" placeholder="" readonly
/></td>
09   </tr>
10   <tr>
11      <td><label for="id-literal">Literal:  </label></td>
12      <td><input type="text" id="id-literal" value="" placeholder=""
readonly /></td>
13   </tr>
14   <tr>
15      <td><label for="id-number">Number:  </label></td>
16      <td><input type="text" id="id-number" value="" placeholder="" readonly
```

```
/></td>
17    </tr>
18    <tr>
19        <td><label for="id-number">Boolean:  </label></td>
20        <td><input type="text" id="id-boolean" value="" placeholder=""
readonly /></td>
21    </tr>
22    <tr>
23        <td><label for="id-string">String:  </label></td>
24        <td><input type="text" id="id-string" value="" placeholder="" readonly
/></td>
25    </tr>
26    </table>
```

关于【代码 02-49】的分析如下：

这段代码主要是通过<table>标签元素定义 ECMAScript 类型测试和转换工具的界面。其中，第 04 行代码通过<input>标签元素定义一个原始文本输入框，并注册"onblur"（失去焦点）事件的处理方法（on_id_type_blur('id-type');）；第 06～25 行代码定义一组<input>标签元素，用于显示类型测试与转换的输出结果。

下面是 ECMAScript 类型测试和转换工具的 JS 脚本代码（详见源代码 ch02 目录中 TypeTo\ch02-js-typeto.html 文件）。

【代码 02-50】

```
01    <script type="text/javascript">
02        function on_id_type_blur(idtype) {
03            var v_type = document.getElementById(idtype).value;
04            if(v_type == "null") {
05                v_type = null;
06            } else if(v_type == "undefined") {
07                v_type = undefined;
08            } else {
09                v_type = v_type;
10            }
11            document.getElementById("id-typeof").value = typeof v_type;
12            document.getElementById("id-literal").value = v_type;
13            document.getElementById("id-number").value = Number(v_type);
14            document.getElementById("id-boolean").value = Boolean(v_type);
15            document.getElementById("id-string").value = String(v_type);
16        }
17    </script>
```

关于【代码 02-50】的分析如下：

第 02～16 行代码是【代码 02-49】中定义的事件处理函数"on_id_type_blur(idtype)"的具

体实现。其中，第 03 行代码获取了用户输入的内容；第 04～10 行代码用于判断用户输入的内容是否为"null"或"undefined"特殊类型，如果"是"则直接赋值为特殊类型；第 11～15 行代码用于测试输入类型并进行强制类型转换。

运行测试 HTML 网页，效果如图 2.49 所示。在"原始输入"文本框中输入任意字符串（例如 null、undefined 和 123 等），页面效果分别如图 2.50、图 2.51 和图 2.52 所示。

图 2.49　ECMAScript 类型测试和转换工具（1）

图 2.50　ECMAScript 类型测试和转换工具（2）

图 2.51　ECMAScript 类型测试和转换工具（3）

图 2.52　ECMAScript 类型测试和转换工具（4）

2.8　本章小结

本章主要介绍 ECMAScript 语法的基础知识，包括语法基础、变量、类型、类型转换和关键字等方面的内容，并通过一些具体示例进行了详细讲解。希望通过对本章内容的学习，读者能够打好 JavaScript 脚本语言开发的基础。

第 3 章

ECMAScript运算符与表达式

本章继续介绍 ECMAScript 语法的核心内容 —— 运算符与表达式。表达式通常是由是数字、运算符、分组符号（括号）、自由变量和约束变量等元素按照一定意义所排列而构成的组合。而运算符用于执行表达式的运算，是表达式中非常重要的组成元素。在本章中我们将会具体介绍 ECMAScript 加性运算符、乘性运算符、一元运算符、关系运算符、等性运算符、位运算符、逻辑运算符、赋值运算符、条件运算符以及表达式等方面的内容。

3.1 ECMAScript 加性运算符及表达式

ECMAScript 语法中将加法（+）和减法（-）运算符统称为加性运算符，用于执行数值之间的加减算术运算。

3.1.1 加性运算符与表达式概述

关于 ECMAScript 语法中定义的加性运算符的内容详见表 3-1。

表 3-1　ECMAScript 加性运算符与表达式

运算符	描述	表达式示例	运算结果
+	加	1+1	2
-	减	2-1	1

3.1.2 加法运算符及表达式

ECMAScript 语法中规定加法运算符使用符号"+"来表示，加法（+）运算符除了可以进行正常的数值运算外，还支持对类似"NaN"和"Infinity"特殊值的运算。此外，加法（+）运算符还可以用于字符串的连接操作。

下面，来看一个应用 ECMAScript 加法（+）运算符的代码示例（详见源代码 ch03 目录中 ch03-js-operator-add.html 文件）。

【代码 3-1】

```
01    <script type="text/javascript">
02        var i = 1;
03        var j = 2;
04        var sum = i + j;
05        console.log("1 + 2 = " + sum);
06        var p = NaN;
07        var q = 123;
08        var sumNaN = p + q;
09        console.log("NaN + 123 = " + sumNaN);
10        var x = Infinity;
11        var y = 321;
12        var sumInfinity = x + y;
13        console.log("Infinity + 123 = " + sumInfinity);
14        var sumX = Infinity + Infinity;
15        console.log("Infinity + Infinity = " + sumX);
16        var sumY = -Infinity + -Infinity;
17        console.log("-Infinity + -Infinity = " + sumY);
18        var sumZ = -Infinity + Infinity;
19        console.log("-Infinity + Infinity = " + sumZ);
20    </script>
```

关于【代码 3-1】的分析如下：

第 02～05 行代码定义了两个变量（i 和 j），并通过加法运算符（+）进行了算术运算。其中，在第 04 行代码中就是通过加法运算符（+）将变量（i）和变量（j）进行算术相加运算；

第 06～09 行代码通过加法运算符（+）对特殊值（NaN）进行了算术运算。其中，第 06行代码定义变量（p），并初始化赋值为特殊值（NaN）；第 08 行代码尝试将变量（p）与一个具体数值进行算数相加运算，并将结果保存在变量（sumNaN）中；

第 10～13 行代码通过加法运算符（+）对特殊值（Infinity）进行了算术运算。其中，第 10 行代码定义了变量（x），并初始化赋值为特殊值（Infinity）；第 12 行代码尝试将变量（x）与一个具体数值进行算数相加运算，并将结果保存在变量（sumInfinity）中；

第 14～15 行代码通过加法运算符（+）对特殊值（Infinity）和特殊值（Infinity）进行算术运算，并将结果保存在变量（sumX）中；

第 16～17 行代码通过加法运算符（+）对特殊值（-Infinity）和特殊值（-Infinity）进行了算术运算，并将结果保存在变量（sumY）中；

第 18～19 行代码通过加法运算符（+）对特殊值（-Infinity）和特殊值（Infinity）进行了算术运算，并将结果保存在变量（sumZ）中。

页面效果如图 3.1 所示。从第 09 行代码的输出结果来看，特殊值（NaN）与数值相加后的结果仍为（NaN）；从第 13 行代码的输出结果来看，特殊值（Infinity）与数值相加后的结果也仍为（Infinity）。

图 3.1　ECMAScript 加法运算符（＋）

另外，特殊值（Infinity）和特殊值（Infinity）相加后，结果仍为特殊值（Infinity）；特殊值（-Infinity）和特殊值（-Infinity）相加后，结果仍为特殊值（-Infinity）；而特殊值（-Infinity）和特殊值（Infinity）相加后，结果变化为特殊值（NaN），表示不是一个有效数值。

下面，再看一个应用 ECMAScript 加法（＋）运算符进行字符串连接操作的代码示例（详见源代码 ch03 目录中 ch03-js-operator-add-str.html 文件）。

【代码 3-2】

```
01    <script type="text/javascript">
02        var strA = "Hello";
03        var strB = "EcmaScript";
04        console.log(strA + " " + strB + "!");
05        var i = 1;
06        var strN = "8";
07        console.log(i + strN);
08        console.log(strN + i);
09    </script>
```

页面效果如图 3.2 所示。从第 04 行代码的输出结果来看，加法运算符（＋）也可以用于字符串连接操作；从第 07 和 08 行代码的输出结果来看，对字符串与数值使用加法运算符（＋）进行连接操作时，数值类型会被转换为字符串类型，然后进行字符串连接操作。即使字符串为数值类的字符串（如第 06 行代码定义的变量），也不会与数值进行算术运算，这一点需要设计人员加以重视。

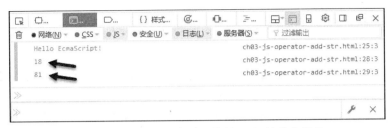

图 3.2　ECMAScript 加法运算符（+）连接字符串

3.1.3　减法运算符及表达式

ECMAScript 语法中规定减法运算符使用符号"-"来表示，减法（-）运算符除了可以进行正常的数值运算外，还支持对类似"NaN"和"Infinity"特殊值的运算。

下面，来看一个应用 ECMAScript 减法（-）运算符的代码示例（详见源代码 ch03 目录中 ch03-js-operator-minus.html 文件）。

【代码 3-3】

```
01  <script type="text/javascript">
02      var i = 2;
03      var j = 1;
04      var minusNumA = i - j;
05      console.log("2 - 1 = " + minusNumA);
06      var minusNumB = i.toString() - j;
07      console.log('"2" - 1 = ' + minusNumB);
08      var minusStr = "EcmaScript" - 123;
09      console.log('"EcmaScript" - 123 = ' + minusStr);
10      var p = NaN;
11      var q = 123;
12      var minusNaNA = p - q;
13      console.log("NaN - 123 = " + minusNaNA);
14      var minusNaNB = q - p;
15      console.log("123 - NaN = " + minusNaNB);
16      var x = Infinity;
17      var y = 321;
18      var minusInfinityA = x - y;
19      console.log("Infinity - 321 = " + minusInfinityA);
20      var minusInfinityB = y - x;
21      console.log("321 - Infinity = " + minusInfinityB);
22      var minusA = Infinity - Infinity;
23      console.log("Infinity - Infinity = " + minusA);
24      var minusB = -Infinity - -Infinity;
25      console.log("-Infinity - -Infinity = " + minusB);
26      var minusC = -Infinity - Infinity;
27      console.log("-Infinity - Infinity = " + minusC);
28      var minusD = Infinity - -Infinity;
29      console.log("Infinity - -Infinity = " + minusD);
30  </script>
```

关于【代码 3-3】的分析如下：

第 02～05 行代码定义了两个变量（i 和 j），并通过减法运算符（-）进行了算术运算。其中，在第 04 行代码中就是通过减法运算符（-）将变量（i）和变量（j）进行算术相减运算；

第 06～07 行代码在第 02～05 行代码的基础上做了一点小变动，先将变量（i）转换为字符串类型，再通过减法运算符（-）与变量（j）进行算术相减运算；

第 08～09 行代码通过减法运算符（-）对一个字符串（"ECMAScript"）和数值（123）进行相减运算；

第 10～15 行代码通过减法运算符（-）对特殊值（NaN）进行了算术运算。其中，第 10 行代码定义了变量（p），并初始化赋值为特殊值（NaN）；第 12 行和第 14 行代码分别尝试将变量（p）与一个具体数值进行减法运算；

第 16～21 行代码通过减法运算符（-）对特殊值（Infinity）进行了算术运算；其中，第 16 行代码定义了变量（x），并初始化赋值为特殊值（Infinity）；第 18 行和第 20 行代码分别尝试将变量（x）与一个具体数值进行减法运算；

第 22～23 行代码通过减法运算符（-）对特殊值（Infinity）和特殊值（Infinity）进行了算术运算；

第 24～25 行代码通过减法运算符（-）对特殊值（-Infinity）和特殊值（-Infinity）进行了算术运算；

第 26～27 行代码通过减法运算符（-）对特殊值（-Infinity）和特殊值（Infinity）进行了算术运算；

第 28～29 行代码通过减法运算符（-）对特殊值（Infinity）和特殊值（-Infinity）进行了算术运算。

页面效果如图 3.3 所示。

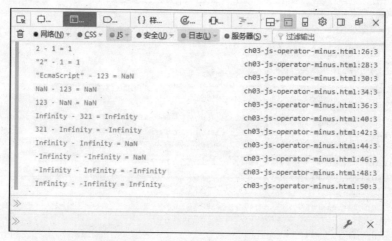

图 3.3　ECMAScript 减法运算符（-）

3.2　ECMAScript 乘性运算符及表达式

ECMAScript 语法中将乘法（*）、除法（/）和模数（%）运算符统一称为乘性运算符，用于执行数值之间的乘除和取余算术运算。

3.2.1　乘性运算符与表达式概述

关于 ECMAScript 语法中定义的乘性运算符的内容详见表 3-2。

表 3-2　ECMAScript乘性运算符与表达式

运算符	描述	表达式示例	运算结果
*	乘	2*3	6
/	除	6/3	2
%	取余（模）数（保留整数）	3%2	1

3.2.2　乘法运算符及表达式

ECMAScript 语法中规定乘法运算符使用符号"*"来表示，乘法（*）运算符除了可以进行正常的数值运算外，还支持对类似"NaN"和"Infinity"特殊值的运算。

下面，来看一个应用 ECMAScript 乘法（*）运算符的代码示例（详见源代码 ch03 目录中 ch03-js-operator-multiple.html 文件）。

【代码 3-4】

```
01    <script type="text/javascript">
02        var i = 123;
03        var j = 321;
04        var sum = i * j;
05        console.log("123 * 321 = " + sum);
06        var a = 1e1001;
07        var sumAA = a * a;
08        console.log("1e1001 * 1e1001 = " + sumAA);
09        var sumAB = -a * a;
10        console.log("-1e1001 * 1e1001 = " + sumAB);
11        var p = NaN;
12        var q = 5;
13        var sumNaN = p * q;
14        console.log("NaN * 5 = " + sumNaN);
15        var x = Infinity;
16        var y = 0;
17        var sumInfinity = x * y;
18        console.log("Infinity * 0 = " + sumInfinity);
```

```
19      var z = 1;
20      var sumZ = x * z;
21      console.log("Infinity * 1 = " + sumZ);
22      var zz = -1;
23      var sumZZ = x * zz;
24      console.log("Infinity * (-1) = " + sumZZ);
25      var sumSum = Infinity * Infinity;
26      console.log("Infinity * Infinity = " + sumSum);
27  </script>
```

关于【代码 3-4】的分析如下：

第 02～05 行代码定义了两个变量（i 和 j），并通过乘法运算符（*）进行了算术运算。其中，在第 04 行代码中通过乘法运算符（*）将变量（i）和变量（j）进行了算术相乘运算；

第 06～10 行代码通过乘法运算符（*）进行了无穷大的计算。其中，第 06 行代码定义了一个变量（a），并初始化为科学记数法数值（1e1001）；第 07 行和第 09 行代码使用乘法运算符（*）分别计算了数值（1e1001）的正负平方值；

第 11～14 行代码分别对特殊值（NaN）进行了算术运算。其中，第 11 行代码定义了变量（p），并初始化赋值为特殊值（NaN）；第 13 行代码尝试将变量（p）与一个具体数值进行算术相乘运算；

第 15～24 行代码通过乘法运算符（*）对特殊值（Infinity）进行了算术运算。其中，第 15 行代码定义了变量（x），并初始化赋值为特殊值（Infinity）；第 17 行代码尝试将变量（x）与数值（0）进行算术相乘运算；第 20 行代码尝试将变量（x）与非零数值（1）进行算术相乘运算；第 23 行代码尝试将变量（x）与非零数值（-1）进行算术相乘运算；

第 25～26 行代码通过乘法运算符（*）对特殊值（Infinity）和特殊值（Infinity）进行了算术运算，并将结果保存在变量（sumSum）中。

页面效果如图 3.4 所示。

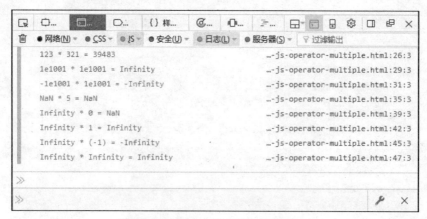

图 3.4　ECMAScript 乘法运算符（*）

3.2.3　除法运算符及表达式

ECMAScript 语法中规定除法运算符使用符号 "/" 来表示，除法（/）运算符除了可以进行正常的数值运算外，还支持对类似 "NaN" 和 "Infinity" 特殊值的运算。

下面，来看一个应用 ECMAScript 除法（/）运算符的代码示例（详见源代码 ch03 目录中 ch03-js-operator-divide.html 文件）。

【代码 3-5】

```
01    <script type="text/javascript">
02        var i = 128;
03        var j = 16;
04        var sum = i / j;
05        console.log("128 / 16 = " + sum);
06        var a = 1e-1001;
07        var sumAA = 1 / a;
08        console.log("1 / 1e-1001 = " + sumAA);
09        var sumAB = -1 / a;
10        console.log("-1 / 1e-1001 = " + sumAB);
11        var p = NaN;
12        var q = 2;
13        var sumNaNA = p / q;
14        console.log("NaN / 2 = " + sumNaNA);
15        var sumNaNB = q / p;
16        console.log("2 / NaN = " + sumNaNB);
17        var sumZero = 2 / 0;
18        console.log("2 / 0 = " + sumZero);
19        var sumInfinityA = Infinity / 2;
20        console.log("Infinity / 2 = " + sumInfinityA);
21        var sumInfinityB = Infinity / (-2);
22        console.log("Infinity / -2 = " + sumInfinityB);
23        var sumInfinityZero = Infinity / 0;
24        console.log("Infinity / 0 = " + sumInfinityZero);
25        var sumSum = Infinity / Infinity;
26        console.log("Infinity / Infinity = " + sumSum);
27    </script>
```

关于【代码 3-5】的分析如下：

第 02～05 行代码定义了两个变量（i 和 j），并通过除法运算符（/）进行了算术运算。其中，在第 04 行代码中通过除法运算符（/）将变量（i）和变量（j）进行了算术除法运算；

第 06～10 行代码通过除法运算符（/）进行了生成无穷大的计算。其中，第 06 行代码定义了一个变量（a），并初始化为科学记数法数值（1e-1001）；第 07 行和第 09 行代码使用除法运算符（/）分别计算了数值（±1）除以数值（1e-1001）的结果；

第 11～16 行代码分别对特殊值（NaN）进行了算术运算。其中，第 11 行代码定义了变量（p），并初始化赋值为特殊值（NaN）；第 13 行代码尝试将变量（p）与一个具体数值（2）进行算术除法运算；第 15 行代码尝试将一个具体数值（2）与变量（p）进行算术除法运算；

第 17～18 行代码通过除法运算符（/）计算了数值（2）除以数值（0）的结果，也就是除数为零的运算；

第 19～24 行代码通过除法运算符（/）对特殊值（Infinity）进行了算术运算。其中，第 19 行代码计算了特殊值（Infinity）除以非零数值（2）的结果；第 21 行代码计算了特殊值（Infinity）除以非零数值（-2）的结果；第 23 行代码计算了特殊值（Infinity）除以数值（0）的结果；

第 25～26 行代码通过除法运算符（/）对特殊值（Infinity）和特殊值（Infinity）进行了除法运算，并将结果保存在变量（sumSum）中。

页面效果如图 3.5 所示。从第 08 行和第 10 行代码的输出结果来看，如果除法运算返回的结果太大或太小，那么生成的结果就是特殊值（Infinity 或-Infinity）。另外，如果执行特殊值（Infinity）除以特殊值（Infinity）的算术运算，则其结果为特殊值（NaN）。

图 3.5　ECMAScript 除法运算符（/）

3.2.4　取模运算符及表达式

ECMAScript 语法中规定取模运算符使用百分数符号"%"来表示，取模（%）运算符除了可以进行正常的数值运算外，还支持对类似"NaN"和"Infinity"特殊值的运算。

下面，来看一个应用 ECMAScript 取模（%）运算符的代码示例（详见源代码 ch03 目录中 ch03-js-operator-mod.html 文件）。

【代码 3-6】

```
01    <script type="text/javascript">
02        var i = 5;
03        var j = 3;
04        var mod = i % j;
05        console.log("5 % 3 = " + mod);
06        var modZeroDiv = 0 % 2;
07        console.log("0 % 2 = " + modZeroDiv);
```

```
08          var modDivZero = 2 % 0;
09          console.log("2 % 0 = " + modDivZero);
10          var modInfinityDiv = Infinity % 2;
11          console.log("Infinity % 2 = " + modInfinityDiv);
12          var modInfinityInfinity = Infinity % Infinity;
13          console.log("Infinity % Infinity = " + modInfinityInfinity);
14          var modDivInfinity = 2 % Infinity;
15          console.log("2 % Infinity = " + modDivInfinity);
16  </script>
```

关于【代码 3-6】的分析如下：

第 02～05 行代码定义了两个变量（i 和 j），并通过取模（%）运算符进行算术运算。其中，在第 04 行代码中通过取模（%）运算符将变量（i）和变量（j）进行了算术取模运算；

第 06～07 行代码通过取模（%）运算符对被除数为数值（0）、除数为非零数值进行取模运算；

类似的，第 08～09 行代码通过取模（%）运算符对除数为数值（0）、被除数为非零数值进行取模运算；

第 10～11 行代码通过取模（%）运算符对被除数为特殊值（Infinity）的情况进行了取模运算；

第 12～13 行代码通过取模（%）运算符对被除数和除数均为特殊值（Infinity）的情况进行了取模运算；

第 14～15 行代码通过取模（%）运算符对除数为特殊值（Infinity）的情况进行了取模运算。

页面效果如图 3.6 所示。从第 09 行代码的输出结果来看，表达式（2 % 0 = ）的运算结果为特殊值（NaN），因为除数为零的取模运算是无意义的，所以结果为特殊值（NaN）；从第 11 行代码的输出结果来看，表达式（Infinity % 2 = ）的运算结果为特殊值（NaN），因为对特殊值（Infinity）进行取模运算也是无意义的，所以结果为特殊值（NaN）；从第 13 行代码的输出结果来看，表达式（Infinity % Infinity = ）的运算结果为特殊值（NaN），说明特殊值（Infinity）对特殊值（Infinity）取模也是没有意义的；从第 15 行代码的输出结果来看，表达式（2 % Infinity = ）的运算结果为数值（2），这就说明对任意数值进行除数为特殊值（Infinity）的取模运算，结果均为被除数本身。

图 3.6　ECMAScript 取模运算符（%）

3.3 ECMAScript 一元运算符及表达式

在 ECMAScript 语法中，对只有一个参数（对象或值）进行操作的运算符，统称为一元运算符。一元运算符包括 new、delete、void、增减量运算和一元加减法等。下面对这些一元运算符逐一进行介绍。

3.3.1 一元运算符与表达式概述

关于 ECMAScript 语法中定义的一元运算符的内容详见表 3-3。

表 3-3　ECMAScript 一元运算符与表达式

运算符	描述	表达式示例	运算结果
new	创建或新建对象	new Object	/
delete	清除或删除对已存在对象的属性或方法的引用	delete obj.prop	/
void	对任何值返回 undefined	/	undefined
++	增量运算	++1、1++	/
--	减量运算	--1、1--	/
+	一元加法运算	+1	1
-	一元减法运算	-1	-1

3.3.2 new 和 delete 运算符及表达式

对于 new 和 delete 运算符，相信对于学习过 C 语言或 Java 语言的读者一定不陌生。ECMAScript 语法中规定 new 运算符用于创建新的对象，而 delete 运算符用于删除对已存在对象的属性或方法的引用。

 ECMAScript 语言与 C 和 Java 语言不同，ECMAScript 语法中没有"类"的概念，只有"对象"的概念。其实，ECMAScript 中的对象与 C 和 Java 语言中的类这两个概念，在含义、功能和用法上基本相同。读者把 ECMAScript 语言中的对象当作 C 和 Java 语言中的类来理解是完全没有问题的。

下面，来看一个应用 new 和 delete 运算符的代码示例（详见源代码 ch03 目录中 ch03-js-operator-new-delete.html 文件）。

【代码 3-7】

```
01    <script type="text/javascript">
02        // obj test
03        console.log("delete obj :");
04        var obj = new Object;
```

```
05      obj.userid = "king";
06      obj.username = "Leo King";
07      obj.gentle = "male";
08      console.log("userid : " + obj.userid);
09      console.log("username : " + obj.username);
10      console.log("gentle : " + obj.gentle);
11      console.log(obj);
12      delete obj.gentle;
13      console.log(obj);
14      delete obj.username;
15      console.log(obj);
16      delete obj.userid;
17      console.log(obj);
18      obj = null;
19      // obj2 test
20      console.log("delete obj2 :");
21      var obj2 = new Object;
22      obj2.userid = "king";
23      obj2.username = "Leo King";
24      obj2.gentle = "male";
25      console.log(obj2);
26      delete obj2;
27      console.log(obj2);
28      obj2 = null;
29      console.log(obj2);
30  </script>
```

关于【代码 3-7】的分析如下：

第 04 行代码通过 new 运算符创建了一个对象 obj（var obj = new Object;），并在第 05～07 行代码中为该对象（obj）定义了三个属性，同时初始化了具体属性值；

第 08～10 行代码分别通过对象（obj）的三个属性输出了其属性值；

而第 11 行代码则是直接通过对象（obj）输出了其全部属性值；

第 12 行、第 14 行和第 16 行代码依次通过 delete 运算符删除了对象（obj）的三个属性；同时，第 13 行、第 15 行和第 17 行代码则分别在每次进行 delete 运算后，输出了对象（obj）的全部属性值；

第 21～29 行代码与前面的代码类似，不同之处在于第 26 行代码中，尝试直接通过 delete 运算符删除对象（obj2）。

页面效果如图 3.7 所示。从第 13 行、第 15 行和第 17 行代码输出的结果来看，每次执行 delete 运算后，对象（obj）的属性均被成功删除，直至最后输出了一个空的"Object"对象。而从第 25 行和第 27 行代码输出的结果来看，第 26 行代码中尝试通过 delete 运算符直接删除对象（obj2）的操作没有成功，这是为什么呢？让我们再查看关于 delete 运算符定义的描述：

"delete 运算符用于删除对已存在对象的属性或方法的引用"，这就说明 delete 运算符仅仅对于对象的属性或方法有效，而是无法直接删除对象本身的。

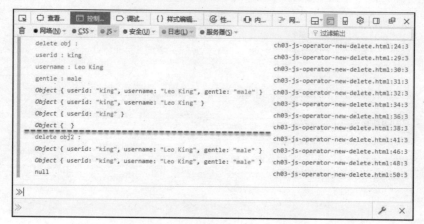

图 3.7　ECMAScript 一元运算符（new & delete）

那么如何删除对象呢？我们看第 18 行和第 28 行代码，通过直接为对象赋值"null"，就可以清空对象了，具体效果从第 29 行代码输出的结果就可以看出来。

 清空对象并不意味着对象就从内存中被释放了，JavaScript 语言有专门的垃圾回收机制负责内存释放操作，我们会在后面的内容中详细介绍 JavaScript 语言的内存释放管理机制。

3.3.3　void 运算符及表达式

对于 void 运算符，相信对于学习过 C 语言的读者也一定不陌生。ECMAScript 语法中规定 void 运算符对任何值均返回（undefined）值，通常 void 运算符的作用是用于避免输出不应该输出的值。比如在 HTML 页面中的<a>标签内调用 JavaScript 函数时，如打算正确实现该功能，则函数一定不能返回有效值，否则浏览器页面就会被清空，仅仅会替代显示出函数的返回结果。

下面，来看一个不应用 void 运算符的代码示例（详见源代码 ch03 目录中 ch03-js-operator-void.html 文件）。

【代码 3-8】

```
01    <p>
02        无 void 运算符测试:<br>
03        <a href="javascript:window.open('about:blank')">无 void 运算符</a><br>
04    </p>
```

关于【代码 3-8】的分析如下：

这段代码的主要目的就是调用 window.open()方法新打开一个空的页面。但是，因为 window.open()方法会有一个返回值（即对新打开窗口的引用），所以该页面会显示该返回值。

页面初始效果如图 3.8 所示。点击一下页面中的超链接（"无 void 运算符"），页面效果如图 3.9 所示。window.open()方法会有一个返回值，即对新打开窗口的引用（一个 window 对象）。因此，原页面中的内容会被该 window 对象的引用值（[object Window]）强行替换掉。

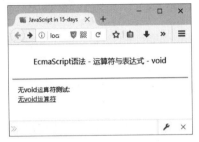

图 3.8　ECMAScript 一元运算符（无 void）（1）　　图 3.9　ECMAScript 一元运算符（无 void）（2）

那么如何避免该问题的出现呢？这时 void 运算符就可以发挥作用了。下面，我们看一个应用 void 运算符的代码示例（详见源代码 ch03 目录中 ch03-js-operator-void.html 文件）。

【代码 3-9】

```
01    <p>
02        有 void 运算符测试:<br>
03        <a href="javascript:void(window.open('about:blank'))">有 void 运算符
</a><br>
04    </p>
```

页面初始效果如图 3.10 所示。点击一下页面中的超链接（"有 void 运算符"），页面效果如图 3.11 所示。虽然 window.open()方法会有一个返回值，但是被 void 运算符强制转换为"undefined"值；而"undefined"值是无意义的，因此原页面中的内容就会保留原始的内容。

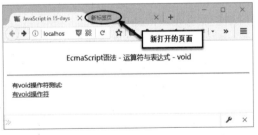

图 3.10　ECMAScript 一元运算符（有 void）（1）　　图 3.11　ECMAScript 一元运算符（有 void）（2）

3.3.4　前增量与前减量运算符及表达式

对于前增量与前减量运算符，相信对于学习过 C 语言和 Java 语言的读者也一定很熟悉。ECMAScript 语法中同样也定义了前增量与前减量这两个运算符，使用方法与 C 语言和 Java语言是一致的。

所谓前增量运算符，就是在变量前放两个加号（++），功能是在数值上加 1；同理，前减量运算符就是在变量前放两个减号（--），功能是在数值上减 1。注意，两个加号（++）或两个减号（--）放在变量前与放在变量后，在功能上是有所区别的，后面我们会进行详细的介绍。

下面，来看一个应用前增量与前减量运算符的代码示例（详见源代码 ch03 目录中 ch03-js-operator-pre-ppmm.html 文件）。

【代码 3-10】

```
01  <script type="text/javascript">
02    var i = 1;
03    console.log("i = " + i);
04    ++i;
05    console.log("++i, i = " + i);
06    console.log("++i = " + ++i);
07    console.log("i = " + i);
08    var j = 3;
09    console.log("j = " + j);
10    --j;
11    console.log("--j, j = " + j);
12    console.log("--j = " + --j);
13    console.log("j = " + j);
14  </script>
```

关于【代码 3-10】的分析如下：

第 04 行代码使用前增量运算符对变量（i）进行了操作（++i）；

第 06 行代码再次在浏览器控制台中输出了表达式（++i）的数值，这里返回的是对变量（i）使用前增量运算符后的结果；

第 10 行代码使用前减量运算符对变量（j）进行了操作（--j）；

第 12 行代码再次在浏览器控制台中输出了表达式（--j）的数值，这里是对变量（j）使用前减量运算符后的结果。

页面初始效果如图 3.12 所示。在第 04 行代码对变量（i）使用前增量运算符操作（++i）后，第 05 行代码输出的变量（i）的值为 2，说明前增量运算符对变量（i）的操作成功了。第 06 行代码输出的结果为 3，说明直接输出表达式（++i）的数值为 3。从第 07 行代码输出的结果 3 来看，经过第 06 行代码中前增量运算符对变量（i）的操作后，变量（i）的数值也变为 3 了。

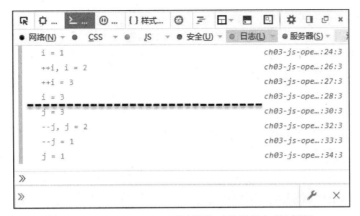

图 3.12 ECMAScript 一元运算符（前增量与前减量）

类似的，第 10 行代码对变量（j）使用前减量运算符操作（--j）后，第 11 行代码输出的变量（j）的值为 2，说明前减量运算符对变量（j）的操作成功了。从第 12 行代码输出的数值结果 1 来看，说明直接输出表达式（--j）的数值为 1。而从第 13 行代码输出的结果 1 来看，经过第 12 行代码中前减量运算符对变量（j）的操作后，变量（j）的数值也变为 1 了。

以上就是对前增量与前减量运算符的测试过程，下面我们接着介绍与这两个运算符相对应的后增量与后减量运算符。

3.3.5 后增量与后减量运算符及表达式

后增量与后减量运算符可以将其理解为是相对于前增量与前减量运算符而言的。所谓后增量运算符，就是在变量后放两个加号（++），功能也是在数值上加 1；同理，后减量运算符就是在变量后放两个减号（--），功能就是在数值上减 1。但如前文所述，两个加号（++）或两个减号（--）放在变量后与放在变量前，在功能上是有所区别的，下面我们就通过具体代码来进行详细的分析。

这一个应用后增量与后减量运算符的代码示例（详见源代码 ch03 目录中 ch03-js-operator-suf-ppmm.html 文件），该代码是在【代码 3-10】的基础上修改而完成的。

【代码 3-11】

```
01    <script type="text/javascript">
02       var i = 1;
03       console.log("i = " + i);
04       i++;
05       console.log("i++, i = " + i);
06       console.log("i++ = " + i++);
07       console.log("i = " + i);
08       var j = 3;
09       console.log("j = " + j);
10       j--;
11       console.log("j--, j = " + j);
```

```
12        console.log("j-- = " + j--);
13        console.log("j = " + j);
14   </script>
```

关于【代码3-11】的分析如下：

第04行代码使用后增量运算符对变量（i）进行了操作（i++）；

第06行代码再次在浏览器控制台中输出了表达式（i++）的数值，这里是对变量（i）使用后增量运算符后的结果；

第10行代码使用后减量运算符对变量（j）进行了操作（j--）；

第12行代码再次在浏览器控制台中输出了表达式（j--）的数值，这里是对变量（j）使用后减量运算符后的结果。

页面初始效果如图3.13所示。

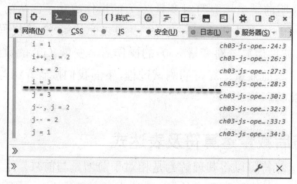

图 3.13　ECMAScript 一元运算符（后增量与后减量）

以上就是对后增量与后减量运算符的测试过程，读者可以仔细对比【代码 3-10】与【代码 3-11】中运算符的特点。

对于前增减量和后增减，量运算符的使用特点，希望读者能够在编写代码时多加练习，熟练掌握其使用方法，以便能够提高代码编写的效率以及提高代码的美观性。

3.3.6　一元加法与一元减法运算符及表达式

ECMAScript 语法中定义的一元加法与一元减法运算符与我们在数学中学习到的定义是基本一致的，但在功能用法上又有所增强。

所谓一元加法运算符，就是在变量前放一个加号（+），其对数值基本是没有影响的（因为对数值使用一元加法运算符后，数值仍是其本身），但其可以将字符串转换为数值，还可以将十六进制数转换为十进制数。同理，一元减法运算符、就是在变量前放一个减号（-），可对数值求相反数，同时对于字符串和十六进制数也起作用。

下面，来看一个应用一元加法与一元减法运算符的代码示例（详见源代码 ch03 目录中 ch03-js-operator-uni-pm.html 文件）。

【代码 3-12】

```
01    <script type="text/javascript">
02        var i = 123;
03        console.log("+i = " + +i);
04        console.log("-i = " + -i);
05        var j = -123;
06        console.log("+j = " + +j);
07        console.log("-j = " + -j);
08        var str1 = "123";
09        console.log("typeof str1 = " + typeof str1);
10        console.log("+str1 = " + +str1);
11        console.log("typeof +str1 = " + typeof +str1);
12        var str2 = "-123";
13        console.log("-str2 = " + -str2);
14        var ix16 = 0xff;
15        console.log("+ix16 = " + +ix16);
16        console.log("+ix16 = " + -ix16);
17    </script>
```

关于【代码 3-12】的分析如下：

第 03~07 行代码使用一元加法和减法运算符对变量（i）、（j）进行了操作；

第 08 行代码定义了变量（str1），并初始化为正数形式的字符串 "123"；

第 09 行代码使用 typeof 运算符对变量（str1）进行了操作（typeof str1）；

第 11 行代码在第 10 行代码的基础上，使用 typeof 运算符和一元加法运算符对变量（str1）进行了操作（typeof +str1）；

第 12 行代码定义了变量（str2），并初始化为负数形式的字符串 "-123"；

第 13 行代码使用一元减法运算符对变量（str2）进行了操作（-str2）；

第 14 行代码定义了变量（ix16），并初始化为十六进制形式的字符串 0xff；

第 15 行代码使用一元加法运算符对变量（ix16）进行了操作（+ix16）；

第 16 行代码使用一元减法运算符对变量（ix16）进行了操作（-ix16）。

页面初始效果如图 3.14 所示。

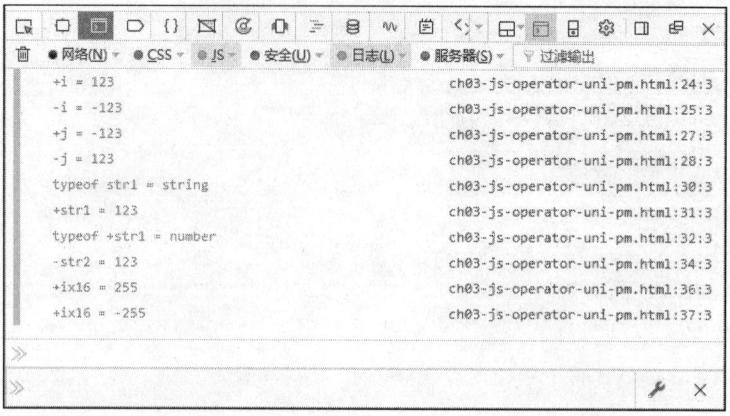

图 3.14　ECMAScript 一元运算符（一元加法与一元减法）

从第 03 行代码输出的结果 123 来看，说明一元加法运算符对正数值是没有意义的；那么一元加法运算符对负数值呢？从第 06 行代码输出的结果-123 来看，一元加法运算符对负数值同样是没有意义的，这就说明一元加法运算符对数值都是没有意义的；

从第 04 行代码输出的结果-123 来看，说明一元减法运算符起到了求负的作用，将正数 123 转换为负数-123；而从第 07 行代码输出的结果 123 来看，说明一元减法运算符同样起到了求负的作用，将负数-123 转换为正数 123；

从第 09 行代码输出的结果"string"来看，第 08 行代码定义的变量（str1）是个字符串变量；

从第 10 行代码输出的结果 123 来看，对变量（str1）使用一元加法运算符后，将字符串类型转换成了数值类型，这从第 11 行代码输出的结果"number"更可以得到确认；

从第 13 行代码输出的结果 123 来看，对字符串变量（str2）使用一元减法运算符后，不但可以将字符串类型转换成了数值类型，同时还可以对数值求负；

从第 15～16 行代码输出的结果（255 和-255）来看，一元加法运算符和一元减法运算符还可以将十六进制数转换成十进制数，同时一元减法运算符仍有求负功能。

一元加法运算符和一元减法运算符看似不太起眼，不过在实际开发中还是有很多场景必须要用到的。

3.4　ECMAScript 关系运算符及表达式

在 ECMAScript 语法中，对两个数值执行比较运算的运算符统称为关系运算符。关系运算符一般包括小于、大于、小于等于和大于等于这几种，关系运算符表达式均会返回一个布尔值。下面对这些关系运算符逐一进行介绍。

3.4.1　关系运算符与表达式概述

关于 ECMAScript 语法中定义的关系运算符的内容详见表 3-4。

表 3-4　ECMAScript 关系运算符与表达式

运算符	描述	示例	结果	前提条件
>	大于	x>0	false	x=0
>=	大于等于	x>=0	true	x=0
<	小于	x<0	false	x=0
<=	小于等于	x<=0	true	x=0

3.4.2　数值关系运算符表达式

在 ECMAScript 语法中，关系运算符主要应用于数值的比较运算。对于每一个数值关系运算符表达式均会返回一个布尔值，通过返回的布尔值来判断数值比较的结果。

下面，来看一个数值关系运算符表达式的代码示例（详见源代码 ch03 目录中 ch03-js-operator-relation-number.html 文件）。

【代码 3-13】

```
01  <script type="text/javascript">
02      var bR_1 = 2 > 1;
03      console.log("2 > 1 = " + bR_1);
04      var bR_2 = 2 < 1;
05      console.log("2 < 1 = " + bR_2);
06      var bR_3 = 2 >= 1;
07      console.log("2 >= 1 = " + bR_3);
08      var bR_4 = 2 <= 1;
09      console.log("2 <= 1 = " + bR_4);
10  </script>
```

关于【代码 3-13】的分析如下：

这段代码主要就是对数值 1 和 2 分别使用了大于（>）、小于（<）、大于等于（>=）和小于等于（<=）这四个关系运算符进行了比较运算。

页面效果如图 3.15 所示。数值关系运算符表达式输出的结果与预期完全符合，与我们在数学中学习到的内容是一致的。

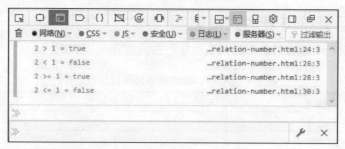

图 3.15　ECMAScript 关系运算符（数值比较）

3.4.3　字符串关系运算符表达式

在 ECMAScript 语法中，关系运算符还可以应用于字符串的比较运算，这也是计算机编程语言的一大特点。对字符串也可以进行比较运算，似乎超出了我们的知识范畴，与我们在数学中学习的内容有些矛盾。不过对于学习过 C 语言或 Java 语言的读者来说，字符串比较运算并不陌生，这是因为在计算机编程语言中，关系运算符比较的是字符在计算机中的编码（ASCII 编码）。

下面，来看一个字符串关系运算符表达式的代码示例（详见源代码 ch03 目录中 ch03-js-operator-relation-string.html 文件）。

【代码 3-14】

```
01    <script type="text/javascript">
02        var bR_str_1 = "A" > "B";
03        console.log("A > B = " + bR_str_1);
04        var bR_str_2 = "a" < "b";
05        console.log("a < b = " + bR_str_2);
06        var bR_str_3 = "A" > "a";
07        console.log("A > a = " + bR_str_3);
08        var bR_str_4 = "apple" < "banana";
09        console.log("apple < banana = " + bR_str_4);
10        var bR_str_5 = "apple" < "Banana";
11        console.log("apple < Banana = " + bR_str_5);
12    </script>
```

关于【代码 3-14】的分析如下：

这段代码主要就是对字符串分别使用了大于（>）和小于（<）关系运算符进行了比较运算。页面效果如图 3.16 所示。

图 3.16　ECMAScript 关系运算符（字符串比较）

第 04 行代码尝试对小写字母 "a" 和 "b" 进行比较运算（"a" < "b"）；从第 05 行代码输出的结果可以看到，关系运算符表达式（"a" < "b"）的返回值为 true，说明小写字母 "a" 小于小写字母 "b"（比较 ASCII 编码）；

第 06 行代码尝试对大写字母 "A" 和小写字母 "a" 进行比较运算（"A" > "a"）；从第 07 行代码输出的结果可以看到，关系运算符表达式（"A" > "a"）的返回值为 false，说明大写字母 "A" 小于小写字母 "a"（比较 ASCII 编码），而不是返回大写字母 "A" 等于小写字母 "a" 的结果；

第 08 行代码尝试对小写单词 "apple" 和小写单词 "banana" 进行了比较运算（"apple" < "banana"）；从第 09 行代码输出的结果可以看到，关系运算符表达式（"apple" < "banana"）的返回值为 true，说明小写单词 "apple" 的首字母 "a" 小于小写单词 "banana" 的首字母 "b"（比较 ASCII 编码）；

第 10 行代码尝试对小写单词 "apple" 和大写单词 "Banana" 进行了比较运算（"apple" < "Banana"）；从第 11 行代码输出的结果可以看到，关系运算符表达式（"apple" < "Banana"）的返回值为 false，说明小写单词 "apple" 的首字母 "a" 大于大写单词 "Banana" 的首字母 "B"（比较 ASCII 编码）。

3.4.4　数字与字符串关系运算符表达式

在 ECMAScript 语法中，既然关系运算符可以应用于字符串的比较运算，那么对于数值和字符串的比较运算也是支持的。

下面，来看一个数值与字符串关系运算符表达式的代码示例（详见源代码 ch03 目录中 ch03-js-operator-relation-num-str.html 文件）。

【代码 3-15】

```
01    <script type="text/javascript">
02        var bR_num_str_1 = "11" > "2";
03    .   console.log("'11' > '2' = " + bR_num_str_1);
04        var bR_num_str_2 = "11" > 2;
```

```
05      console.log("'11' > 2 = " + bR_num_str_2);
06      var bR_num_str_3 = "a" > 2;
07      console.log("'a' > 2 = " + bR_num_str_3);
08      var bR_num_str_4 = "a" <= 2;
09      console.log("'a' <= 2 = " + bR_num_str_4);
10  </script>
```

关于【代码 3-15】的分析如下：

这段代码主要就是对数值和字符串分别使用了大于（>）和小于等于（<=）关系运算符进行了比较运算。

页面效果如图 3.17 所示。

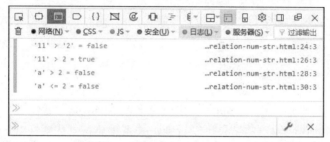

图 3.17　ECMAScript 关系运算符（数值与字符串比较）

第 02 行代码尝试对数值型字符串"11"和字符串"2"进行比较运算（"11" > "2"）；从第 03 行代码输出的结果可以看到，关系运算符表达式（"11" > "2"）的返回值为 false，说明字符串"11"的首字符"1"是小于字符串"2"的（比较 ASCII 编码）；

第 04 行代码尝试对数值型字符串"11"和数值 2 进行比较运算（"11" > 2）；从第 05 行代码输出的结果可以看到，关系运算符表达式（"11" > 2）的返回值为 true，这是因为 ECMAScript 语法规定了当字符串与数值进行关系运算时，字符串会先转换成数值，再与数值进行比较运算；

第 06 行代码尝试对数值型字符串"a"和数值 2 进行比较运算（"a" > 2）；从第 07 行代码输出的结果可以看到，关系运算符表达式（"a" > 2）的返回值为 false，这是因为字符串"a"转换成数值后返回值是 NaN；

而第 08 行代码尝试对数值型字符串"a"和数值 2 进行比较运算（"a" <= 2）；从第 09 行代码输出的结果可以看到，关系运算符表达式（"a" <= 2）的返回值为 false，这同样是因为字符串"a"不能合理转换成数值，返回值为 NaN。

从第 07 行和第 09 行代码输出的结果来看，原始值 NaN 在与数值进行关系运算时，返回的结果均是 false，这也正是 ECMAScript 语法中所规定的。

3.5 ECMAScript 等性运算符及表达式

在 ECMAScript 语法中，判断两个变量是否相等的运算符，统称为等性运算符。等性运算符一般包括等号、非等号、全等号和非全等号这几种。其中，等号和非等号用于处理原始值，而全等号和非全等号主要用于处理对象。等性运算符表达式均会返回一个布尔值。下面对这些等性运算符逐一进行介绍。

3.5.1 等性运算符与表达式概述

关于 ECMAScript 语法中定义的等性运算符的内容详见表 3-5。

表 3-5　ECMAScript 等性运算符与表达式

运算符	描述	示例	结果	前提条件
==	等号	x==1	true	x=1
!=	非等号	x!=1	false	x=1
===	全等号（对象相等）	x===1	false	x="1"
!==	非全等号（对象不相等）	x!==1	true	x="1"

3.5.2 等号与非等号运算符表达式

在 ECMAScript 语法定义中，等号是用双等号（==）来表示的，其含义是当且仅当两个运算数相等时返回布尔值 true，否则返回布尔值 false。而非等号是用感叹号（!）和等号（=）的组合（!=）来表示的，其含义是当且仅当两个运算数不相等时，返回布尔值 true，否则返回布尔值 false。

为确定两个运算数是否相等，运算前均会对这两个运算数进行类型转换。执行类型转换的基本规则如下：

- 如果一个运算数是 Boolean 值，在比较是否相等之前，会将其转换成相应数值，具体是 false 转换成 0，true 转换为 1；
- 如果一个运算数是字符串（一般指数值型字符串，比如："123"等），另一个是数字，在比较是否相等之前，会将其转换成数值；
- 如果一个运算数是对象，而另一个是字符串，则在比较是否相等之前，会将该对象转换成字符串；
- 如果一个运算数是对象，而另一个是数值，则在比较是否相等之前，会将该对象转换成数值。

而在比较运算时，等号与非等号运算符还会遵循以下规则：

- 原始值 null 和 undefined 是相等的；
- 在比较是否相等，不能把原始值 null 和 undefined 转换成其他值；

- 如果有一个运算数是 NaN，则等号运算符将返回 false，非等号运算符将返回 true；
- 如果两个运算数都是对象，那么比较的是各自的引用值；
- 如果两个运算数指向同一对象，那么等号运算符会返回 true。

下面，来看一个等号与非等号运算符表达式的代码示例（详见源代码 ch03 目录中 ch03-js-operator-equal.html 文件）。

【代码 3-16】

```
01  <script type="text/javascript">
02      var bR_1_1 = 1 == 2;
03      console.log("1 == 2 = " + bR_1_1);
04      var bR_1_0 = 1 != 2;
05      console.log("1 != 2 = " + bR_1_0);
06      var bR_2_0 = false == 0;
07      console.log("false == 0 = " + bR_2_0);
08      var bR_2_1 = true == 1;
09      console.log("true == 1 = " + bR_2_1);
10      var bR_2_2 = true == 2;
11      console.log("true == 2 = " + bR_2_2);
12      var bR_3 = "1" == 1;
13      console.log("'1' == 1 = " + bR_3);
14      var bR_4 = null == 0;
15      console.log("null == 0 = " + bR_4);
16      var bR_5 = undefined == 0;
17      console.log("undefined == 0 = " + bR_5);
18      var bR_6 = undefined == null;
19      console.log("undefined == null = " + bR_6);
20      var bR_7 = NaN == 1;
21      console.log("NaN == 1 = " + bR_7);
22      var bR_8 = NaN == NaN;
23      console.log("NaN == NaN = " + bR_8);
24      var bR_9 = NaN != NaN;
25      console.log("NaN != NaN = " + bR_9);
26      var bR_10 = "NaN" == NaN;
27      console.log("'NaN' == NaN = " + bR_10);
28  </script>
```

关于【代码 3-16】的分析如下：

这段代码主要就是对数值、字符串、null、undefined 和 NaN 等原始值分别使用了等号（==）和非等号（!=）运算符进行比较运算，具体为数值与数值、数值与字符串、null 与 undefined、NaN 与数值和 NaN 与自身等进行比较运算。

页面效果如图 3.18 所示。

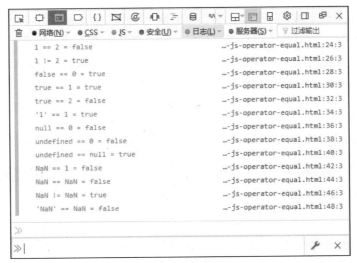

图 3.18　ECMAScript 等性运算符（等号与非等号）

从第 03 行和第 05 行代码输出的结果来看，等号和非等号运算符可用于判断两个运算数是否相等；

从第 07 行和第 09 行代码输出的结果来看，在对 true 和 false 进行等性运算时，会先将 true 转换为数值 1，将 false 转换为数值 0，然后进行比较；因此，第 07 行和第 09 行代码输出的结果都为 true，而第 11 行代码输出的结果为 false；

从第 13 行代码输出的结果来看，在对字符串和数值进行等性运算时，会将字符串先转换成数值，再与另一个数值进行比较；因此，第 13 行代码输出的结果为 true；

从第 15 行和第 17 行代码输出的结果来看，null 和 undefined 在与数值进行等性运算时，这两个原始值是不能转换为数值的；但从第 19 行代码输出的结果来看，在对 null 和 undefined 进行等性运算时（null == undefined），返回的结果为 true，也就是说 null 和 undefined 的值是相等的；

从第 21 行、第 23 行、第 25 行和第 27 行代码输出的结果来看，原始值 NaN 不但与数值进行等性运算时是不相等的，且与自身进行等性运算时（NaN == NaN、"NaN" == NaN）也是不相等的；这一点也是符合 ECMAScript 语法中对 NaN 的定义。

以上就是对等号（==）和非等号（!=）运算符的测试，尤其是对原始值 null、undefined 和 NaN 的测试结果需要特别注意，希望读者多加练习、进一步理解等性运算符的使用方法。

3.5.3　全等号与非全等号运算符表达式

在 ECMAScript 语法定义中，全等号、非全等号与等号、非等号是同类运算符，不同之处在于进行比较运算之前全等和非全等运算符不会对两个运算数进行类型转换。

ECMAScript 语法规定，全等号使用三个等号（===）来表示，其只有在无须类型转换，运算数就相等的条件下，返回值才会为 true。而非全等号使用感叹号（!）和两个等号（==）的组合（!==）来表示，其只有在无须类型转换，运算数就不相等的条件下，返回值才会为 true。

通过对前一小节的学习，我们知道等号与非等号运算时会对运算数进行类型转换。而全等号与非全等号运算前对运算数不进行类型转换，该功能自然有其存在的意义。

下面，来看一个全等号与非全等号运算符表达式的代码示例（详见源代码 ch03 目录中 ch03-js-operator-identi-equal.html 文件）。

【代码 3-17】

```
01    <script type="text/javascript">
02        var iNum = 123;
03        var iStr = "123";
04        console.log("123 == '123' = " + (iNum == iStr));
05        console.log("123 === '123' = " + (iNum === iStr));
06        console.log("123 != '123' = " + (iNum != iStr));
07        console.log("123 !== '123' = " + (iNum !== iStr));
08        var bR_1_1 = null == undefined;
09        console.log("null == undefined = " + bR_1_1);
10        var bR_1_2 = null === undefined;
11        console.log("null === undefined = " + bR_1_2);
12        var bR_2_1 =  null != undefined;
13        console.log("null != undefined = " + bR_2_1);
14        var bR_2_2 = null !== undefined;
15        console.log("null !== undefined = " + bR_2_2);
16        var bR_NaN_1 = NaN == NaN;
17        console.log("NaN == NaN = " + bR_NaN_1);
18        var bR_NaN_2 = NaN === NaN;
19        console.log("NaN === NaN = " + bR_NaN_2);
20    </script>
```

关于【代码 3-17】的分析如下：

这段代码主要就是对数值、字符串、null、undefined 和 NaN 等原始值分别使用了全等号（===）和非全等号（!==）运算符进行了比较运算。

第 02～03 行代码分别定义了两个变量（iNum 和 iStr），其中变量（iNum）初始化为数值 123，而变量（iStr）初始化为数值型字符串"123"；

第 04～07 行代码分别使用等号（==）、非等号（!=）、全等号（===）和非全等号（!==）运算符对变量（iNum）和变量（iStr）进行了比较运算；

第 08～15 行代码分别使用等号（==）、非等号（!=）、全等号（===）和非全等号（!==）运算符对原始值 null 和 undefined 进行了比较运算；

第 16～19 行代码分别使用等号（==）和全等号（===）运算符，对 NaN 进行比较运算。

页面效果如图 3.19 所示。

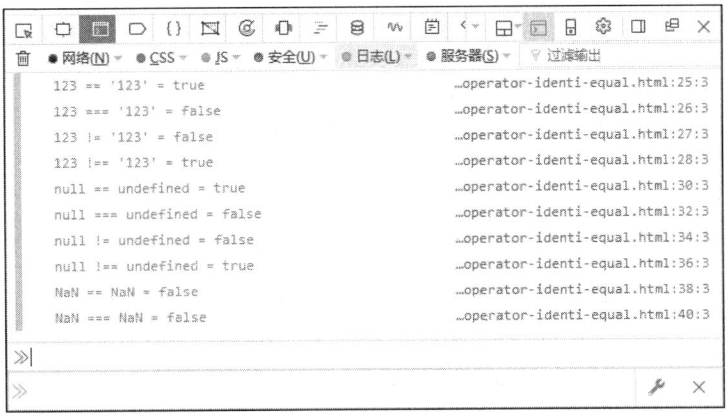

图 3.19　ECMAScript 等性运算符（全等号与非全等号）

从第 04 行和第 05 行代码输出的结果来看，使用等号和全等号运算符对 123 和"123"的比较运算结果是不同的，原因就是前文中提到的，全等于运算符不会对运算数进行类型转换，自然数字 123 和字符串"123"是不相等的；

那么从第 06 行和第 07 行代码输出的结果来看，使用非等号和非全等号运算符对 123 和"123"的比较运算结果与使用等号和全等号运算符返回的结果正好相反；

第 09 行代码使用等号的输出结果我们在【代码 3-16】的解释中已经介绍，而与之相对应的是第 11 行代码，使用全等号的输出的结果正好与之相反，即表达式（null === undefined）的返回值为 false；

从第 13 行和第 15 行代码输出的结果来看，使用非等号和非全等号运算符对 null 和 undefined 的比较结果与使用等号和全等号运算符返回的结果正好相反；

最后，从第 17 行和第 19 行代码输出的结果来看，对于原始值 NaN 与其自身，无论是使用等号还是全等号进行比较运算，返回后结果均为 false，这一点也是符合 ECMAScript 语法中对 NaN 的定义。

以上就是对全等号(===)和非全等于(!==)运算符的测试，尤其是对原始值 null、undefined 和 NaN 的测试过程需要特别注意，希望能帮助读者加深领会等性运算符的使用特点。

3.6 ECMAScript 位运算符及表达式

在 ECMAScript 语法中，还定义了位运算符用于对数字底层（即表示数字的 32 位二进制数）进行操作。学习位运算符，我们一定要先弄明白二进制编码的原理，这一点非常重要。另外，如果读者学习过《汇编语言程序设计》或者《计算机组成原理》这两门课程，学习位运算符自然就不会有什么难度。下面对这些位运算符逐一进行介绍。

3.6.1 位运算符与表达式概述

位运算符用于 32 位二进制数的位操作，且操作结果均转换为十进制的 JavaScript 数字。关于 ECMAScript 语法中定义的位运算符的内容详见表 3-6。

表 3-6　ECMAScript 位运算符与表达式

运算符	描述	示例	二进制表达式	二进制结果	十进制结果	前提条件
&	与	x&y	0101 & 0001	0001	1	x=5, y=1
|	或	x|y	0101 | 0001	0101	5	x=5, y=1
~	取反	~x	~0101	1010	10	x=5
^	异或	x^y	0101 ^ 0001	0100	4	x=5, y=1
<<	左移	x<<1	0101 << 1	1010	10	x=5
>>	右移	x>>1	0101 >> 1	0010	2	x=5

3.6.2 整数编码介绍

在计算机操作系统中，一般对整数的编码有两种形式，即有符号整数（允许用正数和负数）和无符号整数（只允许用正数）。而在 ECMAScript 语法规范中，所有整数默认都是有符号的整数。

对于有符号的整数（32 位二进制编码），一般使用前 31 位表示整数的数值，而专用第 32 位表示整数的符号，具体就是 0 表示正数，1 表示负数。因此有符号整数的数值范围是在 -2147483648~2147483647 之间。比如数字 15 的二进制可以使用图 3.20 来表示。

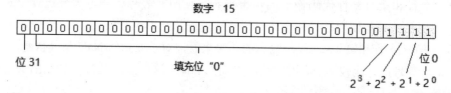

图 3.20　ECMAScript 整数编码表示方法

前 31 位中的每一位都表示数值 2 的幂。第 1 位（位 0）开始表示（2^0），第 2 位（位 1）表示（2^1），第 3 位（位 2）表示（2^2），第 4 位（位 3）表示（2^3），这样依次加则是（$2^0 + 2^1 + 2^2 + 2^3 = 15$）。而从第 5 位（位 4）开始没用到的位则用 0 填充。最后，第 32 位（位 31）为 0，则表示为正数。

下面，来看一个应用正整数编码的代码示例（详见源代码 ch03 目录中 ch03-js-operator-encode-posi-num.html 文件）。

【代码 3-18】

```
01    <script type="text/javascript">
02        var iNum = 15;
03        console.log("15 to binary is " + iNum.toString(2));
04    </script>
```

关于【代码 3-18】的分析如下：

这段代码主要就是将数值 15 转换为二进制数，并进行了输出操作。

页面效果如图 3.21 所示。从第 03 行代码输出的结果来看，仅输出了二进制 "1111"，而不是全部 32 位二进制数，这是因为填充位 "0" 被省略掉了，这是符合语法规则的。

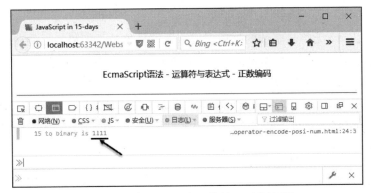

图 3.21　ECMAScript 位运算符（正数编码）

而对于负整数也是存储为二进制代码的，不过采用的形式是二进制补码形式。关于二进制补码的内容，读者可以参考前面提到的《汇编语言程序设计》或者《计算机组成原理》方面的教材，这里就不深入讨论了。

不过，之所以不对二进制补码进行详细介绍，是因为 ECMAScript 语法定义中对负整数采用简单的处理方式，即直接使用负号（-）来表示将负整数转换为二进制数的形式。我们还是通过具体代码示例来介绍。

下面，来看一个应用负整数编码的代码示例（详见源代码 ch03 目录中 ch03-js-operator-encode-nega-num.html 文件）。

【代码 3-19】

```
01   <script type="text/javascript">
02       var iNum = -15;
03       console.log("-15 to binary is " + iNum.toString(2));
04   </script>
```

关于【代码 3-19】的分析如下：

这段代码主要就是将负数（-15）转换为二进制数，并进行输出操作。

页面效果如图 3.22 所示。从第 03 行代码输出的结果来看，负数直接输出了二进制 "-1111"，而不是二进制的补码形式，这是因为 ECMAScript 语法进行了简化处理，也是为了更方便设计人员进行设计开发。

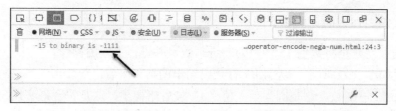

图 3.22　ECMAScript 位运算符（负数编码）

最后，再介绍一下无符号整数的处理方式。无符号整数是把最后一位（位 31）作为一个具体数位来处理，所以无符号整数的第 32 位不表示数字的符号，而是具体的数值。因此无符号整数的数值范围为从 0~4294967295。

　ECMAScript 语法中规定所有整数都默认存储为有符号的整数。仅在使用 ECMAScript 的位运算符操作时，才会创建出无符号整数。

3.6.3　NOT 运算符及表达式

在 ECMAScript 语法定义中，位运算符（NOT）是用否定号（~）来表示的，主要用于二进制算术运算。一般来说，位运算符（NOT）的操作步骤如下：

第一步，先将运算数转换成 32 位二进制数；
第二步，再将第一步得到的二进制数转换成其自身的二进制数的反码形式；
第三步，最后再将二进制数反码转换成浮点数。

二进制反码的内容与二进制补码类似，读者可自行参考前文中提到的相关课程书籍。即使不去详细了解二进制反码的内容，也不会影响对位运算符（NOT）的使用，因为 ECMAScript 语法仍会默认输出十进制数值。

下面，来看一个 NOT 运算符表达式的代码示例（详见源代码 ch03 目录中 ch03-js-operator-not.html 文件）。

【代码 3-20】

```
01  <script type="text/javascript">
02      var iNum = 255;
03      console.log("255 to binary is " + iNum.toString(2));
04      var iNum_NOT = ~iNum;
05      console.log("NOT 255 to binary is " + iNum_NOT.toString(2));
06      console.log("NOT 255 is " + iNum_NOT.toString());
07  </script>
```

关于【代码 3-20】的分析如下：

这段代码主要就是对数值 255 使用 NOT 运算符进行位操作运算。

第 04 行代码中通过 NOT 运算符（~）对第 02 行代码中定义的变量（iNum）进行了位操作运算（~iNum）。

页面效果如图 3.23 所示。从第 03 行代码输出的结果来看，数值 255 的二进制数形式为 11111111；从第 05 行代码输出的结果来看，对数值 255 进行 NOT 位运算符操作后，返回结果为二进制数-100000000；从第 06 行代码输出的结果来看，返回的结果正好是对数值 255 先求负（二进制反码），然后减 1 的结果。

图 3.23　ECMAScript 位运算符（NOT）

3.6.4　AND 运算符及表达式

在 ECMAScript 语法定义中，位运算符（AND）是由和号（&）来表示的，主要用于二进制算术运算。一般来说，使用位运算符（AND）时先要把两个运算数按照位对齐，然后根据表 3-7 中的规则进行 AND 运算。

表 3-7　ECMAScript 位运算符（AND）规则表

运算数 1	运算数 2	位运算（AND）结果
1	1	1
0	1	0
1	0	0
0	0	0

下面，来看一个 AND 运算符表达式的代码示例（详见源代码 ch03 目录中 ch03-js-operator-and.html 文件）。

【代码 3-21】

```
01  <script type="text/javascript">
02      var iNum1 = 255;
03      console.log("255 to binary is " + iNum1.toString(2));
04      var iNum2 = 0xAA;
05      console.log("0xAA to binary is " + iNum2.toString(2));
06      var iNum_AND = iNum1 & iNum2;
07      console.log("255 & 0xAA to binary is " + iNum_AND.toString(2));
08      console.log("255 & 0xAA to hex is " + iNum_AND.toString(16));
09      console.log("255 & 0xAA is " + iNum_AND.toString());
10  </script>
```

关于【代码 3-21】的分析如下：

这段代码主要就是对数值 255 和 0xAA 使用 AND 运算符进行位操作运算。

页面效果如图 3.24 所示。从第 03 行代码输出的结果来看，数值 255 的二进制数形式为 11111111；从第 05 行代码输出的结果来看，十六进制数值 0xAA 的二进制数形式为 10101010；从第 07 行代码输出的结果来看，数值 255 和 0xAA 通过 AND 位运算后，运算结果的二进制形式仍为 10101010，该结果符合表 3-7 中的运算规则；从第 08 行代码输出的结果来看，值 "aa" 正是十六进制数 0xAA；从第 09 行代码输出的结果来看，十六进制数 0xAA 对应的十进制数正是数值 170。

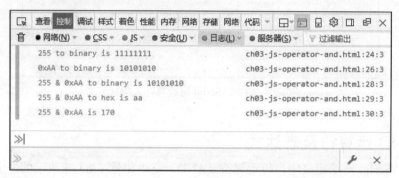

图 3.24　ECMAScript 位运算符（AND）

3.6.5　OR 运算符及表达式

在 ECMAScript 语法定义中，位运算符（OR）是由符号（|）来表示的，主要用于二进制算术运算。一般来说，使用位运算符（OR）时同样要把两个运算数按照位对齐，然后根据表 3-8 中的规则进行 OR 运算。

表 3-8　ECMAScript 位运算符（OR）规则表

运算数 1	运算数 2	位运算（OR）结果
1	1	1
0	1	1
1	0	1
0	0	0

下面，来看一个 OR 运算符表达式的代码示例（详见源代码 ch03 目录中 ch03-js-operator-or.html 文件），这段代码是在【代码 3-21】的基础上稍加修改而完成的，读者可以进行参考对比。

【代码 3-22】

```
01    <script type="text/javascript">
02        var iNum1 = 255;
03        console.log("255 to binary is " + iNum1.toString(2));
```

```
04        var iNum2 = 0xAA;
05        console.log("0xAA to binary is " + iNum2.toString(2));
06        var iNum_OR = iNum1 | iNum2;
07        console.log("255 | 0xAA to binary is " + iNum_OR.toString(2));
08        console.log("255 | 0xAA to hex is " + iNum_OR.toString(16));
09        console.log("255 | 0xAA is " + iNum_OR.toString());
10    </script>
```

关于【代码 3-22】的分析如下：

这段代码主要就是对数值 255 和 0xAA 使用 OR 运算符进行位操作运算。

页面效果如图 3.25 所示。

图 3.25　ECMAScript 位运算符（OR）

从第 03 行代码输出的结果来看，数值 255 的二进制数形式为 11111111；从第 05 行代码输出的结果来看，十六进制数值 0xAA 的二进制数形式为 10101010；

从第 07 行代码输出的结果来看，数值 255 和 0xAA 通过 OR 位运算后，运算结果的二进制形式仍为 11111111，该结果符合表 3-8 中的运算规则；

从第 08 行代码输出的结果来看，值 "ff" 正是十六进制数 0xFF；

从第 09 行代码输出的结果来看，十六进制数 0xFF 对应的十进制数正是数值 255。

3.6.6　XOR 运算符及表达式

在 ECMAScript 语法定义中，位运算符（XOR）是用符号（^）来表示，主要用于二进制算术运算。一般来说，使用位运算符（XOR）时同样要把两个运算数按照位对齐，然后根据表 3-9 中的规则进行 XOR 运算。

表 3-9　ECMAScript 位运算符（XOR）规则表

运算数 1	运算数 2	位运算（XOR）结果
1	1	0
0	1	1
1	0	1
0	0	0

下面，来看一个 XOR 运算符表达式的代码示例（详见源代码 ch03 目录中

ch03-js-operator-xor.html 文件），这段代码同样是在【代码 3-21】和【代码 3-22】的基础上稍加修改而完成的，读者可以进行参考对比。

【代码 3-23】

```
01    <script type="text/javascript">
02        var iNum1 = 255;
03        console.log("255 to binary is " + iNum1.toString(2));
04        var iNum2 = 0xAA;
05        console.log("0xAA to binary is " + iNum2.toString(2));
06        var iNum_XOR = iNum1 ^ iNum2;
07        console.log("255 ^ 0xAA to binary is " + iNum_XOR.toString(2));
08        console.log("255 ^ 0xAA to hex is " + iNum_XOR.toString(16));
09        console.log("255 ^ 0xAA is " + iNum_XOR.toString());
10    </script>
```

关于【代码 3-23】的分析如下：

这段代码主要就是对数值 255 和 0xAA 使用 XOR 运算符进行位操作运算。

页面效果如图 3.26 所示。

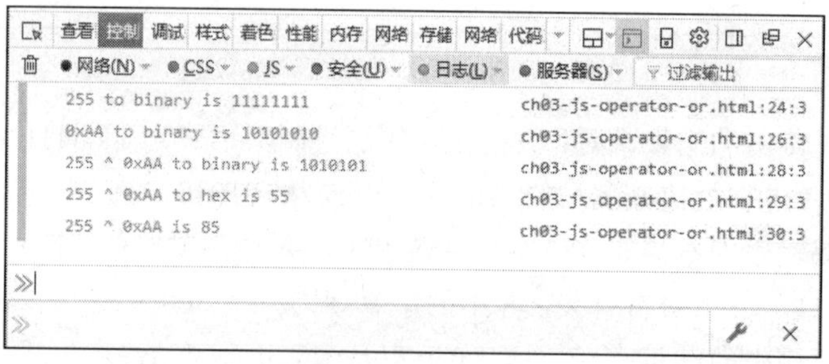

图 3.26　ECMAScript 位运算符（XOR）

从第 03 行代码输出的结果来看，数值 255 的二进制数形式为 11111111；从第 05 行代码输出的结果来看，十六进制数值 0xAA 的二进制数形式为 10101010；

从第 07 行代码输出的结果来看，数值 255 和 0xAA 通过 XOR 位运算后，运算结果的二进制形式为 1010101，写成 8 位二进制就是 01010101，该结果符合表 3-9 中的运算规则；

从第 08 行代码输出的结果来看，值"55"正是十六进制数 0x55；

从第 09 行代码输出的结果来看，十六进制数 0x55 对应的十进制数正是数值 85。

3.6.7　左移运算符及表达式

在 ECMAScript 语法定义中，左移位运算符是用符号（<<）来表示的，主要用于实现将数值中的所有数位向左移动指定数量的位数的二进制算术运算。

在左移运算时数字右边可能会多出若干个空位，此时会使用数字 0 来填充这些空位，保证结果为完整的 32 位二进制数。

左移运算会保留数字的符号位（第 32 位）。不过设计人员不用担心，一般是不能直接访问第 32 位符号位的，一切都是通过 ECMAScript 语法在后台来实现的。

下面，来看一个左移运算符（<<）表达式的代码示例（详见源代码 ch03 目录中 ch03-js-operator-shl.html 文件）。

【代码 3-24】

```
01   <script type="text/javascript">
02      var iNum = 255;
03      console.log("255 to binary is " + iNum.toString(2));
04      var iNum_shl_2 = iNum << 2;
05      console.log("255 << 2 to binary is " + iNum_shl_2.toString(2));
06      console.log("255 << 2  is " + iNum_shl_2.toString());
07      var iNum_shl_8 = iNum << 8;
08      console.log("255 << 8 to binary is " + iNum_shl_8.toString(2));
09      console.log("255 << 8  is " + iNum_shl_8.toString());
10      var iNum_shl_16 = iNum << 16;
11      console.log("255 << 16 to binary is " + iNum_shl_16.toString(2));
12      console.log("255 << 16  is " + iNum_shl_16.toString());
13      var iNum_shl_32 = iNum << 32;
14      console.log("255 << 32 to binary is " + iNum_shl_32.toString(2));
15      console.log("255 << 32  is " + iNum_shl_32.toString());
16   </script>
```

关于【代码 3-24】的分析如下：

这段代码主要就是对数值 255 使用左移运算符（<<）进行位操作运算。

页面效果如图 3.27 所示。

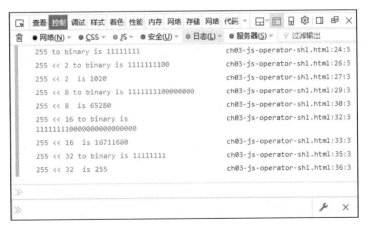

图 3.27　ECMAScript 位运算符（左移）

从第 03 行代码输出的结果来看，数值 255 的二进制数形式为 11111111；

从第 05～06 行代码输出的结果来看，对数值 255 左移两位后的结果为 1111111100，右边空位自动补 0；

从第 08～09 行代码输出的结果来看，对数值 255 左移 8 位后的结果为 1111111100000000，右边空位同样自动补 0；

从第 11～12 行代码输出的结果来看，对数值 255 左移 16 位后的结果为 111111110000000000000000，右边空位依然自动补 0；

从第 14～15 行代码输出的结果来看，对数值 255 左移 32 位后的结果为 11111111，说明左移 32 位的操作结果仍为初始值。

3.6.8　保留符号位的右移运算符及表达式

在 ECMAScript 语法定义中，保留符号位的右移运算符是用符号（>>）来表示的，主要用于实现将数字中的所有数位向右移动指定数量的位数，且保留该数的符号（正号或负号）位的二进制算术运算。

在右移运算时数字左边可能会多出若干个空位，此时会使用数字 0 来填充这些空位，保证结果为完整的 32 位二进制数。

下面，来看一个保留符号位的右移运算符（>>）表达式的代码示例（详见源代码 ch03 目录中 ch03-js-operator-shr.html 文件）。

【代码 3-25】

```
01  <script type="text/javascript">
02      var iNum = 2139095040;
03      console.log("2139095040 to binary is " + iNum.toString(2));
04      var iNum_shr_2 = iNum >> 2;
05      console.log("2139095040 >> 2 to binary is " + iNum_shr_2.toString(2));
06      console.log("2139095040 >> 2  is " + iNum_shr_2.toString());
07      var iNum_shr_8 = iNum >> 8;
08      console.log("2139095040 >> 8 to binary is " + iNum_shr_8.toString(2));
09      console.log("2139095040 >> 8  is " + iNum_shr_8.toString());
10      var iNum_shr_16 = iNum >> 16;
11      console.log("2139095040 >> 16 to binary is " + iNum_shr_16.toString(2));
12      console.log("2139095040 >> 16  is " + iNum_shr_16.toString());
13      var iNum_shr_32 = iNum << 32;
14      console.log("2139095040 >> 32 to binary is " + iNum_shr_32.toString(2));
15      console.log("2139095040 >> 32  is " + iNum_shr_32.toString());
16  </script>
```

关于【代码 3-25】的分析如下：

这段代码主要就是对数值 2139095040 使用右移运算符（>>）进行保留符号位的位操作运算。

页面效果如图 3.28 所示。

图 3.28　ECMAScript 位运算符（保留符号位的右移）

从第 03 行代码输出的结果来看，数值 2139095040 的二进制数形式为 11111111000000000000000000000000；

从第 05～06 行代码输出的结果来看，对数值 2139095040 右移两位后的结果为 11111111000000000000000000000；

从第 08～09 行代码输出的结果来看，对数值 2139095040 右移 8 位后的结果为 11111111000000000000000；

从第 11～12 行代码输出的结果来看，对数值 2139095040 右移 16 位后的结果为 111111110000000；

从第 14～15 行代码输出的结果来看，对数值 2139095040 右移 32 位后的结果仍为 2139095040，说明保留符号位的右移 32 位的操作结果仍为初始值。

3.6.9　无符号位的右移运算符及表达式

在 ECMAScript 语法定义中，无符号位的右移运算符是用符号（>>>）来表示的，主要用于实现将数字中的所有数位（包括第 32 位的符号位）整体向右移动指定数量的位数的二进制算术运算。

对于正数的无符号位右移运算，其结果与保留符号位的右移运算是一致的。但对于负数来说，无符号位的右移运算与保留符号位的右移运算所返回的结果就完全不一致了。

下面，来看一个无符号位的右移运算符（>>>）表达式的代码示例（详见源代码 ch03 目录中 ch03-js-operator-shr-nosign.html 文件）。

【代码 3-26】

```
01    <script type="text/javascript">
02        var iNum = 256;
03        console.log("256 to binary is " + iNum.toString(2));
04        var iNum_shr = iNum >> 8;
```

```
05        console.log("256 >> 8 to binary is " + iNum_shr.toString(2));
06        console.log("256 >> 8 is " + iNum_shr.toString());
07        var iNum_shr_nosign = iNum >>> 8;
08        console.log("256 >>> 8 to binary is " + iNum_shr_nosign.toString(2));
09        console.log("256 >>> 8 is " + iNum_shr_nosign.toString());
10        var iNum_minus = -256;
11        console.log("-256 to binary is " + iNum_minus.toString(2));
12        var iNum_shr_minus = iNum_minus >> 8;
13        console.log("-256 >> 8 to binary is " +·iNum_shr_minus.toString(2));
14        console.log("-256 >> 8 is " + iNum_shr_minus.toString());
15        var iNum_shr_nosign_minus = iNum_minus >>> 8;
16        console.log("-256 >>> 8 to binary is " + iNum_shr_nosign_minus.toString(2));
17        console.log("-256 >>> 8 is " + iNum_shr_nosign_minus.toString());
18   </script>
```

关于【代码 3-26】的分析如下：

这段代码主要是对正数 256 和负数-256 同时分别使用保留符号位的右移运算符（>>）和无符号位的右移运算符（>>>）进行了位操作运算，目的就是验证无符号位的右移运算符（>>>）对于正数和负数会返回不同的操作结果。

页面效果如图 3.29 所示。

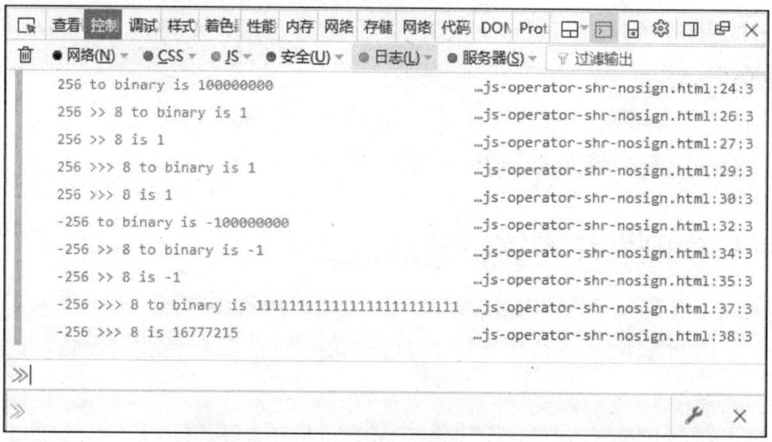

图 3.29　ECMAScript 位运算符（无符号位的右移）

从第 03 行代码输出的结果来看，数值 256 的二进制数形式为 100000000；

从第 04～06 行代码输出的结果来看，对数值 256 使用保留符号位的位运算符（>>）右移 8 位后的结果为 1；

从第 07～09 行代码输出的结果来看，对数值 256 使用无符号位的位运算符（>>>）右移 8 位后的结果仍为 1；

这就说明对于正数，保留符号位的右移运算符（>>）和无符号位的右移运算符（>>>）操作的结果是一致的。

从第 11 行代码输出的结果来看，数值-256 的二进制数形式为-100000000；

从第 12～14 行代码输出的结果来看，对数值-256 使用保留符号位的位运算符（>>）右移 8 位后的结果为-1；

而从第 15～17 行代码输出的结果来看，对数值-256 使用无符号位的位运算符（>>>）右移 8 位后的结果为 16777215。

这就说明对于负数，保留符号位的右移运算符（>>）和无符号位的右移运算符（>>>）操作的结果是不同的，因为无符号位的右移运算会将符号位的数值 1 一起右移，所以操作后数值结果会发生变化。

3.7　ECMAScript 逻辑运算符及表达式

在 ECMAScript 语法中，逻辑运算占有非常重要的地位。为什么这么讲呢？主要是因为在程序中会有大量的条件判断语句是依赖于逻辑运算来完成的。下面对这些逻辑运算符逐一进行介绍。

3.7.1　逻辑运算符与表达式概述

逻辑运算符用来确定变量或值之间的逻辑关系。关于 ECMAScript 语法规范中定义的逻辑运算符规则详见表 3-10。

表 3-10　ECMAScript 逻辑运算符与表达式

运算符	描述	示例	结果	前提条件
&&	与（AND）	(x<2)&&(y>0)	true	x=1, y=1
‖	或（OR）	(x<1)‖(y>1)	true	x=0, y=2
!	非（NOT）	!(x==y)	false	x=1, y=1

3.7.2　ToBoolean 逻辑值转换操作

在 ECMAScript 语法规范中，定义了转换逻辑值的 ToBoolean 操作，用于将各种类型的值转换为逻辑值，具体规则详见表 3-11。

表 3-11　ECMAScript 语法 ToBoolean 操作

参数类型	ToBoolean 操作结果
Null	false
Undefined	false
Number	如果参数为+0, -0 或 NaN，结果为 false；否则为 true
String	如果参数为空字符串，则结果为 false；否则为 true
Boolean	结果等于输入的参数（不转换）
Object	true

下面，来看一个关于 ToBoolean 操作的代码示例（详见源代码 ch03 目录中 ch03-js-operator-toBoolean.html 文件）。

【代码 3-27】

```
01    <script type="text/javascript">
02       console.log("ToBoolean(null) = " + Boolean(null));
03       console.log("ToBoolean(Undefined) = " + Boolean(undefined));
04       console.log("ToBoolean(true) = " + Boolean(true));
05       console.log("ToBoolean(false) = " + Boolean(false));
06       console.log("ToBoolean(+0) = " + Boolean(+0));
07       console.log("ToBoolean(-0) = " + Boolean(-0));
08       console.log("ToBoolean(NaN) = " + Boolean(NaN));
09       console.log("ToBoolean(1) = " + Boolean(1));
10       console.log("ToBoolean('EcmaScript') = " + Boolean("EcmaScript"));
11       console.log("ToBoolean('') = " + Boolean(""));
12    </script>
```

关于【代码 3-27】的分析如下：

这段代码主要就是使用 ToBoolean 操作将一些原始值或特殊值转换为 Boolean 类型的值。这里要注意的是，ECMAScript 语法中并没有 ToBoolean 这个方法（这与 String 类型的 toString() 方法是不同的），不过可以使用 Boolean()方法进行强制类型转换。

页面效果如图 3.30 所示。

图 3.30 ECMAScript 逻辑运算（ToBoolean 操作）

从第 02 行和第 03 行代码输出的结果来看，通过 Boolean()方法对原始值 null 和 undefined 强制类型转换后，返回值均是布尔值 false；

从第 04 行和第 05 行代码输出的结果来看，通过 Boolean()方法对布尔值强制类型转换后，返回值仍是原布尔值；

从第 06 行和第 07 行代码输出的结果来看，通过 Boolean()方法对+0 和-0 强制类型转换后，返回值均是布尔值 false；

从第 08 行代码输出的结果来看，通过 Boolean()方法对原始值 NaN 强制类型转换后，返回值是布尔值 false；

从第 09 行代码输出的结果来看，通过 Boolean()方法对数值 1 强制类型转换后，返回值均是布尔值 true；

从第 10 行和第 11 行代码输出的结果来看，通过 Boolean()方法对字符串强制类型转换后，非空字符串的返回值是布尔值 true，空字符串的返回值是 false。

3.7.3　AND 运算符及表达式

在 ECMAScript 语法定义中，AND 运算符用于执行逻辑"与"运算，用双和号（&&）来表示。关于 ECMAScript 语法中定义的逻辑 AND 运算符的规则详见表 3-12。

表 3-12　ECMAScript 逻辑运算符（AND）规则

运算数 1	运算数 2	逻辑运算（AND）结果
true	true	true
true	false	false
false	true	false
false	false	false

另外，对于逻辑 AND 运算中的运算数可以是任何类型，不一定非是 Boolean 类型值。而如果某个运算数不是原始的 Boolean 型值，那么逻辑 AND 运算后的结果并不一定返回 Boolean 类型值。

关于 ECMAScript 语法中对逻辑与运算内容的具体说明如下：

- 如果一个运算数是对象，另一个是 Boolean 类型值 true，才会返回该对象；
- 如果两个运算数都是对象，则返回第二个对象；
- 如果某个运算数是原始值 null，仍返回原始值 null；
- 如果某个运算数是原始值 NaN，仍返回原始值 NaN；
- 如果某个运算数是原始值 undefined，仍返回原始值 undefined。

下面，来看一个逻辑 AND 运算符表达式的代码示例（详见源代码 ch03 目录中 ch03-js-operator-logical-and.html 文件）。

【代码 3-28】

```
01    <script type="text/javascript">
02        var b_11 = true && true;
03        console.log("true && true = " + b_11);
04        var b_10 = true && false;
05        console.log("true && false = " + b_10);
06        var b_01 = false && true;
07        console.log("false && true = " + b_01);
```

```
08        var b_00 = false && false;
09        console.log("false && false = " + b_00);
10        var b_null = null && true;
11        console.log("null && true = " + b_null);
12        var b_NaN = NaN && true;
13        console.log("NaN && true = " + b_NaN);
14        var b_undefined = undefined && true;
15        console.log("undefined && true = " + b_undefined);
16    </script>
```

关于【代码 3-28】的分析如下：

这段代码主要就是使用逻辑 AND 运算符（&&）对原始值和特殊值进行了逻辑"与"操作运算。

页面效果如图 3.31 所示。从第 03 行、第 05 行、第 07 行和第 09 行代码输出的结果来看，Boolean 值之间的逻辑 AND 运算返回值与表 3-12 中的定义是一致的。

从第 11 行、第 13 行和第 15 行代码输出的结果来看，原始值 null、NaN 和 undefined 与其他运算数之间的逻辑 AND 运算的返回值仍是其本身。

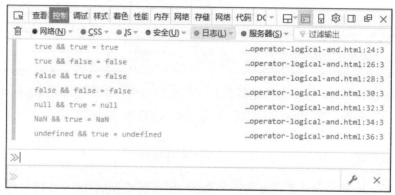

图 3.31　ECMAScript 逻辑运算符（AND）

3.7.4　OR 运算符及表达式

在 ECMAScript 语法定义中，OR 运算符用于执行逻辑"或"运算，用符号（||）来表示。关于 ECMAScript 语法中定义的逻辑 OR 运算符的规则详见表 3-13。

表 3-13　ECMAScript逻辑运算符（OR）规则

运算数 1	运算数 2	逻辑运算（OR）结果
true	true	true
true	false	true
false	true	true
false	false	false

另外，与逻辑 AND 运算符一样，逻辑 OR 运算中的运算数也可以是任何类型的，不一定

非是 Boolean 类型值。而如果某个运算数不是原始的 Boolean 型值，那么逻辑 OR 运算后的结果并不一定返回 Boolean 类型值。

关于 ECMAScript 语法中对 OR 运算内容的具体说明如下：

- 如果一个运算数是对象且其左边的运算数值均为 false，则返回该对象；
- 如果两个运算数都是对象，则返回第一个对象；
- 如果最后一个运算数是 null，并且其他运算数值均为 false，则返回 null；
- 如果最后一个运算数是 NaN，并且其他运算数值均为 false，则返回 NaN；
- 如果最后一个运算数是 undefined，并且其他运算数值均为 false，则返回 undefined。

下面，来看一个逻辑 OR 运算符表达式的代码示例（详见源代码 ch03 目录中 ch03-js-operator-logical-or.html 文件）。

【代码 3-29】

```
01  <script type="text/javascript">
02      var b_11 = true || true;
03      console.log("true || true = " + b_11);
04      var b_10 = true || false;
05      console.log("true || false = " + b_10);
06      var b_01 = false || true;
07      console.log("false || true = " + b_01);
08      var b_00 = false || false;
09      console.log("false || false = " + b_00);
10      var b_null_true = null || true;
11      console.log("null || true = " + b_null_true);
12      var b_true_null = true || null;
13      console.log("true || null = " + b_true_null);
14      var b_null_false = null || false;
15      console.log("null || false = " + b_null_false);
16      var b_false_null = false || null;
17      console.log("false || null = " + b_false_null);
18      var b_NaN_true = NaN || true;
19      console.log("NaN || true = " + b_NaN_true);
20      var b_true_NaN = true || NaN;
21      console.log("true || NaN = " + b_true_NaN);
22      var b_NaN_false = NaN || false;
23      console.log("NaN || false = " + b_NaN_false);
24      var b_false_NaN = false || NaN;
25      console.log("false || NaN = " + b_false_NaN);
26      var b_undefined_true = undefined || true;
27      console.log("undefined || true = " + b_undefined_true);
28      var b_true_undefined = true || undefined;
29      console.log("true || undefined = " + b_true_undefined);
30      var b_undefined_false = undefined || false;
```

```
31        console.log("undefined || false = " + b_undefined_false);
32        var b_false_undefined = false || undefined;
33        console.log("false || undefined = " + b_false_undefined);
34    </script>
```

关于【代码 3-29】的分析如下：

这段代码主要就是使用逻辑 OR 运算符（||）对原始值和特殊值进行了逻辑"或"操作运算。

页面效果如图 3.32 所示。

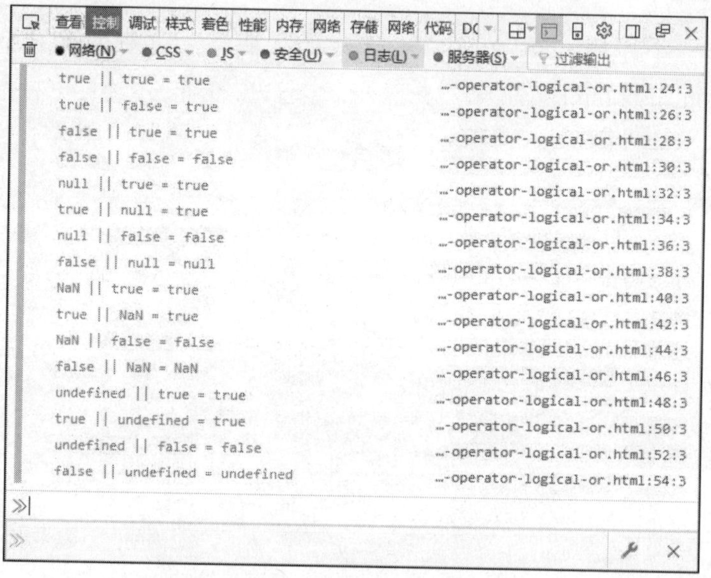

图 3.32　ECMAScript 逻辑运算符（OR）

从第 03 行、第 05 行、第 07 行和第 09 行代码输出的结果来看，Boolean 值之间的逻辑 OR 运算返回值与表 3-13 中的定义是一致的；

从第 11 行、第 13 行、第 15 行和第 17 行代码输出的结果来看，原始值 null 与 Boolean 值的逻辑 OR 运算返回值则比较复杂。null 与 true 逻辑 OR 运算，不论前后顺序如何均会返回 true；而 null 与 false 逻辑 OR 运算，如果 null 不在表达式的最后则返回 false，而如果 null 在表达式的最后则返回 null，这与我们在前文中的描述是一致的；

同样的，原始值 NaN、undefined 与 Boolean 值的逻辑 OR 运算的返回值与原始值 null 是类似的。

以上就是对逻辑 OR 运算符（||）的测试，其返回值比逻辑 AND 运算符（&&）更为复杂，希望能帮助读者进一步理解逻辑运算符的使用。

3.7.5　NOT 运算符及表达式

在 ECMAScript 语法定义中，NOT 运算符用于执行逻辑"非"运算，用感叹号（!）来表示。NOT 运算符与逻辑 AND 运算符、逻辑 OR 运算符不同的是逻辑 NOT 运算符的返回值一定是 Boolean 类型值。

关于 ECMAScript 语法中对逻辑 NOT 运算符内容的具体说明如下：

- 如果运算数是对象，则返回值为 false；
- 如果运算数是数字 0，则返回值为 true；
- 如果运算数是除 0 以外的任何数字，则返回值为 false；
- 如果运算数是 null，则返回值为 true；
- 如果运算数是 NaN，则返回值为 true；
- 如果运算数是 undefined，则返回值为 true。

下面，来看一个逻辑 NOT 运算符表达式的代码示例（详见源代码 ch03 目录中 ch03-js-operator-logical-not.html 文件）。

【代码 3-30】

```
01   <script type="text/javascript">
02       var b_01 = !true;
03       console.log("!true = " + b_01);
04       var b_00 = !false;
05       console.log("!false = " + b_00);
06       var b_0 = !0;
07       console.log("!0 = " + b_0);
08       var b_1 = !1;
09       console.log("!1 = " + b_1);
10       var b_null = !null;
11       console.log("!null = " + b_null);
12       var b_NaN = !NaN;
13       console.log("!NaN = " + b_NaN);
14       var b_undefined = !undefined;
15       console.log("!undefined = " + b_undefined);
16       var obj = new Object();
17       console.log("!object = " + !obj);
18   </script>
```

关于【代码 3-30】的分析如下：

这段代码主要就是使用逻辑 NOT 运算符（!）对原始值和特殊值进行了逻辑 "非" 操作运算。页面效果如图 3.33 所示。

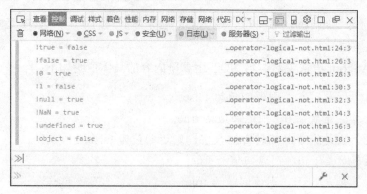

图 3.33　ECMAScript 逻辑运算符（NOT）

从第 03 行、第 05 行、第 07 行和第 09 行代码输出的结果来看，对 Boolean 值、0 和 1 的逻辑 NOT 运算返回值与预期是一致的；

从第 11 行、第 13 行和第 15 行代码输出的结果来看，对原始值 null、NaN 和 undefined 的逻辑 NOT 运算返回值均为 true；

从第 17 行代码输出的结果来看，对象类型的逻辑 NOT 运算的返回值为 false。

以上就是对逻辑 NOT 运算符（!）的测试，读者可以对比参考前面介绍的逻辑 AND 运算符（&&）和逻辑 OR 运算符（||）来进行学习，加深对逻辑运算符的理解，以便耿活应用。

3.8　ECMAScript 赋值运算符及表达式

在 ECMAScript 语法中，赋值运算符通过等号（＝）来实现，其功能就是把等号右边的值赋给等号左边的变量。当然，在具体编程实践中还可以将加性、乘性、位运算符与其组合起来用，用以提高代码的简洁性，这就是复合赋值运算符。

关于 ECMAScript 语法中定义的赋值运算符的内容详见表 3-14。

表 3-14　ECMAScript 赋值运算符规则

运算符	示例	等价于	结果	前提条件
=	x=y		x=1	y=1
+=	x+=y	x=x+y	x=2	x=1, y=1
-=	x-=y	x=x-y	x=0	x=1, y=1
*=	x*=y	x=x*y	x=2	x=1, y=2
/=	x/=y	x=x/y	x=2	x=2, y=1
%=	x%=y	x=x%y	x=1	x=3, y=2
<<=	x<<=y	x=x<<y	x=2	x=1,y=1
>>=	x>>=y	x=x>>y	x=0	x=1,y=1
>>>=	x>>>=y	x=x>>>y	x=2147483647	x=-1,y=1

下面，来看一个使用赋值运算符表达式的代码示例（详见源代码 ch03 目录中 ch03-js-operator-assign.html 文件）。

【代码 3-31】

```
01    <script type="text/javascript">
02        var i = 1;
03        console.log("i = " + i);
04        var j = i;
05        console.log("j = i is " + j);
06        j += i;
07        console.log("j += i is " + j);
08        j *= j;
09        console.log("j *= j is " + j);
10        j -= i;
11        console.log("j -= i is " + j);
12        j /= i;
13        console.log("j /= i is " + j);
14        j %= 2;
15        console.log("j %= 2 is " + j);
16        j <<= j;
17        console.log("j <<= j is " + j);
18        j >>= j;
19        console.log("j >>= j is " + j);
20        var n = -1;
21        console.log("n = " + n);
22        n >>>= 1;
23        console.log("n >>>= 1 is " + n);
24    </script>
```

关于【代码 3-31】的分析如下：

这段代码的功能主要就是对数值应用各种赋值运算符进行运算，具体包括加法赋值（+=）、减法赋值（-=）、乘法赋值（*=）、除法赋值（/=）、取模赋值（%=）、左移赋值（<<=）、有符号右移/赋值（>>=）、无符号右移/赋值（>>>=）等几种复合赋值的运算。

页面效果如图 3.34 所示。

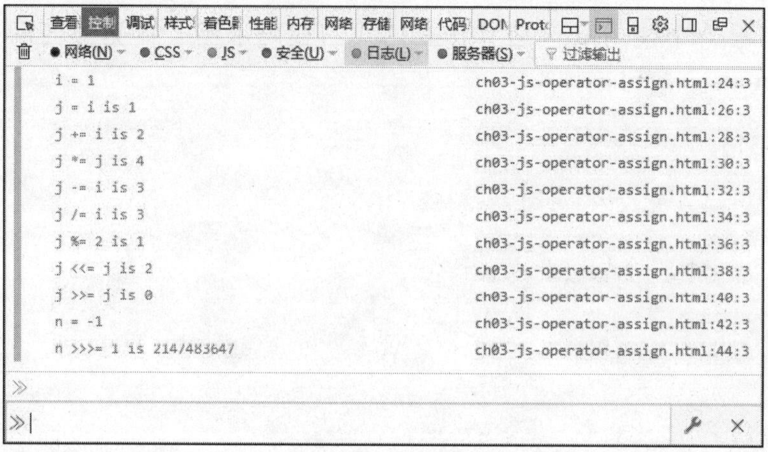

图 3.34　ECMAScript 赋值运算符

从第 19 行代码输出的结果来看，变量（j）进行保留符号位的右移赋值（j >>= j）后，返回值为 0；

从第 22 行代码输出的结果来看，无符号位的右移赋值（>>>=）操作返回值为 2147483647。

以上就是对 ECMAScript 语法中赋值运算符的测试，希望能帮助读者进一步理解赋值运算符的使用。

3.9　ECMAScript 条件运算符及表达式

在 ECMAScript 语法中，条件运算符是表现形式上比较复杂的一种，实际上如果将其理解为一种特殊的表达式似乎更为恰当。在 ECMAScript 语法中，具体对于条件运算符表达式的定义如下：

```
variable = boolean_expression ? true_value : false_value;
```

如何理解上面这段关于条件运算符表达式呢？首先，要判断布尔表达式（boolean_expression）的取值，如果为"true"时则返回 true_value 给变量（variable）；而如果为"false"时则返回 false_value 给变量（variable）。同时，对于条件运算符表达式的格式要严格按照上面的书写方式执行，问号（？）和冒号（:）的位置一定要写对，要把布尔表达式和两个返回值隔开。

下面，来看一个使用条件运算符表达式的代码示例（详见源代码 ch03 目录中 ch03-js-operator-conditional.html 文件）。

【代码 3-32】

```
01   <script type="text/javascript">
02       var es = "ecmascript";
```

```
03          var js = "javascript";
04          var vReturn_greater = (es > js) ? "ecmascript" : "javascript";
05          console.log('(es > js) ? "ecmascript" : "javascript" = ' +
vReturn_greater);
06          var vReturn_less = (es < js) ? "ecmascript" : "javascript";
07          console.log('(es < js) ? "ecmascript" : "javascript" = ' + vReturn_less);
08          var vReturn_true = (true) ? "ecmascript" : "javascript";
09          console.log('(true) ? "ecmascript" : "javascript" = ' + vReturn_true);
10          var vReturn_false = (false) ? "ecmascript" : "javascript";
11          console.log('(false) ? "ecmascript" : "javascript" = ' + vReturn_false);
12          var vReturn_1 = (1) ? "ecmascript" : "javascript";
13          console.log('(1) ? "ecmascript" : "javascript" = ' + vReturn_1);
14          var vReturn_0 = (0) ? "ecmascript" : "javascript";
15          console.log('(0) ? "ecmascript" : "javascript" = ' + vReturn_0);
16    </script>
```

关于【代码 3-32】的分析如下：

第 02～03 行代码定义了两个字符串变量（es 和 js），分别初始化赋值为 "ecmascript" 和 "javascript"；

第 04 行代码使用条件运算符判断布尔表达式（es > js）的结果，为"真"时则返回字符串 "ecmascript"，否则返回字符串 "javascript"；

同样，第 06 行代码使用条件运算符判断布尔表达式（es < js）的结果，为"真"则返回字符串 "ecmascript"，否则返回字符串 "javascript"；

而第 08 行和第 10 行代码中，条件运算符的布尔表达式直接为 "true" 和 "false"，相当于直接确认返回第一个或第二个返回值；

同样，第 12 行和第 14 行代码中，条件运算符的布尔表达式直接为 "1" 和 "0"，等同于 "true" 和 "false"。

页面效果如图 3.35 所示。

图 3.35　ECMAScript 条件运算符

从第 05 行和第 07 行代码输出的结果来看，字符串进行比较的布尔表达式结果如果为"真"，则返回第一个返回值（"ecmascript"），否则返回第二个返回值（"javascript"）；

从第 09 行和第 11 行代码输出的结果来看，如果布尔表达式直接定义为"true"，则返回第一个返回值（"ecmascript"）；而如果直接定义为"false"，则返回第二个返回值（"javascript"）；

同样，从第 13 行和第 15 行代码输出的结果来看，如果布尔表达式直接定义为数值 1，则返回第一个返回值（"ecmascript"）；而如果直接定义为数值 0，则返回第二个返回值（"javascript"）。

3.10 开发实战：ECMAScript 运算符工具

基于本章中学习到的知识，本节我们设计开发一个 ECMAScript 运算符表达式工具。由于还没有学习到条件语句等方面的知识，所以这个 ECMAScript 运算符表达式工具实现的功能还比较简单（后面的章节中会进一步完善）。希望通过该开发实战，可以帮助读者尽快掌握关于 ECMAScript 语法中运算符表达式的相关知识内容。

下面是 ECMAScript 运算符表达式工具的网页代码（详见源代码 ch03 目录中 operator\ch03-js-operator.html 文件）：

【代码 3-33】

```
01    <table>
02        <tr>
03            <th><label for="id-data-a">运算数</label></th>
04            <th><label for="seloper">运算符</label></th>
05            <th><label for="id-data-b">运算数</label></th>
06            <th><label>等于</label></th>
07            <th><label for="id-result">运算结果</label></th>
08        </tr>
09        <tr>
10            <td>  <input type="text" id="id-data-a"
/>  </td>
11            <td>
12        <select id="seloper" name="name-operator"
onchange="on_seloper_change(this);">
13                <option value="0" selected = "selected">请选择...</option>
14                <option value="+">+</option>
15                <option value="-">-</option>
16                <option value="*">*</option>
17                <option value="/">/</option>
18                <option value="%">%</option>
19            </select>
```

```
20              </td>
21              <td>  <input type="text" id="id-data-b"
/>  </td>
22              <th><label>  =  </label></th>
23              <td>  <input type="text" id="id-result" disabled
/>  </td>
24          </tr>
25  </table>
```

关于【代码 3-33】的分析如下：

这段代码主要是通过<table>标签元素定义了 ECMAScript 运算符表达式工具的界面。其中，第 10 行和第 21 行代码通过<input>标签元素定义了两个原始运算数的输入框；第 12～19 行代码定义了一个<select>下拉菜单选择框，用于选取运算符；第 23 行代码定义了另一个 <input>标签元素，用于显示输出运算结果。

下面是 ECMAScript 运算符表达式工具的 JS 脚本代码（详见源代码 ch03 目录中 operator\ch03-js-operator.html 文件）：

【代码 3-34】

```
01  <script type="text/javascript">
02      function on_seloper_change(thisid) {
03          var result = "";
04          var a = document.getElementById("id-data-a").value;
05          var b = document.getElementById("id-data-b").value;
06          var oper = document.all.seloper.options[document.all.seloper.
selectedIndex].value;
07          if(oper == "0") {
08              document.getElementById("id-data-a").value = "";
09              document.getElementById("id-data-b").value = "";
10          } else {
11              result = eval(a + oper + b);
12          }
13          document.getElementById("id-result").value = result;
14      }
15  </script>
```

关于【代码 3-34】的分析如下：

第 02～14 行代码是【代码 3-33】中定义的事件处理函数 "on_seloper_change(this)" 的具体实现。其中，第 03 行代码定义了一个变量（result），用于保存运算结果；第 04 行和第 05 行代码获取了用户输入的两个原始运算数；第 06 行代码获取了用户选取的运算符；第 07～12 行通过 if 条件语句判断用户选取的运算符，如果是无效的运算符则清空原始运算数输入框，而如果是有效的运算符则通过第 11 行代码中 "eval()" 函数进行计算；第 13 行代码将运算结果显示输出在页面中的文本框内。

下面测试【代码 3-33】和【代码 3-34】定义的 HTML 网页，初始效果如图 3.36 所示。

然后，在两个运算数文本框中输入任意数字（比如 123 和 789），页面效果如图 3.37 所示。

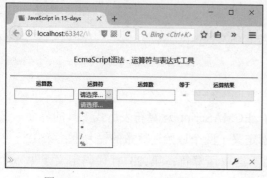
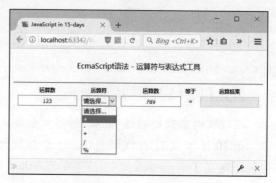

图 3.36　ECMAScript 运算符工具（1）　　　图 3.37　ECMAScript 运算符工具（2）

点击下拉菜单并选择"+"运算符，页面效果如图 3.38 所示。下面，再次点击下拉菜单并选择"*"运算符，页面效果如图 3.39 所示。

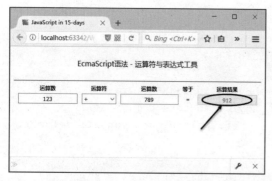
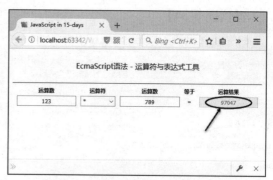

图 3.38　ECMAScript 运算符工具（3）　　　图 3.39　ECMAScript 运算符工具（4）

3.11　本章小结

本章主要介绍了 ECMAScript 语法中运算符和表达式的内容，具体包括加性运算符、乘性运算符、一元运算符、关系运算符、等性运算符、位运算符、逻辑运算符、赋值运算符、条件运算符以及表达式等方面的内容，并通过一些具体示例进行了讲解。相信读者掌握了本章介绍的内容，就可以将 ECMAScript 脚本语言中运算符应用到具体的开发实践中。

第 4 章
ECMAScript流程控制语句

本章继续介绍 ECMAScript 语法的核心内容 —— 流程控制语句。ECMAScript 流程控制语句,是脚本编程语言中最基础、最重要,也是最核心的部分。本章中介绍的流程控制语句包括:条件语句、选择语句、循环迭代语句、中断语句和标签语句等几大类,在实际编程中经常要用到。

4.1 if 条件语句

本节介绍 ECMAScript 语法中最基本的 if 条件语句,if 条件语句是使用频率最高的流程控制语句。对于 if 条件语句的语法形式有很多种,尤其是与 else 关键字配合起来使用,表现形式更为多样。

4.1.1 if 语句

ECMAScript 语法规范中定义的 if 语句是最基本的条件选择语句,相当于"如果...则..."的条件选择。

if 条件语句的语法格式如下:

```
if(条件) {
仅当条件为 true 时,执行此处代码
}
```

下面来看一个使用 if 语句的代码示例(详见源代码 ch04 目录中 ch0-js-if.html 文件)。

【代码 4-1】

```
01  <script type="text/javascript">
02      if(true) {
03          console.log("if(true) {");
04          console.log("    true");
05          console.log("}");
06      }
```

```
07      if(false)
08          console.log("if(false) {");
09          console.log("    false");
10          console.log("}");
11  </script>
```

关于【代码 4-1】的分析如下：

第 02～06 行代码是第一个 if 语句块，主要是通过 if 语句判断 "true" 是否为真，如果为"真"则执行第 03～05 行代码控制输出调试信息；

第 07～10 行代码是意图模仿第 02～06 行代码的第二个 if 语句块，主要是通过 if 语句判断 "false" 是否为真，如果不为"真"则不执行第 08～10 行代码。读者可能注意到第 07～10 行代码中语句块没有 "{}" 符号，那么这个模仿的第二个 if 语句块会不会和第一个 if 语句块功能完全一样呢？

运行测试【代码 4-1】所定义的 HTML 页面，并使用调试器查看控制台输出的调试信息，页面效果如图 4.1 所示。

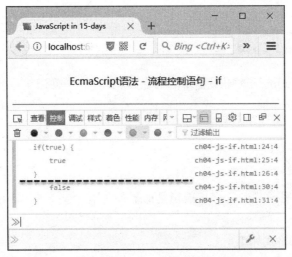

图 4.1　if 语句

从图 4.1 可知，第 02～06 行代码的第一个 if 语句块输出的内容是符合预期的；而第 07～10 行代码的第二个 if 语句块输出的内容比较奇怪，原本由于 if 语句判断条件为布尔值（"fasle"）后不会得到任何输出，但第 09～10 行代码的内容却输出了，而第 08 行代码的内容却没有输出。这是由于第二个 if 语句块没有 "{}" 符号的缘故造成的，其默认只将第 08 行代码当作 if 语句块的语句体，而第 09～10 行代码不是其语句体，因此这两行代码的内容也就得到输出。

4.1.2　if…else…语句

ECMAScript 语法规范中定义的"if…else…"语句是对 if 语句的增强，相当于"如果…则…，否则…"条件选择。

if...else...语句的语法格式如下：

```
if (条件) {
仅当条件为 true 时，执行此处代码
} else {
否则执行此处代码
}
```

下面来看一个使用 if...else...语句的代码示例（详见源代码 ch04 目录中 ch04-js-if-else.html 文件）。

【代码 4-2】

```
01  <script type="text/javascript">
02     if(true) {
03         console.log("if(true) {");
04         console.log("    true");
05         console.log("}");
06     } else {
07         console.log("else {");
08         console.log("    false");
09         console.log("}");
10     }
11     if(false) {
12         console.log("if(true) {");
13         console.log("    true");
14         console.log("}");
15     } else {
16         console.log("else {");
17         console.log("    false");
18         console.log("}");
19     }
20  </script>
```

关于【代码 4-2】的分析如下：

第 02～10 行代码是第一个 if...else...语句块，主要是通过 if 语句判断"true"是否为真，如果为"真"则执行 if 语句块中的第 03～05 行的代码并在控制台中输出调试信息，否则执行 else 语句块内的第 07～09 行的代码并在控制台中输出调试信息；

第 11～19 行代码是第二个 if...else...语句块，主要是通过 if 语句判断"false"是否为真，然后相应地执行 if 和 else 语句块内的代码。

页面效果如图 4.2 所示。对于 if...else...条件选择语句，运行中只能执行 if 语句块或 else 语句块中的内容，二者不可能都执行，不过也不可能都不执行，这也正是 if...else...条件选择语句的特点。

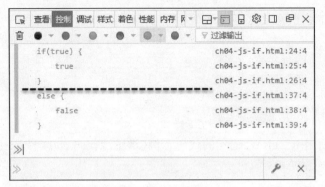

图 4.2　if…else…语句

4.1.3　if…else if…else…语句

ECMAScript 语法规范中定义的 **if…else if…else…** 语句是条件选择语句的最完整版本，相当于"如果…则…，如果…则…，否则…"条件选择，基本可以适用于编程中遇到的任何情况。

if…else if…else…语句的语法格式如下：

```
if (条件1) {
仅当条件1为 true 时，执行此处代码
} else if (条件2) {
仅当条件2为 true 时，执行此处代码
} … {
…
} else if (条件n) {
仅当条件n 为 true 时，执行此处代码
} else {
否则执行此处代码
}
```

下面来看一个使用 if…else if…else… 语句的代码示例（详见源代码 ch04 目录中 ch04-js-if-else-if.html 文件）。

【代码 4-3】

```
01    <script type="text/javascript">
02        if(true) {
03            console.log("1- if");
04        } else if (false) {
05            console.log("1- else if");
06        } else {
07            console.log("1- else");
08        }
09        if(false) {
10            console.log("2 - if");
11        } else if (true) {
12            console.log("2 - else if");
```

```
13        } else {
14            console.log("2 - else");
15        }
16    if(false) {
17            console.log("3 - if");
18        } else if (false) {
19            console.log("3 - else if");
20        } else {
21            console.log("3 - else");
22        }
23    </script>
```

关于【代码 4-3】的分析如下：

这段代码主要使用了三段 if…else if…else…语句块，分别用于演示 if 语句块、else if 语句块和 else 语句块这三种不同的条件输出。

第 02～08 行代码是第一个 if…else if…else…语句块，主要是通过 if 语句判断 "true" 是否为真，如果为 "真" 则执行 if 语句块中的第 03 行的代码并在控制台中输出调试信息，否则执行后面的语句；

第 09～15 行代码是第二个 if…else if…else…语句块，主要是通过 if 语句判断 "false" 是否为真，如果不为 "真" 则继续通过 else if 语句判断 "true" 是否为真，如果为 "真" 则执行 else if 语句块中的第 12 行代码并在控制台输出调试信息，否则执行后面的语句；

第 16～22 行代码是第三个 if…else if…else…语句块，主要是通过 if 语句判断 "false" 是否为真，如果不为 "真" 则继续通过 else if 语句判断 "false" 是否为真，如果不为 "真" 则执行 else 语句块中第 21 行的代码并在控制台输出调试信息。

页面效果如图 4.3 所示。对于 if…else if…else…条件选择语句，运行中只能执行 if 语句块、else if 语句块或 else 语句块中的内容，不可能全部都执行，不过也不可能都不执行，至少要执行一个语句块，这也同样是 if…else if…else…条件选择语句的特点。

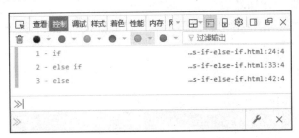

图 4.3　if…else if…else…语句

 else if 语句块可以扩展为多项并列的形式，这样就可以适用于绝大多数的编程场景。当然，如果并列项太多可以使用下面我们将要介绍到的 switch 条件选择语句。

129

4.2 switch 条件语句

本节介绍 ECMAScript 语法规范中的另一个条件选择语句 —— switch 语句。在许多情况下，比如选择项很多的编程场景，switch 条件选择语句会比 if 条件选择语句更为适用。

ECMAScript 语法规范中定义的 switch 语句同样是一种条件选择语句，主要用于基于不同的条件来执行不同的操作的场景。

switch 语句的语法格式如下：

```
switch(n) {
  case 1:
    执行代码块 1;
    break;
  case 2:
    执行代码块 2;
    break;
  ……
  case n:
    执行代码块 n;
    break;
  default:
    case 1、case 2…case n 不同时执行的代码;
}
```

其中，n 是用于选择的表达式（通常是一个变量）。然后，表达式的值依次与结构体中的每一个 case 值进行比较，如果存在匹配的 case 项，则执行该 case 项的代码块；如果与任何一个 case 项不匹配，则执行 default 项的代码块。另外，case 项与 case 项之间通过 break 来间隔，default 项通常写在全部 case 项之后。

下面来看一个使用 switch 语句的代码示例（详见源代码 ch04 目录中 ch04-js-switch.html 文件）。

【代码 4-4】

```
01    <!-- 添加文档主体内容 -->
02    前端编程语言菜单:  
03    <select id="id-select-switch" onchange="on_select_change(this.value);">
04        <option value="HTML5">HTML 5</option>
05        <option value="CSS3">CSS 3</option>
06        <option value="EcmaScript">EcmaScript</option>
07    </select>
08    <div id="id-div-switch">
09        请选择您喜欢的前端编程语言:
10    </div>
```

```
11    <!-- 添加文档主体内容 -->
12    <script type="text/javascript">
13        var v_div = document.getElementById("id-div-switch");
14        function on_select_change(value) {
15            switch(value) {
16                case "HTML5":
17                    v_div.innerHTML = "您选择前端编程语言: " + value;
18                    break;
19                case "CSS3":
20                    v_div.innerHTML = "您选择前端编程语言: " + value;
21                    break;
22                case "EcmaScript":
23                    v_div.innerHTML = "您选择前端编程语言: " + value;
24                    break;
25                default:
26                    v_div.innerHTML = "您选择前端编程语言: ";
27                    break;
28            }
29        }
30    </script>
```

关于【代码 4-4】的分析如下：

第 03～07 行代码通过<select>标签定义了一个下拉选择框控件，并添加了三个<option>选择项。其中，第 03 行代码中为该标签定义了"id"属性，并定义了"onchange"事件处理函数方法（on_select_change(this.value)），参数"this.value"代表<select>标签的选中值。关于 JavaScript 事件处理的内容我们会在后续的章节中详细介绍，此处只需要知道"onchange"事件是在用户操作<select>标签后被触发的；

第 08～10 行代码通过<div>标签定义了一个层，用于显示用户操作<select>标签结果的返回值；

第 12～30 行代码通过<script>标签定义了一段嵌入式 JavaScript 脚本。

第 13 行代码通过 document.getElementById()方法获取了第 08～10 行代码定义的<div>标签的"id"值；

第 14～29 行代码定义了第 03 行代码中的"onchange"事件处理函数（on_select_change(value)），参数"value"为传递过来的<select>标签的选中值；

第 15～28 行代码通过 switch 语句对参数"value"进行选择判断，其中每个 case 语句定义了根据不同选择所执行的代码，主要是通过"innerHTML"属性将用户的操作结果显示到第 08～10 行代码定义的<div>标签中。

页面初始效果如图 4.4 所示。点开下拉菜单，任意选择一项，操作后的效果如图 4.5 和图 4.6 所示。

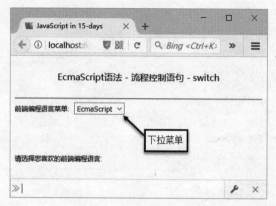

图 4.4　switch 语句（1）

图 4.5　switch 语句（2）

图 4.6　switch 语句（3）

4.3 循环迭代语句

本节介绍 ECMAScript 语法规范中的循环迭代语句。循环语句和迭代语句其实是一个意思，就是声明一组要反复执行的命令，直到满足某些条件为止。因为循环条件通常为用于迭代的值、或者是重复执行的算术任务，因此命名为循环迭代语句。

ECMAScript 语法规范中定义的循环迭代语句与其他高级编程语言（如 C 语言和 Java 语言等）类似，具体包括 for 语句、while 语句、do…while…语句、for…in…语句以及中断语句等，下面我们逐一详细介绍。

4.3.1　for 语句

ECMAScript 语法规范中定义的 for 语句是循环语句，主要用于一次一次地循环重复执行相同的代码，并且每次执行代码时的自变量参数会按照规律递增或递减。

关于 for 语句的语法格式如下：

```
for (语句1；语句2；语句3) {
    被执行的代码块
}
```

其中，语句 1 是在循环（代码块）开始前执行，一般用于定义自变量参数的初始条件；语句 2 定义运行循环（代码块）的条件，一般用于定义自变量参数结束条件；语句 3 在循环（代码块）已被执行之后执行，一般用于定义自变量的变化规律。

下面来看一个使用 for 语句的代码示例（详见源代码 ch04 目录中 ch04-js-for.html 文件）。

【代码 4-5】

```
01  <script type="text/javascript">
02  for(var i=1; i<=9; i++) {
03      console.log("i=", i);
04  }
05  </script>
```

关于【代码 4-5】的分析如下：

第 02～04 行代码通过 for 语句定义了一个循环体。其中，第 02 行代码定义了 for 语句的循环初始条件（var i=1;），循环结束条件（i<=9;）以及自变量的变化规律（i++）。该 for 循环相当于循环执行了 9 次第 03 行代码定义的控制台调试信息输出功能。

页面效果如图 4.7 所示。

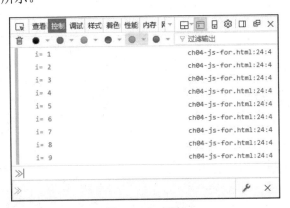

图 4.7　for 语句

如果将 for 语句嵌套起来使用，就可以实现很多既复杂又有趣的功能，比如九九乘法表的打印。下面，我们就介绍一下如何使用 for 语句实现打印九九乘法表的代码示例（详见源代码 ch04 目录中 ch04-js-for-9x9.html 文件）。

【代码 4-6】

```
01   <script type="text/javascript">
02       for(var i=1; i<=9; i++) {
03           var v_line = "";
04           for(var j=1; j<=i; j++) {
05               v_line += j + "x" + i + "=" + j*i + " ";
06           }
07           console.log(v_line);
08       }
09   </script>
```

关于【代码 4-6】的分析如下：

这段代码主要就是通过嵌套使用 for 循环语句（双层 for 循环）来实现九九乘法表的打印，页面效果如图 4.8 所示。

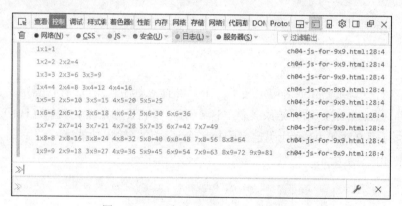

图 4.8　for 语句实现九九乘法表的打印

4.3.2　for…in…语句

ECMAScript 语法规范中还定义了 for…in…迭代语句，for…in…语句是更严格的迭代语句，主要用于枚举对象集合中的属性。

关于 for…in 语句的语法格式如下：

```
for (prop in collection) {
    被执行的代码块
}
```

其中，"prop"用于表示属性的变量，"collection"用于表示属性的集合。

下面来看一个使用 for…in…语句的代码示例（详见源代码 ch04 目录中 ch04-js-for-in.html 文件）。

【代码 4-7】

```
01    <script type="text/javascript">
02        var arr = new Array();
03        for(var i=1; i<=10; i++) {
04            arr[i] = i;
05        }
06        var j;
07        for(j in arr) {
08            console.log("j = " + j);
09        }
10    </script>
```

关于【代码 4-7】的分析如下：

第 02 行代码定义了一个数组变量（arr），并通过第 03～05 行代码中的 for 语句进行了初始化赋值（数字 1～10）；

第 06 行代码定义了一个变量（j），作为 for…in…语句中的变量；

第 07～09 行代码中通过 for…in…语句迭代了数组变量(arr)中每一个属性，注意 for…in…语句的书写方法（for(j in arr)）。

页面效果如图 4.9 所示。

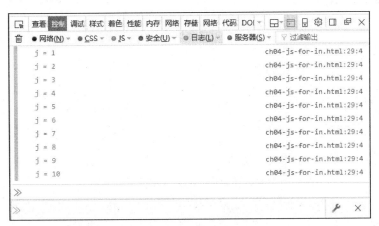

图 4.9　for…in…语句

如前文所述，for…in…语句主要用来迭代对象中的属性，下面我们再看一个使用 for…in…语句迭代 window 对象中属性的代码示例（详见源代码 ch04 目录中 ch04-js-for-in-window.html 文件）。

【代码 4-8】

```
01    <script type="text/javascript">
02        var w;
03        for(w in window) {
```

```
04              console.log("obj in window = " + w);
05          }
06  </script>
```

页面效果如图 4.10 所示。window 对象中有很多属性，在浏览器控制台中全部进行了输出（图中仅显示了最开始的一小部分），这一小部分的属性读者是不是有很熟悉的呢？

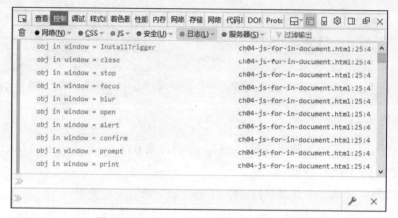

图 4.10　for…in…语句迭代 window 对象

4.3.3　while 语句

前文中介绍的 for 语句为定义的有穷循环语句，而 while 语句则用来定义无穷循环（当然有循环结束条件）。

关于 while 语句的语法格式如下：

```
while (条件) {
    被执行的代码块
}
```

其中，当判断"条件"为真时则无限次执行循环体内的代码，只有当判断"条件"为假时才停止循环，因此 while 是一种前测试循环语句。

下面来看一个使用 while 语句来实现的代码示例（详见源代码 ch04 目录中 ch04-js-while.html 文件），这段代码其实就是将【代码 4-5】中的 for 语句改写成 while 语句。

【代码 4-9】

```
01  <script type="text/javascript">
02  var i = 1;
03  while(i <= 9) {
04      console.log("i=", i);
05      i++;
06  }
07  </script>
```

关于【代码 4-9】的分析如下：

第 02 行代码定义了一个变量"i"，并进行了初始化操作（i=1）；

第 03～06 行代码通过 while 语句定义了一个循环体。

其中，第 03 行代码通过判断变量"i"的值是否小等于数值 9，如果条件为"真"则执行第 04～05 行代码定义的循环体；

而第 05 行代码执行变量"i"的自动累加；当第 05 行代码被执行后，变量"i"的累加值大于数值 9 时，第 03 行代码的判断条件为"假"，从而结束第 03～06 行代码定义的 while 循环体。

页面效果如图 4.11 所示。

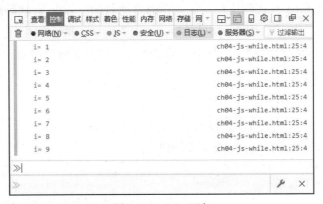

图 4.11　while 语句

4.3.4　do…while 语句

前文中介绍的 while 语句是前测试循环语句，与之对应的则是 do…while 后测试循环语句，即退出条件在执行循环内部的代码之后计算，这也就是表示在判断测试条件之前，至少会执行循环主体一次。

关于 do…while 语句的语法格式如下：

```
do {
  被执行的代码块
} while (条件);
```

其中，当判断"条件"为真时则无限次执行循环体内的代码，只有当判断"条件"为假时才停止循环。

下面来看一个使用 do…while 语句来实现的代码示例（详见源代码 ch04 目录中 ch04-js-do-while.html 文件）。

【代码 4-10】

```
01  <script type="text/javascript">
02  var i = 1;
03  do {
04      console.log("i=", i);
05      i++;
06  } while(i <= 9);
07  </script>
```

关于【代码 4-10】的分析如下：

第 03～06 行代码通过 do...while 语句定义了一个循环体。其中，第 03 行代码中使用 do 语句先执行循环体；第 05 行代码执行变量 "i" 的自动累加；第 06 行代码通过 while 语句判断变量 "i" 的值是否小于等于数值 9，如果条件为 "真" 则执行第 04～05 行代码定义的循环体。

当第 05 行代码被执行后，变量 "i" 的累加值大于数值 9 时，第 06 行代码的判断条件为 "假"，从而跳出第 03～06 行代码定义的 while 循环体。

页面效果如图 4.12 所示。

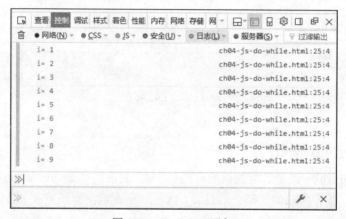

图 4.12　do...while 语句

4.4　循环中断语句

本节介绍 ECMAScript 语法规范中的循环中断语句。所谓循环中断语句，顾名思义就是终止循环语句继续执行的语句。在 ECMAScript 语法规范中定义的循环中断语句主要就是指 break 语句和 continue 语句，使用循环中断语句可以更严格控制循环中的代码执行。

4.4.1　break 语句

ECMAScript 语法规范中的 break 语句可以用来实现根据指定条件结束循环体的功能。具体来说就是 break 语句可以实现跳出循环体的功能，且跳出循环体后不影响后续代码的执行（如果有后续代码）。

关于 break 语句的语法格式如下：

```
循环体 {
  break;
}
```

下面来看一个使用 break 语句终止循环体的代码示例（详见源代码 ch04 目录中 ch04-js-break.html 文件）。

【代码 4-11】

```
01  <script type="text/javascript">
02   for(var i=1; i<=9; i++) {
03      if(i > 7)
04          break;
05      console.log("i=", i);
06   }
07  </script>
```

关于【代码 4-11】的分析如下：

这段代码对【代码 4-5】中定义的 for 语句循环体进行了改写。其中，【代码 4-5】输出了数值 1～9 的调试信息。而我们改写【代码 4-5】的目的就是想提前结束循环，当循环执行到一半时就强行中断该循环体。因此，第 03～04 行代码定义了一个 if 语句，判断自变量 "i" 是否大于数值 7，如果条件为真，则执行第 04 行代码定义的 break 语句，即终止循环。

页面效果如图 4.13 所示。

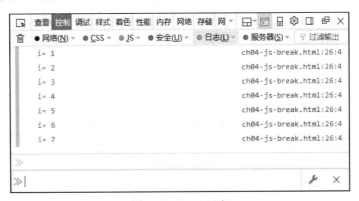

图 4.13　break 语句

4.4.2　continue 语句

虽然 break 语句功能强大，但也有其局限性，因为中断循环后，后续的循环也会随之被终止。如果想仅仅中断一次循环该如何操作呢？ECMAScript 语法规范提供 continue 语句来实现此功能。ECMAScript 规范中定义 continue 语句中断循环体中的迭代，如果出现指定的条件，将继续循环体中的下一个迭代。

关于 continue 语句的语法格式如下：

```
循环体 {
  continue;
}
```

下面来看一个使用 continue 语句终止循环体的代码示例（详见源代码 ch04 目录中 ch04-js-continue.html 文件）。

【代码 4-12】

```
01  <script type="text/javascript">
02      for(var i=1; i<=9; i++) {
03          if((i == 1) || (i == 4) || (i == 7))
04              continue;
05          console.log("i=", i);
06      }
07  </script>
```

关于【代码 4-12】的分析如下：

这段代码主要就是对【代码 4-5】中定义的 for 语句循环体再次进行了改写。其中，【代码 4-5】输出了数值 1～9 的调试信息，而我们改写【代码 4-5】的目的就是想中断其中的几次循环，但不是中断整个循环体。

因此，第 03～04 行代码定义了一个 if 语句，判断自变量"i"是否等于数值 1、4 和 7，如果条件为真，则执行第 04 行代码定义的 continue 语句即中断本次循环。

页面效果如图 4.14 所示。当循环执行到变量 1、4 和 7 时被中断了，此时，第 05 行代码定义的调试信息输出没有被执行。而从显示的结果来看，其他数值均在控制台得到了有效的打印输出。

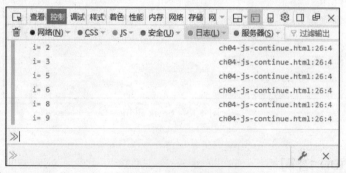

图 4.14　continue 语句

4.4.3　break 语句与标签语句配合使用

ECMAScript 语法规范中还提供了一个标签语句，可以与中断语句配合使用，用以返回到代码中的特定位置。

下面，先看一个 break 语句与标签语句配合使用的代码示例（详见源代码 ch04 目录中 ch04-js-break-label.html 文件）。

【代码 4-13】

```
01    <script type="text/javascript">
02        label:
03        for(var i=1; i<=9; i++) {
04            var v_line = "";
05            for(var j=1; j<=i; j++) {
06                if((i>6) && (j>6))
07                    break label;
08                v_line += j + "x" + i + "=" + j*i + " ";
09            }
10            console.log(v_line);
11        }
12    </script>
```

关于【代码 4-13】的分析如下：

这段代码主要是对【代码 4-6】中实现的 9×9 乘法表进行了改写，而我们改写的目的就是想提前结束循环，当乘法表打印到第 6 行时强行中断该循环体。

因此，第 02 行代码定义了一个标签"label"；第 06～07 行代码定义了一个 if 语句，判断自变量"i"和"j"是否都大于数值 6，如果条件为真，则执行 break 语句（break label）终止循环并跳转到标签"label"处。

页面效果如图 4.15 所示。当循环体执行到第 6 行时，循环体被终止执行，说明第 07 行代码定义的 break 语句（break label）起到了作用。

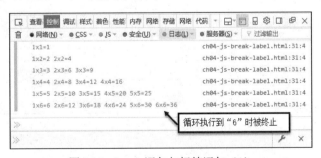

图 4.15　break 语句与标签语句（1）

其实，如果仔细研究【代码 4-13】，会发现即使不使用标签语句（仅使用 break 语句）效果与使用标签"label"是一样的。因此，我们再看一个真正发挥标签语句作用的代码示例（详见源代码 ch04 目录中 ch04-js-break-label-spec.html 文件）。

【代码 4-14】

```
01  <script type="text/javascript">
02      for(var i=1; i<=9; i++) {
03          var v_line = "";
04          label:
05          for(var j=1; j<=i; j++) {
06              if((i>6) && (j>6))
07                  break label;
08              v_line += j + "x" + i + "=" + j*i + " ";
09          }
10          console.log(v_line);
11      }
12  </script>
```

关于【代码 4-14】的分析如下：

这段代码主要就是对【代码 4-13】进行了改写，而我们改写的目的就是想测试一下标签 "label" 放到不同位置所达到的效果。因此，我们将【代码 4-13】中第 02 行代码定义的标签 "label" 放到了【代码 4-14】中的第 04 行位置，而其他的代码我们没有进行任何的改动。

页面效果如图 4.16 所示。乘法表的第 7～9 列打印时被截断了，没有全部打印出来。与图 4.15 效果不同的是乘法表打印到第 6 行后没有被终止，仍是继续打印出了第 7～9 行的乘法表。原因就是我们将标签 "label" 的位置改到了代码的第 04 行，放在了外层循环体的内部，内层循环体的外部。这样当 break 语句（break label）被执行后跳转到第 04 行的标签 "label" 位置时，仅仅是终止了内层的循环体，而外层循环体仍会继续执行下去。

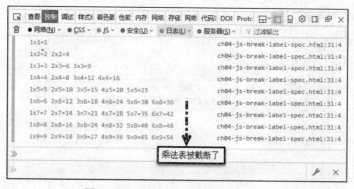

图 4.16　break 语句与标签语句（2）

4.4.4　continue 语句与标签语句配合使用

前一小节我们介绍了 break 语句和标签语句的配合使用，本小节我们再介绍一下 continue 语句和标签语句如何配合使用。

下面，先看一个 continue 语句与标签语句配合使用的代码示例（详见源代码 ch04 目录中 ch04-js-continue-label.html 文件）。

【代码 4-15】

```
01  <script type="text/javascript">
02    label:
03    for(var i=1; i<=9; i++) {
04       var v_line = "";
05       for(var j=1; j<=i; j++) {
06          if((i>6) && (j>6))
07             continue label;
08          v_line += j + "x" + i + "=" + j*i + " ";
09       }
10       console.log(v_line);
11    }
12  </script>
```

关于【代码 4-15】的分析如下：

这段代码主要是对【代码 4-13】中实现的 9×9 乘法表进行了改写，将 break 语句换成了 continue 语句。

页面效果如图 4.17 所示。

图 4.17　continue 语句与标签语句（1）

【代码 4-15】中使用 continue 语句的效果与【代码 4-13】中使用 break 语句的效果是一致的，但如果我们仔细研究一下会发现如果【代码 4-15】中不使用标签语句，则 continue 语句会使得外层循环体继续执行下去，这也正是标签语句"label"起到终止循环体的作用。

如果将【代码 4-14】中的 break 语句改写成 continue 语句呢？下面，我们再看一个 continue 语句与标签语句配合的代码示例（详见源代码 ch04 目录中 ch04-js-continue-label-spec.html 文件）。

【代码 4-16】

```
01  <script type="text/javascript">
02    for(var i=1; i<=9; i++) {
```

```
03          var v_line = "";
04          label:
05          for(var j=1; j<=i; j++) {
06             if((i>6)  && (j>6))
07                 continue label;
08             v_line += j + "x" + i + "=" + j*i + " ";
09          }
10          console.log(v_line);
11      }
12  </script>
```

关于【代码 4-16】的分析如下：

这段代码主要是对【代码 4-15】进行了改写，而我们改写的目的就是想测试一下标签"label"放到不同位置的效果。

因此，我们将【代码 4-15】中第 02 行代码定义的标签"label"放到了【代码 4-16】中的第 04 行位置，而其他的代码我们没有做任何的改动。

页面效果如图 4.18 所示。乘法表的第 7～9 列打印时同样被截断了，没有全部打印出来，这与图 4.16 的效果是一致的。

图 4.18 continue 语句与标签语句（2）

4.5 ECMAScript 6 新特新——for of 迭代循环

ECMAScript 6 语法规范新增加了一个"for of"循环迭代语句，专门用来针对可迭代的 JavaScript 对象执行迭代操作。下面通过几个简单的代码实例，介绍一下"for of"循环迭代语句的使用方法。

4.5.1 迭代数组

使用"for of"循环迭代语句主要用于迭代数组。下面，我们就看一个使用"for of"循环迭代语句迭代操作数组的代码示例（详见源代码 ch04 目录中 ch04-js-for-of-arr.html 文件）。

【代码 4-17】

```
01  <script type="text/javascript">
02      var arr = new Array();
03      for (let i = 0; i <= 3; i++) {
04          arr[i] = i;
05      }
06      for (let j of arr) {
07          console.log("j = " + j);
08      }
09  </script>
```

关于【代码 4-17】的分析如下：

第 02 行代码定义了一个数组变量（arr），并通过第 03～05 行代码中 for 语句进行了初始化赋值（数字 0～3）；

第 06～08 行代码中通过 for…of…循环迭代语句对数组变量（arr）进行了迭代操作，并将结果输出到浏览器控制台中。

页面效果如图 4.19 所示。从浏览器控制台中的输出结果来看，通过 for…of…循环迭代语句对数组变量（arr）进行了迭代操作。

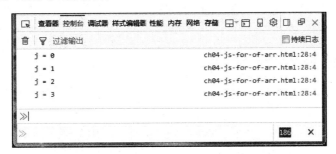

图 4.19　for…of…循环迭代语句操作数组

4.5.2　迭代字符串

使用 "for…of…" 循环迭代语句另一个最常用的操作就是迭代字符串。下面，我们就看一个使用 "for…of…" 循环迭代语句操作字符串的代码示例（详见源代码 ch04 目录中 ch04-js-for-of-string.html 文件）。

【代码 4-18】

```
01  <script type="text/javascript">
02      var str = new String("abcde");
03      console.log("--- for of 'abcde' ---");
```

```
04        for (let c of str) {
05            console.log(c);
06        }
07  </script>
```

关于【代码4-18】的分析如下：

第02行代码定义了一个字符串变量（str），并初始化为"abcde"；

第04～06行代码中通过for...of...循环迭代语句对字符串变量（str）进行了迭代操作，并将结果输出到浏览器控制台中。

页面效果如图4.20所示。从浏览器控制台中的输出结果来看，通过for...of...循环迭代语句对字符串变量进行了迭代操作，返回的结果为单个字符的序列。

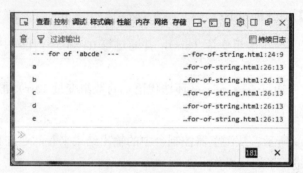

图 4.20　for...of...循环迭代语句操作字符串

4.5.3　for of 循环迭代原理

这里再补充介绍一下"for...of..."循环语句的循环迭代原理，其实 ECMAScript 6 语法规范中新提供的"for...of..."循环迭代语句是通过迭代器"Symbol.iterator"方法来实现的。迭代器"Symbol.iterator"中定义了一个"iterator.next()"方法用于依次遍历迭代对象中的每一个值，直到遍历完成才会退出，而"for...of..."循环迭代语句就是通过该机制实现了循环迭代操作。感兴趣的读者可以去阅读一下官方的 ECMAScript 6 语法规范文档。

那么，既然"for...of..."循环迭代语句是通过迭代器"Symbol.iterator"方法来实现的，那么被迭代的对象就是有要求的，并不是所有 ECMAScript 定义的对象均可以应用"for...of..."语句，主要对象有数组、字符串、Set 对象和 Map 对象这几种，如果尝试对其他类型的对象应用 for...of...语句则很可能会抛出异常。

4.6　开发实战：ECMAScript 运算符工具增强一

基于本章中学习到的知识，本节对前一章中设计的 ECMAScript 运算符表达式工具进行一下改进，通过加入流程控制语句进而设计出功能更复杂、也更完善的 ECMAScript 运算符表达式工具。

下面是 ECMAScript 运算符表达式工具的网页代码（详见源代码 ch04 目录中 operator-m\ch04-js-operator-m.html 文件）：

【代码 4-19】

```
01   <table>
02      <tr>
03         <th><label for="id-data-a">运算数</label></th>
04         <th><label for="seloper">运算符</label></th>
05         <th><label for="id-data-b">运算数</label></th>
06         <th><label>等于</label></th>
07         <th><label for="id-result">运算结果</label></th>
08      </tr>
09      <tr>
10         <td><input type="text" id="id-data-a" value="" placeholder=""
disabled /></td>
11         <td>
12            <select id="seloper" onchange="on_seloper_change(this);">
13               <option value="0" selected = "selected">请选择...</option>
14               <option value="+">+</option>
15               <option value="-">-</option>
16               <option value="*">*</option>
17               <option value="/">/</option>
18               <option value="%">%</option>
19               <option value="p++">前++</option>
20               <option value="p--">前--</option>
21               <option value="++s">后++</option>
22               <option value="--s">后--</option>
23            </select>
24         </td>
25         <td><input type="text" id="id-data-b" value="" placeholder=""
disabled /></td>
26         <th><button id="id-button-cal"
onclick="on_cal_click();">=</button></th>
27         <td><input type="text" id="id-result" value="" placeholder=""
disabled /></td>
28      </tr>
29   </table>
```

关于【代码 4-19】的分析如下：

这段代码主要是通过<table>标签元素定义 ECMAScript 运算符表达式工具的界面。其中，第 10 行和第 25 行代码通过<input>标签元素定义了两个原始运算数的输入框；第 12~23 行代码定义了一个<select>下拉菜单选择框，并注册了一个下拉菜单事件处理方法（on_seloper_change(this)），用于选取运算符（注意包含增量运算符）；第 26 行代码定义了一个<button>按钮，并注册了一个单击事件处理方法（on_cal_click()），用于执行运算符表达式的计算；第 27 行代码定义了最后一个<input>标签元素，用于显示运算符表达式的返回结果。

下面是 ECMAScript 运算符表达式工具的 JS 脚本代码（详见源代码 ch04 目录中 operator-m\ch04-js-operator-m.html 文件）：

【代码 4-20】

```
01   <script type="text/javascript">
02       var a, b, result;
03       var oper;
04       function on_seloper_change(thisid) {
05           oper =
document.all.seloper.options[document.all.seloper.selectedIndex].value;
06           if(oper == "0") {
07               clearData(true, true);
08               setDisabled(true, true);
09           } else {
10               if((oper == "+") || (oper == "-") || (oper == "*") || (oper ==
"/") || (oper == "%")) {
11                   setDisabled(false, false);
12               } else if((oper == "p++") || (oper == "p--")) {
13                   clearData(true, false);
14                   setDisabled(true, false);
15               } else if((oper == "++s") || (oper == "--s")) {
16                   clearData(false, true);
17                   setDisabled(false, true);
18               } else {
19                   clearData(true, true);
20                   setDisabled(true, true);
21               }
22           }
23       }
24       function on_cal_click() {
25           result = "";
26           a = parseInt(document.getElementById("id-data-a").value);
27           b = parseInt(document.getElementById("id-data-b").value);
28           switch(oper) {
29               case "+":
30                   result = a + b;
31                   break;
32               case "-":
33                   result = a - b;
```

```
34                  break;
35              case "*":
36                  result = a * b;
37                  break;
38              case "/":
39                  result = a / b;
40                  break;
41              case "%":
42                  result = a % b;
43                  break;
44              case "p++":
45                  result = ++b;
46                  document.getElementById("id-data-b").value = result;
47                  break;
48              case "p--":
49                  result = --b;
50                  document.getElementById("id-data-b").value = result;
51                  break;
52              case "++s":
53                  result = a++;
54                  document.getElementById("id-data-a").value = result;
55                  break;
56              case "--s":
57                  result = a--;
58                  document.getElementById("id-data-a").value = result;
59                  break;
60              default :
61                  clearData(true, true);
62                  setDisabled(true, true);
63                  break;
64          }
65      document.getElementById("id-result").value = result;
66      }
67      function clearData(bA, bB) {
68          if(bA && bB) {
69              document.getElementById("id-data-a").value = "";
70              document.getElementById("id-data-b").value = "";
71          } else {
72              if(bA)
73                  document.getElementById("id-data-a").value = "";
74              if(bB)
75                  document.getElementById("id-data-b").value = "";
76          }
77      document.getElementById("id-result").value = "";
78      }
```

```
79      function setDisabled(bA, bB) {
80          document.getElementById("id-data-a").disabled = bA;
81          document.getElementById("id-data-b").disabled = bB;
82      }
83  </script>
```

关于【代码 4-20】的分析如下：

第 02～03 行代码定义了几个变量，分别用于保存运算数、运算结果和运算符；

第 04～23 行代码是【代码 4-19】中定义的事件处理函数"on_seloper_change(this)"的具体实现。

其中，第 05 行代码获取用户选取的运算符；

第 06～22 行通过 if 条件语句判断用户选取的运算符，如果是无效的运算符则清空原始运算数输入框，而如果是有效运算符则执行第 10～21 行中 else 语句块的代码；

第 10～21 行代码中使用 if...else if...else...语句对运算符（变量"oper"）进行选择判断，然后对运算数输入框属性及其中的内容进行相应的处理，具体是通过 clearData() 和 setDisabled() 这两个自定义函数方法来实现的。这两个自定义函数方法的功能主要就是用来修改运算数输入框的"disabled"属性并清空其中的内容，至于这两个自定义函数方法这里就不详细介绍了，后面会用专门的章节来阐述这方面的内容；

第 24～66 行代码是【代码 4-19】中定义的事件处理函数"on_cal_click()"的具体实现。

第 26～27 行代码获取了用户输入的运算数；

第 28～64 行通过 switch 条件语句判断用户选取的运算符，并执行相应的运算；

第 65 行代码将运算结果显示输出在页面中的文本框内。

运行测试【代码 4-19】和【代码 4-20】定义的 HTML 网页，初始效果如图 4.21 所示。

图 4.21　ECMAScript 运算符工具改进（1）

运算数输入框是灰色的，表示这两个输入框为无效状态。然后点击下拉菜单，任意选取一个运算符（比如加法运算符"+"），页面效果如图 4.22 所示。

图 4.22　ECMAScript 运算符工具改进（2）

　　选取了加法运算符"+"后，两个运算数输入框变为有效状态.输入两个运算数，然后点击"等于="按钮，页面效果如图 4.23 所示。运算结果成功显示在页面的"运算结果"输入框中。除了加法运算符，减法、乘法、除法和取模运算都是类似的，读者可自行测试。

图 4.23　ECMAScript 运算符工具改进（3）

　　然后继续点击下拉菜单，尝试选取另一个运算符（比如前增量运算符"++"，显示为"前++"），页面效果如图 4.24 所示。

图 4.24　ECMAScript 运算符工具改进（4）

　　在选取了前增量运算符"前++"后，第一个运算数输入框仍为无效状态，而第二个运算数输入框变为有效状态。我们尝试输入一个运算数，然后可以多次点击"等于="按钮，页面效果如图 4.25 所示。运算结果成功显示在页面的"运算结果"输入框中。除了前增量运算符，前减量、后增量和后减量运算都是类似的，读者可自行测试。

图 4.25　ECMAScript 运算符工具改进（5）

　　以上就是对 ECMAScript 运算符表达式工具进行改进的过程，主要是使用本章中学习到的 if…else if…else…条件选择语句和 switch 条件选择语句，本实现更为复杂的运算符计算功能。读者可以在此基础上，通过加入更多的运算符来设计出功能更全的 ECMAScript 运算符表达式工具。

4.7　本章小结

　　本章主要介绍了 ECMAScript 语法中的流程控制语句内容，具体包括 if 和 switch 条件选择语句、for 和 while 循环迭代语句、break 和 continue 循环中断语句及其与标签语句的配合使用方法等内容，并通过一些具体的示例进行应用性讲解。相信读者在学习本章介绍的内容的，可以使用 ECMAScript 脚本语言进行功能更为复杂的开发实践。

第 5 章

ECMAScript 函数

从本章开始，我们将陆续向读者介绍 ECMAScript 语法规范中较为高级的内容。首先要介绍的就是 ECMAScript 函数，具体包括函数的定义、调用和函数对象等方面的内容。函数是 ECMAScript 语法规范中最核心的组成，许多 JavaScript 语言的高级应用都会依赖函数来实现。

5.1 ECMAScript 函数基础

首先，先介绍一下高级程序语言中关于"函数"的概念。其实，所谓"函数"完全就是从英文单词"function"翻译而来的。因此，对于绝大多数编程语言中的函数也是通过"function"关键字来定义的。那么函数的功能是什么呢？简单来说，"函数"就是用来完成特定功能的程序语句集合。

对于传统高级程序语言（例如 C、C#、Java 等）中的函数，一般都是通过关键字来声明和定义、然后通过调用来使用的。而对于将函数作为一个参数传递给另一个函数或者是赋值给一个本地变量、又或者是作为返回值进行返回这些高级用法，都需要通过函数指针（function pointer）或代理（delegate）这样的特殊方式来实现。

不过对于 JavaScript 语言而言，使用函数的方法简单又灵活。在 ECMAScript 语法规范中，函数不仅可以采用传统函数的使用方式（声明、定义和调用），还可以像简单值一样进行赋值、传递参数以及返回值的操作，因此，JavaScript 函数也被称为"第一类函数（First-class Function）"。进一步来讲，JavaScript 函数既实现了像类（Class）的构造函数一样的作用，同时又是一个 Function 类的实例（instance）。因此，熟练掌握 JavaScript 函数的使用方法，是学习 JavaScript 语言编程中非常重要的内容。

5.2 ECMAScript 函数声明、定义与调用

从本节开始将正式介绍 ECMAScript 函数的使用方法，具体包括 ECMAScript 函数的声明、定义与调用等。ECMAScript 函数的声明与定义的方式非常灵活，在 ECMAScript 语法规范中定义了多种函数声明与定义的方式，下面逐一详细地进行介绍。

5.2.1 传统方式声明 ECMAScript 函数

先介绍一下传统函数声明与定义的方式，这种方式对于绝大多数的高级程序语言都是通用的，具体的语法格式如下：

```
function 函数名(参数1，参数2，...) {
    // 函数体内定义的语句
}
```

下面，来看一个使用这种函数声明定义方式（不带参数）的代码示例（详见源代码 ch05 目录中 ch05-js-func-define-basic.html 文件）。

【代码 5-1】

```
01   <script type="text/javascript">
02      /*
03       * 定义 EcmaScript 函数
04       */
05      function MessageBox() {
06          alert("传统的 EcmaScript 函数声明与定义方式");
07      }
08      MessageBox();          // 调用 EcmaScript 函数
09   </script>
```

关于【代码 5-1】的分析如下：

第 05～07 行代码通过 function 关键字声明定义了函数（函数名为 MessageBox()），这就是传统的高级程序语言中函数声明定义的方式。函数体通过大括号（"{}"）来定义，第 06 行代码为函数体内定义的语句；

第 08 行代码直接通过函数名 "MessageBox()" 的方式来调用函数。

运行测试【代码 5-1】所定义的 HTML 页面，页面效果如图 5.1 所示。第 05～07 行代码定义的函数 "MessageBox()" 被成功调用了，弹出了一个信息警告框。

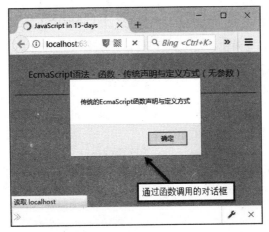

图 5.1　传统 ECMAScript 函数的声明与定义方式（1）

下面，继续看一个使用这种函数声明定义方式（带参数）的代码示例（详见源代码 ch05 目录中 ch05-js-func-define-basic-param.html 文件）。

【代码 5-2】

```
01  <script type="text/javascript">
02      /*
03       * 定义 EcmaScript 函数
04       */
05      function MessageBox(param1, param2) {
06          alert(param1 + param2);
07      }
08      MessageBox("Hello ", "EcmaScript.");        // 调用 EcmaScript 函数
09  </script>
```

页面效果如图 5.2 所示。第 09 行代码调用的函数 "MessageBox()" 中所定义的两个参数（"Hello "和"ECMAScript."）被成功传递了。

图 5.2　传统 ECMAScript 函数的声明与定义方式（2）

5.2.2　使用函数表达式方式声明定义 ECMAScript 函数

对于传统高级程序语言来讲，表达式是一个比较基本的概念，可能没有人会想到将函数也写成表达式的形式。不过，ECMAScript 语法规范却支持将函数声明定义为表达式的形式，这也正是 JavaScript 脚本语言的显著特点。而之所以 JavaScript 脚本语言有函数表达式的概念，均是源自于 ECMAScript 语法规范中"一切均是对象"的设计理念。

关于函数表达式的基本语法格式如下：

```
var 函数名 = function(参数1，参数2，...){
    // 函数体内定义的语句
};
```

其中，函数名是函数声明语句必须的部分，其用途就如同变量一样，后面定义的函数对象会赋值给这个变量。另外，function 关键字后面的函数名是可选的，即使加上该函数名也不是前面传统声明定义方式中的函数名，二者功能完全不一样。

下面，来看一个使用函数表达式方式声明定义函数的代码示例（详见源代码 ch05 目录中 ch05-js-func-define-exp.html 文件）。

【代码 5-3】

```
01   <script type="text/javascript">
02     /*
03      * 定义 EcmaScript 函数
04      */
05     var vSum = function(n1, n2) {
06         return n1 + n2;     // 返回值
07     };
08     console.log("vSum(1, 9) = " + vSum(1, 9));
09   </script>
```

关于【代码 5-3】的分析如下：

第 05～07 行代码通过 var 关键字定义了一个变量（vSum），同时等号后面通过 function 关键字声明定义了函数（注意没有定义函数名），这就是使用函数表达式定义函数的方式。function 关键字内定义了两个参数（n1 和 n2），作为两个运算数来使用；函数体同样通过大括号（"{}"）来定义，第 06 行代码为函数体内定义的语句，通过 return 关键字返回两个参数（n1 和 n2）的算术和，这与传统函数声明定义的方法基本一致；

第 08 行代码直接通过变量名"vSum(1, 9);"来调用函数。

运行测试【代码 5-3】所定义的 HTML 页面，并使用调试器查看控制台输出的调试信息，页面效果如图 5.3 所示。调用 ECMAScript 函数表达式定义的函数与调用传统 ECMAScript 声明方式定义的函数在用法上略有不同（见【代码 5-3】中第 08 行代码）。那么，使用 ECMAScript 函数表达式方式定义函数的函数名呢？

图 5.3　ECMAScript 函数表达式方式（1）

为了解答这个疑问，下面继续看一个使用函数表达式方式声明函数的代码示例该函数带有函数名，（详见源代码 ch05 目录中 ch05-js-func-define-exp-name.html 文件）。

【代码 5-4】

```
01  <script type="text/javascript">
02      /*
03       * 定义 EcmaScript 函数
04       */
05      var vSum = function Sum(n1, n2) {
06          return n1 + n2;     // 返回值
07      };
08      console.log("Sum(1, 9) = " + Sum(1, 9));
09  </script>
```

页面效果如图 5.4 所示。页面并没有出现我们想要的效果，而是提示"Sum"函数未定义，也就是说【代码 5-4】中第 05 行代码定义的"Sum"根本就不是一个有效的函数名。根据 ECMAScript 语法规范的定义，函数表达式只能通过等号前面定义的变量来调用。

图 5.4　ECMAScript 函数表达式方式（2）

那么，这里定义的"Sum"到底是个什么概念呢？

为了解答这个疑问，我们改写一下【代码 5-4】（详见源代码 ch05 目录中 ch05-js-func-define-exp-name-is.html 文件）。

【代码 5-5】

```
01   <script type="text/javascript">
02      /*
03       * 定义 EcmaScript 函数
04       */
05      var vSum = function Sum(n1, n2) {
06          console.log(Sum);
07          return n1 + n2;        // 返回值
08      };
09      console.log("vSum(1, 9) = " + vSum(1, 9));
10   </script>
```

页面效果如图 5.5 所示。"Sum"是一个 function 类型的对象，是有具体内容的。

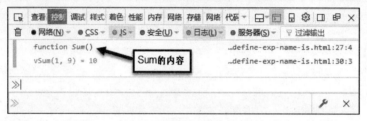

图 5.5 ECMAScript 函数表达式方式（3）

5.2.3 Function 构造方式的 ECMAScript 函数

关于 Function 构造函数方式的 ECMAScript 函数的具体语法格式如下：

```
var 变量名 = new Function("参数1", "参数2", ..., "参数 n", "函数体");
```

其中，Function 构造函数可以接收任意数量的参数，最后一个参数为函数体，前面的参数则枚举出新函数的参数。

下面，看一个使用 Function 构造函数方式声明定义 ECMAScript 函数的代码示例（详见源代码 ch05 目录中 ch05-js-func-define-Function.html 文件）。

【代码 5-6】

```
01   <script type="text/javascript">
02      /*
03       * 定义 JavaScript 函数
04       */
05      var vSum = new Function("n1", "n2", "return n1+n2");
06      console.log("vSum(1, 9) = " + vSum(1, 9));
07   </script>
```

关于【代码 5-6】的分析如下：

第 05 行代码通过 var 关键字定义了一个函数变量（vSum），同时等号后面通过 new 操作符和 Function 关键字声明定义了函数，这就是使用 Function 构造函数方式声明定义 ECMAScript 函数的方法；

第 06 行代码直接通过函数名"vSum(1, 9);"来调用函数。

页面效果如图 5.6 所示。

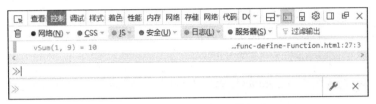

图 5.6　Function 构造函数方式

目前，通过 Function 构造函数方式声明定义 ECMAScript 函数的方法不是很常用，主要是因为使用该方式定义的函数没有被马上解释（需要到运行时才被解释），这样便导致性能的降低。

5.3　ECMAScript 函数返回值

本节介绍 ECMAScript 函数的返回值。在 ECMAScript 语法规范中使用 return 关键字定义返回值，当然也可以定义无返回值的函数，还可以仅使用 return 关键字而不带具体返回值。下面具体介绍一下 ECMAScript 函数返回值的使用。

这里我们打算编写一个 ECMAScript 函数来实现计算两个整数的差值的绝对值（正值）。首先，看一下不使用返回值的 ECMAScript 函数如何实现这个功能（详见源代码 ch05 目录中 ch05-js-func-return-none.html 文件）。

【代码 5-7】

```
01    <script type="text/javascript">
02      /*
03       * 定义 EcmaScript 函数
04       */
05      var v_dValue;
06      function dValue(n1, n2) {
07          if(n1 >= n2) {
08              v_dValue = n1 - n2;
09          } else {
10              v_dValue = n2 - n1;
11          }
12      }
13      dValue(1, 9);
```

```
14        console.log("dValue(1, 9) = " + v_dValue);
15   </script>
```

关于【代码 5-7】的分析如下：

第 05 行代码通过 var 关键字定义了一个全局变量（v_dValue），用来保存该差值；

第 06～12 行代码通过 function 关键字定义了一个函数（dValue）。其中，第 07～11 行代码通过 if 条件语句来计算两个整数的差值绝对值，并保存在全局变量（v_dValue）中，这里没有使用 return 关键字来返回值；

第 13 行代码通过函数名（dValue(1, 9)）直接调用了该函数，之所以这里要单独调用一下该函数，是为了计算出差值并保存在全局变量（v_dValue）中；

第 14 行代码通过全局变量（v_dValue）在浏览器控制台中输出了差值结果。

页面效果如图 5.7 所示。差值计算的结果当然没有问题，但【代码 5-7】实现的过程似乎有点烦琐。

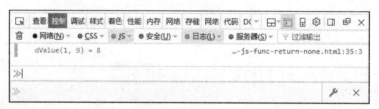

图 5.7　ECMAScript 函数返回值（1）

下面，看一下如何使用带返回值的 ECMAScript 函数实现此功能（详见源代码 ch05 目录中 ch05-js-func-return-value.html 文件）。

【代码 5-8】

```
01   <script type="text/javascript">
02       /*
03        * 定义 EcmaScript 函数
04        */
05       function dValue(n1, n2) {
06           if(n1 >= n2) {
07               return n1 - n2;
08           } else {
09               return n2 - n1;
10           }
11       }
12       console.log("dValue(1, 9) = " + dValue(1, 9));
13   </script>
```

页面效果如图 5.8 所示。差值计算的结果同样正确输出，但对比【代码 5-7】和【代码 5-8】的实现过程，使用返回值的实现方式明显要简洁高效一些。

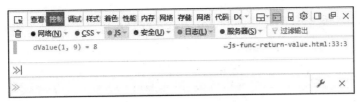

图 5.8 ECMAScript 函数返回值（2）

最后，对于 return 关键字还有一个用法比较常用，就是仅使用 return 而不带具体返回值的方式可以中断函数的执行。

下面，看一下单独使用 return 关键字的 ECMAScript 函数代码（详见源代码 ch05 目录中 ch05-js-func-return-only.html 文件）。

【代码 5-9】

```
01  <script type="text/javascript">
02      /*
03       * 定义 EcmaScript 函数
04       */
05      function returnOnly(b) {
06          console.log("单独使用 return 可以中断函数的继续执行...");
07          if(b) {
08              return;
09          }
10          console.log("看到效果了吧^-^");
11      }
12      returnOnly(true);
13  </script>
```

页面效果如图 5.9 所示。第 06 行代码在浏览器控制台中输出了一行文字，而第 10 行代码这一行文字却没有被输出。这是因为第 12 行代码调用函数（returnOnly(true)后，程序执行到第 08 行代码，定义的 return 关键字提前中断程序的继续执行，从而导致第 10 行代码没有被执行。

图 5.9 单独使用 return 关键字（1）

下面，将【代码 5-9】中第 12 行代码所调用的函数（returnOnly(true)）的参数修改为 false（详见源代码 ch05 目录中 ch05-js-func-return-only.html 文件）。

【代码 5-10】

```
12      returnOnly(false);
```

页面效果如图 5.10 所示，第 06 行和第 10 行代码均在浏览器控制台中输出了一行文字。这是因为第 12 行代码调用函数（returnOnly(false)）后，经过第 07～09 行代码定义的 if 条件选择语句判断后，第 08 行代码定义的 return 关键字没有被执行。因此，函数（returnOnly()）自然也就没有被中断，第 10 行代码也就正常输出了。

图 5.10　单独使用 return 关键字（2）

5.4　arguments 对象

本节介绍 ECMAScript 函数的 arguments 对象。在 ECMAScript 语法规范中，使用特殊对象 arguments 可以不需要明确指出参数名也可以访问这些参数。对于 arguments 对象的设计，可以增强 ECMAScript 函数使用的灵活性与功能性，比如模拟实现函数的重载功能等。

首先，看一个通过使用 arguments 对象的 length 属性来获取函数参数数量的代码示例（详见源代码 ch05 目录中 ch05-js-func-arguments-length.html 文件）。

【代码 5-11】

```
01  <script type="text/javascript">
02    /*
03     * 定义 EcmaScript 函数
04     */
05    function MessageBox() {
06        console.log("arguments.length = " + arguments.length);
07    }
08    MessageBox("Hello");    // 调用 EcmaScript 函数
09    MessageBox("Hello", "EcmaScript"); // 调用 EcmaScript 函数
10    MessageBox("Hello", "EcmaScript", "!");    // 调用 EcmaScript 函数
11  </script>
```

关于【代码 5-11】的分析如下：

第 05～07 行代码通过 function 关键字定义了一个函数（MessageBox()），注意该函数没有定义任何参数。其中，第 06 行代码通过 arguments 对象的 length 属性（arguments.length）获取 arguments 对象的长度；

第 08～10 行代码分三次调用了函数（MessageBox()），且每次调用时的参数数量均不同；

页面效果如图 5.11 所示。arguments.length 属性值分别为 1、2 和 3，其实对应的就是三次

调用函数（MessageBox()）时使用的参数数量。

图 5.11　arguments 对象的 length 属性

上面这段代码介绍了 arguments.length 属性的使用方法。下面，我们看一个结合使用 argument 对象和 arguments.length 属性的代码示例（详见源代码 ch05 目录中 ch05-js-func-arguments.html 文件）。

【代码 5-12】

```
01    <script type="text/javascript">
02        /*
03         * 定义 EcmaScript 函数
04         */
05        function MessageBox() {
06            for(var i=0; i<arguments.length; i++) {
07                console.log("arguments[" + i + "] = " + arguments[i]);
08            }
09        }
10        MessageBox("1");    // 调用 EcmaScript 函数
11        MessageBox("a", "b");    // 调用 EcmaScript 函数
12        MessageBox("i", "ii", "iii");    // 调用 EcmaScript 函数
13    </script>
```

页面效果如图 5.12 所示。三次调用函数（MessageBox()）后，通过第 06～08 行代码的 for 循环语句，全部参数都输出在控制台中。

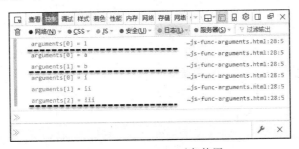

图 5.12　arguments 对象使用

实际上，【代码 5-12】已经十分接近对函数重载的使用方式。下面，我们就通过 arguments 对象来模拟一下 ECMAScript 函数重载的实现（详见源代码 ch05 目录中 ch05-js-func-arguments-overload.html 文件）。

【代码 5-13】

```
01  <script type="text/javascript">
02    /*
03     * 定义 EcmaScript 函数
04     */
05    function Summary() {
06        var sum = 0;
07        var len = arguments.length;
08        for(var i=0; i<len; i++) {
09            sum += arguments[i];
10        }
11        console.log("Summary = " + sum);
12    }
13    Summary(1); // 调用 EcmaScript 函数
14    Summary(1, 2);  // 调用 EcmaScript 函数
15    Summary(1, 2, 3);   // 调用 EcmaScript 函数
16  </script>
```

关于【代码 5-13】的分析如下：

这段代码实现了一个累加器函数（Summary()），可以用于计算数字的累加和。既然是累加器，那么运算数的数量就是不固定的，这对于传统函数方式实现起来就很麻烦，不过这正好是函数重载的强项。

第 05～12 行代码通过 function 关键字定义了一个函数（Summary()），注意该函数没有定义任何参数；

第 06 行代码定义了第一个变量（sum），用于保存累加和；

第 07 行代码定义了第二个变量（len），用于保存 arguments.length 属性值；

第 08～10 行代码通过 for 循环语句对变量（len）进行了迭代，并使用加法/赋值运算符(+=)实现了数字累加计算；

第 11 行代码将变量（sum）的结果输出到控制台中；

第 13～15 行代码通过函数名（Summary()）分三次调用了该函数并进行了测试，且每次调用时的参数数量及数值均不同。

页面效果如图 5.13 所示。三次调用累加器函数（Summary()）后，每次累加和的结果全部都输出在控制台中。

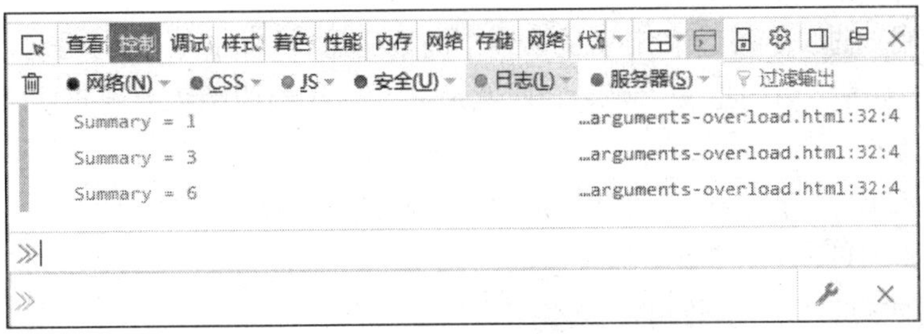

图 5.13　arguments 对象模拟函数重载

5.5 Function 对象

本节介绍 ECMAScript 函数的 Function 对象。前文中我们介绍过 Function 构造函数的方式，这是源自于在 ECMAScript 语法规范中 Function 是被定义为对象的原因。这样又会回到本书最开始提到的关于 ECMAScript 语言的一个重要特性 —— 一切皆为对象。在 ECMAScript 语法规范中，Function 对象可用于定义任何函数，在这一点上很像 C++和 Java 语言中"类"的概念。

下面还是通过几个关于 Function 对象的具体应用示例来详细介绍一下如何使用 Function 对象。

5.5.1 Function 对象实现函数指针

首先，看一个通过使用 Function 对象实现函数指针的代码的示例（详见源代码 ch05 目录中 ch05-js-func-Function-pointer.html 文件）。

【代码 5-14】

```
01  <script type="text/javascript">
02      /*
03       * 定义 JavaScript 函数
04       */
05      var vSum = new Function("n1", "n2", "return n1+n2");
06      console.log("vSum(1, 9) = " + vSum(1, 9));
07      var vSumPointer = vSum;
08      console.log("vSumPointer(1, 9) = " + vSumPointer(1, 9));
09  </script>
```

关于【代码 5-14】的分析如下：

这段代码实际上是在【代码 5-6】的基础上进行改写的，目的是实现一个函数指针的应用。

第 05 行代码通过 var 关键字定义了第一个函数变量（vSum），同时等号后面通过 new 操作符和 Function 关键字声明定义了函数，这就是 Function 构造函数方式声明定义 ECMAScript 函数的方法；

第 06 行代码直接通过函数名"vSum(1, 9);"来调用函数；

第 07 行代码通过 var 关键字定义了第二个变量（vSumPointer），并指向了第一个函数变量（vSum），这其实就是一个函数指针；

第 08 行代码直接通过变量名"vSumPointer(1, 9);"来调用函数。

页面效果如图 5.14 所示。函数指针（vSumPointer）与原函数（vSum）实现了同样的功能，是可以相互替换的。

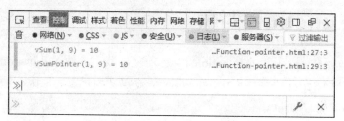

图 5.14　Function 对象实现函数指针

现在是不是有点意思了呢？既然函数指针可以通过定义指向原函数的变量来实现，那么自然也可以作为参数来传递。

下面，看一个将函数指针作为参数来传递的代码示例（详见源代码 ch05 目录中 ch05-js-func-Function-pointer-param.html 文件）。

【代码 5-15】

```
01    <script type="text/javascript">
02        /*
03         * 定义 JavaScript 函数
04         */
05        var vSum = new Function("n1", "n2", "return n1+n2");
06        console.log("vSum(1, 9) = " + vSum(1, 9));
07        function vSumSum(fn, n1, n2) {
08            return fn(n1, n2);
09        }
10        console.log("vSumSum(vSum, 1, 9) = " + vSumSum(vSum, 1, 9));
11    </script>
```

页面效果如图 5.15 所示。通过第 10 行代码的输出结果来看，第 07～09 行代码定义的函数（vSumSum()）将第一个参数作为函数指针来传递是成功的；另外，第 06 行与第 10 行的输出结果也是完全一致的。

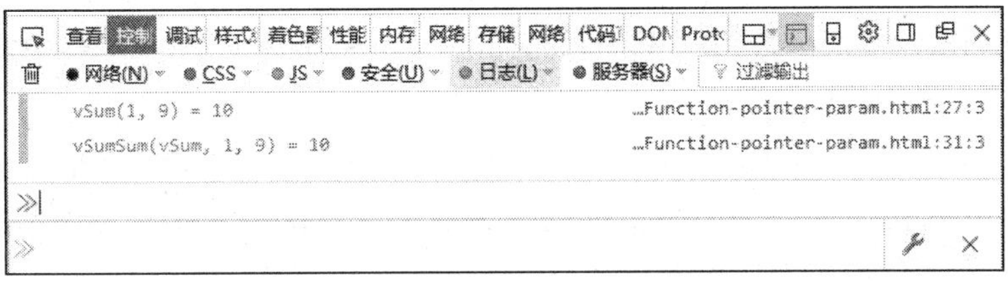

图 5.15　Function 对象实现函数指针作为参数

5.5.2　Function 对象属性

既然已经明确了在 ECMAScript 语言中 Function 是作为对象来定义的，那么 Function 对象自然也会有属性。在 ECMAScript 语法规范中，Function 对象可以使用共有 length 属性来表示参数的数量，这一点与 arguments 对象是一致的。

下面，看一个使用 Function 对象中 length 属性的代码示例（详见源代码 ch05 目录中 ch05-js-func-Function-length.html 文件）。

【代码 5-16】

```
01    <script type="text/javascript">
02      /*
03       * 定义 EcmaScript 函数
04       */
05      function MessageBox() {
06      }
07      console.log("MessageBox.length = " + MessageBox.length);// 调用
EcmaScript 函数
08      function Sum(n1, n2) {
09          return n1 + n2;
10      }
11      console.log("Sum.length = " + Sum.length); // 调用 EcmaScript 函数
12    </script>
```

关于【代码 5-16】的分析如下：

第 05～06 行代码通过 function 关键字定义了第一个函数（MessageBox()），注意该函数没有定义任何参数；

第 07 行代码通过使用函数（MessageBox）的 length 属性（MessageBox.length），获取了函数（MessageBox()）所定义参数的数量；

第 08～10 行代码通过 function 关键字定义了第二个函数（Sum()），注意该函数定义了两个参数；

第 11 行代码通过使用函数（Sum）的 length 属性（Sum.length），获取函数（Sum()）所定义参数的数量。

页面效果如图 5.16 所示。通过第 07 行代码的输出结果来看，函数（MessageBox()）定义参数的数量为 0；而通过第 11 行代码的输出结果来看，函数（Sum()）定义参数的数量为 2，输出的结果与实际定义情况是完全吻合。

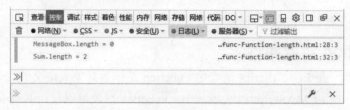

图 5.16　Function 对象的 length 属性

5.5.3　Function 对象方法

既然 Function 对象支持共有属性，自然也会支持共有方法。在 ECMAScript 语法规范中，Function 对象可以使用共有的"toString()"方法来实现函数源代码的输出。

下面，看一个使用 Function 对象中"toString()"方法的代码示例（详见源代码 ch05 目录中 ch05-js-func-Function-toString.html 文件）。

【代码 5-17】

```
01    <script type="text/javascript">
02      /*
03       * 定义 EcmaScript 函数
04       */
05      function MessageBox() {
06      }
07      console.log("MessageBox.toString() = " + MessageBox.toString());
08      function Sum(n1, n2) {
09          return n1 + n2;
10      }
11      console.log("Sum.toString() = " + Sum.toString()); // 调用 EcmaScript
函数
12    </script>
```

关于【代码 5-17】的分析如下：

这段代码是在【代码 5-16】的基础上改写的，将对 length 属性的使用改成了对"toString()"方法的使用。

第 07 行代码通过使用函数（MessageBox）的"toString()"方法（MessageBox.toString()）输出了函数（MessageBox()）的源代码；

第 11 行代码通过使用函数（Sum）的"toString()"方法（Sum.toString()）输出了函数（Sum()）的源代码。

页面效果如图 5.17 所示。通过使用函数对象的"toString()"方法，成功输出了函数定义的源代码，这个功能在代码的调试开发中是非常有用的。

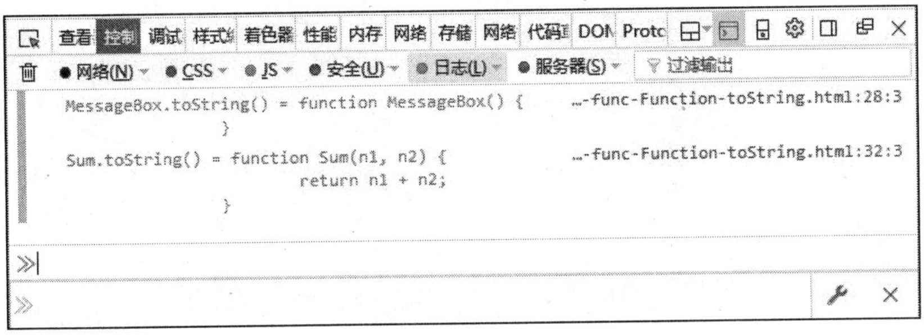

图 5.17　Function 对象的"toString()"方法

5.6　JavaScript 系统函数

JavaScript 脚本语言为设计人员提供了大量的系统函数或称内置函数，这些函数无须设计人员声明或引用，可以直接进行使用（由浏览器提供支持）。一般来讲，JavaScript 系统函数可分为常规函数、字符串函数、数学函数、数组函数和日期函数等五大类。下面逐一进行介绍。

5.6.1　常规函数

JavaScript 语言中定义的常规函数主要包括以下几种：

- alert 函数：显示一个警告对话框，包括一个 OK 按钮；
- confirm 函数：显示一个确认对话框，包括 OK 和 Cancel 按钮；
- prompt 函数：显示一个输入对话框，提示等待用户输入；
- eval 函数：计算字符串的结果，执行 JavaScript 脚本代码（注意参数仅接受原始字符串）；
- parseInt 函数：将字符串转换成整数形式（可指定几进制）；
- parseFloat 函数：将字符串转换成浮点数字形式；
- isNaN 函数：判断是否为非数字。

下面，通过几个具体示例来介绍一下以上这些常规函数的基本使用方法。

先看一个综合使用警告框（alert）和确认框（confirm）的代码示例（详见源代码 ch05 目录中 ch05-js-alert-confirm.html 文件）。

【代码 5-18】

```
01  <script type="text/javascript">
02      var bConfirm = confirm("请选择确认!");
03      if(bConfirm) {
04          alert("ok");
05      } else {
06          alert("cancel");
07      }
08  </script>
```

关于【代码 5-18】的分析如下：

第 02 行代码通过 confirm()函数定义了一个确认框，并将返回值赋给变量 "bConfirm"，此时该变量为一个布尔类型；

第 03～07 行代码通过判断变量 "bConfirm" 的布尔值（"真" 或 "假"）来选择弹出不同内容的警告框（alert()）。其中，第 04 行和第 06 行代码通过 alert()函数定义了两个警告框。

运行测试【代码 5-18】所定义的 HTML 页面，页面初始效果如图 5.18 所示。

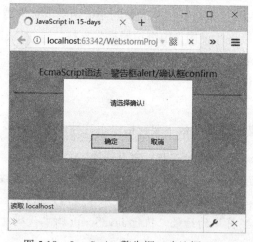

图 5.18　JavaScript 警告框、确认框（1）

页面中弹出的是第 02 行代码定义的确认框；如果我们选择 "确定" 按钮，则页面执行后的效果如图 5.19 所示。如果选择 "取消" 按钮，则页面执行后的效果如图 5.20 所示。

图 5.19　JavaScript 警告框、确认框（2）　　　图 5.20　JavaScript 警告框、确认框（3）

下面是使用 eval()函数的代码示例（详见源代码 ch05 目录中 ch05-js-eval.html 文件）。

【代码 5-19】

```
01  <script type="text/javascript">
02      eval("x=3;console.log('x = '+eval(3));");
03      eval("y=3;console.log('y = '+eval(3));");
04      eval("console.log('x * y = '+eval(x*y));");
05  </script>
```

页面效果如图 5.21 所示。我们注意到 eval()函数内的参数是一段字符串，解析执行的也是字符串；这是因为根据 JavaScript 规范要求，eval()函数内的参数必须是字符串，不论代码包含多少条语句。

图 5.21　JavaScript eval()函数

最后，看一个使用 isNaN()函数判断不完整是否为非数字（NaN 的英文含义就是"Not a Nnumber"）的代码示例（详见源代码 ch05 目录中 ch05-js-isNaN.html 文件）。

【代码 5-20】

```
01  <script type="text/javascript">
02  if(isNaN(NaN)) {
03      console.log("NaN return true.");
04  } else {
```

```
05          console.log("NaN return false.");
06    }
07    if(isNaN(null)) {
08          console.log("null return true.");
09    } else {
10          console.log("null return false.");
11    }
12    if(isNaN(undefined)) {
13          console.log("undefined return true.");
14    } else {
15          console.log("undefined return false.");
16    }
17    if(isNaN(true)) {
18          console.log("true return true.");
19    } else {
20          console.log("true return false.");
21    }
22    if(isNaN(123)) {
23          console.log("123 return true.");
24    } else {
25          console.log("123 return false.");
26    }
27    if(isNaN("123")) {
28          console.log("'123' return true.");
29    } else {
30          console.log("'123' return false.");
31    }
32    if(isNaN("abc")) {
33          console.log("'abc' return true.");
34    } else {
35          console.log("'abc' return false.");
36    }
37    if(isNaN("")) {
38          console.log("'' return true.");
39    } else {
40          console.log("'' return false.");
41    }
42    </script>
```

页面效果如图 5.22 所示。通过 isNaN()函数判断保留字 NaN、undefined 均为非数字，字符串"abc"也是非数字；而 isNaN()函数判断 null、true 和空字符串均为数字；判断 123 和"123"也是数字。根据 JavaScript 规范中的定义，isNaN()函数是将 null、true 和空字符串当作 0 来处理的，因此会判断其为数字。

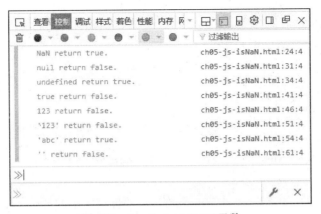

图 5.22　JavaScript isNaN()函数

5.6.2　字符串函数

JavaScript 规范中定义的字符串函数主要包括以下几种：

● charAt 函数：返回字符串中指定的某个字符。

charAt 函数的语法如下：

```
stringObject.charAt(index)          //可返回指定位置的字符
```

其中，index 参数为必需的，表示字符在字符串中的下标数值。

● indexOf 函数：返回字符串中某个指定字符串值在字符串中首次出现的位置的字符，从字符串左边开始查找。

indexOf 函数的语法如下：

```
stringObject.indexOf(searchvalue,fromindex) // 返回某个指定的字符串值在字符串中首
次出现的位置
```

其中，searchvalue 参数是必需的，表示需要检索的字符串值；

fromindex 参数是可选的整数值，指定在字符串中开始检索的位置。其合法取值范围是 0 到 stringObject.length-1，如省略该参数则将从字符串的首字符开始检索。

● lastIndexOf 函数：返回字符串中某个指定字符串值在字符串中最后出现的位置的字符，从右边开始查找。

lastIndexOf 函数的语法如下：

```
stringObject.lastIndexOf(searchvalue,fromindex) // 返回一个指定的字符串值最后出现
的位置，在一个字符串中的指定位置从后向前搜索
```

其中，searchvalue 参数是必需的，表示需要检索的字符串值；

fromindex 参数是可选的整数值，指定在字符串中开始检索的位置。其合法取值范围是从

0 到 stringObject.length-1，如省略该参数则将从字符串的最后一个字符开始检索；

- length 函数：返回字符串的长度。
- substring 函数：返回字符串中指定的几个字符（参数非负）。

substring 函数的语法如下：

```
stringObject.substring(start,stop)  // 用于提取字符串中介于两个指定下标之间的字符
```

其中，start 参数是必需的，为一个非负的整数，规定要提取子串的开始字符在 stringObject 中的位置；

stop 参数是可选的，表示一个非负的整数，比要提取子串的最后一个字符在 stringObject 中的位置多 1，如果省略该参数则返回的子串到字符串的结尾。

如果定义 stop 参数，则返回的子串包括 start 处的字符，但不包括 stop 处的字符。

- substr 函数：返回字符串中指定的几个字符（参数可负）。

substr 函数的语法如下：

```
stringObject.substr(start,length)     // 在字符串中抽取从 start 下标开始的指定长度的字
符串
```

其中，start 参数是必需的，定义抽取子串的起始下标，必须是数值类型。如果是负数，那么该参数声明从字符串的末尾开始算起，比如-1 指字符串中最后一个字符，-2 指倒数第二个字符，以此类推；

length 参数是可选的，定义子串的字符数，必须是数值类型。如果省略了该参数，那么返回从 start 开始位置到结尾的字符串。

ECMAScript 标准中未对该方法进行标准化，因此不建议使用该函数。

- toLowerCase 函数：将字符串转换为小写。
- toUpperCase 函数：将字符串转换为大写。

下面，看一个综合使用以上字符串函数的代码示例（详见源代码 ch05 目录中 ch05-js-string.html 文件）。

【代码 5-21】

```
01    <script type="text/javascript">
02        var str = "abcdefghijklmnopqrstuvwxyz";
03        console.log(str.charAt(0));
04        console.log(str.indexOf("c"));
05        console.log(str.lastIndexOf("c"));
06        console.log(str.length);
```

```
07          console.log(str.substring(18));
08          console.log(str.substring(8, 16));
09          console.log(str.toUpperCase());
10          console.log(str.toLowerCase(str.toUpperCase()));
11      </script>
```

关于【代码 5-21】的分析如下：

第 02 行代码定义了一个字符串变量"str"，初始化为 26 个英文小写字母；

第 03 行代码通过 charAt()函数获取了字符串变量"str"的第 1 个字符，注意下标数值为 0；

第 04 行代码通过 indexOf()函数获取了字符串变量"str"中字符"c"的下标数值；

第 05 行代码通过 lastIndexOf()函数同样获取字符串变量"str"中字符"c"的下标数值；

第 06 行代码通过 length 方法获取了字符串变量"str"的字符长度；

第 07 行代码通过 substring()函数获取了字符串变量"str"中从下标数值为 18 开始、到字符串结束的子字符串；

第 08 行代码通过 substring()函数获取了字符串变量"str"中从下标数值为 8 开始、到下标数值为 16 的子字符串；

第 09 行代码通过 toUpperCase()函数将字符串变量"str"全部转换为大写字母；

第 10 行代码在第 09 行代码的基础上，通过 toLowerCase()函数将字符串变量"str"再次转换为小写字母。

页面效果如图 5.23 所示。

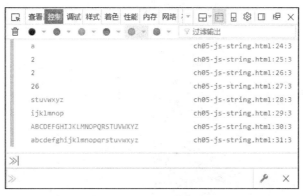

图 5.23　JavaScript 字符串函数

5.6.3　数学函数

JavaScript 规范中定义的数学函数主要是通过 Math 对象来实现的，具体包括以下一些函数（按照字母顺序排列）：

● abs 函数：返回一个数字的绝对值；

● acos 函数：返回一个数字的反余弦值，结果为 0～π 的弧度；

175

- asin 函数：返回一个数字的反正弦值，结果为 $-\pi/2 \sim \pi/2$ 的弧度；
- atan 函数：返回一个数字的反正切值，结果为 $-\pi/2 \sim \pi/2$ 的弧度；
- ceil 函数：返回一个数字的最小整数值（大于或等于）；
- cos 函数：返回一个数字的余弦值，结果为 $-1 \sim 1$；
- exp 函数：返回 e（自然对数）的乘方值；
- floor 函数：返回一个数字的最大整数值（小于或等于）；
- log 函数：自然对数函数，返回一个数字的自然对数(e)值；
- max 函数：返回两个数的最大值；
- min 函数：返回两个数的最小值；
- pow 函数：返回一个数字的乘方值；
- random 函数：返回一个 $0 \sim 1$ 的随机数值；
- round 函数：返回一个数字的四舍五入值，类型是整数；
- sin 函数：返回一个数字的正弦值，结果为 $-1 \sim 1$；
- sqrt 函数：返回一个数字的平方根值；
- tan 函数：返回一个数字的正切值。

以上这些数学函数在纯数学计算方面的编程中是非常有用的，我们看一个使用以上部分数学函数的代码示例（详见源代码 ch05 目录中 ch05-js-math.html 文件）。

【代码 5-22】

```
01  <script type="text/javascript">
02      var a = 7;
03      var b = 8;
04      console.log(Math.max(a, b));
05      console.log(Math.min(a, b));
06      console.log(Math.ceil(a / b));
07      console.log(Math.floor(a / b));
08      console.log(Math.round(a / b));
09      console.log(Math.pow(a, b));
10      console.log(Math.random());
11  </script>
```

关于【代码 5-22】的分析如下：

第 02～03 行代码定义了两个整数型变量，并进行了初始化操作；

第 04～10 行代码分别通过一系列数学函数进行了相应的运算，并在控制台输出了调试信息。

页面效果如图 5.24 所示。

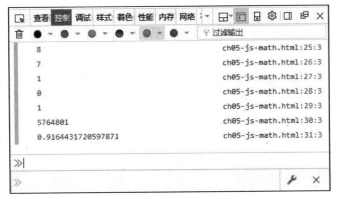

图 5.24 JavaScript 数学（Math）函数

5.6.4 数组函数

JavaScript 规范中定义关于数组的函数主要包括以下几种：

● join 函数：转换并连接数组中的所有元素为一个字符串；

join 函数的语法如下：

```
arrayObject.join(separator)
```

其中，separator 参数为可选的，表示要使用的分隔符。如果省略该参数，则使用逗号作为分隔符。

● reverse 函数：将数组元素顺序颠倒。

reverse 函数的语法如下：

```
arrayObject.reverse()
```

注意该函数仅仅改变原来的数组，但不会创建新数组。

● sort 函数：将数组元素重新排序。

sort 函数的语法如下：

```
arrayObject.sort(sortby)
```

其中，sortby 参数为可选的，用于规定排序顺序，如果使用该参数则必须是一个比较函数。

● length 函数：返回数组的长度。

下面，通过几个具体代码示例介绍一下以上这些数组函数的使用方法。

先看一个数组元素连接（join 函数）的代码示例（详见源代码 ch05 目录中 ch05-js-arr-join.html 文件）。

【代码 5-23】

```
01  <script type="text/javascript">
02   var arr = new Array('a', 'b', 'c');
03   console.log(arr);
04   console.log(arr.join());
05   console.log(arr.join('-'));
06  </script>
```

关于【代码 5-23】的分析如下：

第 02 行代码定义了一个数组变量（arr），并进行了初始化操作；

第 03 行代码直接在控制台输出了数组变量（arr）的调试信息；

第 04 行代码对数组变量（arr）使用了 join()函数，然后在控制台输出了该数组变量（arr）的调试信息；

第 05 行代码对数组变量（arr）使用了设定分隔符（'-'）为参数的 join()函数，然后在控制台输出了该数组变量（arr）的调试信息。

页面效果如图 5.25 所示。

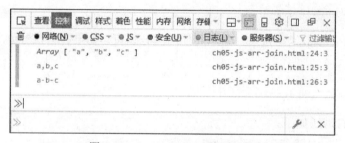

图 5.25　JavaScript join 数组函数

从图 5.25 中可以看到第 04 行代码使用不带参数的 join()函数会默认添加逗号（'，'）作为分隔符。

下面，再看一个净数组项顺序颠倒（reverse 函数）的代码示例（详见源代码 ch05 目录中 ch05-js-arr-reverse.html 文件）。

【代码 5-24】

```
01  <script type="text/javascript">
02   var arr = new Array('a', 'b', 'c');
03   console.log(arr);
04   console.log(arr.reverse());
05  </script>
```

页面效果如图 5.26 所示。

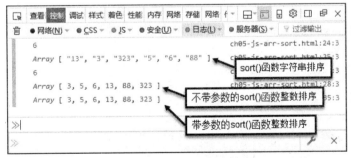

图 5.26　JavaScript reverse 数组函数

最后，看一个使用数组排序函数（sort）和数组长度属性（length）的代码示例（详见源代码 ch05 目录中 ch05-js-arr-sort.html 文件）。

【代码 5-25】

```
01  <script type="text/javascript">
02  var arr01 = new Array('6', '5', '3', '3', '323', '88');
03  console.log(arr01.length);
04  console.log(arr01.sort());
05  var arr02 = new Array(6, 5, 3, 3, 323, 88);
06  console.log(arr02.length);
07  console.log(arr02.sort());
08  /*
09   * 定义用于 sort 函数进行排序的方法
10   */
11  function sortBy(a, b) {
12      return a - b;
13  }
14  console.log(arr02.sort(sortBy));
15  </script>
```

页面效果如图 5.27 所示。无论是字符型数组或整数型数组，使用 sort()函数排序时均会将数组元素视为字符来进行排序，这一点从第 04 行和第 07 行代码输出的结果就可以判断出来。

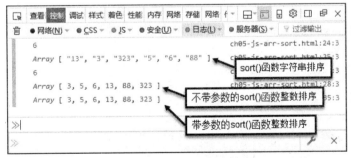

图 5.27　JavaScript sort 数组函数

如果想让 sort()函数对整数型数组进行正常排序，则需要定义排序函数（sortBy）作为 sort()函数的参数来使用。其中，排序函数（sortBy）中的 a、b 参数用于定义排序规则，a 表示前一个数组项，b 表示后一个数组项。"a-b" 的结果如果小于 0 则表示 a 小于 b，数组项顺序不变；

"a-b"的结果如果大于 0 则表示 a 大于 b，数组项顺序颠倒；"a-b"的结果如果等于 0 则表示 a 等于 b，数组项不进行排序。第 14 行代码使用了带（sortBy）参数的 sort()函数后，控制台输出了整数型数组（arr_num）的正常排序顺序（由小到大）。

5.6.5　日期函数

JavaScript 规范中定义了一组日期函数，比较常用的有以下几种：

- getYear 函数：返回日期的"年"部分，返回值以 1900 年为基数；
- getMonth 函数：返回日期的"月"部分，值为 0～11；
- getDay 函数：返回星期几，值为 0～6；其中，0 表示星期日，1 表示星期一，…，6 表示星期六；
- getDate 函数：返回日期的"日"部分，值为 1～31；
- getHours 函数：返回日期的"小时"部分，值为 0～23；
- getMinutes 函数：返回日期的"分钟"部分，值为 0～59；
- getSeconds 函数：返回日期的"秒"部分，值为 0～59；
- getTime 函数：返回系统时间，具体为 1970 年 1 月 1 日至今之间的毫秒数。

下面，看一个使用以上日期函数的代码示例（详见源代码 ch05 目录中 ch05-js-date.html 文件）。

【代码 5-26】

```
01  <script type="text/javascript">
02  var date = new Date();
03  console.log("getYear() is " + date.getYear());
04  var thisYear = 1900 + date.getYear();
05  console.log("This year is " + thisYear);
06  console.log("getMonth() is " + date.getMonth());
07  var thisMonth = date.getMonth() + 1;
08  console.log("This month is " + thisMonth);
09  console.log("getDate() is " + date.getDate());
10  var thisDate = date.getDate();
11  console.log("This date is " + thisDate);
12  console.log("getDay() is " + date.getDay());
13  console.log("getHours() is " + date.getHours());
14  console.log("getMinutes() is " + date.getMinutes());
15  console.log("getTime() is " + date.getTime());
16  </script>
```

页面效果如图 5.28 所示。

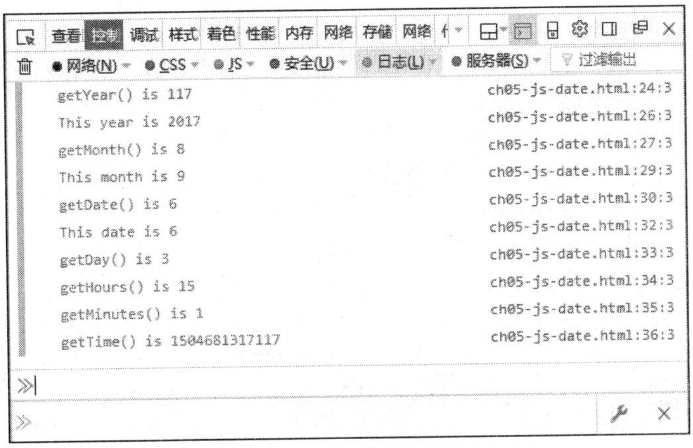

图 5.28　JavaScript 时间函数

5.7　ECMAScript 6 新特新——不定参数和默认参数

ECMAScript 6 语法规范为函数新增加了不定参数和默认参数的概念，用来解决 JavaScript 函数特有的、使用可变参数带来的问题。下面还是通过几个具体的代码示例循序渐进地介绍不定参数和默认参数这个新特性。

5.7.1　可变参数的优缺点

众所周知，JavaScript 函数的一大特点（或者说是优点吧）就是提供了可变参数的实现方法。通过可变参数（具体就是使用"arguments"对象）可以实现类似函数重载的功能，大大提高了 JavaScript 函数在不同场景下的适应性。

下面，来看一个通过 JavaScript 可变参数实现检查子字符串的代码示例（详见源代码 ch05 目录中 ch05-js-func-arguments-various.html 文件）。

【代码 5-27】

```
01  <script type="text/javascript">
02      /*
03       * 定义 isContainStr 函数，检查是否包括全部子字符串
04       */
05      function isContainStr(oriStr) {
06          for (var i = 1; i < arguments.length; i++) {
07              var subStr = arguments[i];
08              if (oriStr.indexOf(subStr) === -1) {
09                  return false;
10              }
11          }
```

```
12              return true;
13          }
14      console.log("--- Test 'aS' in 'EcmaScript' ---");
15      if (isContainStr("EcmaScript", "aS"))
16          console.log("'EcmaScript' includes 'aS'.");
17      else
18          console.log("'EcmaScript' does not includes 'aS'");
19      console.log();
20      console.log("--- Test 'aS' & 'Sa' in 'EcmaScript' ---");
21      if (isContainStr("EcmaScript", "aS", "Sa"))
22          console.log("'EcmaScript' includes 'aS' and 'Sa'.");
23      else
24          console.log("'EcmaScript' does not includes 'aS' or 'Sa'");
25      console.log();
26  </script>
```

关于【代码 5-27】的分析如下：

第 05～13 行代码定义了一个函数方法（isContainStr(oriStr)），用于检查某个原始字符串中是否包括给定的子字符串（数量是一个或多个）。注意到该函数方法仅仅定义了一个参数（oriStr），用来传递原始字符串。那么，函数方法如何传递给定的全部需要检查的子字符串呢？

关键就是第 06～07 行代码通过 for 循环语句来获取"arguments"对象（数组）的全部数组项，该"arguments"对象中包括了全部给定的子字符串；

第 08 行代码通过"indexOf()"方法来判断给定的子字符串是否包含在原始字符串中，只要有一个不包括就会返回"false"；当且仅当全部包括其中时才会通过第 12 行代码返回"true"。

第 15～18 行和第 21～24 行代码分别对函数方法（isContainStr()）进行了测试，第一个测试方法传递了两个参数，第二个测试方法传递了三个参数。

页面初始效果如图 5.29 所示。从浏览器控制台中输出的结果来看，JavaScript 可变参数的应用效果还是不错的。

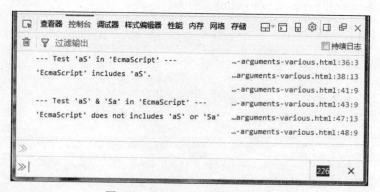

图 5.29　JavaScript 可变参数应用

但是，当我们返回阅读【代码 5-27】时，会发现函数方法（isContainStr(oriStr)）的可读性不太友好，看到函数参数根本不确定函数方法具体要实现什么功能。JavaScript 函数提供的"arguments"对象功能很强大，但是 ECMAScript 6 语法规范已经不提倡继续使用该对象了。ECMAScript 6 语法规范提供了一个全新的"不定参数"的概念来替代"可变参数"所实现的功能。

5.7.2　不定参数的应用

ECMAScript 6 语法规范新增的"不定参数"概念对于实现函数方法的可变参数功能提供了更好的解决方案。使用不定参数方式的代码可读性更好，从参数列表就可以看出该函数方法是可变参数的，而且解决了对"arguments"对象依赖的问题。

对于不定参数的使用方法，该参数一定要放在参数列表的末尾，并且必须使用连续三个小数点符号（.）开头。

下面，将【代码 5-27】的可变参数方式改写成不定参数方式（详见源代码 ch05 目录中 ch05-js-func-arguments-args.html 文件）。

【代码 5-28】

```
01  <script type="text/javascript">
02      'use strict';
03      /*
04       * 定义 isContainStr 函数，检查是否包括任一子字符串
05       */
06      function isContainStr(oriStr, ...args) {
07          for (var subStr of args) {
08              if (oriStr.indexOf(subStr) !== -1) {
09                  return true;
10              }
11          }
12          return false;
13      }
14      console.log("--- Test 'aS' in 'EcmaScript' ---");
15      if (isContainStr("EcmaScript", "aS"))
16          console.log("'EcmaScript' includes 'aS'.");
17      else
18          console.log("'EcmaScript' does not includes 'aS'");
19      console.log();
20      console.log("--- Test 'aS' & 'Sa' in 'EcmaScript' ---");
21      if (isContainStr("EcmaScript", "aS", "Sa"))
22          console.log("'EcmaScript' includes 'aS' and 'Sa'.");
23      else
24          console.log("'EcmaScript' does not includes 'aS' or 'Sa'");
25      console.log();
26  </script>
```

关于【代码 5-28】的分析如下：

第 06~13 行代码定义了一个函数方法（isContainStr(oriStr, ...args)），注意该函数方法的第二个参数（...args）开始的连续三个小数点符号（.）表明该参数是一个不定参数。

另外，【代码 5-28】与【代码 5-27】最主要的区别就是【代码 5-28】是检查源字符串中是否包括任一定义的子字符串，包括就返回 "true"，不包括就返回 "false"。

页面初始效果如图 5.30 所示。从浏览器控制台中输出的结果来看，ECMAScript 6 不定参数很好地解决了可变参数的问题。

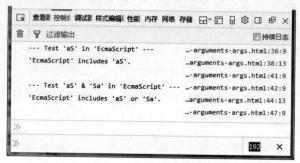

图 5.30　JavaScript 不定参数应用

5.7.3　默认参数的应用

ECMAScript 6 语法规范新增的"默认参数"概念为没有传递参数值的函数方法提供了避免错误的解决方案。其实，在 ECMAScript 语法规范中还没有"默认参数"这个方式时，设计人员均会采用编写代码的方式为参数传递默认值，这样就会避免出现不可预知的代码解析异常情况。

下面，来看一个如何人工编写默认参数的代码示例（详见源代码 ch05 目录中 ch05-js-func-arguments-defvalue.html 文件）。

【代码 5-29】

```
01  <script type="text/javascript">
02      'use strict';
03      /*
04       * 定义 rectArea 函数，计算矩形的面积
05       */
06      function rectArea(length, width) {
07          length = length || 0;
08          width = width || 0;
09          return length * width;
10      }
11      console.log("--- rectArea() ---");
12      console.log("rectArea() = " + rectArea());
```

```
13      console.log("--- rectArea(100) ---");
14      console.log("rectArea(100) = " + rectArea(100));
15      console.log("--- rectArea(100, 50) ---");
16      console.log("rectArea(100, 50) = " + rectArea(100, 50));
17  </script>
```

关于【代码 5-29】的分析如下：

第 06～10 行代码定义了一个函数方法（rectArea(length, width)）用于计算矩形的面积；

第 07～08 行代码通过"或"运算为参数"length"和"width"传递了默认值，这两行代码的处理方式就是人工定义参数默认值的方法；

第 09 行代码将计算的矩形面积值进行返回。

页面初始效果如图 5.31 所示。从浏览器控制台中输出的结果来看，即使调用函数方法（rectArea(length, width)）时未定义默认参数值，一样可以得出矩形面积的默认值。

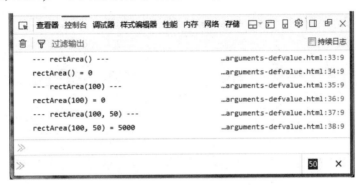

图 5.31 人工默认参数方式

下面，接着看一个 ECMAScript 6 语法规范中默认参数的代码示例（详见源代码 ch05 目录中 ch05-js-func-arguments-default.html 文件）。

【代码 5-30】

```
01  <script type="text/javascript">
02      'use strict';
03      /*
04       * 定义 rectArea 函数，计算矩形的面积
05       */
06      function rectArea(length=100, width=100) {
07          return length * width;
08      }
09      console.log("--- rectArea() ---");
10      console.log("rectArea() = " + rectArea());
11      console.log("--- rectArea(50) ---");
12      console.log("rectArea(100) = " + rectArea(50));
13      console.log("--- rectArea(60, 30) ---");
```

```
14          console.log("rectArea(60, 50) = " + rectArea(60, 30));
15    </script>
```

页面初始效果如图 5.32 所示。从浏览器控制台中输出的结果来看，ECMAScript 6 语法规范中的默认参数方式与人工设置默认参数方式（参考图 5.31）的效果是一致的。

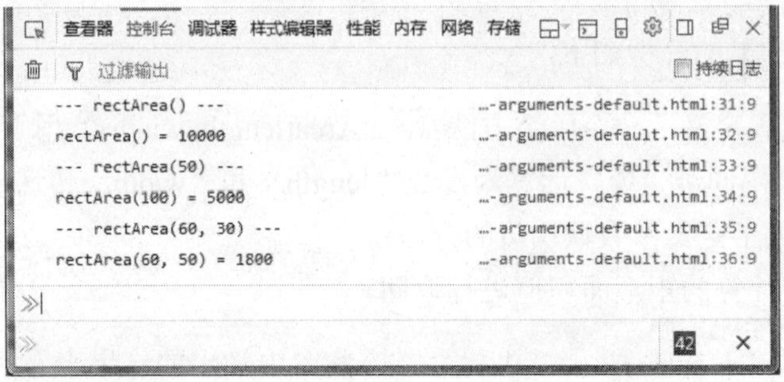

图 5.32　ECMAScript 6 默认参数方式

5.8 开发实战：ECMAScript 运算符工具增强二

基于本章中学习到的知识，本节对前一章中设计的 ECMAScript 运算符表达式工具再进行一下改进，通过使用模拟函数重载的功能，对 ECMAScript 运算符表达式工具重新进行设计。

下面是 ECMAScript 运算符表达式工具增强的 JS 脚本代码（详见源代码 ch05 目录中 operator-m2\ch05-js-operator-m2.html 文件）。

【代码 5-31】

```
01    <script type="text/javascript">
02        var a, b, result = "";
03        var oper;
04        function on_seloper_change(thisid) {
05            oper = document.all.seloper.options[document.all.seloper.
selectedIndex].value;
06            if(oper == "0") {
07                clearData(true, true);
08                setDisabled(true, true);
09            } else {
10                if((oper == "+")||(oper == "-")||(oper == "*")||(oper ==
"/")||(oper == "%")) {
11                    setDisabled(false, false);
12                } else if((oper == "p++") || (oper == "p--")) {
13                    clearData(true, false);
14                    setDisabled(true, false);
15                } else if((oper == "++s") || (oper == "--s")) {
```

186

```
16                    clearData(false, true);
17                    setDisabled(false, true);
18            } else {
19                    clearData(true, true);
20                    setDisabled(true, true);
21            }
22        }
23    }
24  function on_cal_click() {
25        a = parseInt(document.getElementById("id-data-a").value);
26        b = parseInt(document.getElementById("id-data-b").value);
27        if(!isNaN(a) && !isNaN(b)) {
28            calculate("aoperb", a, oper, b);
29        } else if(isNaN(a) && !isNaN(b)) {
30            calculate("operb", oper, b);
31        } else if(!isNaN(a) && isNaN(b)) {
32            calculate("aoper", a, oper);
33        } else {
34            console.log("expression error.");
35        }
36    }
37  function calculate() {
38        var aa, op, bb;
39        var typeCal = arguments[0];
40        switch(typeCal) {
41            case "aoperb":
42                result = eval(arguments[1] + arguments[2] + arguments[3]);
43    console.log(arguments[1] + arguments[2] + arguments[3] + " = " +
result.toString());
44                break;
45            case "operb":
46                op = arguments[1];
47                bb = arguments[2];console.log("b = " + bb);
48                if(op == "p++") {
49                    result = ++bb;
50                    document.getElementById("id-data-b").value = result;
51                } else if(op == "p--") {
52                    result = --bb;
53                    document.getElementById("id-data-b").value = result;
54                } else {
55                    console.log("func calculate error.");
56                }
57                break;
58            case "aoper":
59                aa = arguments[1];console.log("a = " + aa);
```

```
60              op = arguments[2];
61              if(op == "++s") {
62                  aa++;
63                  result = aa;
64                  document.getElementById("id-data-a").value = result;
65              } else if(op == "--s") {
66                  aa--;
67                  result = aa;
68                  document.getElementById("id-data-a").value = result;
69              } else {
70                  console.log("func calculate error.");
71              }
72              break;
73          default :
74              console.log("func calculate error.");
75              break;
76      }
77      document.getElementById("id-result").value = result;
78  }
79 </script>
```

关于【代码 5-31】的分析如下：

【代码 5-31】是在前一章【代码 4-19】的基础上进行改写而完成的（省略了一部分在前一章中已经介绍过的代码），主要就是通过使用模拟函数重载的功能实现运算符表达式计算工具。

第 02～03 行代码定义了几个变量，分别用于保存运算数、运算符和运算结果；

第 04～23 行代码定义的事件处理函数（on_seloper_change(this)）用于响应用户对运算符下拉菜单的操作；

第 24～36 行代码定义的事件处理函数（on_cal_click()）用于响应用户对"计算（=）"按钮的操作；

第 37～78 行代码定义的自定义函数（calculate()）用于进行具体计算，注意该函数没有定义参数，实际上就是通过模拟函数重载功能而实现的。在该函数内，通过使用 arguments 对象获取传递过来的运算类型、运算数和运算符参数。尤其是对于运算类型，通过 switch 条件选择语句根据自定义的关键字（"aoperb" "aoper" 和 "operb"）可以判断出是加减乘除二元运算，还是累加累减的一元运算然后根据不同的运算类型，代码实现不同的运算过程。

运行测试后的初始效果如图 5.33 所示。运算数输入框是灰色的，表示这两个输入框为无效状态；然后点击下拉菜单，任意选取一个运算符（比如乘法运算符"*"），页面效果如图 5.34 所示。

 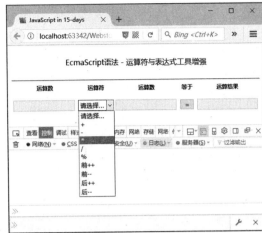

图 5.33　ECMAScript 运算符工具增强（1）　　　　图 5.34　ECMAScript 运算符工具增强（2）

选取了乘法运算符"*"后，两个运算数输入框变为有效状态。输入两个运算数，然后点击"等于="按钮，页面效果如图 5.35 所示，运算结果成功显示在页面的"运算结果"输入框中了。除了可以选择上述的乘法运算符，还可以选择加法、减法、除法和取模运算符，这些操作都是类似的，读者可自行测试。继续点击下拉菜单，再选取其他运算符（比如前减量运算符"--"，显示为"前--"），页面效果如图 5.36 所示。

在选取了前减量运算符"--"后，第一个运算数输入框仍为无效状态，而第二个运算符输入框变为有效状态。我们输入一个运算数，然后可以多次点击"等于="按钮，页面效果如图 5.37 所示。运算结果成功显示在页面的"运算结果"输入框中，除了前减量运算符，前增量、后增量和后减量运算都是类似的，读者可自行测试。

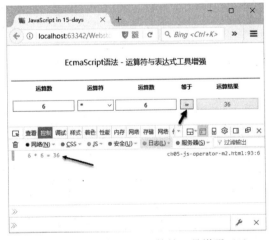 

图 5.35　ECMAScript 运算符工具增强（3）　　　　图 5.36　ECMAScript 运算符工具增强（4）

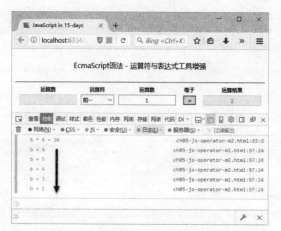

图 5.37　ECMAScript 运算符工具增强（5）

以上就是对 ECMAScript 运算符表达式工具进行增强改进的过程，主要是使用本章中学习到的模拟函数重载的功能，对代码进行了重构。读者可以在此基础上，通过加入更多的运算符来设计出功能更全的 ECMAScript 运算符表达式工具。

5.9　本章小结

本章主要介绍了 ECMAScript 语法规范中关于函数的知识，包括 ECMAScript 函数的声明、定义与调用，函数返回值，arguments 和 Function 对象，JavaScript 系统函数和 ECMAScript 6 函数新特性等方面的内容，并通过一些具体示例进行了讲解。相信读者掌握了本章介绍的内容，就可以独立应用 JavaScript 脚本语言进行一些复杂的开发工作。

第 6 章
ECMAScript对象

本章将向读者介绍 ECMAScript 语法规范中关于对象的内容，具体包括对象基础、对象应用和对象类型等。对象是 ECMAScript 语法规范中的学习难点，但又是 ECMAScript 语言中最核心的部分。

6.1 对象基础

本节先介绍一下 ECMAScript 对象的基本知识，包括 ECMAScript 对象的基本概念、对象的构成以及对象实例等，这些内容是学习 ECMAScript 对象编程的基础。

6.1.1 什么是 ECMAScript 对象

ECMA-262 规范将对象（object）定义为"属性的无序集合，每个属性存放一个原始值、对象或函数"。在 ECMAScript 语言中有一种说法，就是"一切皆为对象"。这句话的含义是什么呢？简单来说，就是 ECMAScript 语言中的各种数据类型（比如字符串、数字和数组等）都是对象。

6.1.2 ECMAScript 对象构成

在 ECMAScript 规范中，对象由特性（attribute）构成，特性可以是原始值，也可以是引用值或者就是一个函数。如果特性定义为函数，此时这个函数就作为对象的方法（method）来使用，否则该特性就作为对象的属性（property）来使用。

6.1.3 ECMAScript 对象实例

在使用 ECMAScript 对象创建变量并初始化后，这个变量就叫作对象的实例（instance），而创建实例的过程就叫作实例化（instantiation）。

6.2 对象应用

从本节开始介绍如何使用 ECMAScript 对象，包括 ECMAScript 对象的声明与实例化、对象的引用和销毁、对象的绑定方式等方面的内容。

6.2.1 对象声明与实例化

在 ECMAScript 语法规范中，对象的原型是 Object 类型。因此可以通过 Object 类型创建 ECMAScript 对象。具体在声明 ECMAScript 对象时，是通过"new"关键字来实现的。

下面就是一个声明 ECMAScript 对象的基本方法（详见源代码 ch06 目录中 ch06-js-obj-new.html 文件）。

【代码 6-1】

```
01   <script type="text/javascript">
02       var obj = new Object();
03       var objStr = new String();
04   </script>
```

关于【代码 6-1】的分析如下：

第 02 行代码通过"new"关键字创建 Object 类的一个实例，并将其存储到变量（obj）中；

第 03 行代码通过"new"关键字创建 String 类的一个实例，并将其存储到变量（objStr）中。

另外，如果构造函数无参数，则括号不是必须使用的，因此【代码 6-1】可以采用下面的形式重写（详见源代码 ch06 目录中 ch06-js-obj-new-omit.html 文件）。

【代码 6-2】

```
01   <script type="text/javascript">
02       var obj = new Object;
03       var objStr = new String;
04   </script>
```

【代码 6-2】与【代码 6-1】虽然写法略有区别，但在功能上是完全一致的。

ECMAScript 对象在声明完成后，其实只是在内存中预留了空间（还未实际分配），真正的工作要放在实例化中来。ECMAScript 对象的实例化通过花括号"{}"来定义，在花括号"{}"内部，对象的属性通过"名称"和"值"对的形式（name：value）来定义，其中"名称"和"值"对是由冒号"："来分隔的。

下面就是一个声明并实例化 ECMAScript 对象的代码示例（详见源代码 ch06 目录中 ch06-js-obj-new-inst.html 文件）。

【代码 6-3】

```
01  <script type="text/javascript">
02      var userinfo = new Object();
03      userinfo = {
04          id : 001,
05          username : "king",
06          email : "king@email.com"
07      };
08      console.log(userinfo);
09  </script>
```

关于【代码 6-3】的分析如下：

第 02 行代码通过"new"关键字创建了 Object 类的一个实例，并将其存储到变量（userinfo，）中，即 ECMAScript 对象；

第 03～07 行代码对"userinfo"对象进行了实例化，具体定义了三个属性（"id""username"和"email"），并进行初始化赋值。

另外，对于第 03～07 行代码的对象实例化还可以写成如下形式（写成一行）：

```
var userinfo = { id : 001, username : "king", email : "king@email.com" };
```

以上这种写法对于代码较少的情况下是可行的，如果代码量很大，这样写就不适用了。

运行测试【代码 6-3】所定义的 HTML 页面，并使用调试器查看控制台输出的调试信息，页面效果如图 6.1 所示。

图 6.1 ECMAScript 对象声明与实例化（1）

下面，将【代码 6-3】重新改写一下（详见源代码 ch06 目录中 ch06-js-obj-new-inst-m.html文件）。

【代码 6-4】

```
01  <script type="text/javascript">
```

```
02        var userinfo = new Object;
03        userinfo.id = 002;
04        userinfo.username = "CiCi";
05        userinfo.email = "cici@email.com";
06        console.log(userinfo);
07        var len = Object.keys(userinfo);
08        console.log("userinfo's length is " + len.length);
09    </script>
```

关于【代码 6-4】的分析如下：

第 02 行代码通过"new"关键字创建了 Object 类的一个实例，并将其存储到变量（userinfo，即 ECMAScript 对象）中；注意这里在声明对象时，Object 类没有加上括号；

第 03～05 行代码对"userinfo"对象进行实例化，具体定义了三个属性（"id""username"和"email"），并进行了初始化赋值；

第 06 行代码通过 console.log() 函数以调试信息的方式，在控制台中输出了第 03～05 行代码定义的 ECMAScript 对象（userinfo）；

第 07 行代码中通过 Object 类型的 keys() 方法获取了 ECMAScript 对象（userinfo）的键值对数量，并保存在变量"len"中；

第 08 行代码通过"len"变量的"length"属性在控制台中输出了 ECMAScript 对象（userinfo）的长度。

页面效果如图 6.2 所示。

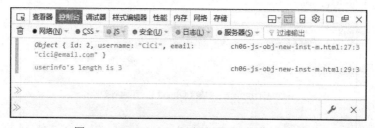

图 6.2   ECMAScript 对象声明与实例化（2）

6.2.2   对象销毁

ECMAScript 语言在设计上使用了很多比较先进的特性，最著名的特性就是"无用存储单元收集程序（garbage collection routine）"，该特性自然也是借鉴了 Java 语言的"垃圾回收机制"。设计无用存储单元收集程序就意味着程序员开发时不必专门考虑通过销毁对象来释放内存。

无用存储单元收集程序的原理是当代码中已经没有对某个对象的引用时，那么该对象将会被销毁。比如每当一个函数执行完代码后，无用存储单元收集程序都会运行，然后将无效的对象进行销毁，从而释放内无用的内存空间。当然，在某些特殊的、不可预知的情况下，无用存储单元收集程序也会运行。

ECMAScript 语法规范也支持强制性销毁对象，通过把对象的所有引用都定义为 null 原始值，就可以强制性地销毁对象。

下面，看一个应用 ECMAScript 对象销毁的代码示例（详见源代码 ch06 目录中 ch06-js-obj-null.html 文件）。

【代码 6-5】

```
01  <script type="text/javascript">
02      var userinfo = {
03          id : 003,
04          username : "bill",
05          email : "bill@email.com"
06      }
07      console.log(userinfo);
08      userinfo = null;
09      console.log(userinfo);
10  </script>
```

关于【代码 6-5】的分析如下：

第 02～06 行代码定义了一个对象（userinfo），并进行了实例化操作；

第 07 行代码将对象（userinfo）的内容输出到浏览器控制台中进行显示；

第 08 行代码强制性将对象（userinfo）重新定义为 null；

第 09 行代码再次将对象（userinfo）的内容输出到浏览器控制台中进行显示。

页面效果如图 6.3 所示。第 08 行代码强制性销毁对象（userinfo）后，第 09 行代码再次输出该对象的内容时则为"null"，说明此时对对象（userinfo）的引用已经不存在了。那么当无用存储单元收集程序再次运行时，该对象将被销毁。

图 6.3　ECMAScript 对象强制性销毁（1）

ECMAScript 对象的引用有以下说明，在 ECMAScript 语法规范中规定代码不能访问对象的物理地址，能访问到的仅仅是对象的引用。我们在使用 ECMAScript 语言创建对象时，都会定义一个变量用于存储该对象，那么这个变量就是对该对象的引用（但不是对象本身）。

下面，将【代码 6-5】进行一下改写，实现一个将 ECMAScript 对象引用和 ECMAScript 对象销毁结合在一起的代码示例（详见源代码 ch06 目录中 ch06-js-obj-null-m.html 文件）。

【代码 6-6】

```
01  <script type="text/javascript">
02      var userinfo = {
03          id : 003,
04          username : "bill",
05          email : "bill@email.com"
06      };
07      console.log("usreinfo inst :");
08      console.log(userinfo);
09      var userinfo_m = userinfo; // TODO：定义对象引用
10      console.log("userinfo_m = usreinfo :");
11      console.log(userinfo_m);
12      userinfo = null;
13      console.log("usreinfo = null :");
14      console.log(userinfo);
15      console.log("after usreinfo = null, userinfo_m :");
16      console.log(userinfo_m);
17  </script>
```

页面效果如图 6.4 所示。从第 11 行代码输出的结果来看，第 09 行代码定义了第二个对象（userinfo_m）完全拷贝了第 02～06 行代码定义的第一个对象（userinfo）。

而在第 12 行代码强制性销毁对象（userinfo）后，从第 16 行代码输出的结果来看，第二个对象（userinfo_m）没有受到任何影响。

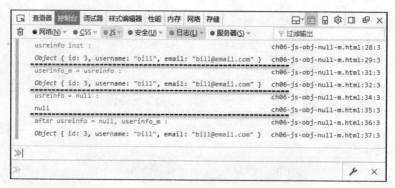

图 6.4　ECMAScript 对象强制性销毁（2）

【代码 6-6】的测试结果充分说明了前文中对 ECMAScript 对象引用的介绍描述，在定义了多个对对象的引用后，销毁其中一个并不会对其他的对象引用产生影响。

6.2.3　对象绑定方式

这里再介绍一下关于 ECMAScript 对象绑定的内容。根据 ECMAScript-262 官方文档的描述，绑定（binding）就是把对象的接口与对象实例结合在一起的过程。而绑定（binding）一般分为早绑定（early binding）和晚绑定（late binding）两种方式。

所谓早绑定（early binding）就是指在实例化对象之前定义它的属性和方法，这样编译器或解释程序就能够提前将其转换为机器代码。ECMAScript 脚本语言不是强类型语言，所以不支持早绑定。而比如 C 语言、C#语言和 Java 语言等强类型语言，就支持早绑定。

而所谓晚绑定（late binding）就是指编译器或解释程序在运行前，不知道对象的类型。所以使用晚绑定的语言，无须检查对象的类型，只须检查对象是否支持属性和方法即可。ECMAScript 脚本语言中的所有变量都采用晚绑定方式，这样有利于执行大量的对象操作时，而没有任何的限制。

6.3　ECMAScript 对象类型

本节将介绍几种比较常用的 ECMAScript 对象及其使用方法。正如前文中介绍的，在 ECMAScript 语法规范中"一切皆为对象"。下面，就通过一些比较常用的 ECMAScript 对象的代码示例来介绍关于 ECMAScript 对象类型的知识。

6.3.1　ECMAScript 对象概述

对于 ECMAScript 语言来讲，一切事物皆为对象。该如何理解这句话呢？简单来说，Object 类型是对象，数值类型（Number）、字符串类型（String）、数组类型（Array）也是对象，而日期类型（Date）、正则表达式（RegExp），甚至函数类型（Function）同样是对象，是不是有点理解"一切皆为对象"这句话了呢？

一般来讲，ECMAScript 语法将对象大致划分为三大类：本地对象（native object）、内置对象（built-in object）和宿主对象（host object）。

本地对象包括数值类型（Number）、字符串类型（String）、数组类型（Array）、日期类型（Date）和正则表达式（RegExp）等。Ecma-262 规范中对于本地对象的定义为"独立于宿主环境的，由 ECMAScript 语言所实现提供的对象"。因此，将本地对象理解为 ECMA-262 规范中所描述的类（引用类型）的概念更为恰当。

ECMAScript 语言中定义了两个内置对象，分别为 Global 和 Math。Ecma-262 规范中对于内置对象的定义为"由 ECMAScript 语言所实现提供的，独立于宿主环境的所有对象"。内置对象意味着设计人员不必明确实例化对象，其已被实例化了。根据 ECMA-262 规范中的描述，每个内置对象自然也是本地对象。

另外，ECMA-262 规范中定义所有非本地对象都是宿主对象，宿主对象就是由 ECMAScript

的宿主环境所提供的对象。在本书后续章节中将要介绍的 BOM 和 DOM 中的对象就属于宿主对象。

在具体开发实践中，设计人员可能不需要将 ECMAScript 对象的分类分得这么清楚，只要掌握每类 ECMAScript 对象的使用方法即可。

6.3.2 Object 对象

在 ECMAScript 语法规范中，Object 对象是其他一切对象的基础。虽然在实际项目的开发中 Object 对象本身用处不大，但其他的所有对象都由 Object 对象继承而来，Object 对象中的所有属性和方法都可以为其他对象所使用。另外，在使用 ECMAScript 语言进行底层架构的设计时，真正理解 Object 对象的内涵是非常有用的。因此，我们还是专门在本小节介绍一下 Object 对象的使用。

下面，看一个使用 Object 对象的代码示例（详见源代码 ch06 目录中 ch06-js-obj-object.html 文件）。

【代码 6-7】

```
01    <script type="text/javascript">
02        var obj = new Object();
03        obj = {
04            id : 001,
05            username : "king",
06            email : "king@email.com"
07        };
08        console.log(obj.hasOwnProperty("id"));
09        console.log(obj.hasOwnProperty("username"));
10        console.log(obj.hasOwnProperty("email"));
11        console.log(obj.toString());
12        console.log(obj.valueOf());
13    </script>
```

关于【代码 6-7】的分析如下：

第 02～07 行代码大体上沿用了【代码 6-3】中的代码，定义了一个对象（obj）并进行了实例化操作；

第 08～10 行代码通过使用 hasOwnProperty() 方法，检测了对象（obj）中所定义了三个属性（"id" "username" 和 "email"）是否存在，返回值为一个布尔值。Object 对象的 hasOwnProperty() 方法用于判断对象是否具有某个特定的属性，且指定属性的参数必须为字符串（比如 "id" 等）；

第 11 行代码通过使用 toString() 方法返回对象的原始字符串。在 ECMAScript 语法规范中，Object 对象没有定义这个值，因此调用该方法后的结果取决于对 ECMAScript 语法的具体实现；

第 12 行代码通过使用 valueOf()方法返回对象的原始值。在 ECMAScript 语法规范中，对很多对象调用该方法后的结果与调用 toString()方法后结果是一致的。

页面效果如图 6.5 所示。从第 08～10 行代码的输出结果来看，调用 hasOwnProperty()方法可以成功检测到对象（obj）中所定义三个属性。从第 11 行和第 12 行代码的输出结果来看，调用 toString()方法得到的返回值是"object"类型，而调用 valueOf()方法得到的返回值是对象"obj"所定义的具体内容。

图 6.5　Object 对象

6.3.3　String 对象

在 ECMAScript 语法规范中，String 对象是用于处理字符串的对象类型。String 对象提供了大量的用于处理字符串的方法，在前文中介绍关于字符串函数的章节中已经介绍了一部分，本小节继续补充一部分。

下面，看一个使用 String 对象属性和方法的代码示例（详见源代码 ch06 目录中 ch06-js-obj-string.html 文件）。

【代码 6-8】

```
01  <script type="text/javascript">
02      var str = new String("Hello EcmaScript!"); // TODO: equals String()
03      console.log("str : " + str);
04      var str_2 = String("Hello EcmaScript!");
05      if(str == str_2) {
06          console.log("str_2 : " + str_2);
07      }
08      console.log("str length : " + str.length);     // TODO: length
09      console.log("concat() : " + str.concat(str_2));     // TODO: concat()
10      console.log("replace(/Ecma/, 'Java') : " + str.replace(/Ecma/,
"Java"));
11      console.log("slice(6, 10) : " + str.slice(6, 10));     // TODO:
replace()
12      console.log(str.split(" "));    // TODO: split()
13      console.log(str.split(""));// TODO: split()
```

```
14    </script>
```

关于【代码 6-8】的分析如下：

第 02 行代码通过 new 运算符定义了第一个 String 对象（str），并进行了实例化操作；

第 04 行代码直接通过 String()构造方法定义了第二个 String 对象（str_2），与第一个 String 对象（str）进行了同样的实例化操作；

第 05～07 行代码通过使用 if 条件选择语句，判断这两个 String 对象（str 和 str_2）是否相等，如果相等则通过第 06 行代码输出 String 对象（str_2）的内容；

第 08 行代码通过使用 length 属性获取 String 对象（str）的长度；

第 09 行代码通过使用 concat()方法将两个 String 对象（str 和 str_2）的字符串内容进行连接操作；

第 10 行代码通过使用 replace()方法将 String 对象（str）中指定的内容进行字符串替换操作；

第 11 行代码通过使用 slice()方法提取 String 对象（str）中指定的下标位置之间的字符串内容；

第 12～13 行代码通过使用 split()方法将 String 对象（str）中的内容按照参数要求进行分割操作。

页面效果如图 6.6 所示。

图 6.6　String 对象

以上就是 String 对象中一些常用方法的使用过程，ECMA-262 规范中还定义了一些关于 String 对象的方法，读者可以自行参看学习。

6.3.4　Array 对象

在 ECMAScript 语法规范中，Array 对象是用于处理数组的对象类型。Array 对象提供了大量的用于处理数组元素的方法，在前文中介绍关于数组函数的章节中已经介绍了一部分，在本小节中我们再继续补充一部分。

　　下面，先看第一个创建 Array 对象和使用属性的代码示例（详见源代码 ch06 目录中 ch06-js-obj-array-inst.html 文件）。

【代码 6-9】

```
01   <script type="text/javascript">
02     /* inst array pattern 1 */
03     console.log("Inst Array Pattern 1 : ");
04     var arr1 = new Array();
05     arr1[0] = 1;
06     arr1[1] = 2;
07     arr1[2] = 3;
08     console.log(arr1);
09     console.log("arr1's length is : " + arr1.length);
10     console.log();
11     /* inst array pattern 2 */
12     console.log("Inst Array Pattern 2 : ");
13     var arr2 = new Array(3);
14     console.log("arr2's length is : " + arr2.length);
15     for(var i=0; i<arr2.length; i++) {
16         arr2[i] = i + 1;
17     }
18     console.log(arr2);
19     console.log();
20     /* inst array pattern 3 */
21     console.log("Inst Array Pattern 3 : ");
22     var arr3 = new Array(1, 2, 3);
23     console.log(arr3);
24     console.log("arr3's length is : " + arr3.length);
25     console.log();
26   </script>
```

　　关于【代码 6-9】的分析如下：

　　这段代码使用三种方式定义并实例化 Array 对象，分别对应第 04～10 行代码、第 12～19 行代码和第 21～25 行代码。

　　页面效果如图 6.7 所示。从【代码 6-9】中的三种不同 Array 对象的定义与实例化方式的输出结果来看，这三种方式的效果是相同的，且每种方式都有各自的优点。具体来说，第一种方式可以创建一个无固定长度的数组对象；第二种方式可以在实例化前就获取数组对象的长度；而第三种方式最为简洁、快速。在实际开发中，可根据代码的需求进行优化选择。

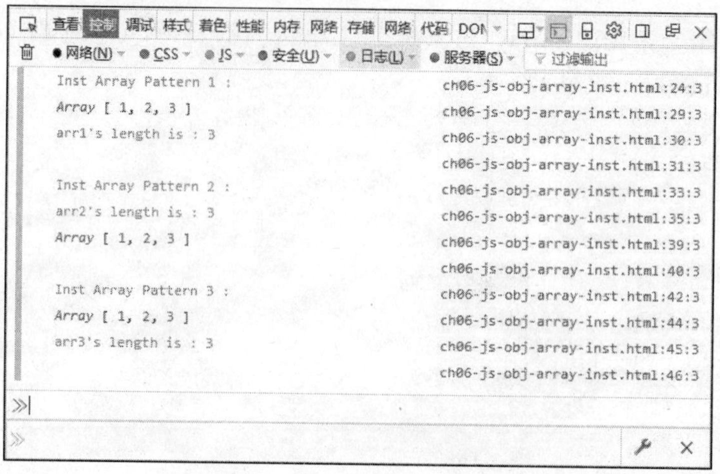

图 6.7　Array 对象定义与实例化

下面，继续看一个使用 Array 对象中 concat()方法连接数组的代码示例（详见源代码 ch06 目录中 ch06-js-obj-array-concat.html 文件）。

【代码 6-10】

```
01    <script type="text/javascript">
02      /* inst array 1 */
03      console.log("Inst Array 1 : ");
04      var arr1 = new Array(1, 2, 3);
05      console.log(arr1);
06      console.log();
07      console.log("arr1 concat {3, 2, 1}");
08      console.log(arr1.concat(3, 2, 1));
09      console.log();
10      console.log("Inst Array 2 : ");
11      var arr2 = new Array(4, 5, 6);
12      console.log(arr2);
13      console.log("Inst Array 3 : ");
14      var arr3 = new Array(7, 8, 9);
15      console.log(arr3);
16      console.log();
17      console.log("Array 1 concat Array 2 & 3 : ");
18      console.log(arr1.concat(arr2, arr3));
19      console.log();
20    </script>
```

页面效果如图 6.8 所示。

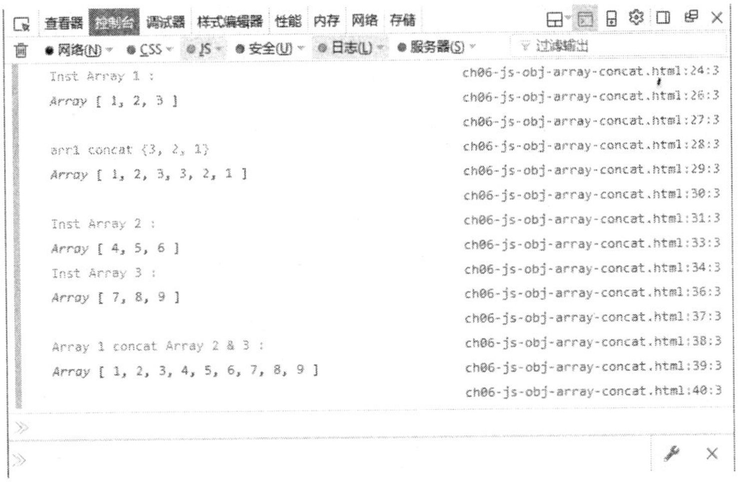

图 6.8　Array 对象数组连接方法

从图 6.8 输出的结果来看，【代码 6-10】告诉我们，通过 concat() 方法既可以直接连接数组项，也可以同时连接多个数组对象。

最后，介绍一组 Array 对象中模拟栈操作的方法，分别为 push() 和 pop() 方法。Ecma-262 规范中关于这两个方法的说明如下：

- push() 方法：用于向数组的末尾添加一个或多个元素，并返回数组新的长度。
- pop() 方法：用于删除并返回数组的最后一个元素。

下面，继续看一个使用 Array 对象中 push() 和 pop() 模拟栈操作方法的代码示例（详见源代码 ch06 目录中 ch06-js-obj-array-push-pop.html 文件）。

【代码 6-11】

```
01   <script type="text/javascript">
02       /* inst array */
03       console.log("Inst Array : ");
04       var arr = new Array(1, 2, 3);
05       console.log(arr);
06       console.log();
07       console.log("arr.push(4, 5, 6)");
08       console.log(arr.push(4, 5, 6));
09       console.log(arr);
10       console.log();
11       console.log("arr.pop()");
12       console.log(arr.pop());
13       console.log(arr);
14       console.log(arr.pop());
15       console.log(arr);
16       console.log(arr.pop());
17       console.log(arr);
```

203

```
18        console.log();
19    </script>
```

页面效果如图 6.9 所示。从第 08 行代码输出的结果来看，push()方法返回的是修改后数组的长度；从第 13 行、第 15 行和第 17 行代码输出的结果来看，pop()方法返回的是数组末尾的元素。

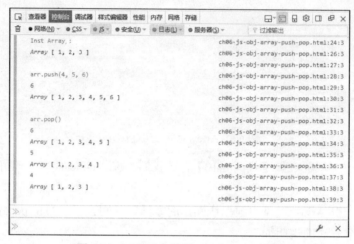

图 6.9　Array 对象数组 pop 和 push 方法

以上就是 Array 对象中一些常用方法的使用过程，ECMA-262 规范中还定义了一些关于 Array 对象的其他方法，读者可以自行参看学习。

6.3.5　Number 对象

在 ECMAScript 语法规范中，Number 对象是对原始数值的包装类型。Number 对象提供了一些专门用于处理原始数值的方法，在前文中已经陆续介绍了部分比较常用的方法，在本小节中我们再继续补充几个 Ecma-262 规范中比较有特点的方法。

- toFixed()方法：用于将数字转换为字符串，结果可以保留小数点后指定位数的数字。该方法主要用于把 Number 数字按照指定的小数位数进行四舍五入的操作。
- toExponential()方法：用于将 Number 数字转换成指数计数法。
- toPrecision()方法：可在 Number 对象的值超出指定位数时。将其转换为指数计数法。

下面，看一个综合使用以上几种 Number 对象方法的代码示例（详见源代码 ch06 目录中 ch06-js-obj-number.html 文件）。

【代码 6-12】

```
01    <script type="text/javascript">
02        var d = new Number(2 / 3);
03        console.log("2/3 = " + d);
04        console.log("(2/3). toFixed(3) = " + d.toFixed(3));
```

```
05          console.log();
06          var e = new Number(1000000);
07          console.log("1000000.toExponential(1) = " + e.toExponential(1));
08          console.log();
09          var p = new Number(1000000);
10          console.log("1000000.toPrecision(3) = " + e.toPrecision(3));
11          console.log();
12      </script>
```

关于【代码 6-12】的分析如下：

这段代码分别测试前面提到的 Number 对象的三个方法。

第 04 行代码通过 toFixed(3)方法将 Number 对象（d）进行四舍五入、并保留了小数点后的三位有效数字；

第 07 行代码通过 toExponential(1)方法将 Number 对象（e）转换成指数计数法，参数定义为 1 表示需要保留的小数位数；

第 10 行代码通过 toPrecision(3)方法在判断 Number 对象（p）超出指定位数后，将其转换成指数计数法，参数定义为 3 表示有效的位数。

页面效果如图 6.10 所示。

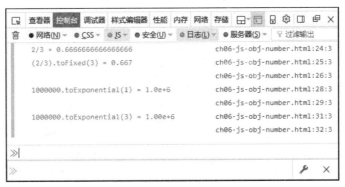

图 6.10　Number 对象方法

6.3.6　Boolean 对象

在 ECMAScript 语法规范中，Boolean 对象只有两个值，即"true"和"false"。在使用 Boolean 对象时，有构造函数和转换函数两种方式，这两种方式在 Ecma-262 规范中都有具体的说明。

- 构造函数方式：通过在 Boolean()函数前使用运算符 new 将参数转换成一个布尔值，并且返回一个包含该值的 Boolean 对象。
- 转换函数方式：在 Boolean()函数前不使用运算符 new，将参数转换成一个原始的布尔值，并且返回这个值。

下面，看一个使用 Boolean 对象的代码示例（详见源代码 ch06 目录中

ch06-js-obj-boolean.html 文件）。

【代码 6-13】

```
01  <script type="text/javascript">
02      var bTrue = new Boolean(true);
03      console.log("true to string is " + bTrue.toString());
04      var bOne = Boolean(1);
05      console.log("Boolean(1) to string is " + bOne.toString());
06      console.log();
07      var bFalse = new Boolean(false);
08      console.log("false to string is " + bFalse.toString());
09      var bZero = Boolean(0);
10      console.log("Boolean(0) to string is " + bZero.toString());
11      var bNull = Boolean();
12      console.log("Boolean() to string is " + bNull.toString());
13      console.log();
14  </script>
```

关于【代码 6-13】的分析如下：

这段代码分别测试前面提到的 Boolean 对象的构造函数和转换函数的使用方法。

第 02 行代码通过 new 运算符定义了第一个 Boolean 对象（bTrue），并进行了实例化操作（true），并通过第 03 行代码使用 toString()方法在浏览器控制台中输出了结果；

第 04 行代码通过 new 运算符定义了第二个 Boolean 对象（bOne），并进行了实例化操作（1），并通过第 05 行代码使用 toString()方法在浏览器控制台中输出了结果；

第 07 行代码通过 new 运算符定义了第三个 Boolean 对象（bFalse），并进行了实例化操作（false），并通过第 08 行代码使用 toString()方法在浏览器控制台中输出了结果；

第 09 行代码并未通过 new 运算符定义了第三个 Boolean 对象（bZreo），并进行了实例化操作（0），并通过第 10 行代码使用 toString()方法在浏览器控制台中输出了结果；

第 11 行代码也未通过 new 运算符定义了第四个 Boolean 对象（bNull），注意该方法在实例化是并没有参数，并通过第 12 行代码使用 toString()方法在浏览器控制台中输出了结果。

页面效果如图 6.11 所示。从第 12 行代码的输出结果来看，使用不带参数的 Boolean()函数时得到的返回值是 false，这一点需要读者多加注意。

图 6.11 Number 对象方法

6.3.7 Date 对象

在 ECMAScript 语法规范中，Date 对象是用于处理日期和时间的包装类型。Date 对象提供了一系列专门用于处理日期和时间的方法，在前文中已经介绍了几个比较常用的方法，在本小节中我们继续补充几个 Ecma-262 规范中提供的常用方法。

- setFullYear(year, month, day)方法：用于设置年份。具体参数和返回值的描述如下：
  - year：该参数为必需，表示年份的四位整数，用本地时间来表示；
  - month：该参数是可选的，表示月份的数值（0～11），用本地时间来表示；
  - day：该参数是可选的，表示月份中某一天的数值（1～31），用本地时间来表示；
- 返回值：返回被调整过日期的毫秒数。
- setMonth(month, day)方法：用于设置月份。具体参数和返回值的描述如下：
  - month：该参数为必需，表示月份的数值，介于 0（一月）～11（十二月）之间；
  - day：该参数是可选的，表示月份中某一天的数值（1～31），用本地时间来表示；
  - 返回值：返回被调整过的日期的毫秒数。
- setDate(day)方法：用于设置月份中的某一天。具体参数和返回值的描述如下：
  - day：该参数为必需，表示月份中的某一天的数值（1～31）；
  - 返回值：返回被调整过日期的毫秒数。
- setHours(hour, min, sec, millisec)方法：用于设置时间中的小时字段。具体参数和返回值的描述如下：
  - hour：该参数为必需，表示小时的数值，介于 0（午夜）至 23（晚上 11 点）之间，用本地时间来表示；
  - min：该参数是可选的，表示分钟的数值（0～59），用本地时间来表示；
  - sec：该参数是可选的，表示秒的数值（0～59），用本地时间来表示；
  - millisec：该参数是可选的，表示毫秒的数值（0～999），用本地时间来表示；
  - 返回值：返回被调整过日期的毫秒数。
- setMinutes(min, sec, millisec)方法：用于设置时间中的分钟字段。具体参数和返回值的描述如下：

- min：该参数为必需，表示分钟的数值（0～59），用本地时间来表示；
- sec：该参数是可选的，表示秒的数值（0～59），用本地时间来表示；
- millisec：该参数是可选的，表示毫秒的数值（0～999），用本地时间来表示；
- 返回值：返回被调整过日期的毫秒数。
- setSeconds(sec, millisec)方法：用于设置时间中的秒数字段。具体参数和返回值的描述如下：
  - sec：该参数为必需，表示秒数的数值（0～59），用本地时间来表示；
  - millisec：该参数是可选的，表示毫秒的数值（0～999），用本地时间来表示；
  - 返回值：返回被调整过日期的毫秒数。
- setMilliseconds(millisec)方法：用于设置时间中的毫秒数字段。具体参数和返回值的描述如下：
  - millisec：该参数为必需，表示毫秒数的数值（0～999），用本地时间来表示；
  - 返回值：返回被调整过日期的毫秒数。
- setTime(millisec)方法：以毫秒数设置 Date 对象。具体参数和返回值的描述如下：
  - millisec：该参数为必需，表示要设置的日期和时间距离 GMT 时间 1970 年 1 月 1 日 0 点之间的毫秒数；
  - 返回值：返回被设置的毫秒数。
- toLocaleString()方法：该方法可根据本地时间把 Date 对象转换为字符串，并返回结果。

下面，先看一个综合使用以上几个 Date 对象方法的代码示例（详见源代码 ch06 目录中 ch06-js-obj-date.html 文件）。

【代码 6-14】

```
01  <script type="text/javascript">
02      var date = new Date();
03      date.setFullYear(2008);
04      console.log("setFullYear(2008) = ");
05      console.log(date);
06      date.setFullYear(2008, 7, 8);
07      console.log("setFullYear(2008,7,8) = ");
08      console.log(date);
09      date.setMonth(0);
10      console.log("setMonth(0) = ");
11      console.log(date);
12      date.setMonth(0, 1);
13      console.log("setMonth(0,1) = ");
14      console.log(date);
15      date.setDate(15);
16      console.log("setData(15) = ");
17      console.log(date);
18  </script>
```

关于【代码 6-14】的分析如下：

这段代码分别测试了前面提到的 Date 对象的几个方法。

页面效果如图 6.12 所示。

图 6.12　Date 对象方法（1）

从第 05 行代码输出的结果来看，setFullYear(2008)方法成功将日期的年份设置为 2008 年，注意第 03 行代码调用的 setFullYear()方法仅定义了一个年份的参数，所以月份和天数保留了系统当前的日期；

从第 08 行代码输出的结果来看，setFullYear(2008,7,8)方法成功将日期设置为 2008 年 8 月 8 日，而由于第 06 行代码调用的 setFullYear()方法定义了全部年月日的参数，所以日期全部被修改成功；

从第 11 行代码输出的结果来看，setMonth(0)方法成功将日期的月份设置为 2008 年 1 月，年份和天数仍保留第 06 行代码的设置；

从第 14 行代码输出的结果来看，setMonth(0,1)方法成功将月份和日期设置为 1 月 1 日，而年份仍保留了第 06 行代码设置的年份；

从第 17 行代码输出的结果来看，setDate(15)方法成功将日期的天数设置为 15 日，而年份和月份仍保留了第 14 行代码的设置。

以上就是对 Date 对象中 setFullYear()、setMonth()和 setDate()三个方法的应用，读者可以自行多加练习。

下面，再看一个使用其他几个 Date 对象方法的代码示例（详见源代码 ch06 目录中 ch06-js-obj-date-time.html 文件）。

【代码 6-15】

```
01    <script type="text/javascript">
02        var date = new Date();
03        console.log("Current Time :");
04        console.log(date.toLocaleString());
05        console.log();
```

```
06        console.log("setHours(8) :");
07        date.setHours(8);
08        console.log(date.toLocaleString());
09        console.log("setHours(8,8,8) :");
10        date.setHours(8, 8, 8);
11        console.log(date.toLocaleString());
12        console.log("setMinutes(30) :");
13        date.setMinutes(30);
14        console.log(date.toLocaleString());
15        console.log("setMinutes(30,30) :");
16        date.setMinutes(30,30);
17        console.log(date.toLocaleString());
18        console.log("setSeconds(0) :");
19        date.setSeconds(0);
20        console.log(date.toLocaleString());
21        console.log("setTime(1234567890) :");
22        date.setTime(1234567890);
23        console.log(date.toLocaleString());
24    </script>
```

关于【代码 6-15】的分析如下：

这段代码分别测试了前面提到的 Date 对象的另几个方法的使用。

页面效果如图 6.13 所示。

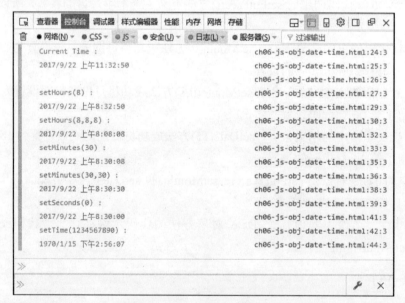

图 6.13　Date 对象方法（2）

从第 04 行代码输出的结果来看，toLocaleString()方法成功将系统当前时间转换成了本地时间格式；

从第 08 行代码输出的结果来看，setHours(8)方法成功将小时数设置为 8 时，同时，年、月、日、分钟和秒数都保持原始数值；

从第 11 行代码输出的结果来看，setHours(8, 8, 8)方法成功将小时数、分钟数和秒数设置为 8 时 8 分 8 秒；

从第 14 行代码输出的结果来看，setMinutes(30)方法成功将分钟数设置为 30 分，而小时数和秒数都保留了第 10 行代码的设置；

从第 17 行代码输出的结果来看，setMinutes(30, 30)方法成功将分钟数和秒数设置为 30 分 30 秒，而小时数仍保留了第 10 行代码的设置；

从第 20 行代码输出的结果来看，setSeconds(0)方法成功将秒数设置为 0 秒，而小时数和分钟分别沿用第 10 行代码和第 16 行代码的设置；

从第 23 行代码输出的结果来看，通过 setTime(1234567890)方法成功将时间设置为距 1970 年 1 月 1 日 0 时 0 分 0 秒往后 1234567890 毫秒数的时间（具体时间是 1970/1/15 下午 2:56:07）。

以上就是对 Date 对象中 toLocaleString()、setHours()、setMinutes()、setSeconds()和 setTime() 这几个方法的使用过程，读者可以自行多加练习。

6.4 ECMAScript 6 新特新——Symbol 数据类型

符号对象（Symbol）是 ECMAScript 6 语法规范中新增的数据类型，通过 Symbol 可以创建一个唯一的值，而该特性使得 Symbol 非常适合作为标识符来使用。下面通过几个简单的代码示例来介绍一下符号对象（Symbol）的使用方法。

6.4.1 定义 Symbol 对象

定义 Symbol 对象的方法就是通过函数"Symbol()"来生成。下面，我们先看一个使用函数"Symbol()"来生成 Symbol 对象的代码示例（详见源代码 ch06 目录中 ch06-js-symbol-define.html 文件）。

【代码 6-16】

```
01  <script type="text/javascript">
02      console.log("var s = Symbol();");
03      var s = Symbol();
04      console.log("typeof s : " + typeof s);
05  </script>
```

关于【代码 6-16】的分析如下：

第 03 行代码通过函数"Symbol()"定义一个 Symbol 对象（s）；

第 04 行代码通过运算符 typeof 检查对象（s）的类型，并将结果输出到浏览器控制台中。

页面效果如图 6.14 所示。从浏览器控制台中的输出结果来看，对象（s）的类型就是"Symbol"，而不是字符串等其他类型。

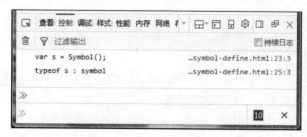

图 6.14　定义 Symbol 对象

6.4.2　Symbol 对象的唯一性

ECMAScript 语法规范中规定凡是通过函数"Symbol()"生成的 Symbol 对象均是唯一的，或者说是独一无二的。这个概念该如何理解呢？

下面，看一个表明 Symbol 对象具有唯一性的代码示例（详见源代码 ch06 目录中 ch06-js-symbol-unique.html 文件）。

【代码 6-17】

```
01  <script type="text/javascript">
02      console.log("var s1 = Symbol();");
03      var s1 = Symbol();
04      console.log("var s2 = Symbol();");
05      var s2 = Symbol();
06      if (s1 === s2)
07          console.log("s1 === s2 ? true");
08      else
09          console.log("s1 === s2 ? false");
10  </script>
```

关于【代码 6-17】的分析如下：

第 03 行和第 05 行代码分别通过函数"Symbol()"定义了两个 Symbol 对象（s1 和 s2）；

第 06～09 行代码通过 if 条件选择语句判断对象（s1）和对象（s2）是否严格相等，并将结果输出到浏览器控制台中。

页面效果如图 6.15 所示。从浏览器控制台中的输出结果来看，对象（s1）和对象（s2）是不严格相等的，虽然我们根据【代码 6-16】可以得出对象（s1）和对象（s2）均是 Symbol 数据类型。

图 6.15　Symbol 对象唯一性

这个结果对于常规 ECMAScript 对象是无法得到的，但是对于 ECMAScript 6 新增的 Symbol 数据类型就是如此。开发人员在 ECMAScript 语法规范中这样设计 Symbol 数据类型自然是有其目的，通过 Symbol 就可以实现对象自定义属性的唯一性，我们继续学习。

6.4.3　Symbol 定义属性名

通过前文的介绍我们获悉 Symbol 对象的唯一性，那么就可以借助其具有的这个特性为对象定义属性名。因为通过 Symbol 数据类型定义的属性名都是独一无二的，自然也就可以保证自定义的属性名不会发生冲突，这一点在大型的项目开发中非常有用。

下面，看一个通过 Symbol 定义属性名的代码示例（详见源代码 ch06 目录中 ch06-js-symbol-propname.html 文件）。

【代码 6-18】

```
01    <script type="text/javascript">
02        console.log("var s = Symbol();");
03        var s = Symbol();
04        var obj = {};
05        obj[s] = "Symbol DataType";
06        console.log("obj[s] : " + obj[s]);
07        var obj2 = {
08            [s]: "Symbol DataType 2"
09        };
10        console.log("obj2[s] : " + obj2[s]);
11    </script>
```

关于【代码 6-18】的分析如下：

第 03 行代码通过函数"Symbol()"定义一个 Symbol 对象（s）；

第 04～05 行代码是一种定义对象属性名的方式，第 07～09 行代码是另一种定义对象属性名的方式。这两种方式都是可行的，设计人员可自行选择。

页面效果如图 6.16 所示。从浏览器控制台中的输出结果来看，这两种定义对象属性名的方式都得到了正确的结果。

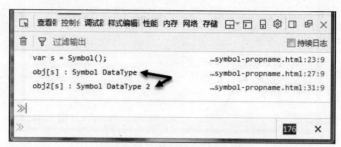

图 6.16　Symbol 定义属性名

6.5 ECMAScript 6 新特新 —— Set 数据类型

ECMAScript 6 语法规范中新增了一个集合类的数据类型 —— Set 类型，该类型是一种包含无重复元素的有序列表，这点与传统数组类型是有所不同的。

6.5.1 定义和遍历 Set 数据类型

定义 Set 数据类型的方式与定义传统 ECMAScript 对象的方式基本一致，也是通过运算符"new"来生成一个 Set 类型对象，并进行初始化操作。

下面，我们先看一个定义 Set 数据类型的代码示例（详见源代码 ch06 目中 ch06-js-obj-set-define.html 文件）。

【代码 6-19】

```
01  <script type="text/javascript">
02      var set = new Set();
03      set.add(1);
04      set.add("a");
05      set.add(2);
06      set.add("b");
07      set.add(3);
08      set.add("c");
09      for (let s of set) {
10          console.log(s);
11      }
12  </script>
```

关于【代码 6-19】的分析如下：

第 02 行代码通过"new"运算符定义一个 Set 数据类型对象（set）；

第 03～08 行代码代码通过 Set 数据类型的"add()"方法对对象（set）进行初始化操作。注意，初始化的数据类型同时包括了整数和字符类型；

第 09～11 行代码通过"for…of…"循环迭代语句，并将对象（set）的内容输出到浏览器控制台中。

页面效果如图 6.17 所示。从浏览器控制台中的输出结果来看，通过"for…of…"循环迭代语句可以遍历 Set 类型对象。

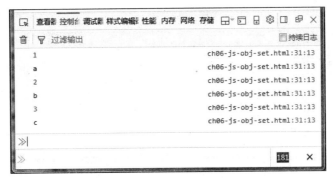

图 6.17　定义 Set 数据类型

6.5.2　判断 Set 集合中的值

ECMAScript 语法规范中为 Set 数据类型提供了一个"has()"方法，可以用来判断一个值是否包含在 Set 集合中。

下面，看一个判断一个值是否包含在 Set 集合中的代码示例（详见源代码 ch06 目中 ch06-js-obj-set-has.html 文件）。

【代码 6-20】

```
01  <script type="text/javascript">
02      var set = new Set();
03      set.add(1);
04      set.add("a");
05      set.add(2);
06      set.add("b");
07      set.add(3);
08      set.add("c");
09      for (let i = 1; i <= 3; i++) {
10          if (set.has(i)) {
11              console.log("set has " + i + ".");
12          }
13      }
14  </script>
```

关于【代码 6-20】的分析如下：

【代码 6-20】是在【代码 6-19】的基础上修改而完成的。

第 09～13 行代码通过 for 循环语句定义了一个自变量（i）从数值 1 到 3 的循环；

第 10 行代码通过 Set 数据类型的"has()"方法，判断 for 循环的自变量（i）的取值是否包含在 Set 对象中。

页面效果如图 6.18 所示。从浏览器控制台中的输出结果来看，通过 Set 数据类型的"has()"方法成功判断出数值是否包含在集合中。

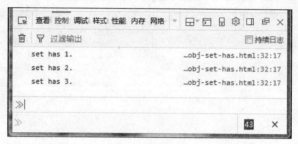

图 6.18　判断数值是否包含在 Set 集合中

6.5.3　删除和清空 Set 集合

ECMAScript 语法规范中为 Set 数据类型还提供了删除"delete()"和清空"clear()"方法，可以用来删除 Set 集合中的某个值或者清空 Set 集合中的全部值。

下面，看一个删除和清空 Set 集合中数据的代码示例（详见源代码 ch06 目中 ch06-js-obj-set-del-clear.html 文件）。

【代码 6-21】

```
01    <script type="text/javascript">
02        var set = new Set();
03        set.add(1);
04        set.add("a");
05        set.add(2);
06        set.add("b");
07        set.add(3);
08        set.add("c");
09        console.log("--- init set ---");
10        printSet(set);
11        for (let i = 1; i <= 3; i++) {
12            if (set.has(i)) {
13                set.delete(i);
14            }
15        }
16        console.log("--- delete set ---");
```

```
17      printSet(set);
18      set.clear();
19      console.log("--- clear set ---");
20      printSet(set);
21      /**
22       * func --- printSet
23       * @param set
24       */
25      function printSet(set) {
26          var sSet = "set : ";
27          for (let s of set) {
28              sSet += s + " ";
29          }
30          console.log(sSet);
31      }
32  </script>
```

关于【代码 6-21】的分析如下：

【代码 6-21】同样是在【代码 6-19】的基础上修改而完成的。

第 11～15 行代码通过 for 循环语句定义一个自变量（i）从数值 1 到 3 的循环。其中，第 12 行代码通过 Set 数据类型的 "has()" 方法，判断 for 循环的自变量（i）的取值是否包含在 Set 对象中；第 13 行代码通过 Set 数据类型的 "delete()" 方法，依次删除每个包含在 Set 对象中的数据；

第 18 行代码通过 Set 数据类型的 "clear()" 方法，在执行前面的代码删除 Set 集合中的数据之后，再次清空了 Set 对象中的全部剩余的数据。

页面效果如图 6.19 所示。从浏览器控制台中的输出结果来看，通过 Set 数据类型的 "delete()" 方法和 "clear()" 方法成功删除和清空了集合中的数据。

图 6.19 删除和清空 Set 集合中的值

6.6 ECMAScript 6 新特新 —— Map 数据类型

ECMAScript 6 语法规范中还新增了另一个集合类的数据类型 —— Map 类型，该类型则是一种包含有序键值对的有序列表，其中键和值可以是任何类型的对象。

6.6.1 定义 Map 数据类型和基本存取操作

定义 Map 数据类型的方式与定义传统 ECMAScript 对象的方式基本一致，也是通过运算符 "new" 来生成一个 Map 类型对象，使用 "set()" 方法进行存储键值对的操作，使用 "get()" 方法通过键取值的操作。

下面，先看一个定义 Map 数据类型和进行基本存取操作的代码示例（详见源代码 ch06 目中 ch06-js-obj-map-basic.html 文件）。

【代码 6-22】

```
01   <script type="text/javascript">
02       var map = new Map();
03       map.set(1, "a");
04       map.set(2, "b");
05       map.set(3, "c");
06       console.log("map's size : " + map.size);
07       for (let i = 1; i <= 3; i++) {
08           console.log("map(" + i + ", " + map.get(i) + ")");
09       }
10   </script>
```

关于【代码 6-22】的分析如下：

第 02 行代码通过 "new" 运算符定义了一个 Map 数据类型对象（map）；

第 03～05 行代码通过 Map 数据类型的 "set()" 方法对对象（map）进行初始化操作，一共存储了三组键值对；

第 06 行代码通过 Map 数据类型的 "size" 属性获取了集合的长度；

第 07～09 行代码通过在 for 循环语句中使用 Map 数据类型的 "get()" 方法通过对象（map）的键获取对应的值。

页面效果如图 6.20 所示。从浏览器控制台中的输出结果来看，Map 对象是通过键来取值的。

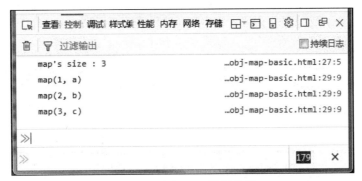

图 6.20　定义 Map 数据类型

6.6.2　判断 Map 集合中的值

ECMAScript 语法规范中同样为 Map 数据类型提供了 "has()" 方法，可以用来判断一个键值对是否包含在 Map 集合中。

下面，看一个判断键值对是否包含在 Map 集合中的代码示例（详见源代码 ch06 目录中 ch06-js-obj-map-has.html 文件）。

【代码 6-23】

```
01  <script type="text/javascript">
02      var map = new Map();
03      map.set(1, "a");
04      map.set(2, "b");
05      map.set(3, "c");
06      console.log("map's size : " + map.size);
07      for (let i = 1; i <= map.size; i++) {
08          if (map.has(i))
09              console.log("map(" + i + ", " + map.get(i) + ")");
10      }
11  </script>
```

关于【代码 6-23】的分析如下：

【代码 6-23】是在【代码 6-22】的基础上修改而完成的。

第 08 行代码通过在 if 语句中使用 Map 数据类型的 "has()" 方法来判断 for 循环的自变量（i）的取值作为键是否包含在 Map 对象中。

页面效果如图 6.21 所示。从浏览器控制台中的输出结果来看，通过 Map 数据类型的 "has()" 方法成功判断出键值对是否包含在集合中。

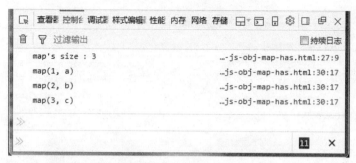

图 6.21　判断 Map 集合中的键值对是否包含在集合中

6.6.3　删除和清空 Map 集合

ECMAScript 语法规范中为 Map 数据类型还提供删除"delete()"和清空"clear()"方法，可以用来删除 Map 集合中的某个键值对或者清空 Map 集合中的全部键值对。

下面，看一个删除和清空 Map 集合中键值对的代码示例（详见源代码 ch06 目中 ch06-js-obj-map-del-clear.html 文件）。

【代码 6-24】

```
01  <script type="text/javascript">
02      var map = new Map();
03      map.set(1, "a");
04      map.set(2, "b");
05      map.set(3, "c");
06      console.log("map's size : " + map.size);
07      for (let i = 1; i <= 3; i++) {
08          console.log("map(" + i + ", " + map.get(i) + ")");
09      }
10      console.log("delete map(2, 'b') : " + map.delete(2));
11      console.log("map's size : " + map.size);
12      for (let i = 1; i <= 3; i++) {
13          if (map.has(i))
14              console.log("map(" + i + ", " + map.get(i) + ")");
15      }
16      console.log("clear map : " + map.clear());
17      console.log("map's size : " + map.size);
18      for (let i = 1; i <= 3; i++) {
19          if (map.has(i))
20              console.log("map(" + i + ", " + map.get(i) + ")");
21      }
22  </script>
```

关于【代码 6-24】的分析如下：

【代码 6-24】同样是在【代码 6-22】的基础上修改而完成的。

第 10 行代码通过 Map 数据类型的 "delete()" 方法，删除了 Map 对象中的的第二组键值对数据；

第 16 行代码通过 Map 数据类型的 "clear()" 方法，在执行第 10 行代码删除数据之后，再次清空了 Map 对象中全部剩余的数据。

页面效果如图 6.22 所示。从浏览器控制台中的输出结果来看，通过 Map 数据类型的 "delete()" 方法和 "clear()" 方法成功删除和清空了集合中的键值对。

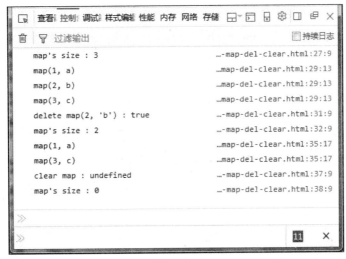

图 6.22　删除和清空 Map 集合中的键值对

6.7　开发实战：在线 JavaScript 时钟

基于本章前面介绍的关于 Date 对象的使用方法，本节设计实现一个简易的在线 JavaScript 时钟。希望通过本节的内容，可以帮助读者尽快掌握 ECMAScript 中关于对象的使用方法。

本节设计的是简易在线 JavaScript 时钟，需要实现一些最基本的在线时钟功能。首先，最主要的功能就是在页面中显示实时的日期和时间，这主要是通过 Date 对象的相关方法来实现。其次，实现一个能够支持用户设置日期和时间的功能，这需要设计一个功能面板。最后，也是该应用所实现的一个小难点，就是基于前面的功能设计一个用户可以自定义的时钟。

本实战应用涉及 HTML5、CSS3 和 JavaScript 等相关技术，具体源码目录结构如图 6.23 所示。

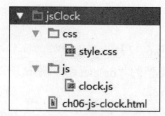

图 6.23　在线 JavaScript 时钟源码目录结构

如图 6.23 所示，应用目录名称为"jsClock"（详见源代码 ch06 目录中 jsClock 目录）；HTML 页面文件名称为"ch06-js-clock.html"；CSS 样式文件放在"css"目录下（css\style.css）；js 脚本文件放在"js"目录下（js\clock.js）。从源码的目录结构来看，将 HTML 页面代码、CSS 样式代码和 js 脚本代码分别保存在各自的文件中，这样便于代码的管理与维护。

首先，看一下在线 JavaScript 时钟的 HTML 页面代码（详见源代码 ch06 目录中 jsClock\ch06-js-clock.html 文件），页面代码设计了网页应用的各个功能面板。

【代码 6-25】

```
01  <!doctype html>
02  <html lang="en">
03  <head>
04  <!-- 添加文档头部内容 -->
05  <meta http-equiv="Content-Type" content="text/html; charset=utf-8" />
06  <meta http-equiv="Content-Language" content="zh-cn" />
07  <link rel="stylesheet" type="text/css" href="css/style.css">
08  <script type="text/javascript" src="js/clock.js" charset="gbk"></script>
09  <title>JavaScript in 15-days</title>
10  </head>
11  <body onload="initDate();">
12  <!-- 添加文档主体内容 -->
13  <header>
14      <nav>EcmaScript 语法 --- 在线 JavaScript 日历</nav>
15  </header>
16  <hr>
17  <div id="id-calendar">
18      <table>
19          <tr>
20              <th class="thtitle" colspan="8">在线 JavaScript 日历</th>
21          </tr>
22          <tr>
23              <th class="thdate" colspan="2">中国标准时间</th>
24              <td id="id-current-fulldate" colspan="6"></td>
25          </tr>
26          <tr>
27              <th class="thdate" colspan="1">日期</th>
28              <td id="id-current-date" colspan="2"></td>
```

```
29                <th class="thdate" colspan="1">星期</th>
30                <td id="id-current-day" colspan="1"></td>
31                <th class="thdate" colspan="1">时间</th>
32                <td id="id-current-time" colspan="2"></td>
33          </tr>
34          <tr>
35                <th class="thsubtitle" colspan="6">设置日期和时间</th>
36                <th class="thsubtitle" colspan="2">设置</th>
37          </tr>
38          <tr>
39                <th class="thdate" colspan="1">年</th>
40                <td colspan="1">
41                <input type="number" id="id-set-year" name="year" min="1970"
max="2099" class="input48" />
42                </td>
43                <th class="thdate" colspan="1">月</th>
44                <td colspan="1">
45                <input type="number" id="id-set-month" name="month" min="1"
max="12" class="input32" />
46                </td>
47                <th class="thdate" colspan="1">日</th>
48                <td colspan="1">
49                <input type="number" id="id-set-date" name="date" min="1"
max="31" class="input32" />
50                </td>
51                <td rowspan="2" colspan="2">
52                <input type="button" id="id-start-ymdhms" class="input48"
value="开始" onclick="on_start_ymdhms_click();" /><br>
53                <input type="button" id="id-stop-ymdhms" class="input48"
value="停止" onclick="on_stop_ymdhms_click();" />
54                </td>
55          </tr>
56          <tr>
57                <th class="thdate" colspan="1">小时</th>
58                <td colspan="1">
59                <input type="number" id="id-set-hour" name="hour" min="0"
max="23" class="input32" />
60                </td>
61                <th class="thdate" colspan="1">分钟</th>
62                <td colspan="1">
63                <input type="number" id="id-set-minute" name="minute" min="0"
max="59" class="input32" />
64                </td>
65                <th class="thdate" colspan="1">秒数</th>
66                <td colspan="1">
```

```
67              <input type="number" id="id-set-second" name="second" min="0"
max="59" class="input32" />
68             </td>
69          </tr>
70        </table>
71     </div>
72   </body>
```

关于【代码 6-25】的分析如下：

第 07 行代码通过使用<link href="css/style.css" />标签元素，引用了本应用自定义的 CSS 样式文件；

第 08 行代码通过使用<script src="js/clock.js" charset="gbk"></script>标签元素，引用了本应用自定义的 js 脚本文件。这里有一个小技巧，在<script>标签内加入"charset="gbk""字符集属性，可以有效避免出现 js 中文乱码；

第 11 行代码在<body>标签元素内，加入了"onload"事件处理方法（initDate();），这样在页面载入时或每次刷新时就可以调用该方法；

第 17～71 行代码通过<div>标签元素定义了在线 JavaScript 时钟的界面容器；

第 18～70 行代码通过<table>标签元素定义了界面的表格。另外，注意在<table>表格中，加入了大量的"class"属性进行界面的美化，这些"class"属性是通过 CSS 样式文件（css/style.css）来定义的。关于 CSS 层叠样式表的知识，这里就不详细介绍了，读者可以去参考相关资料；

第 52 行代码通过<input>标签元素实现了第一个按钮，并定义"onclick"事件处理方法（"on_start_ymdhms_click();"），一些方法用于启动自定义时钟，后面会进一步介绍；

第 52 行代码通过<input>标签元素实现了第二个按钮，并定义了"onclick"事件处理方法（"on_stop_ymdhms_click();"），一些方法用于停止自定义时钟，后面会进一步介绍。

下面，接着看一下第 11 行代码定义的"onload"事件处理方法"initDate()"的具体实现（详见源代码 ch06 目录中 jsClock\js\clock.js 文件）。

【代码 6-26】

```
01   /**
02    * declare gloabal variable.
03    */
04   var d, newD, year, month, date, day, hour, minute, second;
05   var bInitDate = true;
06   var strDate, strDay, strTime;
07   /*
08    * initDate()
09    */
10   function initDate() {
11       d = new Date();                    // TODO: new Date()
12       document.getElementById('id-current-fulldate').innerHTML = d;
```

```
13      if(bInitDate) {
14          year = d.getFullYear();    // TODO: get year
15          month = d.getMonth();      // TODO: get month
16          date = d.getDate();        // TODO: get date
17          day = d.getDay();          // TODO: get day
18          hour = d.getHours();       // TODO: get hour
19          minute = d.getMinutes();   // TODO: get minute
20          second = d.getSeconds();   // TODO: get second
21          month += 1;
22          minute = formatTime(minute);
23          second = formatTime(second);
24          strDate = year + "年" + month + "月" + date + "日";
25          strDay = formatDay(day);
26          strTime = hour + ":" + minute + ":" + second;
27          document.getElementById('id-current-date').innerHTML = strDate;
28          document.getElementById('id-current-day').innerHTML = strDay;
29          document.getElementById('id-current-time').innerHTML = strTime;
30      }
31      setTimeout('initDate()', 500);
32  }
33  /*
34   * formatTime(i)
35   */
36  function formatTime(i) {
37      if(i < 10)
38          i = "0" + i;
39      return i
40  }
41  /*
42   * formatDay(day)
43   */
44  function formatDay(day) {
45      var weekday;
46      switch(day) {
47          case 0:
48              weekday = "日";
49              break;
50          case 1:
51              weekday = "一";
52              break;
53          case 2:
54              weekday = "二";
55              break;
……///此处省略12行代码
68          default:
```

```
69              weekday = "";
70              break;
71      }
72      return weekday;
73 }
```

关于【代码 6-26】的分析如下：

第 04 行代码定义了一组全局变量，用于保存日期和时间；

第 05 行代码定义了一个布尔型全局变量（bInitDate），并初始化为"true"，功能是作为一个开关标记来使用；

第 06 行代码定义了一组字符串全局变量，用于保存自定义格式化后的日期和时间；

第 10～32 行代码是对"onload"事件处理方法"initDate()"的实现；

其中，第 11 行代码通过"new"运算符初始化一个 Date 对象，并保存在全局变量 d 中；

第 12 行代码直接将 Date 对象（d）的内容显示在时钟界面的元素（id='id-current-fulldate'）中，这里 Date 对象（d）的内容是中国标准时间格式；

第 13～30 行代码通过 if 条件语句判断全局变量（bInitDate）的布尔值，根据判断结果来选择是显示系统时钟还是自定义时钟。在页面首次加载或每次刷新时，由于全局变量（bInitDate）的布尔值取"true"，所以此时显示的是系统时钟；

第 14～20 行代码通过一组 Date 对象的方法获取了系统时间的年月日和时分秒数据；

第 21 行代码将获取的月数（0～11）转换为实际月数（1～12）；

第 22～23 行代码通过调用"formatTime()"自定义方法，将分钟和秒数转换为两位有效数字格式；

第 24 行代码将日期转换为自定义格式，并保存在全局变量（strDate）中；

第 25 行代码通过调用"formatDay()"自定义方法，获取了一周中的星期几数值，并保存在全局变量（strDay）中；

第 26 行代码将日期转换为自定义格式，并保存在全局变量（strTime）中；

第 27～29 行代码将自定义年、月、日是、星期几和时间的内容显示在时钟界面中相对应的元素（id='id-current-date'、id='id-current-day'和 id='id-current-time'）中；

第 31 行代码是这段代码的关键部分，通过调用 setTimeout()方法设置了第一个定时器。其中，第一个参数定义为"'initDate()'方法，相当于一个递归调用；第二个参数为数值 500，表示定时器的时间间隔是 500ms 一次；

第 36～40 行代码是对"formatTime()"自定义方法的实现；

第 44～73 行代码是对"formatDay()"自定义方法的实现。

下面先运行测试【代码 6-26】定义的 HTML 网页，初始效果如图 6.24 所示。虚线下划线中显示的是"中国标准时间"时钟，椭圆框内显示的是自定义格式化后的时间，二者是完全对应的。时钟界面的下半部分，就是用于设置自定义时钟的操作界面（见【代码 6-25】），这里使用了<input type="number">标签元素来实现。

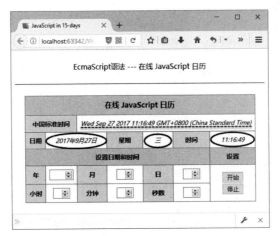

图 6.24　在线 JavaScript 时钟（1）

　　下面，继续看关于自定义时钟的实现代码（详见源代码 ch06 目录中 jsClock\js\clock.js
文件）：

【代码 6-27】

```
01  /**
02   * declare gloabal variable.
03   */
04  var bStartDate = true;
05  var x, n;
06  var startTimeout;
07  /*
08   * on_start_ymdhms_click()
09   */
10  function on_start_ymdhms_click() {
11      bInitDate = false;
12      bStartDate = true;
13      startNewDate();
14  }
15  /*
16   * on_stop_ymdhms_click()
17   */
18  function on_stop_ymdhms_click() {
19      // TODO: stop startTimeout
20      clearTimeout(startTimeout);
21  }
22  /*
23   * startNewDate()
```

```
24    */
25  function startNewDate() {
26      var yy, mm, dd, h, m, s;
27      var newYear, newMonth, newDate, newday, newHour, newMinute, newSecond;
28      var newStrDate, newStrDay, newStrTime;
29      newD = new Date();
30      if(bStartDate) {
31          yy = document.getElementById("id-set-year").value;
32          mm = document.getElementById("id-set-month").value - 1;
33          dd = document.getElementById("id-set-date").value;
34          h = document.getElementById("id-set-hour").value;
35          m = document.getElementById("id-set-minute").value;
36          s = document.getElementById("id-set-second").value;
37          newD.setFullYear(yy, mm, dd);    // TODO: set full year
38          newD.setHours(h, m, s);     // TODO: set time
39          x = d - newD;
40          bStartDate = false;
41      }
42      n = new Date();
43      newD.setTime(n - x);
44      newYear = newD.getFullYear();    // TODO: get year
45      newMonth = newD.getMonth();        // TODO: get month
46      newDate = newD.getDate();        // TODO: get date
47      newday = newD.getDay();        // TODO: get day
48      newHour = newD.getHours();        // TODO: get hour
49      newMinute = newD.getMinutes();    // TODO: get minute
50      newSecond = newD.getSeconds();    // TODO: get second
51      newMonth += 1;
52      newMinute = formatTime(newMinute);
53      newSecond = formatTime(newSecond);
54      newStrDate = newYear + "年" + newMonth + "月" + newDate + "日";
55      newStrDay = formatDay(newday);
56      newStrTime = newHour + ":" + newMinute + ":" + newSecond;
57      document.getElementById('id-current-date').innerHTML = newStrDate;
58      document.getElementById('id-current-day').innerHTML = newStrDay;
59      document.getElementById('id-current-time').innerHTML = newStrTime;
60      startTimeout = setTimeout('startNewDate()', 500);
61  }
```

关于【代码 6-27】的分析如下：

第 04 行代码定义了一个布尔型全局变量（bStartDate），并初始化为"true"，功能是作为一个开关标记来使用；

第 05 行代码定义了两个全局变量，其中变量"n"用于保存系统时间与自定义时间的差值；

第 06 行代码定义了一个全局变量，用于保存定时器的 id 值；

第 10～14 行代码是对【代码 6-25】中第 52 行代码定义的"onclick"事件处理方法（"on_start_ymdhms_click();"）的实现；

第 11 行代码将全局变量（bInitDate）的布尔值设置为"false"，表示将显示自定义时钟；

第 12 行代码将全局变量（bStartDate）的布尔值设置为"true"，表示将执行获取时钟界面中用户设置的日期和时间的操作；

第 13 行代码通过调用"startNewDate()"方法开始启动自定义时钟；

第 25～61 行代码是对"startNewDate()"自定义方法的实现；

第 26～28 行代码定义了几组局部变量，用于保存日期和时间数据；

第 30～41 行通过 if 条件语句判断全局变量（bStartDate）的布尔值，如果为"true"则会通过第 31～36 行代码获取用户设置的日期和时间参数；而如果为"false"表示自定义时钟在持续运行状态，不执行第 31～40 行代码；

第 39 行代码获取系统时间与用户自定义时间的差值，并保存在全局变量（x）中。该差值是自定义时钟运行的关键数据，后面我们会看到自定义时钟其实是通过定时器来运行的，就是通过这个差值来计算自定义时间的；

第 40 行代码通过将布尔型全局变量（bStartDate）设置为"false"，来实现关闭该开关标记的操作；

第 42 行代码通过"new"运算符初始化一个 Date 对象，并保存在全局变量 n 中；

第 43 行代码通过调用 setTime()方法设置了自定义时钟；

第 44～59 行代码与【代码 6-26】中定义的"initDate()"方法类似，用于将自定义日期和时间显示在时钟界面中；

第 60 行代码是这段代码的关键部分，通过调用 setTimeout()方法设置了第二个定时器。其中，第一个参数为"'startNewDate()"方法，相当于一个递归调用；第二个参数为数值 500，表示定时器的时间间隔是 500ms 一次。另外，setTimeout()方法的返回值保存在全局变量（startTimeout）中，相当于定时器的 id 值；

第 18～21 行代码是对【代码 6-25】中第 53 行代码定义的"onclick"事件处理方法（"on_stop_ymdhms_click();"）的实现。其中，第 20 行代码通过调用 clearTimeout(startTimeout)方法来关闭第二个定时器，参数"startTimeout"定义为第二个定时器的 id 值（startTimeout）；

下面运行测试【代码 6-27】定义的 HTML 网页，并在时钟界面中设置一些自定义日期和时间，效果如图 6.25 所示。椭圆框内显示的是用户自定义的日期和时间，然后点击右侧的"开始"按钮，启动自定义时钟，效果如图 6.26 所示。

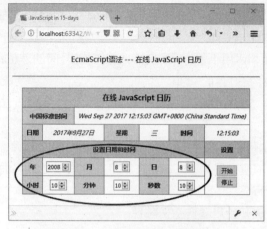

图 6.25　在线 JavaScript 时钟（2）

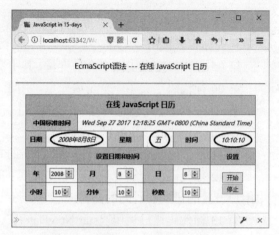

图 6.26　在线 JavaScript 时钟（3）

　　椭圆框内显示的是用户自定义时钟，自定义时钟的运行效果如图 6.27 所示。椭圆框内显示的时间是变化的，如果我们尝试点击右侧的"停止"按钮，自定义时钟会停止在点击时的时间点上。

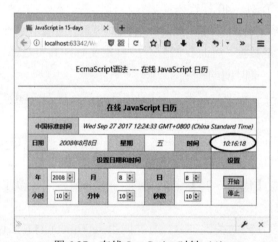

图 6.27　在线 JavaScript 时钟（4）

　　以上就是在线 JavaScript 时钟的实现过程，使用到 Date 对象的大部分方法，还应用了 JavaScript 定时器等技术。希望这个实战应用能够帮助读者进一步掌握 ECMAScript 对象的使用方法与应用技巧。

6.8　本章小结

　　本章主要介绍 ECMAScript 语法规范中关于对象的知识，包括 ECMAScript 对象基础、对象应用和对象类型等方面的内容，并通过一些具体示例进行了讲解。在下一章节中，还将继续介绍 ECMAScript 对象中非常重要的正则表达式方面的内容与应用。

第 7 章

ECMAScript 正则表达式

本章将向读者介绍 ECMAScript 正则表达式相关的内容。在 ECMAScript 语法规范中，正则表达式是以一个 RegExp 对象存在的，也就是说在 ECMAScript 语法中，是将正则表达式按照对象模式设计的。正则表达式是 ECMAScript 语法规范中很重要的一部分内容，合理地使用 RegExp 对象可以实现许多复杂的功能。

7.1 正则表达式基础

7.1.1 什么是正则表达式

正则表达式（Regular Expression）主要用来查询、检索或替换所有符合某个模式（规则）的文本。因此，正则表达式其实就是一种文本模式，这种模式用于描述在搜索文本时要匹配的一个或多个字符串。

一般来讲，正则表达式是由普通字符（a~z，A~Z 等）、数字（0~9）以及一些特殊字符（"\"，"|"，"*"，"^"，"$"，"?"和"!"等）组合而成的一种逻辑公式，其表示具有一定规则的字符串，并通过规则来达到过滤文本的目的。

在计算机编程领域中，正则表达式已经被绝大多数高级程序设计语言（比如 C、Java、PHP、Perl 和 JavaScript 等）所采纳。由于正则表达式在程序设计中的重要性，很多高级程序设计语言专门为正则表达式功能实现了开发库，将每项具体功能整合在一起，极大地方便了程序员的测试和调用。而在 ECMAScript 语法规范中，正则表达式是以一个 RegExp 对象来实现的。

7.1.2 RegExp 对象语法

在 ECMAScript 语法规范中，为 RegExp 对象的使用定义了具体规则。如果要使用正则表达式，首先要定义一个 RegExp 对象。

● 通过 new 运算符定义 RegExp 对象

```
var regExp = new RegExp(pattern, attributes);
```

其中，变量（regExp）保存了 RegExp()构造方法的返回值，表示一个 RegExp 对象。参数（pattern）表示模式（正则表达式模式或具体正则表达式），都当使用该 RegExp 对象在字符串中检索时，该参数（pattern）为参数（attributes）表示一个可选的属性值（"g"、"i"和"m"），这三个属性值分别表示指定全局匹配、区分大小写的匹配和多行匹配三种方式。另外，参数（attributes）是 ECMAScript 标准化之后的产物，标准化之前是不支持"m"属性的。而如果参数（pattern）是正则表达式，而不是字符串，则必须省略该参数（attributes）。

● 不通过 new 运算符定义 RegExp 对象

```
var regExp = RegExp(pattern, attributes);
```

如果不使用 new 运算符，而将 RegExp()作为函数调用，那么该方式与使用 new 运算符定义 RegExp 的方式是一样的。不过需要注意的是，当参数（pattern）是正则表达式时，函数只返回模式（pattern），而不会创建一个新的 RegExp 对象。

● 直接量

ECMAScript 规范还支持使用直接量来定义模式字符串，具体格式如下：

```
/pattern/attributes
```

其中，参数（pattern 和 attributes）的含义与使用 RegExp 对象定义模式字符串时参数的含义是一样的。

● 异常处理

如果参数（pattern）是不合法的正则表达式，或者参数（attributes）不是"g"、"i"和"m"这三个合法字符，就会抛出异常。而如果参数（pattern）是合法的 RegExp 对象，但却没有省略参数（attributes），也会抛出异常。因此，设计人员在使用正则表达式时需要注意这两点，避免出现错误。

7.1.3　RegExp 对象模式

ECMAScript 语法规范为 RegExp 对象的使用制定了具体的规则方法，包括 RegExp 对象的属性和方法、方括号、元字符、量词和修饰符等。下面，我们就具体介绍一下 RegExp 对象的规则方法。

● RegExp 对象方法

ECMAScript 语法规范为 RegExp 对象一共定义了三个主要方法，具体见表 7-1。

表 7-1　RegExp 对象方法

方法名称	描述	返回值	示例
test	检索字符串中指定的值	true 或 false	regExp.test(pattern)
exec	检索字符串中指定的值	返回检索到的值及其位置	regExp exec(pattern)
compile	编译正则表达式		regExp.compile (pattern)

● RegExp 对象修饰符标记

ECMAScript 语法规范为 RegExp 对象定义了三个修饰符标记，用于匹配检索模式，具体见表 7-2。

表 7-2　RegExp 对象修饰符标记

修饰符标记名称	描述
g	执行全局匹配（查找所有匹配而非在找到第一个匹配后停止）
i	执行对大小写不敏感的匹配
m	执行多行匹配

● RegExp 对象属性

ECMAScript 语法规范为 RegExp 对象定义了一组属性，具体见表 7-3。

表 7-3　RegExp 对象属性

属性名称	描述
global	检查 RegExp 对象是否具有修饰符标记"g"
ignoreCase	检查 RegExp 对象是否具有修饰符标记"i"
multiline	检查 RegExp 对象是否具有修饰符标记"m"
lastIndex	表示下一次匹配的字符起始位置（整数数值）
source	正则表达式的源文本

● 方括号

在 ECMAScript 规范的 RegExp 对象中，方括号"[]"用于查找某个范围内的字符，具体见表 7-4。

表 7-4　RegExp 对象方括号表达式

表达式	描述
[abc]	检索方括号集合之内的任何字符
[^abc]	检索任何不在方括号集合之内的字符
[0-9]	查找任何从 0 至 9 的数字
[a-z]	查找任何从小写 a 到小写 z 的字符
[A-Z]	查找任何从大写 A 到大写 Z 的字符
[A-z]	查找任何从大写 A 到小写 z 的字符（依据 ASCII 编码的顺序）

● 元字符

在 ECMAScript 规范的 RegExp 对象中，元字符用于查找具有特殊含义的字符，具体见表 7-5。

表 7-5　RegExp 对象元字符

表达式	描述
\w	查找单词字符（具体就是字母、数字或下划线）
\W	查找非单词字符（与\w 相对应）
\d	查找数字
\D	查找非数字字符（与\d 相对应）
\s	查找空白字符
\S	查找非空白字符（与\s 相对应）
\b	匹配单词边界
\B	匹配非单词边界（与\b 相对应）
.	小数点符号用于查找单个字符（除换行符和行结束符外）
\n	查找换行符
\r	查找回车符
\t	查找制表符
\xxx	查找以八进制数 xxx 规定的字符
\xdd	查找以十六进制数 dd 规定的字符
\uxxxx	查找以十六进制数 xxxx 规定的 Unicode 字符

备注：正则表达式里"单词"的含义就是连续不少于 1 个的"\w"，而非传统意义的英文单词。

● 量词

在 ECMAScript 规范的 RegExp 对象中，量词用于查找具有重复定义的字符，具体见表 7-6。

表 7-6　RegExp 对象量词

表达式	描述
*	重复零次或更多次
+	重复一次或更多次
?	重复零次或一次
{n}	重复 n 次
{n,}	重复 n 次或更多次
{n,m}	重复 n 到 m 次
^	匹配字符串的开始
$	匹配字符串的结束

● 分组

在 ECMAScript 规范的 RegExp 对象中，分组通过小括号"(…)"来定义，可以实现对一组多个字符重复次数的查找。

● 分枝

在 ECMAScript 规范的 RegExp 对象中，分枝通过符号"|"来定义。具体来讲，分枝就是在同时存在几种规则的情况下，只要能满足其中任意一种规则都表示匹配成功，从逻辑上讲分枝与"或"关系是一致的。

7.2 RegExp 对象方法

本节介绍如何使用正则表达式 RegExp 对象的方法，具体包括：test()、exec()和 compile()这三个方法的使用技巧。

7.2.1　test 方法

在前一小节中介绍 test()方法用于检测一个字符串是否匹配某个模式，该方法会根据检索结果返回一个布尔值。下面就是一个使用 test()方法的简单代码示例（详见源代码 ch07 目录中 ch07-js-regexp-test.html 文件）。

【代码 7-1】

```
01  <script type="text/javascript">
02      var strTxt = "Hello EcmaScript!";
03      console.log("Searched Txt : Hello EcmaScript!");
04      var regExp01 = new RegExp("EcmaScript");
05      var result01 = regExp01.test(strTxt);
06      console.log("test 'EcmaScript' return : " + result01);
07      var regExp02 = new RegExp("ecmascript");
08      var result02 = regExp02.test(strTxt);
09      console.log("test 'ecmascript' return : " + result02);
10      var regExp03 = new RegExp(" ");
11      var result03 = regExp03.test(strTxt);
12      console.log("test blank return : " + result03);
13  </script>
```

关于【代码 7-1】的分析如下：

第 02 行代码定义了一个字符串变量（strTxt），并初始化为"Hello ECMAScript!"，用作被检索的字符串；

第 04 行代码通过"new"关键字创建 RegExp 对象的第一个实例（regExp01），模式参数定义为字符串"ECMAScript"；

第 05 行代码使用 test()方法判断第 04 行代码定义的模式字符串"ECMAScript"能否在第 02 行代码定义的字符串变量（strTxt）中检索出来，检查结果为返回值保存在变量（result01）中；

第 07 行代码通过"new"关键字创建 RegExp 对象的第二个实例（regExp02），模式参数定义为字符串"ecmascript"，注意这里将大写字母换成了小写字母；

第 08 行代码使用 test()方法判断第 07 行代码定义的模式字符串"ecmascript"能否在第 02 行代码定义的字符串变量（strTxt）中检索出来，检查结果的返回值保存在变量（result02）中；

第 10 行代码通过"new"关键字创建了 RegExp 对象的第三个实例（regExp03），模式参数定义为空格" "字符串；

第 11 行代码使用 test()方法判断第 10 行代码定义的模式字符串（空格）能否在第 02 行代码定义的字符串变量（strTxt）中检索出来，检查结果的返回值保存在变量（result03）中。

运行测试【代码 7-1】所定义的 HTML 页面，并使用调试器查看控制台输出的调试信息，页面效果如图 7.1 所示。

图 7.1　RegExp 对象 test 方法

从第 06 行代码输出的结果来看，第 04 行代码定义的模式字符串"ECMAScript"被成功检索到，返回结果为"true"；

从第 09 行代码输出的结果来看，第 07 行代码定义的模式字符串"ecmascript"没有被检索到，返回结果为"false"。这说明使用 RegExp 对象的 test()方法检索时，默认是区分字母大小写的；

从第 12 行代码输出的结果来看，第 10 行代码定义的模式字符串"空格"同样被成功检索到，返回结果为"true"。这说明 RegExp 对象是将空格当作字符串来处理的，这样设计无疑是合理的，因为像空格这样的特殊字符在文本中也是经常会用到的。

7.2.2　exec 方法

这里要介绍的 exec()方法与 test()方法类似，同样是用于检测一个字符串是否匹配某个模式。二者的区别主要是返回值不同，test()方法的返回值为布尔值，而 exec()方法的返回值为检索到的内容。

下面是一个使用 exec()方法的代码示例（详见源代码 ch07 目录中 ch07-js-regexp-exec.html 文件），这段代码是在【代码 7-1】的基础上稍加修改而完成的。

【代码 7-2】

```
01  <script type="text/javascript">
02      var strTxt = "Hello EcmaScript!";
03      console.log("Searched Txt : Hello EcmaScript!");
04      var regExp01 = new RegExp("EcmaScript");
05      var result01 = regExp01.exec(strTxt);
06      console.log("exec 'EcmaScript' return : " + result01);
07      var regExp02 = new RegExp("ecmascript");
08      var result02 = regExp02.exec(strTxt);
09      console.log("exec 'ecmascript' return : " + result02);
10      var regExp03 = new RegExp("e");
11      var result03 = regExp03.exec(strTxt);
12      console.log("exec 'e' return : " + result03);
13  </script>
```

关于【代码 7-2】的分析如下：

第 04 行代码通过"new"关键字创建了 RegExp 对象的第一个实例（regExp01），模式参数定义为字符串"ECMAScript"；

第 07 行代码通过"new"关键字创建了 RegExp 对象的第二个实例（regExp02），模式参数定义为字符串"ecmascript"，注意这里将大写字母换成了小写字母；

第 10 行代码通过"new"关键字创建了 RegExp 对象的第三个实例（regExp03），模式参数定义为字母"e"的字符串。

页面效果如图 7.2 所示。从第 09 行代码输出的结果来看，第 07 行代码定义的模式字符串"ecmascript"没有被检索到，返回值为空对象"null"。这说明 RegExp 对象的 exec()方法与 test()方法一样，检索时默认是区分字母大小写的。

图 7.2　RegExp 对象 exec 方法

7.2.3　compile 方法

最后介绍一下 compile()方法，该方法用于在脚本执行过程中编译正则表达式，也可以用于改变和重新编译正则表达式。这个方法可能不如前两个方法那么常用，但也是一个非常重要的 RegExp 对象方法。

下面是一个使用 compile() 方法的代码示例（详见源代码 ch07 目录中 ch07-js-regexp-compile.html 文件）。

【代码 7-3】

```
01    <script type="text/javascript">
02        var strTxt = "Hello EcmaScript!";
03        console.log("Searched Txt : Hello EcmaScript!");
04        var regExp01 = new RegExp("EcmaScript");
05        var result01 = regExp01.test(strTxt);
06        console.log("test 'EcmaScript' return : " + result01);
07        regExp01.compile("ecmascript");
08        console.log("compile 'EcmaScript' changes to 'ecmascript'.");
09        var result02 = regExp01.test(strTxt);
10        console.log("test 'ecmascript' return : " + result02);
11    </script>
```

关于【代码 7-3】的分析如下：

第 07 行代码中对变量（regExp01）使用 compile()方法，并将参数定义为字符串"ecmascript"，即重新定义了模式字符串，将大写字母换成了小写字母；

第 09 行代码再次使用 test()方法检索第 07 行代码中重新定义的模式字符串"ecmascript"是否包含在第 02 行代码定义的字符串变量（strTxt）中，并将检索结果的返回值保存在变量（result02）中。

页面效果如图 7.3 所示。从第 10 行代码输出的结果来看，第 07 行代码重新定义的模式字符串"ecmascript"没有被检索到，返回结果为"false"。这说明第 07 行代码中重新定义的模式字符串被 compile()方法编译成功，导致第 09 行代码中再次使用 test()方法检索时没有搜到字符串"ecmascript"。

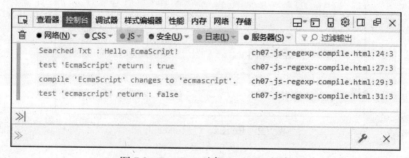

图 7.3　RegExp 对象 compile 方法

7.3　RegExp 对象修饰符标记

本节介绍如何使用正则表达式 RegExp 对象的修饰符标记，主要包括 g 和 i 这两个修饰符标记的使用技巧。

7.3.1　"g" 修饰符标记

如前文中所介绍的，"g" 修饰符标记用于定义正则表达式对象是否执行全局检索。下面是一个使用 "g" 修饰符标记的简单代码示例（详见源代码 ch07 目录中 ch07-js-regexp-g.html 文件）。

【代码 7-4】

```
01    <script type="text/javascript">
02        var strTxt = "EcmaScript EcmaScript EcmaScript";
03        console.log("Searched Txt : EcmaScript EcmaScript EcmaScript");
04        var regExp = /Ecma/;
05        for (var i = 0; i < 3; i++) {
06            var result = regExp.exec(strTxt);
07            console.log("exec /Ecma/ return : " + result + " at " +
regExp.lastIndex);
08        }
09        var regExp_g = /Ecma/g;
10        for (var j = 0; j < 3; j++) {
11            var result_g = regExp_g.exec(strTxt);
12            console.log("exec /Ecma/g return : " + result_g + " at " +
regExp_g.lastIndex);
13        }
14    </script>
```

关于【代码 7-4】的分析如下：

第 05～08 行代码通过一个 for 循环语句，使用 exec()方法检索第 04 行代码定义的模式字符串（/Ecma/）是否包含在第 02 行代码定义的字符串变量（strTxt）中，并将检索结果的返回值保存在变量（result）中。其中，第 07 行代码使用 RegExp 对象的 "lastIndex" 属性获取下一次检索位置的整数值，该属性会在后面的内容中详细介绍。

第 10～13 行代码再次通过一个 for 循环语句，使用 exec()方法检索第 09 行代码定义的模式字符串（/Ecma/g）是否包含在第 02 行代码定义的字符串变量（strTxt）中，并将检索结果的返回值保存在变量（result_g）中。其中，第 12 行代码再次使用了 RegExp 对象的 "lastIndex" 属性获取下一次检索位置的整数值。

页面效果如图 7.4 所示。从第 12 行代码输出的结果来看，第 09 行代码定义的模式字符串

（/Ecma/g）被成功检索到了，返回值为"Ecma"。且三次调用时所返回的位置值均不同（如图 7.4 的箭头所示：4、15 和 26），说明每次执行完第 11 行代码的 exec()方法后，下一次检索的位置是按照顺序计算的。由此可见，第 09 行代码定义的"g"修饰符标记起到了作用。

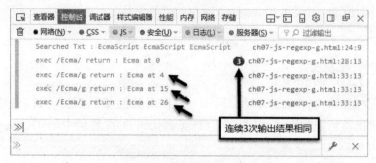

图 7.4　RegExp 对象"g"修饰符标记

7.3.2　"i"修饰符标记

如前文中所介绍的，"i"修饰符标记用于定义正则表达式对象执行大小写不敏感的检索。下面是一个使用"i"修饰符标记的简单代码示例（详见源代码 ch07 目录中 ch07-js-regexp-i.html 文件）。

【代码 7-5】

```
01    <script type="text/javascript">
02        var strTxt = "Hello EcmaScript!";
03        console.log("Searched Txt : Hello EcmaScript!");
04        var regExp = /E/;
05        var result = regExp.exec(strTxt);
06        console.log("exec /E/ return : " + result);
07        var regExp_i = /E/i;
08        var result_i = regExp_i.exec(strTxt);
09        console.log("exec /E/i return : " + result_i);
10    </script>
```

关于【代码 7-5】的分析如下：

第 05 行代码使用 exec()方法检索第 04 行代码定义的模式字符串（/E/）是否包含在第 02 行代码定义的字符串变量（strTxt）中，并将检索结果的返回值保存在变量（result）中；

第 08 行代码使用 exec()方法检索第 07 行代码定义的模式字符串（/E/i）是否包含在第 02 行代码定义的字符串变量（strTxt）中，并将检索结果的返回值保存在变量（result_i）中。

页面效果如图 7.5 所示。从第 09 行代码输出的结果来看，第 07 行代码定义的模式字符串（/E/i）被成功检索到了，返回值为"e"。注意检索到的返回值是小写字母"e"，这就说明第 07 行代码定义的"i"修饰符标记起到了作用。

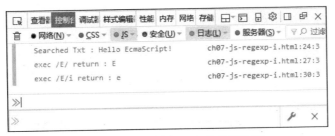

图 7.5 RegExp 对象 "i" 修饰符标记

7.3.3 "g" 和 "i" 修饰符标记组合

"g" 和 "i" 这两个修饰符标记还可以组合在一起使用，用于定义正则表达式对象执行全局且大小写不敏感的检索。下面是一个使用 "g" 和 "i" 组合修饰符标记的简单代码示例（详见源代码 ch07 目录中 ch07-js-regexp-gi.html 文件）。

【代码 7-6】

```
01    <script type="text/javascript">
02        var strTxt = "EcmaScript ecmascript Ecmascript";
03        console.log("Searched Txt : EcmaScript ecmascript Ecmascript");
04        var regExp_gi = /EcmaS/gi;
05        for (var i = 0; i < 3; i++) {
06            var result_gi = regExp_gi.exec(strTxt);
07            console.log("exec /Ecma/gi return : " + result_gi + " at " +
regExp_gi.lastIndex);
08        }
09    </script>
```

关于【代码 7-6】的分析如下：

第 05～08 行代码在 for 循环语句块中使用 exec()方法检索第 04 行代码定义的模式字符串（/EcmaS/gi）是否包含在第 02 行代码定义的字符串变量（strTxt）中，并将检索结果的返回值保存在变量（result_gi）中。其中，第 07 行代码使用 RegExp 对象的 "lastIndex" 属性获取下一次检索位置的整数值；

页面效果如图 7.6 所示。从第 07 行代码输出的结果来看，第 04 行代码定义的模式字符串（/EcmaS/gi）被成功检索到了，且三次调用的返回值均不同（分别为 "EcmaS" "ecmas" 和 "Ecmas"），返回的位置值也均不同（分别为 5、16 和 27）。这就说明每次执行完第 06 行代码的 exec()方法后，下一次检索的位置是按照顺序计算的。由此可见，第 04 行代码定义的 "g" 和 "i" 修饰符标记组合起到了作用。

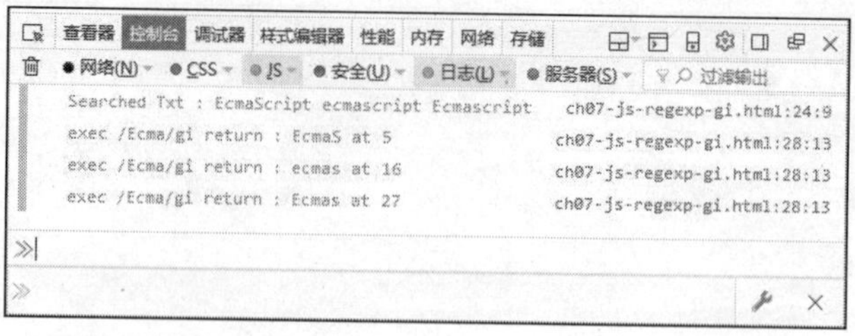

图 7.6 RegExp 对象 "g" 和 "i" 修饰符标记组合

7.4 RegExp 对象属性

本节介绍如何使用正则表达式 RegExp 对象的属性，主要包括 global、ignoreCase、lastIndex 和 source 这几个属性的使用技巧。

7.4.1 global 属性

在前文中我们介绍 "g" 修饰符标记是用于定义正则表达式对象是否执行全局检索。为了配合 "g" 修饰符标记的使用，RegExp 对象提供了一个相应的 "global" 属性用于返回正则表达式是否定义了 "g" 修饰符标记。

下面是一个使用 "global" 属性的代码示例（详见源代码 ch07 目录中 ch07-js-regexp-global.html 文件）。

【代码 7-7】

```
01    <script type="text/javascript">
02        var regExp = /Ecma/;
03        if (regExp.global)
04            console.log("/Ecma/ has a 'g' mark.");
05        else
06            console.log("/Ecma/ has not a 'g' mark.");
07        var regExp_g = /Ecma/g;
08        if (regExp_g.global)
09            console.log("/Ecma/g has a 'g' mark.");
10        else
11            console.log("/Ecma/g has not a 'g' mark.");
12    </script>
```

关于【代码 7-7】的分析如下：

第 02 行代码通过直接量方式定义了 RegExp 对象的第一个实例（regExp），模式参数定义为字符串（/Ecma/）；

第 03～06 行代码在 if…else…条件语句块中，使用 RegExp 对象的 "global" 属性，来判断 RegExp 对象实例（regExp）是否定义了"g"修饰符标记；

第 07 行代码通过直接量方式定义了 RegExp 对象的第二个实例（regExp_g），模式参数定义为字符串（/Ecma/g）。注意，这里添加了"g"修饰符标记；

第 08～11 行代码在 if...else...条件语句块中，使用 RegExp 对象的"global"属性，来判断 RegExp 对象实例（regExp_g）是否定义了"g"修饰符标记。

页面效果如图 7.7 所示。从第 08～11 行代码输出的结果来看，第 09 行代码被执行了这就说明第 08 行代码判断的结果为"true"，恰好符合第 07 行代码定义的模式字符串（定义了"g"修饰符标记）。

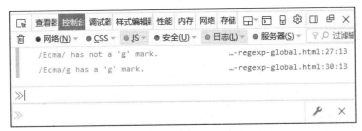

图 7.7　RegExp 对象"global"属性

7.4.2　ignoreCase 属性

在前文中我们介绍到"i"修饰符标记是用于对正则表达式对象执行大小写不敏感的检索。为了配合"i"修饰符标记的使用，RegExp 对象提供了一个相应的"ignoreCase"属性用于返回正则表达式是否定义了"i"修饰符标记。

下面是一个使用"ignoreCase"属性的代码示例（详见源代码 ch07 目录中 ch07-js-regexp-ignoreCase.html 文件）。

【代码 7-8】

```
01    <script type="text/javascript">
02        var regExp = /Ecma/;
03        if (regExp.ignoreCase)
04            console.log("/Ecma/ has a 'i' mark.");
05        else
06            console.log("/Ecma/ has not a 'i' mark.");
07        var regExp_i = /Ecma/i;
08        if (regExp_i.ignoreCase)
09            console.log("/Ecma/i has a 'i' mark.");
10        else
11            console.log("/Ecma/i has not a 'i' mark.");
12    </script>
```

关于【代码 7-8】的分析如下：

第 03～06 行代码在 if...else...条件语句块中，使用 RegExp 对象的"ignoreCase"属性来判断 RegExp 对象实例（regExp）是否定义"i"修饰符标记；

第 08～11 行代码在 if...else...条件语句中，使用 RegExp 对象的"ignoreCase"属性来判断 RegExp 对象实例（regExp_i）是否定义"i"修饰符标记。

页面效果如图 7.8 所示。

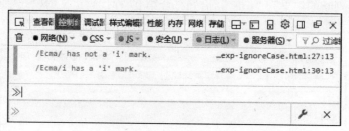

图 7.8　RegExp 对象"ignoreCase"属性

从第 03～06 行代码输出的结果来看，第 06 行代码被执行了。这就说明第 03 行代码判断条件的结果为"false"，也正好符合第 02 行代码定义的模式字符串（未定义"i"修饰符标记）；

从第 08～11 行代码输出的结果来看，第 09 行代码被执行了。这就说明第 08 行代码判断条件的结果为"true"，也正好符合第 07 行代码定义的模式字符串（定义了"i"修饰符标记）。

7.4.3　lastIndex 属性

在前文的代码示例中，我们多次用到 RegExp 对象的"lastIndex"属性，读者大概也理解了该属性的作用。根据官方文档的定义，RegExp 对象的"lastIndex"属性用于规定下次检索匹配的起始位置。关于官方给出的这个定义可能在实际应用中会有些歧义（后面的代码示例中会看到），不过笔者认为不用去纠结这个定义，只要读者能搞清楚"lastIndex"属性的返回值就不会影响此属性的使用。

下面是第一个使用"lastIndex"属性的代码示例（详见源代码 ch07 目录中 ch07-js-regexp-lastIndex-a.html 文件）。

【代码 7-9】

```
01    <script type="text/javascript">
02        var strTxt = "0123456789";
03        console.log("Searched Txt : 0123456789");
04        var regExp = /\d/g;
05        for (var i = 0; i < 11; i++) {
06            var result = regExp.exec(strTxt);
07            console.log("exec /\\d/g return : " + result + " at " +
regExp.lastIndex);
08        }
```

```
09    </script>
```

关于【代码 7-9】的分析如下：

第 02 行代码定义了一个数字字符串变量（strTxt），并初始化为"0123456789"，用作被检索的字符串；

第 04 行代码通过直接量方式定义了 RegExp 对象的一个实例（regExp），模式参数定义为字符串（/\d/g）。其中，模式（\d）是一个元字符，用于表示数字，后文中会详细介绍元字符。同时，这里使用了"g"修饰符标记用于进行全局检索；

第 05～08 行代码在一个 for 循环语句块中，使用 exec()方法检索第 04 行代码定义的模式字符串（/\d/g）是否包含在第 02 行代码定义的字符串变量（strTxt）中，并将检索结果的返回值保存在变量（result）中、其中，第 07 行代码使用了 RegExp 对象的"lastIndex"属性获取下一次检索位置的整数值。注意，数字字符串变量（strTxt）的长度一共是 10 位，而 for 循环语句一共是循环了 11 次，这样定义代码是有用意的，请继续往下看。

页面效果如图 7.9 所示。从第 07 行代码输出的结果来看，"lastIndex"属性值依次进行了累加显示。

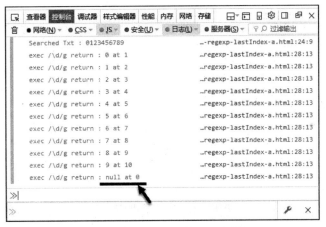

图 7.9　RegExp 对象"lastIndex"属性（1）

如果按照传统字符串（C 语言和 Java 语言）定义的字符位置（从 0 开始计数，一直到长度 length-1）来理解，图 7.9 输出查到 9 次 for 循环前面的结果都没有问题，只不过在检索完最后一位（字符 9）后，位置定位到了数值 10（长度 length 的取值），这与传统字符串的定义有些矛盾。

此时，有读者可能会想，按照"lastIndex"属性的英文字面翻译应该是"最后的索引位置"，如果从数值 1 开始计数，就可以说得通了。但再看图 7.9 中第 11 次循环输出的结果，返回值为"null"，位置定位到数值 0，即初始位；这就说明"lastIndex"属性确实定义的是下一次检索的开始位置。

其实，读者大可不必去纠结"lastIndex"属性的定义，通过这段代码示例清楚"lastIndex"

属性的返回值即可。综上所术，"lastIndex"属性默认值为 0（初始位），表示从第一个字符开始检索；当检索到最后一个字符后，"lastIndex"属性值为字符串的长度值（length）。

下面再看第二个使用"lastIndex"属性的代码示例（详见源代码 ch07 目录中 ch07-js-regexp-lastIndex-b.html 文件）。

【代码 7-10】

```
01  <script type="text/javascript">
02      var strTxt = "1a2b3c";
03      console.log("Searched Txt : 1a2b3c");
04      var regExp = /\d/g;
05      for (var i = 0; i < 6; i++) {
06          var result = regExp.exec(strTxt);
07          console.log("exec /\\d/g return : " + result + " at " +
regExp.lastIndex);
08      }
09  </script>
```

页面效果如图 7.10 所示。

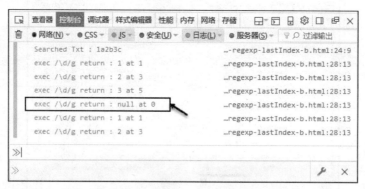

图 7.10　RegExp 对象"lastIndex"属性（2）

从第 07 行代码输出的结果来看，"lastIndex"属性值依次显示的是每次检索到数字后开始位置，而字母全部被过滤掉了，这正符合第 04 行代码定义的模式字符串（/\d/g）格式。

如图 7.10 中箭头方向所示，当检索到字符串末尾后，exec()方法返回值为"null"，同时"lastIndex"属性值重新归零，即初始位数值 0。然后，exec()方法重新从初始位再次开始检索，直到 for 循环结束。

通过这段代码示例可以使读者更加清楚地理解 RegExp 对象方法与"lastIndex"属性的定义，也可以更加清楚"lastIndex"属性的返回值。总结一下，"lastIndex"属性默认值为 0（初始位），表示从第一个字符开始检索，当检索到最后一个字符后，"lastIndex"属性值为字符串的长度值（length）。

最后，看一下第三个使用"lastIndex"属性的代码示例（详见源代码 ch07 目录中 ch07-js-regexp-lastIndex-c.html 文件），这段代码示例演示如何人工设定"lastIndex"属性的值。

【代码 7-11】

```
01    <script type="text/javascript">
02        var strTxt = "0123456789";
03        console.log("Searched Txt : 0123456789");
04        var regExp = /\d/g;
05        var result;
06        for (var i = 0; i < 3; i++) {
07            result = regExp.exec(strTxt);
08            console.log("exec /\\d/g return : " + result + " at " +
regExp.lastIndex);
09        }
10        regExp.lastIndex = 6;
11        for (var j = 0; j < 3; j++) {
12            result = regExp.exec(strTxt);
13            console.log("exec /\\d/g return : " + result + " at " +
regExp.lastIndex);
14        }
15    </script>
```

页面效果如图 7.11 所示。从第 11～14 行代码输出的结果来看，"lastIndex" 属性值仍是依次显示 3 次检索到数字后下一次要检索的开始位置，检索到的初始值为数值 6。这说明第 10 行代码将 "lastIndex" 属性的值重新设定为（6）起到了作用，第二个 for 循环是从新位置（6）开始检索的，直接检索到 6。

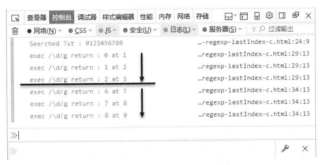

图 7.11　RegExp 对象 "lastIndex" 属性（3）

通过这段代码示例可以看出 RegExp 对象的 "lastIndex" 属性既可以获取也可以人为设定的，该特性在具体项目开发中是非常实用的。

7.4.4　source 属性

RegExp 对象还提供一个非常实用的 "source" 属性，用于返回正则表达式的源文本（不带修饰符标记）。

下面是一个使用 "source" 属性的代码示例（详见源代码 ch07 目录中 ch07-js-regexp-source.html 文件）。

【代码 7-12】

```
01    <script type="text/javascript">
02        var regExp = /EcmaScript/;
03        console.log("/EcmaScript/ source = " + regExp.source);
04        var regExp_g = /EcmaScript/g;
05        console.log("/EcmaScript/g source = " + regExp_g.source);
06        var regExp_i = /EcmaScript/i;
07        console.log("/EcmaScript/i source = " + regExp_i.source);
08        var regExp_gi - /EcmaScript/gi;
09        console.log("/EcmaScript/gi source = " + regExp_gi.source);
10    </script>
```

关于【代码 7-12】的分析如下：

第 02 行代码通过直接量方式定义了 RegExp 对象的第一个实例（regExp），模式参数定义为字符串（/ECMAScript/）；

第 04 行代码通过直接量方式定义了 RegExp 对象的第二个实例（regExp_g），模式参数定义为字符串（/ECMAScript/g）。注意，这里添加了 "g" 修饰符标记；

第 06 行代码通过直接量方式定义了 RegExp 对象的第三个实例（regExp_i），模式参数定义为字符串（/ECMAScript/i）。注意，这里添加了 "i" 修饰符标记；

第 08 行代码通过直接量方式定义了 RegExp 对象的第四个实例（regExp_gi），模式参数定义为字符串（/ECMAScript/gi）。注意，这里同时添加了 "g" 修饰符标记和 "i" 修饰符标记。

页面效果如图 7.12 所示。从第 03 行、第 05 行、第 07 行和第 09 行代码输出的结果来看，无论模式字符串是否定义了修饰符标记，"source" 属性的返回值均为不带修饰符标记的源文本。这一点也是 "source" 属性的特点，读者在使用时需要注意。

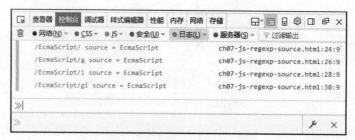

图 7.12　RegExp 对象 "source" 属性

7.5　RegExp 对象模式

本节介绍如何使用正则表达式 RegExp 对象的各种模式，具体包括方括号、元字符、量词和修饰符等语法的使用技巧。

7.5.1　方括号

如 7.1.3 小节中所介绍的，RegExp 对象的方括号模式用于查找某个范围内的字符或数字。下面我们看一个使用方括号模式的代码示例（详见源代码 ch07 目录中 ch07-js-regexp-square-brackets.html 文件）。

【代码 7-13】

```
01  <script type="text/javascript">
02      var strTxt = "Hello EcmaScript!";
03      console.log("Searched Txt : Hello EcmaScript!");
04      var regExp01 = new RegExp("[abc]");
05      var result01 = regExp01.test(strTxt);
06      console.log("test '[abc]' return : " + result01);
07      var regStr01 = /[abc]/;
08      var resultStr01 = regStr01.test(strTxt);
09      console.log("test '/[abc]/' return : " + resultStr01);
10      var regExp02 = new RegExp("[xyz]");
11      var result02 = regExp02.test(strTxt);
12      console.log("test '[xyz]' return : " + result02);
13      var regExpNot02 = new RegExp("[^xyz]");
14      var resultNot02 = regExpNot02.test(strTxt);
15      console.log("test '[^xyz]' return : " + resultNot02);
16      var regExp03 = new RegExp("[A-z]");
17      var result03 = regExp03.test(strTxt);
18      console.log("test '[A-z]' return : " + result03);
19      var strTxt2 = "HelloEcmaScript";
20      console.log("Searched Txt : HellocmaScript");
21      var regExpNot03 = new RegExp("[^A-z]");
22      var resultNot03 = regExpNot03.test(strTxt2);
23      console.log("test '[^A-z]' return : " + resultNot03);
24      var strNum = "31415926";
25      console.log("Searched Txt : 31415926");
26      var regExpNum = new RegExp("[0-9]");
27      var resultNum = regExpNum.test(strNum);
28      console.log("test '[0-9]' return : " + resultNum);
29      var regExpNotNum = new RegExp("[78]");
30      var resultNotNum = regExpNotNum.test(strNum);
31      console.log("test '[78]' return : " + resultNotNum);
32  </script>
```

关于【代码 7-13】的分析如下：

第 04 行代码通过 "new" 关键字创建 RegExp 对象的第一个实例（regExp01），模式参数定义为字符串"[abc]"，表示匹配方括号集合内的任一字符；

第 10 行代码通过"new"关键字创建 RegExp 对象的第二个实例（regExp02），模式参数定义为字符串"[xyz]"，表示匹配方括号集合内的任一字符；

第 13 行代码通过"new"关键字创建 RegExp 对象的第三个实例（regExpNot02），模式参数定义为字符串"[^xyz]"，表示匹配不在方括号集合内的任一字符；

第 16 行代码通过"new"关键字创建 RegExp 对象的第四个实例（regExp03），模式参数定义为字符串"[A-z]"，表示匹配任一英文字母（包括大小写）；

第 21 行代码通过"new"关键字创建 RegExp 对象的第五个实例（regExpNot03），模式参数定义为字符串"[^A-z]"，表示匹配任一非英文字母（包括大小写），这里与第 16 行代码定义的模式字符串正好相反。注意这里使用了符号"^"，表示"非"的关系；

第 26 行代码通过"new"关键字创建了 RegExp 对象的第六个实例（regExpNum），模式参数定义为字符串"[0-9]"，表示匹配任一数字字符；

第 29 行代码通过"new"关键字创建 RegExp 对象的第七个实例（regExpNotNum），模式参数定义为字符串"[78]"，表示匹配"7"和"8"这两个数字中的任一字符。

页面效果如图 7.13 所示。

图 7.13　RegExp 对象方括号模式

7.5.2　元字符

RegExp 对象的元字符用于查找具有特殊含义的字符或数字，在项目应用开发中比较常用。下面我们先看一个使用元字符（\w）的代码示例（详见源代码 ch07 目录中 ch07-js-regexp-metachar-words.html 文件）。

【代码 7-14】

```
01    <script type="text/javascript">
02        var strTxt = "Hi 123!";
03        console.log("Searched Txt : Hi 123!");
04        var regExp = /\w/g;
05        var result;
```

```
06        for (var i = 0; i < 6; i++) {
07            result = regExp.exec(strTxt);
08            console.log("exec /\\w/g return : " + result);
09        }
10    </script>
```

关于【代码 7-14】的分析如下：

第 04 行代码通过直接量方式创建 RegExp 对象的一个实例（regExp），模式参数定义为字符串（/\w/g），表示匹配任意单词字符；

第 06～09 行代码定义了一个 for 循环语句。其中，第 07 行代码使用 exec()方法检索第 04 行代码定义的模式字符串（/\w/g）是否包含在第 02 行代码定义的字符串变量（strTxt）中，并将检索结果的返回值保存在变量（result）中。

页面效果如图 7.14 所示。

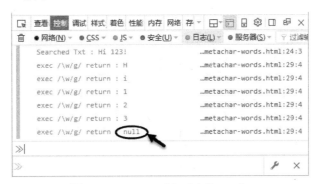

图 7.14　RegExp 对象元字符（\w）

从第 08 行代码输出的结果来看，第 04 行代码定义的模式字符串（/\w/g）依次在字符串变量（strTxt）中检索到了若干个单词字符（"H""i"、"1"、…、"3"），直到最后一个返回值"null"的出现（如图 7.14 箭头所示）。

而返回值"null"的出现是由于检索到标点符号"!"造成的，这就说明元字符（\w）可以检索字符和数字，但对于其他字符（如标点符号等）检索后的返回值就是"null"。这就是元字符（\w）的使用特点，读者千万不要被官方文档中对于"元字符（\w）可以查找'单词'"的解释所迷惑了。

下面再看一个使用元字符（\d）的代码示例（详见源代码 ch07 目录中 ch07-js-regexp-metachar-digital.html 文件），这段代码是在【代码 7-14】的基础上稍加修改而完成的，目的是为更直观地对比元字符（\w）和（\d）用法有什么区别。

【代码 7-15】

```
01    <script type="text/javascript">
02        var strTxt = "Hi 123!";
03        console.log("Searched Txt : Hi 123!");
```

```
04      var regExp = /\d/g;
05      var result;
06      for (var i = 0; i < 4; i++) {
07          result = regExp.exec(strTxt);
08          console.log("exec /\\d/g return : " + result);
09      }
10  </script>
```

页面效果如图 7.15 所示。

从第 08 行代码输出的结果来看，第 04 行代码定义的模式字符串（/\d/g）依次在字符串变量（strTxt）中检索到了若干个数字字符（"1""2""3"），直到最后一个返回值"null"的出现（如图 7.15 箭头所示）。

而返回值"null"的出现是由于检索到标点符号"!"造成的，这就说明元字符（\d）可以检索数字，但不能检索字母字符，而如果是其他字符（如标点符号等）检索后的返回值也是"null"。

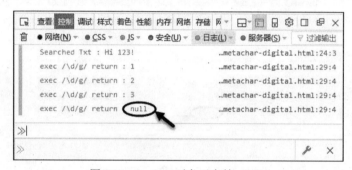

图 7.15　RegExp 对象元字符（\d）

下面我们接着看另一个使用元字符（\s）的代码示例（详见源代码 ch07 目录中 ch07-js-regexp-metachar-space.html 文件），这段代码同样是在【代码 7-14】的基础上稍加修改而完成的。

【代码 7-16】

```
01  <script type="text/javascript">
02      var strTxt = "Hi 123!";
03      console.log("Searched Txt : Hi 123!");
04      var regExp = /\s/g;
05      var result;
06      for (var i = 0; i < 3; i++) {
07          result = regExp.exec(strTxt);
08          console.log("exec /\\w/g return : " + result);
09      }
10  </script>
```

页面效果如图 7.16 所示。

图 7.16　RegExp 对象元字符（\s）

从第 08 行代码输出的结果来看，第 04 行代码定义的模式字符串（/\s/g）在字符串变量（strTxt）中检索到了空白字符，然后是一个返回值"null"出现（如图 7.16 箭头所示），最后又检索到了一个空白字符。

同样，返回值"null"的出现是由于检索到标点符号"!"造成的，这就说明元字符（\s）对于其他字符（如标点符号等）检索后的返回值也是"null"与第一次检索到的。而至于图 7.16 中检索到的第二个空白字符，是 for 循环中第二次检索字符串变量（strTxt）后查找到的同一个空白字符。

下面再看一个使用元字符（\b）的代码示例（详见源代码 ch07 目录中 ch07-js-regexp-metachar-border.html 文件）。

【代码 7-17】

```
01  <script type="text/javascript">
02      var strTxt = "Hi 123!";
03      console.log("Searched Txt : Hi 123!");
04      var regExp = /Hi\b/g;
05      var result;
06      result = regExp.exec(strTxt);
07      console.log("exec /\\b/g return : " + result);
08      var strTxt_b = "Hi123!";
09      console.log("Searched Txt : Hi123!");
10      var regExp_b = /Hi\b/g;
11      var result_b;
12      result_b = regExp_b.exec(strTxt_b);
13      console.log("exec /\\b/g return : " + result_b);
14  </script>
```

页面效果如图 7.17 所示。

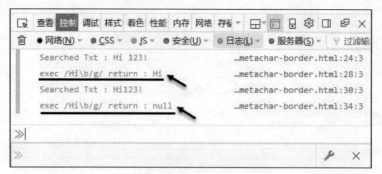

图 7.17　RegExp 对象元字符（\b）

从第 07 行代码输出的结果来看，第 04 行代码定义的模式字符串（/Hi\b/g）在字符串变量（strTxt）中检索到了单词边界，返回值为"Hi"（如图 7.17 第一个箭头所示）；

从第 13 行代码输出的结果来看，第 10 行代码定义的模式字符串（/Hi\b/g）在字符串变量（strTxt_b）中没有检索到单词边界，返回值为"null"（如图 7.17 第二个箭头所示），这是因为定义字符串变量（strTxt_b）时删去了空白字符。

接下来介绍的元字符（.）有些特殊，其可以匹配任意单个字符（除了换行符和行结束符）。我们看一个使用元字符（.）的代码示例（详见源代码 ch07 目录中 ch07-js-regexp-metachar-dot.html 文件）。

【代码 7-18】

```
01   <script type="text/javascript">
02       var strTxt = "Elmo also loops!";
03       console.log("Searched Txt : Elmo also loops!");
04       var regExp = /l.o/g;
05       var result;
06       for (var i = 0; i < 3; i++) {
07           result = regExp.exec(strTxt);
08           console.log("exec /l.o/g return : " + result);
09       }
10       var regExp_d = /E..o/g;
11       var result_d;
12       result_d = regExp_d.exec(strTxt);
13       console.log("exec /E..o/g return : " + result_d);
14   </script>
```

页面效果如图 7.18 所示。

图 7.18　RegExp 对象元字符（.）

从第 08 行代码输出的结果来看，第 04 行代码定义的模式字符串（/l.o/g）在字符串变量（strTxt）中依次检索到三个匹配单词（"lmo" "lso" 和 "loo"，如图 7.18 三个箭头所示）。注意检索到的三个匹配单词中，第一个和第三个字符均为字母 "l" 和 "o"，而第二个字符为任意的；

从第 13 行代码输出的结果来看，第 10 行代码定义的模式字符串（/E..o/g）在字符串变量（strTxt）中检索到了具体单词，返回值为 "Elmo"（如图 7.18 下划线所示）。这就说明元字符（.）可以连续多次使用，一个元字符（.）代表一个字符。

下面再看一个使用十六进制元字符（\xdd）的代码示例（详见源代码 ch07 目录中 ch07-js-regexp-metachar-hex.html 文件）。

【代码 7-19】

```
01  <script type="text/javascript">
02      var strTxt = "ABCabc";
03      console.log("Searched Txt : 'ABCabc'");
04      var regExp_A = /\x41/g;
05      var result_A;
06      result_A = regExp_A.exec(strTxt);
07      console.log("exec /\\x41/g return : " + result_A);
08      var regExp_a = /\x61/g;
09      var result_a;
10      result_a = regExp_a.exec(strTxt);
11      console.log("exec /\\x61/g return : " + result_a);
12      var strNum = "0123456789";
13      console.log("Searched Txt : '0123456789'");
14      var regExp_num = /\x38/g;
15      var result_num;
16      result_num = regExp_num.exec(strNum);
17      console.log("exec /\\x38/g return : " + result_num);
18  </script>
```

页面效果如图 7.19 所示。

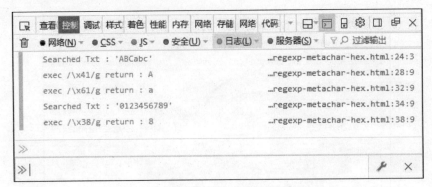

图 7.19　RegExp 对象元字符（十六进制数\xdd）

从第 07 行代码输出的结果来看，第 04 行代码定义的十六进制模式字符串（/\x41/g）在字符串变量（strTxt）中检索到字母字符（大写字母"A"），结果符合预期；

从第 11 行代码输出的结果来看，第 08 行代码定义的十六进制模式字符串（/\x61/g）在字符串变量（strTxt）中检索到字母字符（小写字母"a"），结果同样符合预期；

最后，从第 17 行代码输出的结果来看，第 14 行代码定义的十六进制模式字符串（/\x38/g）在字符串变量（strNum）中检索到数字字符（"8"），结果完全符合预期。

7.5.3　量词

RegExp 对象的量词用于查找具有重复定义的字符或数字，在项目应用开发中也很常用。下面我们先看一个使用量词（*）的代码示例，该量词用于匹配零次或多次重复的字符功数字（详见源代码 ch07 目录中 ch07-js-regexp-quantifier-star.html 文件）。

【代码 7-20】

```
01    <script type="text/javascript">
02        var strTxt = "H Hi Hii Hiii";
03        console.log("Searched Txt : H Hi Hii Hiii");
04        var regExp = /Hi*/g;
05        var result;
06        for (var i = 0; i <= 3; i++) {
07            result = regExp.exec(strTxt);
08            console.log("exec /Hi*/g return : " + result);
09        }
10    </script>
```

关于【代码 7-20】的分析如下：

第 02 行代码定义了一个字符串变量（strTxt），并初始化为"H Hi Hii Hiii"，用作被检索的字符串；

第 04 行代码通过直接量方式创建了 RegExp 对象的一个实例（regExp），模式参数定义为字符串（/Hi*/g），"*"表示匹配零次或多次字符"i"；

第 06~09 行代码定义了一个 for 循环语句。其中，第 07 行代码使用 exec()方法检索第 04 行代码定义的模式字符串（/Hi*/g）是否包含在第 02 行代码定义的字符串变量（strTxt）中，并将检索结果的返回值保存在变量（result）中。

页面效果如图 7.20 所示。从第 08 行代码输出的结果来看，第 04 行代码定义的模式字符串（/Hi*/g）依次在字符串变量（strTxt）中检索到了若干个符合要求的字符串（"H""Hi""Hii"和"Hiii"）。其中，返回值"H"就是匹配了零次字符"i"的结果，这就说明量词（*）可以匹配零次或多次字符"i"。

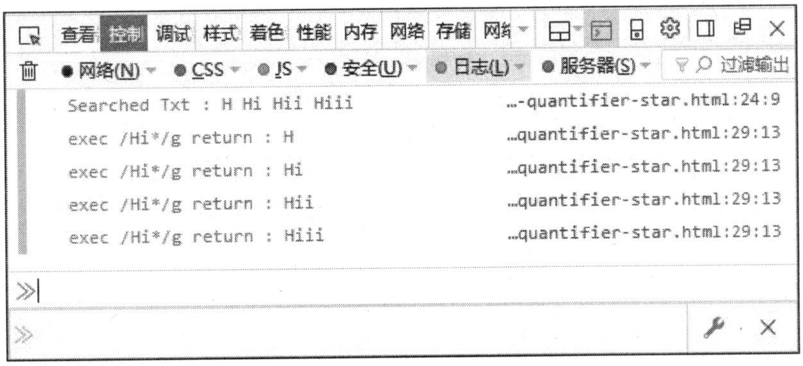

图 7.20　RegExp 对象量词（*）

下面再看一个使用量词（+）的代码示例，该量词用于匹配一次或多次重复的字符或数字（详见源代码 ch07 目录中 ch07-js-regexp-quantifier-plus.html 文件），这段代码是在【代码 7-20】的基础上修改而完成的，这样正好可以对比这两个量词（"+"和"*"）的区别。

【代码 7-21】

```
01    <script type="text/javascript">
02        var strTxt = "H Hi Hii Hiii";
03        console.log("Searched Txt : H Hi Hii Hiii");
04        var regExp = /Hi+/g;
05        var result;
06        for (var i = 0; i < 3; i++) {
07            result = regExp.exec(strTxt);
08            console.log("exec /Hi+/g return : " + result);
09        }
10    </script>
```

页面效果如图 7.21 所示。从第 08 行代码输出的结果来看，第 04 行代码定义的模式字符串（/Hi+/g）依次在字符串变量（strTxt）中检索到了若干个符合要求的字符串（"Hi""Hii"和"Hiii"）。注意，字符"H"并没有被匹配出来，这就说明量词（+）可以匹配一次或多次字符"i"，而且至少是匹配一次。

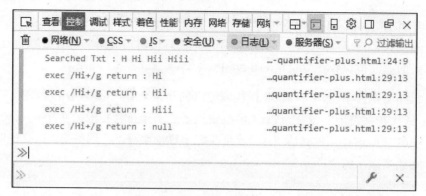

图 7.21　RegExp 对象量词（+）

下面继续看一个使用量词（?）的代码示例，该量词用于匹配零次或一次重复的字符或数字（详见源代码 ch07 目录中 ch07-js-regexp-quantifier-question.html 文件），这段代码同样是在【代码 7-20】和【代码 7-21】的基础上修改而完成的，这样正好也可以对比这三个量词（"?""+"和"*"）的区别。

【代码 7-22】

```
01  <script type="text/javascript">
02      var strTxt = "H Hi Hii Hiii";
03      console.log("Searched Txt : H Hi Hii Hiii");
04      var regExp = /Hi?/g;
05      var result;
06      for (var i = 0; i <= 3; i++) {
07          result = regExp.exec(strTxt);
08          console.log("exec /Hi?/g return : " + result);
09      }
10  </script>
```

页面效果如图 7.22 所示。从第 08 行代码输出的结果来看，第 04 行代码定义的模式字符串（/Hi?/g）依次在字符串变量（strTxt）中检索到了若干个符合要求的字符串（"H"和"Hi"）。注意，字符串"Hi"被连续匹配了三次（图 7.22 中箭头所指），但字符串"Hii"和"Hiii"并没有被匹配出来，这也是与量词"*"和"+"的区别，同时也说明量词（?）可以匹配零次或一次字符"i"。

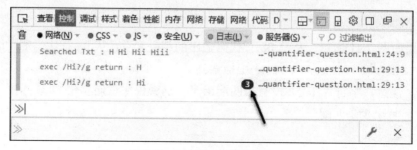

图 7.22　RegExp 对象量词（?）

下面继续看一个使用指定固定的次数量词（{X}、{X,Y}和{X,}，）的代码示例，这三个量词分别用于匹配字符或数字重复出现的指定固定次数（详见源代码 ch07 目录中 ch07-js-regexp-quantifier-xy.html 文件）。

【代码 7-23】

```
01  <script type="text/javascript">
02      var strNum = "8 88 888 8888 88888";
03      console.log("Searched Txt : 8 88 888 8888 88888");
04      var regExp_1 = /8{1}/g;
05      var result_1;
06      for (var i = 0; i < 5; i++) {
07          result_1 = regExp_1.exec(strNum);
08          console.log("exec /8{1}/g return : " + result_1);
09      }
10      var regExp_3 = /8{3}/g;
11      var result_3;
12      for (var i = 0; i < 3; i++) {
13          result_3 = regExp_3.exec(strNum);
14          console.log("exec /8{3}/g return : " + result_3);
15      }
16      var regExp_2_4 = /8{2,4}/g;
17      var result_2_4;
18      for (var i = 0; i < 3; i++) {
19          result_2_4 = regExp_2_4.exec(strNum);
20          console.log("exec /8{2,4}/g return : " + result_2_4);
21      }
22      var regExp_2_ = /8{2,}/g;
23      var result_2_;
24      for (var i = 0; i < 4; i++) {
25          result_2_ = regExp_2_.exec(strNum);
26          console.log("exec /8{2,}/g return : " + result_2_);
27      }
28  </script>
```

页面效果如图 7.23 所示。

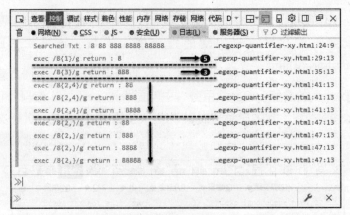

图 7.23　RegExp 对象量词（{X}|{X,Y}|{X,}）

从第 08 行代码输出的结果来看，第 04 行代码定义的模式字符串（/8{1}/g）依次在字符串变量（strNum）中被成功重复检索到 5 次（如图 7.23 中箭头所指），这说明不仅单个数字字符串"8"符合要求，类似的多个数字字符串"88"和"888"也符合要求；

从第 14 行代码输出的结果来看，第 10 行代码定义的模式字符串（/8{3}/g）依次在字符串变量（strNum）中被成功重复检索到 3 次（如图 7.23 中箭头所指）。其实，模式字符串（/8{3}/g）与第 04 行代码定义的模式字符串（/8{1}/g）属于一个类型；

从第 20 行代码输出的结果来看，第 16 行代码定义的模式字符串（/8{2,4}/g）依次在字符串变量（strNum）中被成功检索到 3 次（分别为"88""888"和"8888"）。从检索结果看，完全符合模式字符串（/8{2,4}/g）的定义，就是分别重复 2 次到 4 次数字 8（自然包括重复 3 次了）；

从第 26 行代码输出的结果来看，第 22 行代码定义的模式字符串（/8{2,}/g）依次在字符串变量（strNum）中被成功检索到 4 次（分别为"88""888""8888"和"88888"）。从检索结果看，完全符合模式字符串（/8{2,}/g）的定义，就是分别重复 2 次及 2 次以上数字 8，直到被检索的字符串结尾。

最后，还有一组比较常用的、专门用于匹配字符串开头和结尾的模式量词（^和$），分别用于匹配字符串开头和结尾。下面我们看一个使用这一组量词的代码示例（详见源代码 ch07 目录中 ch07-js-regexp-quantifier-start-end.html 文件）。

【代码 7-24】

```
01    <script type="text/javascript">
02        var strTxt = "Hi Hii Hiii";
03        console.log("Searched Txt : Hi hii hiii");
04        var regExp_start = /^Hi/g;
05        var result_start;
06        result_start = regExp_start.exec(strTxt);
07        console.log("exec /^Hi/g return : " + result_start);
08        var regExp_start_2 = /^Hii/g;
```

```
09          var result_start_2;
10          result_start_2 = regExp_start_2.exec(strTxt);
11          console.log("exec /^Hii/g return : " + result_start_2);
12          var regExp_end_2 = /Hii$/g;
13          var result_end_2;
14          result_end_2 = regExp_end_2.exec(strTxt);
15          console.log("exec /Hii$/g return : " + result_end_2);
16          var regExp_end = /Hiii$/g;
17          var result_end;
18          result_end = regExp_end.exec(strTxt);
19          console.log("exec /Hiii$/g return : " + result_end);
20  </script>
```

页面效果如图 7.24 所示。

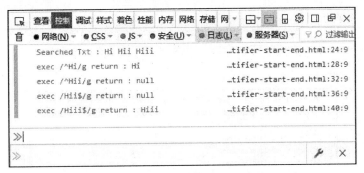

图 7.24　RegExp 对象量词（^和$）

从第 07 行代码输出的结果来看，第 04 行代码定义的模式字符串（/^Hi/g）在字符串变量（strTxt）中被成功检索到了，这说明量词"^"成功匹配字符串变量（strTxt）的开头；

而从第 11 行代码输出的结果来看，第 08 行代码定义的模式字符串（/^Hii/g）在字符串变量（strTxt）中没被检索到（返回值为"null"）。这说明虽然字符串变量（strTxt）中包含"Hii"这个单词，但"Hii"不是字符串变量（strTxt）的开头；

同样，从第 15 行代码输出的结果来看，第 12 行代码定义的模式字符串（/Hii$/g）在字符串变量（strTxt）中也没被检索到（返回值为"null"）。这说明虽然字符串变量（strTxt）中包含"Hii"这个单词，但"Hii"也不是字符串变量（strTxt）的结尾；

最后，从第 19 行代码输出的结果来看，第 16 行代码定义的模式字符串（/Hiii$/g）在字符串变量（strTxt）中被成功检索到了，这说明量词"$"成功匹配字符串变量（strTxt）的结尾。

7.5.4　分组

前面介绍量词可以实现对单个字符重复次数的检索，如果想对多个连续字符（比如：单词和短语）进行重复次数的检索该怎么办呢？答案其实很简单，RegExp 对象为设计人员提供了分组模式（通过小括号"(...)"）来实现该功能。其实正则表达式的分组模式在项目应用开发中很常用，因为大多数场景下都不是针对一个字符进行操作的，而是针对一组字符来进行操作。

下面先看一个使用分组模式的代码示例（详见源代码 ch07 目录中 ch07-js-regexp-grouping-x.html 文件）。

【代码 7-25】

```
01   <script type="text/javascript">
02       var strTxt = "abc-abcabc-abcabcabc";
03       console.log("Searched Txt : abc-abcabc-abcabcabc");
04       var regExp_group_1 = /(abc)/g;
05       var result_group_1;
06       result_group_1 = regExp_group_1.exec(strTxt);
07       console.log("exec /(abc)/g return : " + result_group_1 + " at " +
regExp_group_1.lastIndex);
08       var regExp_group_2 = /(abc){2}/g;
09       var result_group_2;
10       result_group_2 = regExp_group_2.exec(strTxt);
11       console.log("exec /(abc){2}/g return : " + result_group_2 + " at "
+ regExp_group_2.lastIndex);
12       var regExp_group_3 = /(abc){3}/g;
13       var result_group_3;
14       result_group_3 = regExp_group_3.exec(strTxt);
15       console.log("exec /(abc){3}/g return : " + result_group_3 + " at "
+ regExp_group_3.lastIndex);
16   </script>
```

关于【代码 7-25】的分析如下：

第 04 行代码通过直接量方式创建了 RegExp 对象的第一个实例（regExp_group_1），模式参数定义为字符串（/(abc)/g），小括号表示分组模式。注意，这里没有定义重复次数，因此表示默认重复一次；

第 08 行代码通过直接量方式创建了 RegExp 对象的第二个实例（regExp_group_2），模式参数定义为字符串（/(abc){2}/g），小括号表示分组模式。注意，这里定义了重复次数为 2 次，等同于检索模式字符串（"abcabc"）；

第 12 行代码通过直接量方式创建了 RegExp 对象的第三个实例（regExp_group_3），模式参数定义为字符串（/(abc){3}/g），小括号表示分组模式。注意，这里定义了重复次数为 3 次，等同于检索模式字符串（"abcabcabc"）。

页面效果如图 7.25 所示。

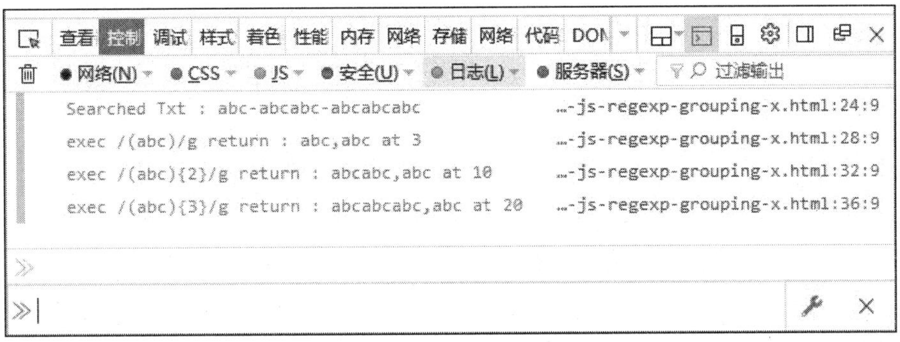

图 7.25　RegExp 对象分组模式（1）

从第 07 行代码输出的结果来看，第 04 行代码定义的模式字符串（/(abc)/g）在字符串变量（strTxt）中被成功检索到了。其中，返回值为 "abc"，"lastIndex" 属性值为 3；

从第 11 行代码输出的结果来看，第 08 行代码定义的模式字符串（/(abc){2}/g）在字符串变量（strTxt）中被成功检索到了。其中，返回值为 "abcabc"，"lastIndex" 属性值为 10；

从第 15 行代码输出的结果来看，第 12 行代码定义的模式字符串（/(abc){3}/g）在字符串变量（strTxt）中被成功检索到了。其中，返回值为 "abcabcabc"，"lastIndex" 属性值为 20。

下面再看一个使用分组模式的代码示例（详见源代码 ch07 目录中 ch07-js-regexp-grouping-xy.html 文件）。

【代码 7-26】

```
01    <script type="text/javascript">
02        var strTxt = "abc-abcabc-abcabcabc";
03        console.log("Searched Txt : abc-abcabc-abcabcabc");
04        var regExp_group_1_2 = /(abc){1,2}/g;
05        var result_group_1_2;
06        for (var i = 0; i < 3; i++) {
07            result_group_1_2 = regExp_group_1_2.exec(strTxt);
08            console.log("exec /(abc){1,2}/g return : " + result_group_1_2 +
" at " + regExp_group_1_2.lastIndex);
09        }
10        var regExp_group_1_3 = /(abc){1,3}/g;
11        var result_group_1_3;
12        for (var j = 0; j < 3; j++) {
13            result_group_1_3 = regExp_group_1_3.exec(strTxt);
14            console.log("exec /(abc){1,3}/g return : " + result_group_1_3 +
" at " + regExp_group_1_3.lastIndex);
15        }
16    </script>
```

页面效果如图 7.26 所示。

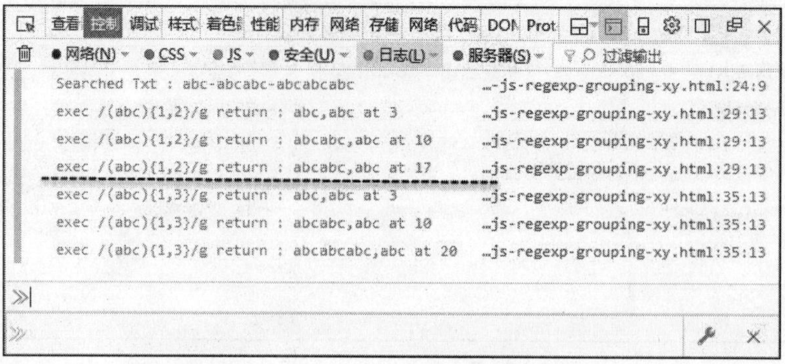

图 7.26　RegExp 对象分组模式（2）

从第 08 行代码输出的结果来看，第 04 行代码定义的模式字符串（/(abc){1,2}/g）依次在字符串变量（strTxt）中被成功检索到了。其中，第一个返回值为 "abc"，"lastIndex" 属性值为 3；第二个和第三个返回值都为 "abcabc"，而 "lastIndex" 属性值分别为 10 和 17；

从第 14 行代码输出的结果来看，第 10 行代码定义的模式字符串（/(abc){1,3}/g）依次在字符串变量（strTxt）中被成功检索到了。其中，第一个返回值为 "abc"，"lastIndex" 属性值为 3；第二个返回值为 "abcabc"，"lastIndex" 属性值为 10；第三个返回值为 "abcabcabc"，"lastIndex" 属性值为 20。

7.5.5　分枝

正则表达式还提供了一种分枝模式，也就是同时有几种规则，如能满足其中任意一种规则都表示匹配成功。RegExp 对象的分枝模式使用符号 "|" 来将几种规则进行分隔，从逻辑上讲与 "或" 关系是一致的。

下面看一个使用分枝模式匹配不同格式生日的简单代码示例（详见源代码 ch07 目录中 ch07-js-regexp-branch.html 文件）。

【代码 7-27】

```
01    <script type="text/javascript">
02        var regExp_date = /\d{4}-\d{1,2}-\d{1,2}|\d{8}/;
03        console.log("RegExp String : /\\d{4}-\\d{1,2}-\\d{1,2}|\\d{8}/");
04        var strDate1 = "2017-9-8";
05        console.log("Searched Date 1 : 2017-9-8");
06        var result_date_1 = regExp_date.test(strDate1);
07        console.log("test date return : " + result_date_1);
08        var strDate2 = "2018-10-8";
09        console.log("Searched Date 2 : 2018-10-8");
10        var result_date_2 = regExp_date.test(strDate2);
11        console.log("test date return : " + result_date_2);
```

```
12        var strDate3 = "2017-9-28";
13        console.log("Searched Date 3 : 2017-9-28");
14        var result_date_3 = regExp_date.test(strDate3);
15        console.log("test date return : " + result_date_3);
16        var strDate4 = "2017-10-08";
17        console.log("Searched Date 4 : 2017-10-08");
18        var result_date_4 = regExp_date.test(strDate4);
19        console.log("test date return : " + result_date_4);
20        var strDate5 = "20170908";
21        console.log("Searched Date 5 : 20170908");
22        var result_date_5 = regExp_date.test(strDate5);
23        console.log("test date return : " + result_date_5);
24    </script>
```

关于【代码 7-27】的分析如下：

这段代码的主要功能是定义一个通用的正则表达式，可以对不同格式（位数和风格）的日期进行查询匹配。

我们知道日期（年月日）可以定义为多种表示格式。例如第 04 行代码定义字符串变量（strDate1），日期格式初始化为 "2017-9-8"；第 08 行代码定义字符串变量（strDate2），日期格式初始化为 "2018-10-8"；第 12 行代码定义字符串变量（strDate3），日期格式初始化为 "2017-9-28"；第 16 行代码定义字符串变量（strDate4），日期格式初始化为 "2017-10-08"；第 20 行代码定义字符串变量（strDate5），日期格式初始化为 "20170908"。以上这几种日期格式都是比较常用的，但这几种格式没有统一的风格，那么如何用正则表达式进行查询匹配呢？

第 02 行代码通过直接量方式创建了 RegExp 对象的一个实例（regExp_date），模式参数定义为字符串（/\d{4}-\d{1,2}-\d{1,2}|\d{8}/），用以匹配代码要定义的几种日期格式。注意到，该模式字符串使用了分枝（|）格式；

第 06 行、第 10 行、第 14 行、第 18 行和第 22 行都使用 test()方法，判断第 02 行代码定义的模式字符串（/\d{4}-\d{1,2}-\d{1,2}|\d{8}/）是否匹配定义的各种格式的生日日期。

页面效果如图 7.27 所示。从第 07 行、第 11 行、第 15 行、第 19 个和第 23 行代码输出的结果来看（返回值都为 true），第 02 行代码定义的模式字符串（/\d{4}-\d{1,2}-\d{1,2}|\d{8}/）可以全部匹配这几种日期格式。其中，分枝（|）模式的使用很关键，因为第 20 行代码定义的日期格式（"20170908"）与前面几种日期格式差别比较大，通过分枝（|）模式就可以很容易地实现匹配。

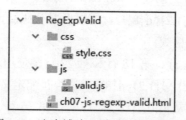

图 7.27　RegExp 对象分枝模式

7.6　开发实战：文本域验证页面

基于本章前面学习到的关于 ECMAScript 正则表达式 RegExp 对象的内容，本节设计实现一个简易的文本域验证页面。希望通过本节内容的学习，可以帮助读者尽快掌握 ECMAScript 中关于 RegExp 对象的使用方法。

可以讲，正则表达式的应用在 Web 项目开发中无处不在。目前，很多前端技术已经把正则表达式作为默认功能嵌入进去。比如，HTML5 新增了很多页面特殊元素（控件），默认带有验证功能，极大地提高了前端设计人员的工作效率。

本实战应用就是使用 RegExp 对象设计一个带有不同类型文本域验证功能的页面。本应用基于 HTML、CSS3 和 JavaScript 等相关技术来实现，具体源码目录结构如图 7.28 所示。

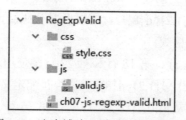

图 7.28　文本域验证页面源码目录结构

如图 7.28 中所示，应用目录名称为"RegExpValid"（详见源代码 ch07 目录下的 RegExpValid 子目录）；HTML 页面文件名称为"ch07-js-regexp-valid.html"；CSS 样式文件放在"css"目录下（css\style.css）；js 脚本文件放在"js"目录下（js\valid.js）。

首先，看一下文本域验证页面的 HTML 代码（详见源代码 ch07 目录中 RegExpValid\ch07-js-regexp-valid.html 文件），其中定义了多个文本域。

【代码 7-28】

```
01  <!doctype html>
02  <html lang="en">
03  <head>
04  <!-- 添加文档头部内容 -->
05  <link rel="stylesheet" type="text/css" href="css/style.css">
06  <script type="text/javascript" src="js/valid.js" charset="gbk"></script>
07  <title>JavaScript in 15-days</title>
08  </head>
09  <body>
10  <!-- 添加文档主体内容 -->
11  <header>
12      <nav>EcmaScript 语法 - 文本域验证页面</nav>
13  </header>
14  <hr>
15  <div id="id-valid">
16      <table>
17          <caption></caption>
18          <tr>
19              <th class="thtitle">名称</th>
20              <th class="thtitle">文本域</th>
21              <th class="thtitle">提示</th>
22          </tr>
23          <tr>
24              <td class="tdtitle">用户 id</td>
25              <td><input type="text" id="id-input-userid" class="input64"
onblur="on_userid_blur(this.id);"></td>
26              <td class="tdtips">用户名 id 由8位数字（可重复）组成</td>
27          </tr>
28          <tr>
29              <td class="tdtitle">用户名(1)</td>
30              <td><input type="text" id="id-input-username-1"
class="input128" onblur="on_username1_blur(this.id);"></td>
31              <td class="tdtips">用户名由6-14个字符（大小写字母或数字）所组成</td>
32          </tr>
33          <tr>
34              <td class="tdtitle">用户名(2)</td>
35              <td><input type="text" id="id-input-username-2"
class="input128" onblur="on_username2_blur(this.id);"></td>
36              <td class="tdtips">由6-14个字符（大小写字母或数字）所组成,且首字符必
须为英文字母</td>
37          </tr>
38          <tr>
39              <td class="tdtitle">用户名(3)</td>
40              <td><input type="text" id="id-input-username-3"
```

267

```
class="input128" onblur="on_username3_blur(this.id);"></td>
    41              <tdclass="tdtips">由6-14个字符(大小写字母、数字、"_"或".")所组成,
且首字符必须为英文字母</td>
    42          </tr>
    43          <tr>
    44              <td class="tdtitle">出生日期</td>
    45              <td><input type="text" id="id-input-birth" class="input128"
onblur="on_birth_blur(this.id);"></td>
    46              <td class="tdtips">出生日期格式：yyyymmdd 或 yyyy-mm-dd</td>
    47          </tr>
    48          <tr>
    49              <td class="tdtitle">QQ 号码</td>
    50              <td><input type="text" id="id-input-qq" class="input128"
onblur="on_qq_blur(this.id);"></td>
    51              <td class="tdtips">QQ 号码：5-12位数字，且首位不为0</td>
    52          </tr>
    53          <tr>
    54              <td class="tdtitle">手机</td>
    55              <td><input type="text" id="id-input-mobile" class="input128"
onblur="on_mobile_blur(this.id);"></td>
    56              <td class="tdtips">手机：13813800000，前两位为数字13</td>
    57          </tr>
    58          <tr>
    59              <td class="tdtitle">固话</td>
    60              <td><input type="text" id="id-input-phone" class="input128"
onblur="on_phone_blur(this.id);"></td>
    61              <td class="tdtips">固话：010-12345678、(010)12345678、
0123-1234567</td>
    62          </tr>
    63          <tr>
    64              <td class="tdtitle">邮箱(com)</td>
    65              <td><input type="text" id="id-input-email" class="input128"
onblur="on_email_blur(this.id);"></td>
    66              <td class="tdtips">邮箱(顶级域名)：email@domain.com</td>
    67          </tr>
    68          <tr>
    69              <td class="tdtitle">邮箱(cn)</td>
    70              <td><input type="text" id="id-input-email-cn"
class="input128" onblur="on_email_cn_blur(this.id);"></td>
    71              <td class="tdtips">邮箱(中文域名)：email@domain(.com).cn</td>
    72          </tr>
    73      </table>
    74  </div>
    75 </body>
```

关于【代码 7-28】的分析如下：

第 05 行代码使用<link href="css/style.css" />标签元素，引用了本应用自定义的 CSS 样式文件；

第 06 行代码使用<script src="js/valid.js" charset="gbk"></script>标签元素，引用了本应用自定义的 js 脚本文件；

第 16～73 行代码通过<table>标签元素定义了界面的表格。在<table>表格中，加入了大量的"class"属性用于装饰表格样式，这些"class"属性是通过 CSS 样式文件（css/style.css）来定义的；

在第 25 行、第 30 行、第 35 行、第 40 行、第 45 行、第 50 行、第 55 行、第 60 行、第 65 行和第 70 行代码中，分别通过<input type="text">标签元素定义了一系列文本输入框，且各自定义了相应的"onblur"事件处理方法。关于"onblur"事件我们会在后面的章节中详细介绍，现在只需要清楚"该事件会在控件元素失去焦点时被触发"即可。

下面运行测试一下【代码 7-28】定义的 HTML 网页，初始效果如图 7.29 所示。页面表格中显示了一组文本域输入框，分别用于输入"用户 id""用户名""出生日期""QQ 号码""手机""固话"和"邮箱"等信息。我们还为这些文本域定义了具体的输入格式（见"提示"栏内容），然后通过正则表达式来进行验证操作。 

图 7.29　文本域验证页面

这里我们以第一个"用户 id"文本域的正则表达式为例进行详解，其验证代码如下（详见源代码 ch07 目录中 RegExpValid\js\valid.js 文件）。

269

【代码 7-29】

```
01  function on_userid_blur(thisid) {
02      var userid = document.getElementById(thisid).value;
03      var regExp_userid = /^\d{8}$/g;
04      var result_userid = regExp_userid.test(userid);
05      if (result_userid) {
06          console.log("userid : " + userid + " is valid.");
07      } else {
08          console.log("userid : " + userid + " is invalid.");
09      }
10  }
```

关于【代码 7-29】的分析如下：

这段代码通过 RegExp 对象实现了"用户 id"（输入格式：8 位数字，数字可重复）的验证方法。

第 03 行代码通过直接量方式创建了 RegExp 对象的一个实例（regExp_userid），模式参数定义为字符串（/^\d{8}$/g）；

第 04 行使用 test()方法来判断第 03 行代码定义的模式字符串（/^\d{8}$/g）是否匹配"用户 id"的输入格式。同时，将返回值（布尔值）保存在变量（result_userid）中；

第 05～09 行代码通过 if 条件语句来判断变量（result_userid）的布尔值，并根据判断结果在浏览器控制台中输出相应的提示信息。

运行测试【代码 7-29】所实现的用户 id 验证功能，初始效果如图 7.30 所示。下划线和箭头中显示的提示信息是"12345678 is valid"，表示在输入一组数字后，只有"12345678"是满足"用户 id"格式要求的。

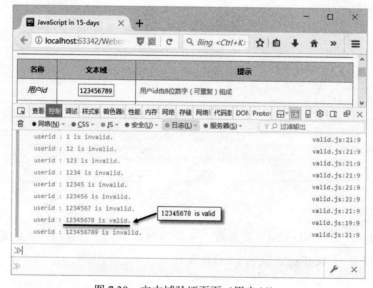

图 7.30　文本域验证页面（用户 id）

其他几个文本域的验证这里我们不再给出，读者可以参考源码。

下面，我们看一下"手机"文本域的正则表达式验证代码（详见源代码 ch07 目录中 RegExpValid\js\valid.js 文件）。

【代码 7-30】

```
01   function on_mobile_blur(thisid) {
02      var mobile = document.getElementById(thisid).value;
03      var regExp_mobile = /^13\d{9}$/g;
04      var result_mobile = regExp_mobile.test(mobile);
05      if (result_mobile) {
06          console.log("Mobile Phone : " + mobile + " is valid.");
07      } else {
08          console.log("Mobile Phone : " + mobile + " is invalid.");
09      }
10   }
```

关于【代码 7-30】的分析如下：

这段代码通过 RegExp 对象实现了"手机"文本域（输入格式：连续 11 位数字，且前两位为数字 13）的验证方法。

第 03 行代码通过直接量方式创建了 RegExp 对象的一个实例（regExp_mobile），模式参数定义为字符串（/^13\d{9}$/g）；

第 04 行使用 test() 方法来判断第 03 行代码定义的模式字符串（/^13\d{9}$/g）是否匹配"手机"的输入格式。同时，将返回值（布尔值）保存在变量（result_mobile）中；

第 05～09 行代码通过 if 条件语句来判断变量（result_mobile）的布尔值，并根据判断结果在浏览器控制台中输出相应的提示信息。

运行测试【代码 7-30】所实现的验证功能，初始效果如图 7.31 所示。当输入数字位数不是 11 位时，显示的提示信息是"invalid"，表示输入格式不合法；当前两个字符不是数字 13 时，显示的提示信息也是"invalid"，表示输入格式不合法；而当输入非数字字符时，显示的提示信息同样是"invalid"，也表示输入格式不合法。

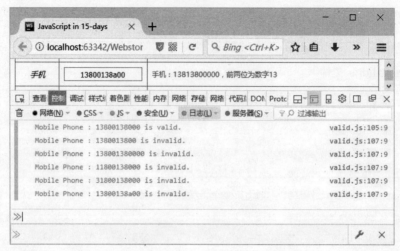

图 7.31 文本域验证页面（手机）

7.7 本章小结

本章主要介绍 ECMAScript 语法规范中关于正则表达式 RegExp 对象的知识，具体包括正则表达式的基础、RegExp 对象方法、RegExp 对象修饰符标记、RegExp 对象属性和 RegExp 对象模式等方面的内容，并通过一些具体示例进行了讲解。在下一章节中，将继续介绍 ECMAScript 面向对象方面的知识。

第 8 章

ECMAScript 面向对象编程

本章将向读者介绍 ECMAScript 语法规范中关于面向对象编程的内容，具体包括面向对象的基础、对象作用域、继承机制以及关于 ECMAScript 6 中面向对象新特性等方面的内容。面向对象编程是 ECMAScript 语法规范中学习难度较大，且也是最能提高设计人员编程技术的部分。

8.1 面向对象基础

8.1.1 什么是"面向对象"

"面向对象编程（OOP）"是时下一个非常时髦的词汇，大家在讨论高级程序设计语言时，大都要提到该程序设计语言是否支持"面向对象"的技术。

那为什么面向对象如此重要呢？那是因为早期的程序设计语言都是"面向过程"的，非常适用于早期的应用程序（代码量小、且可控）。后来，随着应用程序对功能需求的越来越多和对设计难度越来越高，程序的代码量也开始呈几何级的增长，维护起来难度好越来越大，这时"面向过程"的程序设计语言就显得"落后"了。

人类面对困难总是知难而上的，聪明的程序员开始思考如何对代码进行优化、复用和重构，从根本上解决"面向过程"设计理念的不足。于是，"面向对象"的设计理念开始出现，高级程序设计语言也如雨后春笋般，呈现出蓬勃的发展趋势。这里比较有代表性就是 C++语言和 Java 语言，这两种语言也是目前大学的必修课。"面向对象"的设计理念弥补了很多"面向过程"设计理念的不足，从根本上解决代码优化、复用和重构的问题，可以说是计算机软件发展过程中最重要的里程碑。

JavaScript 脚本语言作为后起之秀，自然也在设计理念上保持先进性，因此也实现了 JavaScript 版本的"面向对象"功能。当然，JavaScript 的"面向对象"技术与传统的"面向对象"技术在实现上还是有一定区别的（很多程序员认为 JavaScript 的实现更为先进，这里就不做深究了），但笔者认为有没有区别并不重要，关键是能够实现设计理念就是成功的。

8.1.2 面向对象的特点

一般来讲，面向对象的程序设计语言需要满足以下四种基本功能：

- 封装：能够实现将数据或方法存储在对象中的功能；
- 聚集：能够实现将一个对象存储在另一个对象内的功能；
- 继承：能够实现将另一个类（或多个类）的属性和方法完整获取的功能；
- 多态：能够实现以多种方法运行函数或方法的功能。

由于 ECMAScript 语法规范中完全支持以上这些功能要求，因此 JavaScript 被认为是"面向对象"的高级程序设计语言。

8.1.3 面向对象的专业术语

面向对象作为一种高级程序语言的设计技术，自然会有其专业的技术术语，下面我们就列举其中最常用的。

- 类（class）

每个对象都由类（class）来定义，可以把类看作是对象的装配工具。类（class）不仅要定义对象的接口（interface 开发者访问的属性和方法，还要定义对象的内部工作（使属性和方法发挥作用的代码）。

- 对象实例

前文中关于对象的实例也有过介绍，其实"类"与"对象"是两个紧密关联的概念。程序在使用类创建对象时，生成的对象可以称为"类的实例"，也可以称为"对象实例"。

- 类与对象的关系

最后，这里需要特别说明的就是在 ECMAScript 脚本语言中关于"类"与"对象"概念的关系。其实，在早期的 ECMAScript 版本（具体说是 ECMAScript 6 之前）语法法规范中并没有"类"这个概念的，是通过"对象"来替代"类"这个功能。但是，在最新的 ECMAScript 6 版本（Ecma-262 规范）中，又增加了"class"关键字用来实现"类"的新特性，这点确实让设计人员有些崩溃了。

在本质上，"对象"与"类"只是名称的区别，通过 ECMAScript 脚本语言提供的特性来实现面向对象编程的功能才是最终目标。

8.2 ECMAScript 对象作用域

本节介绍 ECMAScript 对象作用域的知识，包括变量作用域和 this 关键字等方面的内容。

8.2.1 对象作用域

学习过 C++和 Java 等面向对象编程语言的读者都知道，类的成员属性和方法（也可以理解为对象的）都是有作用域这个概念的。具体的作用域大致可分为公有、私有和受保护这几种形式，当然可能每种面向对象编程语言所规定的名称或定义的形式都略有区别，但大体模式都是一样的。

但是，在 ECMAScript 语法规范中，是没有公有、私有和受保护这几种作用域概念的。ECMAScript 语法规范中定义了公有作用域这个形式，所有对象的属性和方法都是公有的，原则上都可以被访问和使用。

这对于大多数设计人员来讲是非常不方便的，于是有些设计人员就人为地规定了一些作用域的形式，但这些规定都不是标准规范，也仅仅就是约定俗成的，原则上是无法改变 ECMAScript 对象作用域是公有的这个规范的。

8.2.2 this 关键字

学习 ECMAScript 脚本语言的过程中，大多数读者可能不会在意前一小节中提到的关于作用域这个概念。但是，this 关键字确是读者必须要掌握的这个概念非常重要。要掌握 this 关键字，首先要大致理解作用域的概念，最关键还是要熟练掌握作用域在对象中的使用方法。

如果用一句话来概括 this 关键字的概念，可以将 this 关键字定义为"指向所调用方法或属性的对象"。不过，this 关键字在具体代码应用中非常灵活，读者需要多加练习才可以熟练掌握。

下面就是一个使用 this 关键字的简单代码示例（详见源代码 ch08 目录中 ch08-js-oop-this.html 文件）。

【代码 8-1】

```
01  <script type="text/javascript">
02      console.log("------ object's this ------");
03      var oThis = new Object;
04      oThis.prop = "prop";
05      oThis.showProp = function () {
06          console.log("this.prop : " + this.prop);
07          console.log("oThis.prop : " + oThis.prop);
08      }
09      oThis.showProp();
10      console.log("------ this of the page level ------");
11      console.log("this : " + this);
12  </script>
```

关于【代码 8-1】的分析如下：

第 03 行代码通过 "new" 关键字创建了 Object 对象的一个对象实例，并将其存储到变量（oThis）中；

第 04 行代码为对象实例（oThis）定义了一个 "prop" 属性，并进行了初始化操作；

第 05～08 行代码为对象实例（oThis）定义了一个 "showProp" 方法。其中，第 06 行代码使用 this 关键字调用了 "prop" 属性并输出了其属性值；第 07 行代码直接调用对象实例（oThis）的 "prop" 属性并输出了其属性值；

第 09 行代码通过对象实例（oThis）调用了 "showProp" 方法；

第 11 行代码比较有意思，直接在浏览器控制台中输出了 this 关键字的内容。

运行测试【代码 8-1】所定义的 HTML 页面，并使用调试器查看控制台输出的调试信息，页面效果如图 8.1 所示。通过 this 关键字调用 "prop" 属性和直接调用对象实例（oThis）的属性的结果是相同的；而如果在页面中直接使用 this 关键字，this 其实代表的就是 Window 窗口对象。

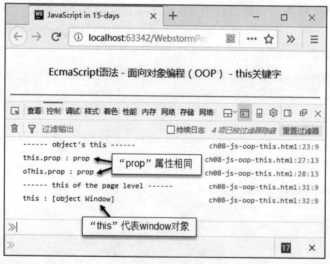

图 8.1　this 关键字

上面的代码示例介绍的就是 this 关键字的一些基本的使用方法，后面的代码示例中还会介绍大量的 this 关键字的使用技巧，读者可以循序渐进地学习理解。

8.3　创建 ECMAScript 类与对象

本节将介绍如何创建 ECMAScript 类与对象，包括使用工厂方式、构造方法方式和原型方式等创建类与对象。

8.3.1　工厂方式（Factory）创建类与对象

在 ECMAScript 语法规范中，是没有"class"这个关键字的，也就是说我们无法像 C 或 Java 语言那样创建"类"的。听起来有些不可思议，不使用"class"怎么定义"类"呢，但这也正是 JavaScript 脚本语言的特点。

由于 ECMAScript 语法规定了一切皆为"对象"，那是不是可以用 Object 对象来定义"类"呢？答案是肯定的，就是使用设计模式中非常有名的工厂（Factory）方式。

下面就是一个定义 ECMAScript 类（对象）的基本代码示例（详见源代码 ch08 目录中 ch08-js-oop-factory-object.html 文件）。

【代码 8-2】

```
01  <script type="text/javascript">
02      var userInfo = new Object;
03      userInfo.id = "001";
04      userInfo.name = "king";
05      userInfo.email = "king@email.com";
06      userInfo.showInfo = function () {
07          console.log("id : " + this.id);
08          console.log("name : " + this.name);
09          console.log("email : " + this.email);
10      };
11      userInfo.showInfo();
12      userInfo = null;
13  </script>
```

关于【代码 8-2】的分析如下：

第 02 行代码通过"new"关键字创建 Object 对象的一个对象实例，并将其存储到变量（userInfo）中；

第 03～05 行代码为对象实例（userInfo）定义了一组属性，并进行了初始化操作；

第 06～10 行代码为对象实例（userInfo）定义了一个"showInfo"方法。其中，第 07～09 行代码依次使用 this 关键字调用了对象实例（userInfo）的一组属性，并在浏览器控制台中输出了其属性值；

第 11 行代码通过对象实例（userInfo）调用了"showInfo"方法；

第 12 行代码以手动方式清除第 02 行代码定义的对象实例（userInfo）。

页面效果如图 8.2 所示。从浏览器控制台中输出的结果来看，【代码 8-2】定义的"userInfo"对象已经具有"类"的基本特性，包括属性和方法的使用功能。

图 8.2　工厂方式创建类和对象

当然，采用【代码 8-2】创建"类"的方式也有很多问题，最大的问题就是"userInfo"对象根本无法重用，只有通过重复创建新的、类似"userInfo"对象实例的方式，才可以完成"类"的功能。

8.3.2　封装的工厂方式（Factory）创建类与对象

在 ECMAScript 规范下如何实现"类"的重用呢？我们可以在上一小节中介绍的工厂方式的基础上，通过封装的形式实现"类"的重用。所谓"封装"就是通过 ECMAScript 函数的方式，将定义"类"的过程封装进去，然后通过返回对象来实现创建"类"的功能。

下面就是一个定义封装形式的 ECMAScript 类（对象）的基本代码示例（详见源代码 ch08 目录中 ch08-js-oop-factory-func.html 文件）。

【代码 8-3】

```
01  <script type="text/javascript">
02      function createUserInfo() {
03          var userInfo = new Object;
04          userInfo.id = "001";
05          userInfo.name = "king";
06          userInfo.email = "king@email.com";
07          userInfo.showInfo = function () {
08              console.log("id : " + this.id);
09              console.log("name : " + this.name);
10              console.log("email : " + this.email);
11          };
12          return userInfo;
13      }
14      console.log("------ object instance 1 ------");
15      var v_UI_1 = createUserInfo();
16      v_UI_1.showInfo();
17      console.log("------ object instance 2 ------");
18      var v_UI_2 = createUserInfo();
19      v_UI_2.showInfo();
20  </script>
```

关于【代码 8-3】的分析如下：

【代码 8-3】与【代码 8-2】的最主要区别就是第 02～13 行代码通过一个函数（createUserInfo()）的方式，将第 03～11 行代码定义"类"的过程封装进去。同时，第 12 行代码通过函数返回值的方式，返回了对象实例（userInfo）。

第 15 行和第 18 行代码分别通过调用函数（createUserInfo()）的方式，定义了两个"userInfo"类的对象实例；

在第 16 行和第 19 行代码中，通过调用了"userInfo"类的"showInfo()"方法，在浏览器控制台中输出了对象实例的内容。

页面效果如图 8.3 所示。从浏览器控制台中输出的结果来看，第 15 行和第 18 行代码定义的两个对象实例输出了相同的结果，这样就解决"类"重复使用的问题。

图 8.3　封装的工厂方式创建类和对象

不过，使用【代码 8-3】创建"类"的方式还是有些小问题，"类"的属性值都是固定的，难道每次打算使用不同的属性值时都要重新定义"类"吗？其实解决的方式很简单，只要为封装函数带上参数即可。

8.3.3　带参数的工厂方式（Factory）创建类与对象

为封装函数带上参数就和我们通常定义带参数的 ECMAScript 函数是一样的，这样就可以在实例化对象时定义不同的属性值。

下面是一个定义封装形式的、并带有函数参数的 ECMAScript 类（对象）的基本代码示例（详见源代码 ch08 目录中 ch08-js-oop-factory-func-param.html 文件）。

【代码 8-4】

```
01    <script type="text/javascript">
02        function createUserInfo(id, name, email) {
03            var userInfo = new Object;
04            userInfo.id = id;
```

```
05              userInfo.name = name;
06              userInfo.email = email;
07              userInfo.showInfo = function () {
08                  console.log("id : " + this.id);
09                  console.log("name : " + this.name);
10                  console.log("email : " + this.email);
11              };
12              return userInfo;
13          }
14          console.log("------ object instance 1 ------");
15          var v_UI_1 = createUserInfo("001", "king", "king@email.com");
16          v_UI_1.showInfo();
17          console.log("------ object instance 2 ------");
18          var v_UI_2 = createUserInfo("002", "queen", "queen@email.com");
19          v_UI_2.showInfo();
20  </script>
```

关于【代码 8-4】的分析如下：

【代码 8-4】与【代码 8-3】的最主要区别就是第 02～13 行代码定义函数（createUserInfo()）的方式中，增加了函数参数的定义。

第 15 行和第 18 行代码在调用函数（createUserInfo()）的过程中，通过定义参数值进行初始化操作。

页面效果如图 8.4 所示。从浏览器控制台中输出的结果来看，第 15 行和第 18 行代码定义的两个对象实例输出了不同的结果，这样就解决"类"初始化时不同属性值的问题。

图 8.4　带参数的工厂方式创建类和对象

8.3.4　工厂方式（Factory）的最大局限

通过前文的介绍，似乎通过工厂方式（Factory）创建 ECMAScript 类和对象已经可以解决问题，其实是经不住严格推敲的。在【代码 8-4】中，每当创建一个"userInfo"对象实例，【代码 8-4】中第 07～11 行代码定义的方法就会被重新创建一次，即每一个"userInfo"对象实例

都会有属于自己的 "showInfo" 方法。这正是纯工厂方式（Factory）的最大局限（可以参阅一些关于设计模式的教科书）。

那么怎么解决呢？最直接的方法就是将 "showInfo" 方法的定义放在工厂函数（createUserInfo()）的外面，然后通过定义 "类" 的属性的方式指向该函数（类似于函数指针）。

下面就是一个按照上述解决办法来定义 ECMAScript 类（对象）的基本代码示例（详见源代码 ch08 目录中 ch08-js-oop-factory-func-redup.html 文件）。

【代码 8-5】

```
01  <script type="text/javascript">
02      function showInfo() {
03          console.log("id : " + this.id);
04          console.log("name : " + this.name);
05          console.log("email : " + this.email);
06      }
07      function createUserInfo(id, name, email) {
08          var userInfo = new Object;
09          userInfo.id = id;
10          userInfo.name = name;
11          userInfo.email = email;
12          userInfo.showInfo = showInfo;
13          return userInfo;
14      }
15      console.log("------ object instance 1 ------");
16      var v_UI_1 = createUserInfo("001", "king", "king@email.com");
17      v_UI_1.showInfo();
18      console.log("------ object instance 2 ------");
19      var v_UI_2 = createUserInfo("002", "queen", "queen@email.com");
20      v_UI_2.showInfo();
21  </script>
```

关于【代码 8-5】的分析如下：

【代码 8-5】与【代码 8-4】的最主要区别就是第 12 行代码定义的对象实例（userInfo）的 "showInfo" 属性，该属性指向属性值（showInfo），对应第 01～06 行代码定义的函数（showInfo()）。

通过上面这种方式就避免 "类" 的方法被对象实例重复创建的过程，这样每定义一个 "userInfo" 对象实例，"showInfo" 属性值就相当于一个函数指针，均指向第 01～06 行代码定义函数（showInfo()）。

页面效果如图 8.5 所示。从浏览器控制台中输出的结果来看，【代码 8-5】与【代码 8-4】的效果完全是一致的。

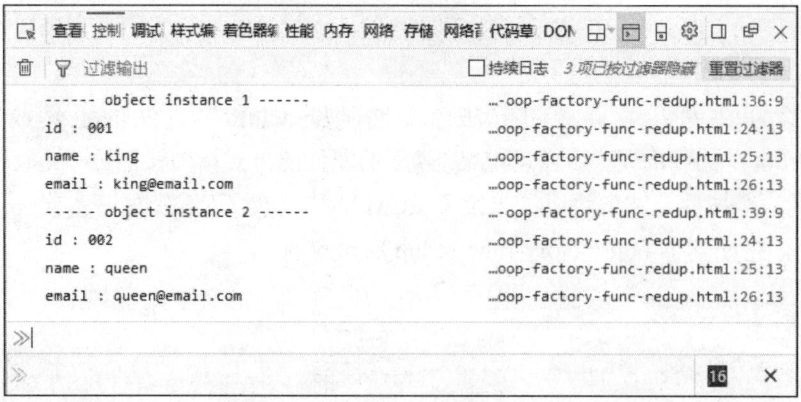

图 8.5　改进工厂方式的局限

8.3.5　构造函数方式创建类与对象

工厂方式是程序语言设计模式的一大进步，但正如前文中的代码示例所表现的结果一样，该方式也有一定的局限性。于是，设计人员又提出来通过构造函数的方式来创建 ECMAScript 类与对象。

下面就是一个通过构造函数方式定义 ECMAScript 类（对象）的基本代码示例（详见源代码 ch08 目录中 ch08-js-oop-constructor.html 文件）。

【代码 8-6】

```
01   <script type="text/javascript">
02       function UserInfo(id, name, email) {
03           this.id = id;
04           this.name = name;
05           this.email = email;
06           this.showInfo = function () {
07               console.log("id : " + this.id);
08               console.log("name : " + this.name);
09               console.log("email : " + this.email);
10           };
11       }
12       console.log("------ new object instance 1 ------");
13       var v_UI_1 = new UserInfo("001", "king", "king@email.com");
14       v_UI_1.showInfo();
15       console.log("------ new object instance 2 ------");
16       var v_UI_2 = new UserInfo("002", "queen", "queen@email.com");
17       v_UI_2.showInfo();
18   </script>
```

关于【代码 8-6】的分析如下：

【代码 8-6】与【代码 8-4】的最主要区别就是第 02～11 行代码通过构造函数（UserInfo()）的方式定义了一个"类"（UserInfo），一般需要将"类"名称的首字母大写（区别于函数方法）。

另外，从第 02～11 行代码中可以看到，构造函数方式下没有创建（new）对象，也没有定义返回值；同时，构造函数内的属性都是通过 this 关键字来引用的。

而在第 13 行和第 16 行代码中，两个"UserInfo"类的对象实例是通过"new"关键字来创建的这也是构造函数方式与工厂方式的主要区别之一。

另外，关于"new"关键字读者可以参考一下原型链的相关知识，有助于理解"new"关键字的运行机制；

页面效果如图 8.6 所示。从浏览器控制台中输出的结果来看，【代码 8-6】和【代码 8-4】输出的结果是完全相同，而且，【代码 8-6】的代码结构与形式更像传统意义上的面向对象语言（C++、Java 等）。

图 8.6 构造函数方式创建类和对象

不过，【代码 8-6】创建"类"的方式与前面的几个代码示例类似，也会出现"类"的方法被重复定义的问题。那么有没有更简单、更合理的方式呢？答案是肯定的，我们接着往下阅读。

8.3.6 原型方式创建类与对象

JavaScript（ECMAScript）脚本语言最特别之处就是提供了一个原型（prototype）属性。具体来讲，原型（prototype）属性是由 Object 对象所提供的，且可以是被其他对象所继承的。

前文中，我们也多次提到 JavaScript（ECMAScript）脚本语言中"一切皆为对象"这个理念，因此任何一个对象也自然会有原型（prototype）这个属性。JavaScript（ECMAScript）脚本语言通过原型（prototype）属性可以添加属性和方法的定义，因此借助原型（prototype）方式就可以创建类与对象。

下面是一个通过原型（prototype）方式定义 ECMAScript 类（对象）的基本代码示例（详见源代码 ch08 目录中 ch08-js-oop-prototype.html 文件）。

【代码 8-7】

```
01   <script type="text/javascript">
02       function UserInfo() {
03       }
04       UserInfo.prototype.id = "001";
05       UserInfo.prototype.name = "king";
06       UserInfo.prototype.email = "king@email.com";
07       UserInfo.prototype.showInfo = function () {
08           console.log("id : " + this.id);
09           console.log("name : " + this.name);
10           console.log("email : " + this.email);
11       };
12       console.log("------ new object instance 1 ------");
13       var v_UI_1 = new UserInfo();
14       v_UI_1.showInfo();
15       console.log("------ new object instance 2 ------");
16       var v_UI_2 = new UserInfo();
17       v_UI_2.showInfo();
18   </script>
```

关于【代码 8-7】的分析如下：

原型方式的最大特点就是如第 02～03 行代码先要定义一个空的构造函数（UserInfo()）；然后，如第 04～11 行代码通过"prototype"属性为这个构造函数（UserInfo()）定义属性和方法。从而，完成 ECMAScript 类（对象）的创建过程。

页面效果如图 8.7 所示。从浏览器控制台中输出的结果来看，第 13 行和第 16 行代码定义的对象实例输出了相同的内容，主要是由于构造函数（UserInfo()）没有定义参数而造成的。

图 8.7　原型方式创建类和对象

那么能不能解决带参数的这个问题呢？根据原型方式的特点，属性和方法均是通过原型"prototype"属性来定义的，单单依靠原型方式确实有些困难。不过，如果将原型方式与构造函数方式结合起来，还是能够解决此问题的，我们接着往下阅读。

8.3.7 结合构造函数方式与原型方式创建类与对象

在前文中，我们已经详细介绍了通过构造函数方式创建 ECMAScript 类与对象的过程，也介绍了通过对象与原型方式创建 ECMAScript 类与对象的过程。在本小节中，我们将结合上述两种方式来实现全新的创建 ECMAScript 类与对象的方式。

下面就是一个通过结合构造函数方式与原型（prototype）方式定义 ECMAScript 类（对象）的基本代码示例（详见源代码 ch08 目录中 ch08-js-oop-constructor-prototype.html 文件）。

【代码 8-8】

```
01  <script type="text/javascript">
02      function UserInfo(id, name, email) {
03          this.id = id;
04          this.name = name;
05          this.email = email;
06      }
07      UserInfo.prototype.showInfo = function () {
08          console.log("id : " + this.id);
09          console.log("name : " + this.name);
10          console.log("email : " + this.email);
11      };
12      console.log("------ new object instance 1 ------");
13      var v_UI_1 = new UserInfo("001", "king", "king@email.com");
14      v_UI_1.showInfo();
15      console.log("------ new object instance 2 ------");
16      var v_UI_2 = new UserInfo("002", "queen", "queen@email.com");
17      v_UI_2.showInfo();
18  </script>
```

关于【代码 8-8】的分析如下：

第 02～06 行代码通过带参数的构造函数方式定义了一个 ECMAScript 类（UserInfo()），与【代码 8-6】类似；

第 07～11 行代码通过原型（prototype）方式为构造函数（UserInfo()）定义了方法（showInfo）；

通过第 02～11 代码即可完成 ECMAScript 类（对象）的创建过程。

页面效果如图 8.8 所示。从浏览器控制台中输出的结果来看，通过构造函数方式和原型方式的结合来创建 ECMAScript 类（对象）是目前比较理想的一种方式。

图 8.8　结合构造函数方式和原型方式创建类和对象

8.4 原型 Prototype 应用

本节将介绍原型（Prototype）属性的几种应用方法，包括为 ECMAScript 对象定义新方法、重定义已有方法和实现类继承等方面的内容。

8.4.1　定义新方法

在 ECMAScript 规范中，原型（Prototype）属性是一个很有用的工具。实际开发中，可以通过原型（Prototype）属性为 ECMAScript 规范中常规的对象定义新的方法，具有很强的扩展功能。

下面就是一个通过原型（prototype）属性定义一个 String 对象新方法的代码示例（详见源代码 ch08 目录中 ch08-js-oop-prototype-new-method.html 文件）。

【代码 8-9】

```
01    <script type="text/javascript">
02        var v_str = "Prototype";
03        console.log("------ toString() ------");
04        console.log(v_str.toString());
05        String.prototype.toReverseString = function () {
06            return this.split("").reverse().join("");
07        };
08        console.log("------ toReverseString() ------");
09        console.log(v_str.toReverseString());
10    </script>
```

关于【代码 8-9】的分析如下：

在 JavaScript 脚本语言中针对 String 对象没有直接进行倒序的方法，这段代码就是通过原型（prototype）属性为 String 对象添加倒序（reverse）处理方法的过程。

第 05～07 行代码通过原型（prototype）属性为 String 对象定义了一个新方法（toReverseString），从其名称的命名规范来看正是与"toString()"方法向对应的；

第 06 行代码中先通过调用"split()"方法将 String 对象转换成单字符的数组，然后通过"reverse("")"方法对数组进行倒序操作（注意 reverse()方法是 Array 对象的方法），最后通过"join("")"方法将字符数组连接成字符串格式并返回。

页面效果如图 8.9 所示。从浏览器控制台中输出的结果来看，通过调用"toReverseString()"方法成功将字符串进行倒序输出。

图 8.9　通过原型（Prototype）属性定义对象新方法

8.4.2　重定义已有方法

通过原型（Prototype）属性除了可以为 ECMAScript 规范中常规的对象定义新的方法，还可以为常规的对象重定义已有的方法。

下面就是一个通过原型（prototype）属性为 String 对象重定义一个已有方法的代码示例（详见源代码 ch08 目录中 ch08-js-oop-prototype-revise-method.html 文件）。

【代码 8-10】

```
01    <script type="text/javascript">
02        var v_str = "Prototype";
03        console.log("------ print string ------");
04        console.log(v_str);
05        console.log("------ toString() ------");
06        console.log(v_str.toString());
07        String.prototype.toString = function () {
08            return "revise toString() : " + this;
09        };
10        console.log("------ print string after revise toString() ------");
11        console.log(v_str);
12        console.log("------ revise toString() ------");
13        console.log(v_str.toString());
14    </script>
```

关于【代码 8-10】的分析如下：

对于一个 String 对象而言，使用或不使用"toString()"方法进行输出的结果都是相同的，这段代码就是通过原型（prototype）属性为 String 对象的"toString()"方法进行重定义，并测试重定义后"toString()"方法的效果。

第 07～09 行代码通过原型（prototype）属性为 String 对象重定义了"toString()"方法，第 08 行代码在返回原始字符串（关键字 this 引用的）前插入了前缀字符串"revise toString()："。

页面效果如图 8.10 所示。从浏览器控制台中输出的结果来看，在重定义（toString()）方法之前，对 String 对象使用或不使用"toString()"方法进行输出的结果是相同的；而在重定义（toString()）方法之后，对 String 对象是否显式地调用"toString()"方法进行输出的结果是不相同的。从第 13 行代码输出的结果来看，通过原型（prototype）属性重定义（toString()）方法之后，输出的效果已经发生改变。这也正是原型（Prototype）属性功能强大的又一个体现。

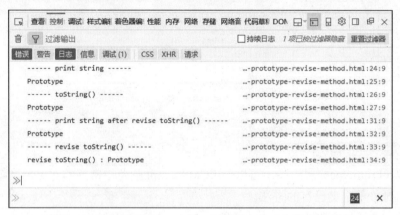

图 8.10　通过原型（Prototype）属性重定义对象的已有方法

8.4.3　实现继承机制

原型（Prototype）属性还有一个很重要的功能，就是实现 ECMAScript 类（对象）的继承机制。

下面就是一个通过原型（prototype）属性实现继承机制的代码示例（详见源代码 ch08 目录中 ch08-js-oop-prototype-inherit.html 文件）。

【代码 8-11】

```
01    <script type="text/javascript">
02        /**
03         * 定义基类 —— ClassBase
04         * @param id
05         * @param name
06         * @param email
07         * @constructor
```

```
08          */
09         function ClassBase(id, name, email) {
10             this.id = id;
11             this.name = name;
12             this.email = email;
13         }
14         ClassBase.prototype.showInfo = function () {
15             console.log("id : " + this.id);
16             console.log("name : " + this.name);
17             console.log("email : " + this.email);
18         };
19         console.log("------ new ClassBase ------");
20         var v_cb = new ClassBase("001", "king", "king@email.com");
21         v_cb.showInfo();
22         /**
23       * 定义子类 —— ClassInheritA
24        * @param id
25        * @param name
26        * @param email
27        * @constructor
28        */
29         function ClassInheritA(id, name, email) {
30             ClassBase.call(this, id, name, email);
31         }
32         ClassInheritA.prototype = new ClassBase();
33         console.log("------ new ClassInheritA ------");
34         var v_ci_A = new ClassInheritA("002","queen","queenking@email.com");
35         v_ci_A.showInfo();
36         /**
37       * 定义子类 —— ClassInheritB
38        * @param id
39        * @param name
40        * @param email
41        * @param title
42        * @constructor
43        */
44         function ClassInheritB(id, name, email, title) {
45             ClassBase.call(this, id, name, email);
46             this.title = title;
47         }
48         ClassInheritB.prototype = new ClassBase();
49         ClassInheritB.prototype.showInfo = function () {
50             console.log("id : " + this.id);
51             console.log("name : " + this.name);
52             console.log("email : " + this.email);
```

```
53              console.log("title : " + this.title);
54          };
55          console.log("------ new ClassInheritB ------");
56          var v_ci_B = new ClassInheritB("003","prine","prine@email.com",
"Boss");
57          v_ci_B.showInfo();
58  </script>
```

关于【代码 8-11】的分析如下：

这段代码主要是通过原型（prototype）属性，实现 ECMAScript 类（对象）的继承机制。

第 09～13 行代码和第 14～18 行代码分别通过构造函数方式和原型（prototype）方式创建一个 ECMAScript 类（ClassBase），可以称其为"基类或父类"。这段代码与【代码 8-8】定义类的过程基本一致；

第 29～31 行代码通过构造函数方式创建一个 ECMAScript 类（ClassInheritA），可以称其为"继承类或子类"，该类是创建的第一个子类；

第 30 行代码调用 Function 对象的"call()"方法，将基类（ClassBase）定义的几个属性继承到子类（ClassInheritA）中；

第 32 行代码通过"new"关键字，将子类（ClassInheritA）的原型（prototype）属性定义为基类（ClassBase）的对象实例，实现了子类（ClassInheritA）对基类（ClassBase）的继承。

另外，关于继承机制的原理，读者可以参考原型（prototype）属性和原型链的内容来了解。

第 44～47 行代码通过构造函数方式创建了另一个 ECMAScript 类（ClassInheritB），即是创建的第二个子类。与创建的第一个 ECMAScript 类（ClassInheritA）不同的是增加了一个"title"属性，注意该属性仅属于子类（ClassInheritB）；

第 45 行代码与第 30 行代码的功能相同，都是将基类（ClassBase）定义的几个属性继承到子类（ClassInheritB）中；

第 46 行代码对"title"属性进行了初始化操作；

第 48 行代码与第 32 行代码的功能相同，通过"new"关键字将子类（ClassInheritB）的原型（prototype）属性定义为基类（ClassBase）的对象实例；

第 49～54 行代码对子类（ClassInheritB）的"showInfo"方法进行了重定义，因为子类（ClassInheritB）新增加了一个"title"属性，自然基类（ClassBase）的"showInfo"方法也就不适用于子类（ClassInheritB）。

页面效果如图 8.11 所示。从浏览器控制台中输出的结果来看，子类（ClassInheritA）继承了基类（ClassBase）的全部属性和方法；子类（ClassInheritB）在继承了基类（ClassBase）的全部属性和方法外，还成功添加了属于自己属性。

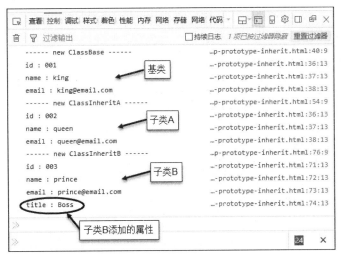

图 8.11　通过原型（Prototype）属性实现继承机制

对于学习过 C++或 Java 面向对象编程语言的读者来讲，【代码 8-11】中所实现的 ECMAScript 类继承已经很接近了 C++或 Java 语言，但多少还有点被设计人员所吐槽的地方，为什么没有用"Class"关键字直接来定义类呢？

也许是为了响应广大设计人员的诉求吧，最新的 ECMAScript 6 版本规范中，还真就增加了"Class"关键字来定义"类"，那么这个"Class"是不是与 C++或 Java 语言中的"Class"一样呢？请读者请继续往下阅读。

8.5　ECMAScript 6 面向对象新特性

本节将介绍 ECMAScript 6 规范中新增的面向对象特性 —— "class"关键字。在 ECMAScript 脚本代码中，通过使用"class"关键字就可以创建"类"，而不必再使用原型"Prototype"属性。

8.5.1　通过"class"定义类

在最新的 ECMAScript 6 版本规范中，可以通过"class"关键字来创建并定义"类"。这个新特性对于广大学习过 C++或 Java 语言的读者来说，是个令人振奋的消息。

因为有了"class"关键字，设计人员似乎可以按照传统的方式来创建类。虽然 ECMAScript 6 提供的"class"关键字能够模仿传统定义"类"的方式，但其内部原理仍旧是通过原型（Prototype）方式来实现的。

下面就是一个通过"class"关键字定义一个类的代码示例（详见源代码 ch08 目录中 ch08-js-oop-class.html 文件）。

【代码 8-12】

```
01    <script type="text/javascript">
02        class UserInfo {
03            constructor(id, name, email) {
04                this.id = id;
05                this.name = name;
06                this.email = email;
07            }
08            showInfo() {
09                console.log("id : " + this.id);
10                console.log("name : " + this.name);
11                console.log("email : " + this.email);
12            }
13        }
14        console.log("------ new class instance 1 ------");
15        var v_UI_1 = new UserInfo("001", "king", "king@email.com");
16        v_UI_1.showInfo();
17        console.log("------ new class instance 2 ------");
18        var v_UI_2 = new UserInfo("002", "queen", "queen@email.com");
19        v_UI_2.showInfo();
20    </script>
```

关于【代码 8-12】的分析如下：

第 02～13 行代码通过关键字"class"定义了一个类（UserInfo），看上去与 C++和 Java 语言定义"类"的方式是一样的；

第 03～07 行代码通过关键字"constructor"定义了一个构造方法，该方法内定义了一组参数，用于表示类（UserInfo）的属性；其中，第 04～06 行代码通过 this 关键字为属性进行初始化操作；

第 08～12 行代码为类（UserInfo）定义了方法（showInfo），注意此处定义方法时无须使用 function 关键字。

页面效果如图 8.12 所示。从浏览器控制台中输出的结果来看，【代码 8-12】与【代码 8-8】所实现的功能和效果是一致的。

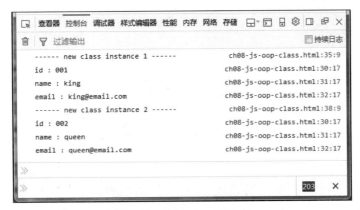

图 8.12　通过 class 创建类

8.5.2　通过"extends"继承类

既然在 ECMAScript 6 版本规范中，可以通过"class"关键字来创建并定义"类"，自然也可以实现"类"的继承。与其他面向对象的高级语言一样，ECMAScript 语法规范中同样使用了"extends"关键字来定义类继承。

下面就是一个通过"extends"关键字定义一个类继承的代码示例（详见源代码 ch08 目录中 ch08-js-oop-class-extends.html 文件）。

【代码 8-13】

```
01  <script type="text/javascript">
02      /**
03       * class --- UserInfo
04       */
05      class UserInfo {
06          constructor(id, name, email) {
07              this.id = id;
08              this.name = name;
09              this.email = email;
10          }
11          showInfo() {
12              console.log("id : " + this.id);
13              console.log("name : " + this.name);
14              console.log("email : " + this.email);
15          }
16      }
17      console.log("------ new base class instance ------");
18      var v_user = new UserInfo("001", "king", "king@email.com");
19      v_user.showInfo();
20      /**
```

```
21        * class --- ManagerInfo extend UserInfo
22        */
23      class ManagerInfo extends UserInfo {
24        constructor(id, name, email, title) {
25            super(id, name, email);
26            this.title = title;
27        }
28        showInfo() {
29            super.showInfo();
30            console.log("title : " + this.title);
31        }
32      }
33      console.log("------ new sub class instance ------");
34      var v_manager = new ManagerInfo("002", "queen", "queen@email.com",
"CEO");
35      v_manager.showInfo();
36  </script>
```

关于【代码 8-13】的分析如下：

【代码 8-13】是在【代码 8-12】的基础上修改而完成的，主要就是类（ManagerInfo）对类（UserInfo）继承的实现。

第 05～16 行代码是定义父类（UserInfo）的过程，与【代码 8-12】中定义类的过程是完全一致的；

第 23～32 行代码是定义子类（ManagerInfo）的过程，关键之处就是使用关键字"extends"来定义继承父类（UserInfo）；

第 24～27 行代码通过关键字"constructor"定义一个构造方法，该方法内定义了一组参数，用于表示子类（ManagerInfo）的属性。注意相比于父类（UserInfo）的属性，这里增加了一个"title"属性；

第 25 行代码通过 super 方法来默认调用父类（UserInfo）的构造方法，这行代码是必须要写的，否则就会出现错误；

第 26 行代码通过 this 关键字为"title"属性进行初始化操作；

第 28～31 行代码为子类（ManagerInfo）定义了方法（showInfo），由于父类也有一个同名的方法，因此这里的方法（showInfo）相当于一个重载方法。第 29 行代码先通过 super 方法来默认调用父类（UserInfo）的方法（showInfo）；然后，第 30 行代码再重写对"title"属性的操作。

页面效果如图 8.13 所示。从浏览器控制台中输出的结果来看，【代码 8-13】实现了"类"的继承操作。

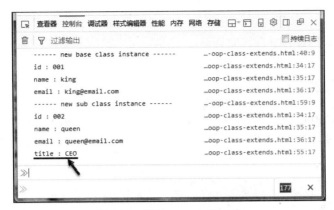

图 8.13　通过 extends 继承类

8.5.3　类的 setter 和 getter 方法

严格来讲，ECMAScript 语法规范中关于"类"的存值（setter）和取值（getter）方法在 ECMAScript 5 版本规范中就已经存在了。我们在这里介绍存值（setter）和取值（getter）方法，是为了更好地与 ECMAScript 6 新增的类（class）内容进行相结合应用。

下面就是一个在类（class）中使用存值（setter）和取值（getter）方法的代码示例（详见源代码 ch08 目录中 ch08-js-oop-class-set-get.html 文件）。

【代码 8-14】

```
01    <script type="text/javascript">
02        class UserInfo {
03            constructor() {
04            }
05            get id() {
06                return this._id_;
07            }
08            set id(value) {
09                this._id_ = value;
10            }
11        }
12        console.log("------ new class instance ------");
13        var v_ui = new UserInfo();
14        console.log(v_ui.id);
15        v_ui.id = "id-001";
16        console.log("id : " + v_ui.id);
17        console.log("_id_ : " + v_ui._id_);
18    </script>
```

关于【代码 8-14】的分析如下：

第 02～11 行代码通过关键字"class"定义了一个类（UserInfo）；

295

其中，第 03～04 行代码通过关键字"constructor"定义了一个空的默认构造方法；

第 05～07 行和第 08～10 行代码分别通过"getter"方法和"setter"方法定义一个属性（id）的存储器。

页面效果如图 8.14 所示。从浏览器控制台中输出的结果来看，在未通过"setter"方法为属性（id）存储数据前，通过"getter"方法获取的属性（id）值为"undefined"；而在通过"setter"方法为属性（id）存储数据（"id-001"）后，通过"getter"方法成功获取了属性（id）值，即"id-001"。

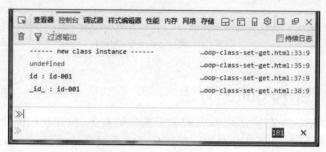

图 8.14　类的 setter 和 getter 方法

8.6　本章小结

本章主要介绍了 ECMAScript 语法规范中关于面向对象编程等方面的知识，包括面向对象基础、ECMAScript 对象应用和 ECMAScript 对象类型等方面的内容，以及一些关于 ECMAScript 6 类（class）新特性方面的知识，并通过一些具体示例进行了讲解。

第 9 章

JavaScript与浏览器对象模型 (BOM)

目前，通过 JavaScript 脚本语言的方法和属性，可以与浏览器进行完美的交互操作。而二者中间的桥梁，就是一个被称为浏览器对象模型（Browser Object Model，简称 BOM）的对象。本章主要介绍关于 JavaScript 脚本语言与浏览器对象模型（BOM）编程方面的知识。

9.1 浏览器对象模型（BOM）编程基础

浏览器对象模型（Browser Object Model，简称 BOM）是指用于描述浏览器对象之间层次关系的模型，BOM 提供了独立于内容的、可以与浏览器窗口进行互动的对象结构。

通常可以这样理解，BOM 提供访问浏览器各个功能部件的方法和属性，也就是通过 JavaScript 脚本语言用于访问浏览器各个功能部件的方法和属性。这也是 JavaScript 脚本语言与 BOM 之间的关系。

BOM 由多个对象组成，包括代表浏览器窗口顶层的 Window 对象，而其他对象都是 Window 对象的子对象。常见的浏览器对象如下：

- Window 对象：JavaScript 层级中的顶层对象，表示浏览器窗口；
- Navigator 对象：包含客户端浏览器的信息；
- Screen 对象：包含客户端显示屏的信息；
- Location 对象：包含当前浏览器 URL 的信息；
- History 对象：包含浏览器窗口访问过的 URL；
- Popup|Alert：包含消息框、警告框和确认框；
- Timing：用于计时器功能；
- Cookie：用于创建和存储 Cookie 信息。

图 9.1 是对 BOM 架构的描述，便于读者加深对浏览器 BOM 的理解。

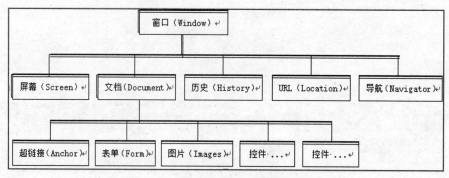

图 9.1　浏览器对象模型（BOM）架构

从图 9.1 中可以看到，我们所熟知的文档对象模型（DOM）是浏览器对象模型（BOM）的子对象。

那么通过 BOM 的方法与属性，在 JavaScript 脚本语言中可以实现与浏览器的哪些交互呢？基本可以实现如以下的操作功能：

- 关闭、移动浏览器及调整浏览器窗口的大小；
- 弹出新的浏览器窗口；
- 提供浏览器详细信息的定位对象；
- 提供载入到浏览器窗口的文档详细信息的定位对象；
- 提供用户屏幕分辨率详细信息的屏幕对象；
- 提供对 cookie 的支持。

看到上面所列出来的操作功能，是不是很激动人心呢？不过说来也比较奇怪，目前 BOM 还没有一个正式的、统一的国际标准，均是由各个主流浏览器厂商提供对 JavaScript 脚本语言编程的支持。不过，设计人员完全可以放心使用，仅仅需要在个别地方留意一下浏览器的兼容性即可。

9.2　Window 对象

本节先介绍最主要的、也是在 BOM 最顶层的 Window 对象，具体包括 Window 对象中最常用的属性和方法的使用。

9.2.1　Window 对象基础

Window 对象是 BOM 的核心内容，所有主流浏览器均实现了对 Window 对象的支持。顾名思义，Window 对象表示的就是浏览器窗口。所有 JavaScript 的全局对象、函数以及变量均自动成为 Window 对象的成员。

Window 对象包含了很多常用的属性和方法，分别如表 9-1 和表 9-2 所示。

表 9-1　Window 对象常用属性

属性名称	描述
innerHeight	表示窗口的文档显示区的高度
innerWidth	表示窗口的文档显示区的宽度
outerHeight	返回窗口的外部高度
outerWidth	返回窗口的外部宽度
screenLeft 和 screenTop	窗口左上角在屏幕上的 x 坐标和 y 坐标（IE、Safari 和 Opera 等）
screenX 和 screenY	窗口左上角在屏幕上的 x 坐标和 y 坐标（Safari 和 FireFox 等）
self	返回对当前窗口的引用
top	返回最顶层的父窗口

表 9-2　Window 对象常用方法

方法名称	描述
open	打开一个新的浏览器窗口或查找一个已命名的窗口
close	关闭浏览器窗口
moveTo	将窗口左上角移动到指定的坐标位置
resizeTo	将窗口大小调整到指定的宽度和高度
moveBy	将窗口左上角按照指定的像素值进行移动
resizeBy	将窗口大小按照指定的像素值进行调整

9.2.2　浏览器窗口尺寸属性

在 Window 对象中定义了两组用于获取浏览器窗口尺寸的属性，分别是 innerHeight 和 innerWidth 属性，另一组是 outerHeight 和 outerWidth 属性（详见表 9-1）。

下面，来看一个使用 Window 对象属性获取浏览器窗口尺寸的 JavaScript 代码示例（详见源代码 ch09 目录中 ch09-js-window-size.html 文件）。

【代码 9-1】

```
01    <script type="text/javascript">
02        var outWidth = window.outerWidth;
03        console.log("浏览器窗口外部宽度（outerWidth）: " + outWidth);
04        var outHeight = window.outerHeight;
05        console.log("浏览器窗口外部高度（outerHeight）: " + outHeight);
06        var inWidth = window.innerWidth;
07        console.log("浏览器窗口文档显示区宽度（innerWidth）: " + inWidth);
08        var inHeight = window.innerHeight;
09        console.log("浏览器窗口文档显示区高度（innerHeight）: " + inHeight);
10    </script>
```

关于【代码 9-1】的分析如下：

第 02 行代码定义了第一个变量（outWidth），保存浏览器窗口外部的宽度尺寸；

第 04 行代码定义了第二个变量（outHeight），保存浏览器窗口外部的高度尺寸；

第 06 行代码定义了第三个变量（inWidth），保存浏览器窗口文档显示区的宽度尺寸；

第 08 行代码定义了第四个变量（inHeight），保存浏览器窗口文档显示区的高度尺寸。

运行测试【代码 9-1】所定义的 HTML 页面，初始页面输出内容的效果如图 9.2 所示。浏览器控制台窗口中输出了相关的宽度和高度数据。可以尝试按下"F5"功能键刷新一下这个页面，注意观察浏览器控制台窗口中输出的内容有什么变化，如图 9.3 所示。

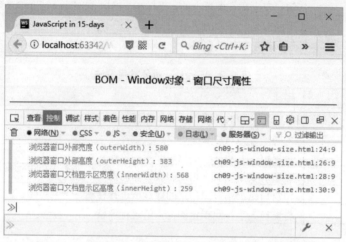

图 9.2　通过 Window 对象获取浏览器窗口尺寸（1）

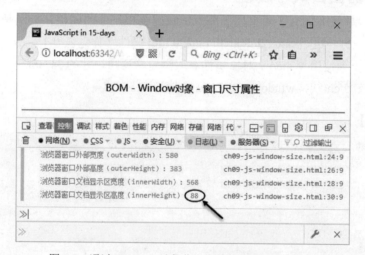

图 9.3　通过 Window 对象获取浏览器窗口尺寸（2）

如图 9.3 中箭头所示，在重新刷新页面后，获取的浏览器窗口文档显示区的高度数据发生了变化（其他数据保持不变）。我们注意到，新获取的浏览器窗口文档显示区的高度数据应该是除去浏览器控制台窗口高度后的值。通过这个变化，读者应该就能理解浏览器窗口文档显示区具体指向的区域。

那么图 9.2 中的这个数据为什么是浏览器窗口文档显示区的初始尺寸呢？其实很简单，在刚刚打开浏览器窗口时浏览器控制台窗口是不显示的，该窗口是后来通过人工操作打开的，自然获取的就是浏览器窗口文档显示区的初始尺寸。

9.2.3　浏览器窗口坐标

在 Window 对象中还定义了两组用于获取浏览器窗口坐标的属性，一组是 screenX 和 screenY 属性，另一组是 screenLeft 和 screenTop 属性（详见表 9-1）。

下面，来看一个使用 Window 对象属性获取浏览器窗口坐标的 JavaScript 代码示例（详见源代码 ch09 目录中 ch09-js-window-pos.html 文件）。

【代码 9-2】

```
01  <script type="text/javascript">
02      var xPos = window.screenX | window.screenLeft;
03      console.log("浏览器窗口左上角 X 坐标（screenX）: " + xPos);
04      var yPos = window.screenY | window.screenTop;
05      console.log("浏览器窗口左上角 Y 坐标（screenY）: " + yPos);
06  </script>
```

关于【代码 9-2】的分析如下：

第 02 行代码定义了第一个变量（xPos），用于保存通过 window 对象的 screenX 属性或 screenLeft 属性获取的浏览器窗口左上角的 x 坐标值。注意，这里对 screenX 属性和 screenLeft 属性使用了"或"操作，是为了兼容不同厂家的浏览器。

第 04 行代码定义了第二个变量（yPos），用于保存通过 window 对象的 screenY 属性或 screenTop 属性获取的浏览器窗口左上角的 y 坐标值。同样，这里对 screenY 属性和 screenTop 属性使用了"或"操作。

初始页面效果如图 9.4 所示。在屏幕中移动浏览器窗口的位置，再按下"F5"功能键刷新一下浏览器窗口，注意观察浏览器控制台窗口中输出的内容有什么变化，如图 9.5 所示。

图 9.4　通过 Window 对象获取浏览器窗口坐标（1）

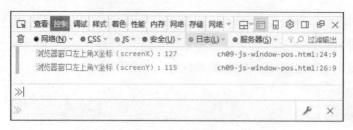

图 9.5　通过 Window 对象获取浏览器窗口坐标（2）

对比图 9.4 和图 9.5 输出的数据，可以看到浏览器窗口坐标发生了变化。笔者测试时使用的是 FireFox 浏览器，感兴趣的读者可以换成 IE 或 Opera 等其他浏览器测试一下代码的兼容性。

9.2.4　self 与 top 属性

Window 对象中还定义了两个比较特殊的属性，分别是 self 属性和 top 属性（详见表 9-1），主要用于获取窗口对象。

下面，来看一个使用 Window 对象中 self 和 top 属性的 JavaScript 代码示例（详见源代码 ch09 目录中 ch09-js-window-self-top.html 文件）。

【代码 9-3】

```
01    <script type="text/javascript">
02        console.log("window.self : ");
03        console.log(window.self);
04        console.log("window.top : ");
05        console.log(window.top);
06        if(window.self == window.top)
07            console.log("window.self == window.top");
08        else
09            console.log("window.self != window.top");
10    </script>
```

关于【代码 9-3】的分析如下：

第 03 行代码通过 window 对象的 self 属性，获取了对当前窗口的引用；

第 05 行代码通过 window 对象的 top 属性，获取了对当前窗口最顶层的父窗口的引用；

第 06～09 行代码通过 if 条件语句，判断当前窗口状态下的 self 属性与 top 属性是否相等。

初始页面效果如图 9.6 所示。第 03 行代码在浏览器控制台中输出的"window.self"属性值表示的就是当前窗口页面；同样，第 05 行代码在浏览器控制台中输出的"window.top"属性值表示的也是当前窗口页面；第 07 行代码在浏览器控制台中输出的内容表示此时的"window.self"属性等于"window.top"属性。

图 9.6　self 和 top 属性

9.2.5　open()与 close()方法

Window 对象中定义的比较常用的两个方法就是 open()方法与 close()方法（详见表 9-2 中的描述）。

open()方法主要用于执行新建窗口对象或打开已存在窗口对象的操作，其具体语法格式如下：

```
window.open(URL, name, features, replace);
```

参数说明：

- URL：定义要在新窗口中显示的 URL 链接地址。如果省略该参数或者直接定义为空字符串，则会打开一个空的新窗口。该参数为可选的。
- name：定义新窗口的名称。如果该参数定义为一个已经存在的窗口，则 open()方法就不会再创建一个新窗口，而只是返回对指定窗口的引用，此时 features 参数将被忽略。该参数为可选的。
- features：定义新窗口要显示的特征，该参数为可选的。
- replace：一个可选的布尔值。该参数为 "true" 时，表示替换浏览历史中的当前条目；该参数为 "false" 时，表示在浏览历史中创建新的条目。

close()方法主要用于执行关闭窗口对象的操作（与 open()方法相对应），其具体语法格式如下：

```
window.close();
```

下面，来看一个使用 Window 对象中 open()与 close()方法的 JavaScript 代码示例（详见源代码 ch09 目录中 ch09-js-window-open-close.html 文件）。在这段代码中定义了两组按钮，第一组用于打开和关闭一个空白窗口，第二组按钮用于打开和关闭 W3C 网站的主页。

先看一下 HTML 页面代码部分。

【代码 9-4】

```
01   <div id="id-table">
02       <table>
03           <tr>
04               <td>
05                   <input type="button"
06                          value="open blank window"
07                          onclick="on_open_blank_click();">
08               </td>
09               <td>
10                   <input type="button"
11                          value="close blank window"
12                          onclick="on_close_blank_click();">
13               </td>
14           </tr>
15       </table>
16       <table>
17           <tr>
18               <td>
19                   <input type="button"
20                          value="open W3C window"
21                          onclick="on_open_w3c_click();">
22               </td>
23               <td>
24                   <input type="button"
25                          value="close W3C window"
26                          onclick="on_close_w3c_click();">
27               </td>
28           </tr>
29       </table>
30   </div>
```

关于【代码 9-4】的分析如下：

第 05～07 行、第 10～12 行、第 19～21 行和第 24～26 行代码分别通过<input type="button">标签元素定义了两组共 4 个按钮。其中，第 07 行、第 12 行、第 21 行和第 26 行代码分别为这 4 个按钮定义了"onclick"单击事件。

下面接着看一下 JS 脚本代码部分。

【代码 9-5】

```
01   <script type="text/javascript">
02       var blankWindow;
03       function on_open_blank_click() {
```

```
04                blankWindow = window.open("", "", "width=150,height=100");
05            }
06            function on_close_blank_click() {
07                blankWindow.close();
08            }
09            var w3cWindow;
10            function on_open_w3c_click() {
11                w3cWindow = window.open("http://www.w3.org/", "",
"width=300,height=200");
12            }
13            function on_close_w3c_click() {
14                w3cWindow.close();
15            }
16    </script>
```

关于【代码 9-5】的分析如下：

第 02 行代码定义了第一个变量（blankWindow），用于保存空白窗口对象；

第 03～05 行代码定义了一个事件处理方法（on_open_blank_click()），对应于【代码 9-4】
中第 07 行代码定义的"onclick"单击事件。其中，第 04 行代码通过 window.open()方法新建
一个空白窗口，注意该方法的第一参数为空字符串，返回值保存在第 02 行代码定义的变量
（blankWindow）中；

第 06～08 行代码定义了一个事件处理方法（on_close_blank_click()），对应于【代码 9-4】
中第 12 行代码定义的"onclick"单击事件。其中，第 07 行代码通过 blankWindow.close()方法
关闭窗口对象（blankWindow）；

第 09 行代码定义了第二个变量（w3cWindow），用于保存打开的 W3C 网站主页的窗口对
象；

第 10～12 行代码定义了一个事件处理方法（on_open_w3c_click()），对应于【代码 9-4】
中第 21 行代码定义的"onclick"单击事件。其中，第 11 行代码通过 window.open()方法新建
一个窗口，注意该方法的第一参数为字符串（"http://www.w3.org/"），表示在该窗口中打开 W3C
网站主页，返回值保存在第 09 行代码定义的变量（w3cWindow）中；

第 13～15 行代码定义了一个事件处理方法（on_close_w3c_click()），对应于【代码 9-4】
中第 26 行代码定义的"onclick"单击事件。其中，第 14 行代码通过 w3cWindow.close()方法
关闭窗口对象（w3cWindow）。

运行测试【代码 9-4】和【代码 9-5】所定义的 HTML 页面，效果如图 9.7 所示。页面中
显示出两组共 4 个按钮。先点击第一组的第一个按钮"open blank window"，页面效果如图 9.8
所示。

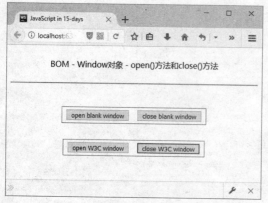

图 9.7　open()和 close()方法（1）　　　　图 9.8　open()和 close()方法（2）

如图 9.8 中的箭头所示，页面中打开了一个新的空白窗口，说明【代码 9-5】中第 04 行代码使用的 window.open()方法操作成功；如果想关闭该窗口，可以点击第一组的第二个按钮"close blank window"，可以测试【代码 9-5】中第 07 行代码使用的 window.close()方法。

接着点击第二组的第一个按钮"open W3C window"，页面效果如图 9.9 所示。

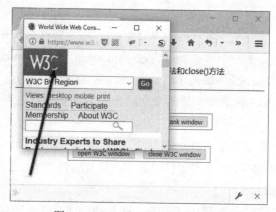

图 9.9　open()和 close()方法（3）

如图 9.9 中箭头所示，页面中打开了一个新的窗口，该窗口内显示的是 W3C 网站的主页。这说明【代码 9-5】中第 11 行代码使用 window.open()方法打开网址（"http://www.w3.org/"）的操作成功。如果想关闭该窗口，可以点击第二组的第二个按钮"close W3C window"进行操作。

9.2.6　同时打开和关闭多个窗口

在前一小节介绍的 open()方法和 close()方法的基础上，设计一个同时打开和关闭多个窗口的 JavaScript 代码示例（详见源代码 ch09 目录中 ch09-js-window-open-multi.html 文件）。

先看一下 HTML 页面的代码部分。

【代码 9-6】

```
01    <div id="id-table">
```

```
02        <table>
03          <tr>
04            <td>
05                <input type="button"
06                    value="open multi window"
07                    onclick="on_open_multi_click();">
08            </td>
09            <td>
10                <input type="button"
11                    value="close multi window"
12                    onclick="on_close_multi_click();">
13            </td>
14          </tr>
15        </table>
16    </div>
```

关于【代码 9-6】的分析如下：

第 05～07 行和第 10～12 行代码分别通过<input type="button">标签元素定义了一组共 2
个按钮。其中，第 07 行和第 12 行代码分别为这 2 个按钮定义了"onclick"单击事件。

下面接着看一下 JS 脚本代码部分。

【代码 9-7】

```
01    <script type="text/javascript">
02        var blankWindow, w3cWindow;
03        function on_open_multi_click() {
04            blankWindow = window.open("", "", "width=150,height=100");
05            w3cWindow = window.open("http://www.w3.org/", "",
06                "width=300,height=200,left=500,top=200,scrollbars=0");
07        }
08        function on_close_multi_click() {
09            blankWindow.close();
10            w3cWindow.close();
11        }
12    </script>
```

关于【代码 9-7】的分析如下：

第 02 行代码定义了两个变量（blankWindow 和 w3cWindow），分别用于保存空白窗口对
象和 W3C 网站主页的窗口对象；

第 03～07 行代码定义一个事件处理方法（on_open_multi_click()），对应于【代码 9-6】中
第 07 行代码定义的"onclick"单击事件；

其中，第 04 行代码通过 window.open()方法新建一个空白窗口，返回值保存在第 02 行代
码定义的变量（blankWindow）中；

第 05 行代码通过 window.open()方法新建一个窗口，该方法的第一参数为字符串（"http://www.w3.org/"），表示在该窗口中打开 W3C 网站主页，返回值保存在第 02 行代码定义的变量（w3cWindow）中；

第 08~11 行代码定义一个事件处理方法（on_close_multi_click()），对应于【代码 9-6】中第 12 行代码定义的"onclick"单击事件。

其中，第 09 行代码通过 blankWindow.close()方法关闭窗口对象（blankWindow）；

第 10 行代码通过 w3cWindow.close()方法关闭窗口对象（w3cWindow）。

运行测试【代码 9-6】和【代码 9-7】所定义的 HTML 页面，效果如图 9.10 所示。页面中共显示出一组 2 个按钮。先点击图中箭头所指的第一个按钮"open multi window"，页面效果如图 9.11 所示。

如图 9.11 中的两个箭头所示，页面中同时打开一个新的空白窗口和一个显示 W3C 网站主页的窗口（读者测试时会发现，两个窗口的显示过程是有先后顺序的），这说明【代码 9-7】中第 04 行和第 05 行代码使用的两个 window.open()方法均操作成功、如果想同时关闭这两个窗口，可以点击图 9.10 中的第二个按钮"close multi window"即可。

图 9.10　同时打开和关闭多个窗口（1）

图 9.11　同时打开和关闭多个窗口（2）

9.2.7　移动浏览器窗口

Window 对象中定义了两个用于移动浏览器窗口的方法，分别是 moveTo()方法和 moveBy()方法（详见表 9-2 中的描述）。

moveTo()方法主要是将浏览器窗口移动到指定的位置，其具体语法格式如下：

```
window.moveTo(x, y);
```

参数说明：

- x: 定义浏览器窗口新位置的 x 坐标；
- y: 定义浏览器窗口新位置的 y 坐标。

moveBy()方法主要是将浏览器窗口按照指定的像素值向右下方进行移动，其具体语法格式如下：

```
window.moveBy(x, y);
```

参数说明：

● x：定义浏览器窗口将要沿着 x 轴方向、向右移动的像素值；
● y：定义浏览器窗口将要沿着 y 轴方向、向下移动的像素值。

下面，来看一个使用 Window 对象中 moveTo()与 moveBy()方法的 JavaScript 代码示例（详见源代码 ch09 目录中 ch09-js-window-move.html 文件）。

先看一下 HTML 页面代码部分。

【代码 9-8】

```
01  <div id="id-table">
02      <table>
03          <tr>
04              <td>
05                  <input type="button"
06                          value="open blank window"
07                          onclick="on_open_blank_click();">
08              </td>
09              <td>
10                  <input type="button"
11                          value="move window to"
12                          onclick="on_move_to_click();">
13              </td>
14              <td>
15                  <input type="button"
16                          value="move window by"
17                          onclick="on_move_by_click();">
18              </td>
19              <td>
20                  <input type="button"
21                          value="close blank window"
22                          onclick="on_close_blank_click();">
23              </td>
24          </tr>
25      </table>
26  </div>
```

关于【代码 9-8】的分析如下：

第 05～07 行、第 10～12 行、第 15～17 行和第 20～22 行代码分别通过<input type="button">标签元素定义了 4 个按钮。

其中，第 07 行、第 12 行、第 17 行和第 22 行代码分别为这 4 个按钮定义了 "onclick" 单击事件。

接着看一下 JS 脚本代码部分。

【代码 9-9】

```
01    <script type="text/javascript">
02        var blankWindow;
03        function on_open_blank_click() {
04            blankWindow = window.open("", "", "width=150,height=100");
05        }
06        function on_move_to_click() {
07            blankWindow.moveTo(800, 300);
08            blankWindow.focus();
09        }
10        function on_move_by_click() {
11            blankWindow.moveBy(200, 100);
12            blankWindow.focus();
13        }
14        function on_close_blank_click() {
15            blankWindow.close();
16        }
17    </script>
```

关于【代码 9-9】的分析如下：

第 02 行代码定义了一个变量（blankWindow），用于保存空白窗口对象；

第 03～05 行代码定义一个事件处理方法（on_open_blank_click()），对应于【代码 9-8】中第 07 行代码定义的 "onclick" 单击事件；

第 06～09 行代码定义一个事件处理方法（on_move_to_click()），对应于【代码 9-8】中第 12 行代码定义的 "onclick" 单击事件。其中，第 07 行代码使用 blankWindow.moveTo(800, 300) 方法将窗口对象（blankWindow）移动到屏幕中指定的位置（X=800，Y=300）；

第 10～13 行代码定义一个事件处理方法（on_move_by_click()），对应于【代码 9-8】中第 17 行代码定义的 "onclick" 单击事件。其中，第 11 行代码使用 blankWindow.moveBy(200, 100) 方法将窗口对象（blankWindow）在原有位置上向右移动 200 个像素值，向下移动 100 个像素值（X=200,Y=100）；

另外，第 08 行和第 12 行代码使用 blankWindow.focus() 方法让窗口对象（blankWindow）获得焦点，如果不使用该方法则窗口对象（blankWindow）在移动后，默认是在主窗口为下方；

第 14～16 行代码定义了一个事件处理方法（on_close_blank_click()），对应于【代码 9-8】中第 22 行代码中定义的 "onclick" 单击事件。

运行测试【代码 9-8】和【代码 9-9】所定义的 HTML 页面，效果如图 9.12 所示。页面中显示出 4 个按钮，先点击图中箭头所指的第一个按钮"open blank window"，页面效果如图 9.13 所示，页面中打开一个新的空白窗口。

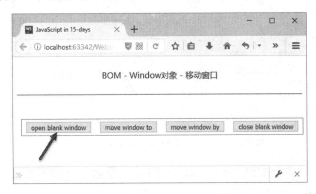

图 9.12 moveTo()和 moveBy()方法（1）

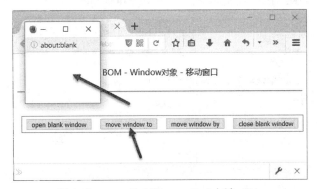

图 9.13 moveTo()和 moveBy()方法（2）

再点击图 9.13 中箭头所指的第二个按钮"move window to"，页面效果如图 9.14 所示。空白窗口从原始位置沿着右下移动到新的位置（X=800，Y=300）。这说明【代码 9-9】中第 07 行代码使用的 window.moveTo()方法操作成功。如果想关闭该窗口，可以点击第四个按钮"close blank window"即可。

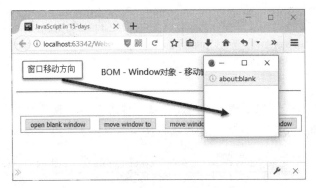

图 9.14 moveTo()和 moveBy()方法（3）

恢复图 9.13 中的页面状态，效果如图 9.15 所示。

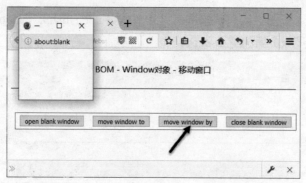

图 9.15　moveTo()和 moveBy()方法（4）

点击图 9.15 中的第三个按钮"move window by"，页面效果如图 9.16 所示。空白窗口从原始位置向右移动发 200 个像素值，向下移动 100 个像素值，（X＝200，Y＝100），移动到了新的位置，说明【代码 9-9】中第 11 行代码使用的 window.moveBy()方法操作成功。

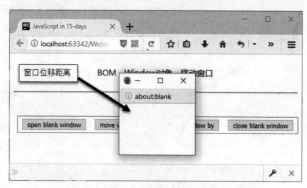

图 9.16　moveTo()和 moveBy()方法（5）

9.2.8　调整浏览器窗口尺寸大小

Window 对象中定义了两个用于调整浏览器窗口尺寸大小的方法，分别是 resizeTo()方法和 resizeBy()方法（详见表 9-2 中的描述）。

resizeTo()方法主要是将浏览器窗口大小调整为指定的宽度和高度，其具体语法格式如下：

```
window.resizeTo(width, height);
```

参数说明：

- width：定义浏览器窗口调整后的新宽度（像素值），该参数为必需；
- height：定义浏览器窗口调整后的新高度（像素值），该参数为可选。

resizeBy()方法主要是将浏览器窗口大小按照指定的像素值进行缩放，其具体语法格式如下：

```
window.resizeBy(width, height);
```

参数说明：

● width：定义浏览器窗口进行缩放的宽度（像素值，可正可负），该参数为必需；

● height：定义浏览器窗口进行缩放的高度（像素值，可正可负），该参数为可选。

下面，来看一个使用 Window 对象中 resizeTo()与 resizeBy()方法的 JavaScript 代码示例（详见源代码 ch09 目录中 ch09-js-window-resize.html 文件）。

先看一下 HTML 页面代码部分。

【代码 9-10】

```
01    <div id="id-table">
02      <table>
03        <tr>
04          <td>
05            <input type="button"
06                  value="open blank window"
07                  onclick="on_open_blank_click();">
08          </td>
09          <td>
10            <input type="button"
11                  value="resize window to"
12                  onclick="on_resize_to_click();">
13          </td>
14          <td>
15            <input type="button"
16                  value="resize window by"
17                  onclick="on_resize_by_click();">
18          </td>
19          <td>
20            <input type="button"
21                  value="close blank window"
22                  onclick="on_close_blank_click();">
23          </td>
24        </tr>
25      </table>
26    </div>
```

关于【代码 9-10】的分析如下：

第 05～07 行、第 10～12 行、第 15～17 行和第 20～22 行代码分别通过<input type="button">标签元素定义 4 个按钮。

其中，第 07 行、第 12 行、第 17 行和第 22 行代码分别为这 4 个按钮定义了"onclick"单击事件。

下面接着看一下 JS 脚本代码部分。

【代码 9-11】

```
01  <script type="text/javascript">
02      var blankWindow;
03      function on_open_blank_click() {
04          blankWindow = window.open("", "", "width=150,height=100");
05      }
06      function on_resize_to_click() {
07          blankWindow.resizeTo(500, 50);
08          blankWindow.focus();
09      }
10      function on_resize_by_click() {
11          blankWindow.resizeBy(-50, 100);
12          blankWindow.focus();
13      }
14      function on_close_blank_click() {
15          blankWindow.close();
16      }
17  </script>
```

关于【代码 9-11】的分析如下：

第 02 行代码定义一个变量（blankWindow），用于保存空白窗口对象；

第 06～09 行代码定义一个事件处理方法（on_resize_to_click()），对应于【代码 9-10】中第 12 行代码定义的"onclick"单击事件。其中，第 07 行代码使用 blankWindow.resizeTo(500, 50) 方法将窗口对象（blankWindow）的大小进行了调整（width=500，height=50）；

第 10～13 行代码定义一个事件处理方法（on_resize_by_click()），对应于【代码 9-10】中第 17 行代码定义的"onclick"单击事件。其中，第 11 行代码使用 blankWindow.resizeBy(-50, 100) 方法将窗口对象（blankWindow）的大小在原有尺寸的基础上，进行了增减（width=-50，height=100），相当于宽度减小 50 像素，高度增加 100 像素。

页面效果如图 9.17 所示，页面中显示出 4 个按钮，点击图中箭头所指的第一个按钮"open blank window"，页面效果如图 9.18 所示。

图 9.17　resizeTo() 和 resizeBy() 方法（1）

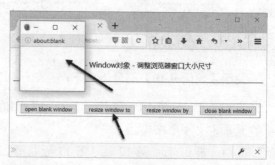

图 9.18　resizeTo() 和 resizeBy() 方法（2）

如图 9.18 中箭头所示，页面中打开了一个新的空白窗口点击箭头所指的第二个按钮"resize

window to"，页面效果如图 9.19 所示，原始空白窗口的大小进行了调整（width=500，height=50）。这说明【代码 9-11】中第 07 行代码使用的 window.resizeTo()方法操作成功。如果想关闭该窗口，可以点击第四个按钮"close blank window"即可。

下面，恢复空白窗口的原始大小，页面效果如图 9.20 所示。点击第三个按钮"resize window by"，页面效果如图 9.21 所示，原始空白窗口的大小在原有基础上进行了增减（width=-50，height=100），这说明【代码 9-11】中第 11 行代码使用的 window.resizeBy()方法操作成功。

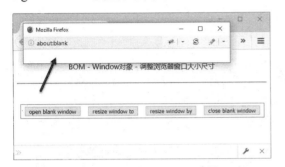

图 9.19　resizeTo()和 resizeBy()方法（3）　　　　图 9.20　resizeTo()和 resizeBy()方法（4）

图 9.21　resizeTo()和 resizeBy()方法（5）

9.3　Window 消息框

本节介绍 Window 对象的几种消息框，包括警告框（alert）、确认框（confirm）和提示框（prompt）。从严格意义上来讲，这几种消息框直属于 BOM 中最顶层 Window 对象的，单独作为一节来介绍也是因为这几款消息框是设计人员常常要用到的。而且，这几种消息框是不需要带 Window 对象前缀就可以直接调用。

9.3.1　警告框（alert）

警告框（alert）是显示带有一条指定消息和一个"确定（ok）"按钮的对话框，是一种最简单的消息框。

alert()方法的语法格式如下：

```
alert(message);
```

参数说明：

● message：要在警告框（alert）中显示的纯文本，注意是纯文本而不是 HTML 文本。

下面，来看一个使用警告框（alert）的 JavaScript 代码示例（详见源代码 ch09 目录中 ch09-js-window-alert.html 文件）。

【代码 9-12】

```
01   <div id="id-table">
02      <table>
03         <tr>
04            <td>
05               <input type="button"
06                      value="alert dialog"
07                      onclick="alert('click to open alert dialog.');">
08            </td>
09         </tr>
10      </table>
11   </div>
12   <script type="text/javascript">
13        alert("警告框（alert）");
14        alert("警告框（alert）" + "\n" + "警告框（alert）");
15   </script>
```

关于【代码 9-12】的分析如下：

这段代码主要定义了三种形式的警告框（alert）打开方式。

第 13 行代码定义基本的打开警告框（alert）的方式，直接通过调用 alert()方法打开警告框；该方法内定义的参数字符串为显示在警告框（alert）内的纯文本内容；

第 14 行代码同样定义的是基本的打开警告框（alert）的方式，不过该方法内定义的参数字符串可以显示为折行的纯文本内容；

而第 07 行代码定义的是另一种打开警告框（alert）的特殊方式，是直接通过在"onclick"事件的属性值中调用 alert()方法来实现。

初始页面效果如图 9.22 所示。页面中弹出的警告框（alert）正是【代码 9-12】中第 13 行代码所定义的。再点击警告框（alert）中的"确定"按钮，页面效果如图 9.23 所示。

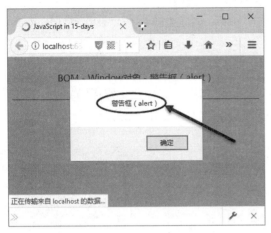

图 9.22　警告框 alert()方法（1）

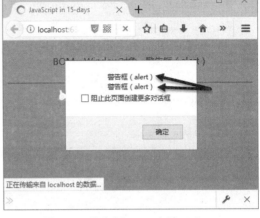

图 9.23　警告框 alert()方法（2）

如图 9.23 中的箭头所示，页面中显示出来警告框中的纯文本信息是带有折行样式的。接着点击警告框（alert）中的"确定"按钮，页面效果如图 9.24 所示，点击窗口中的"alert dialog"按钮，页面效果如图 9.25 所示。

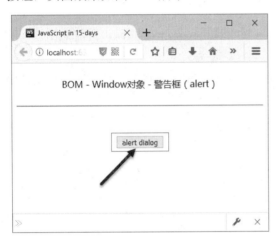

图 9.24　警告框 alert()方法（3）

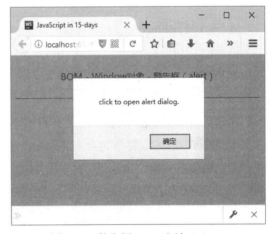

图 9.25　警告框 alert()方法（4）

如图 9.25 所示，页面中弹出的警告框（alert）正是【代码 9-12】中第 07 行代码所定义的，这表示直接在 HTML 页面代码中嵌入"alert()"方法进行调用警告框（alere）也是可行的。

9.3.2　确认框（confirm）

确认框（confirm）是显示一个带有指定消息的，并且包括"确定（ok）"和"取消（cancel）"两个功能按钮的对话框，相对于警告框（alert）而言是一种功能更强的消息框。

confirm()方法的语法格式如下：

```
confirm(message);
```

参数说明：

- message：要在确认框（confirm）中显示的纯文本，注意是纯文本而不是 HTML 文本；
- 返回值：该方法返回一个布尔值，如果用户点击"确定（ok）"按钮则返回 true；而如果用户点击"取消（cancel）"按钮则返回 false。

下面，来看一个使用确认框（confirm）的 JavaScript 代码示例（详见源代码 ch09 目录中 ch09-js-window-confirm.html 文件）。

【代码 9-13】

```
01  <script type="text/javascript">
02      var r_confirm = confirm("请选择...");
03      if (r_confirm) {
04          console.log("用户选择了'确认（ok）'按钮.");
05      } else {
06          console.log("用户选择了'取消（cancel）'按钮.");
07      }
08  </script>
```

关于【代码 9-13】的分析如下：

第 02 行代码先定义了一个变量（r_confirm），然后调用 confirm()方法，并将返回值保存在变量（r_confirm）中；

第 03～07 行代码通过 if 条件选择语句，判断变量（r_confirm）的布尔值，然后根据判断结果在浏览器控制台中输出相应的调试信息。

初始页面效果如图 9.26 所示，页面中弹出的正是【代码 9-13】中第 02 行代码所定义的确认框（confirm），注意其中包含有"确定"和"取消"两个功能按钮。

点击确认框（confirm）中的"确定"按钮，页面效果如图 9.27 所示。

图 9.26　确认框 confirm()方法（1）

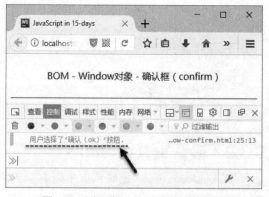

图 9.27　确认框 confirm()方法（2）

如图 9.27 中的箭头所示，浏览器控制台中输出的调试信息表明用户选择确认框（confirm）中的"确定"按钮。

返回图 9.26 中的页面状态，点击确认框（confirm）中的"取消"按钮，页面效果如图 9.28 所示。

图 9.28　确认框 confirm()方法（3）

如图 9.28 中的箭头所示，浏览器控制台中输出的调试信息表明用户选择了确认框（confirm）中的"取消"按钮。

通过【代码 9-13】的测试，可以看到确认框（confirm）的功能比警告框（alert）的功能要强大，其支持用户进行选择是否执行给定的操作，并可以根据选择结果执行相应的操作。

9.3.3　提示框（prompt）

提示框（prompt）是用于显示一个带有输入框，可接受用户输入信息的对话框，同时也包括"确定（ok）"和"取消（cancel）"这两个功能按钮。因此，提示框（prompt）相对于确认框（confirm）而言，功能又有所改进。

prompt()方法的语法格式如下：

```
prompt(text, defaultText);
```

参数说明：

- text：可选的，在提示框（prompt）中显示的纯文本，注意是纯文本而不是 HTML 文本；
- defaultText：可选的，在提示框（prompt）的输入框中显示用来提示用户输入的文本信息；
- 返回值：该方法返回用户在输入框中输入的字符串信息。

下面，来看一个使用提示框（prompt）的 JavaScript 代码示例（详见源代码 ch09 目录中 ch09-js-window-prompt.html 文件）。

【代码 9-14】

```
01    <script type="text/javascript">
02        var r_prompt = prompt("请输入您的信息...", "please enter...");
```

```
03          if (r_prompt != null && r_prompt != "") {
04              console.log("用户输入了: " + r_prompt);
05          } else {
06              console.log("用户输入了无效信息.");
07          }
08   </script>
```

关于【代码9-14】的分析如下：

第 02 行代码先定义了一个变量（r_prompt），然后调用了 prompt()方法，并将返回值保存在变量（r_prompt）中。注意，prompt()方法中定义了两个字符串参数，第一个字符串参数是用于在提示框（prompt）中显示的纯文本，第二个字符串参数是用于在提示框（prompt）的输入框中显示的提示信息，如果第二个参数未定义或为空字符串，则在输入框中不显示任何提示信息；

第 03～07 行代码通过 if 条件选择语句判断变量（r_prompt）是否为空或空字符串，然后根据判断结果在浏览器控制台中输出相应的调试信息。

初始页面效果如图 9.29 所示。页面中弹出来的正是【代码9-14】中第 02 行代码所定义的提示框（prompt）。

提示框（prompt）中的输入框中显示了提示信息，对应 prompt()方法中定义的第二个字符串参数。

下面，我们尝试在提示框（prompt）的输入框中输入一些信息，页面效果如图 9.30 所示。

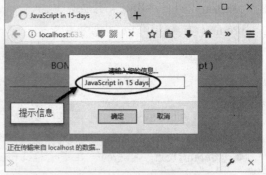

图 9.29　提示框 prompt()方法（1）　　　　图 9.30　提示框 prompt()方法（2）

我们在提示框（prompt）的输入框中输入一些信息（"JavaScript in 15 days"），然后，点击提示框（prompt）中的"确定"按钮，页面效果如图 9.31 所示。会看到【代码9-14】中第 02 行代码定义的变量（r_prompt）保存了用户输入的信息。返回图 9.30 中的页面状态，点击提示框（prompt）中的"取消"按钮，页面效果如图 9.32 所示。

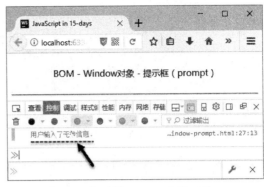

图 9.31　提示框 prompt()方法（3）　　　　图 9.32　提示框 prompt()方法（4）

如图 9.32 中的箭头所示，浏览器控制台中输出的调试信息表明用户选择提示框（prompt）中的"取消"按钮后，【代码 9-14】中第 02 行代码定义的变量（r_prompt）没有保存用户输入的信息。

通过【代码 9-13】和【代码 9-14】的对比测试，可以看到确认框（confirm）和提示框（prompt）的功能各有特点。提示框（prompt）的功能更为丰富一些，在实际开发中可根据具体场景选择使用。

9.4　Screen 对象

本节我们介绍 Screen 对象，Screen 对象是 Window 对象的一个重要子对象，用于描述有关用户屏幕的信息。另外，在使用 Screen 对象时可以不带上 Window 对象前缀。

Screen 对象中定义了很多非常有用的属性（如屏幕尺寸、分辨率和调色板等），表 9-3 中列举几个常用的，关于屏幕尺寸的属性。

表 9-3　Screen 对象常用属性

属性名称	描述
width	返回显示器屏幕的宽度
height	返回显示器屏幕的高度
availWidth	返回显示器屏幕的宽度（除去 Windows 任务栏）
availHeight	返回显示器屏幕的高度（除去 Windows 任务栏）

下面，来看一个使用 Screen 对象获取屏幕尺寸的 JavaScript 代码示例（详见源代码 ch09 目录中 ch09-js-window-screen.html 文件）。

【代码 9-15】

```
01    <script type="text/javascript">
02        var width = screen.width;
03        console.log("屏幕宽度: " + width);
04        var height = screen.height;
```

```
05          console.log("屏幕高度: " + height);
06          var aWidth = screen.availWidth;
07          console.log("屏幕可用宽度: " + aWidth);
08          var aHeight = screen.availHeight;
09          console.log("屏幕可用高度: " + aHeight);
10    </script>
```

关于【代码 9-15】的分析如下：

第 02 行代码通过"var"关键字定义了第一个变量（width），用于保存屏幕宽度尺寸的数据。其中，"width"是 screen 对象的属性，用于获取屏幕宽度的尺寸数据；

第 04 行代码通过"var"关键字定义了第二个变量（height），用于保存屏幕高度尺寸的数据。其中，"height"是 screen 对象的属性，用于获取屏幕高度的尺寸数据；

第 06 行代码通过"var"关键字定义了第三个变量（aWidth），用于保存屏幕可用宽度的尺寸数据。其中，"availWidth"是 screen 对象的属性，用于获取屏幕可用宽度的尺寸数据；

第 08 行代码通过"var"关键字定义了第四个变量（aHeight），用于保存屏幕可用高度的尺寸数据。其中，"availHeight"是 screen 对象的属性，用于获取屏幕可用高度的尺寸数据。

页面效果如图 9.33 所示，如图中的箭头所示，浏览器控制台中输出的信息表明屏幕高度和屏幕可用高度（除去任务栏高度）是两个不同的属性值。

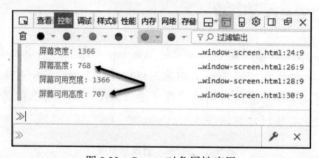

图 9.33　Screen 对象属性应用

9.5　Location 对象

Location 对象是 Window 对象的一个重要子对象，主要用于描述浏览器当前页面的 URL 信息。

9.5.1　Location 对象基础

Location 对象中定义了很多非常有用的属性，表 9-4 中列举了几个最常用的，关于 URL 信息的属性。

表 9-4　location 对象常用属性

属性名称	描述
hostname	返回 Web 主机的域名
pathname	返回当前页面的路径和文件名
href	返回当前页面完整的 URL 信息
port	返回 Web 主机的端口号（例如：80、8080 等）
protocol	返回页面使用的 Web 协议（例如：http:// 或 https://）

Location 对象中还定义了几个非常有用的方法，具体如表 9-5 所示。

表 9-5　Location 对象常用方法

方法名称	描述
assign	加载新的文档
reload	重新加载当前文档
replace	用新的文档替换当前文档

另外，在使用 Screen 对象时可以不带上 Window 对象前缀。

9.5.2　Location 对象属性

下面，来看一个应用 Location 对象属性进行实际操作的 JavaScript 代码示例（详见源代码 ch09 目录中 ch09-js-window-location.html 文件）。

【代码 9-16】

```
01  <script type="text/javascript">
02  console.log("当前主机名: " + location.hostname);
03  console.log("当前路径名: " + location.pathname);
04  console.log("当前 url 地址: " + location.href);
05  console.log("当前端口号: " + location.port);
06  console.log("当前 Web 协议: " + location.protocol);
07  </script>
```

关于【代码 9-16】的分析如下：

第 02～06 行代码通过 location 对象的一组属性，获取了当前浏览器页面 URL 的一组相关信息，并在浏览器控制台中输出了调试信息。

页面效果如图 9.34 所示。通过 location 对象的相关属性可以获取浏览器页面 URL 的相关信息，可见 Location 对象属性的功能是非常实用的。

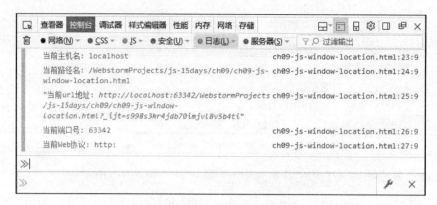

图 9.34　通过 Location 对象获取浏览器页面 URL 信息

9.5.3　assign 方法

assign()方法主要用于加载新文档，具体语法格式如下：

```
assign(url);
```

参数说明：

● url：新文档的链接地址。

下面，来看一个使用 assign()方法的 JavaScript 代码示例（详见源代码 ch09 目录中 ch09-js-window-location-assign.html 文件）。

先看一下 HTML 页面代码部分。

【代码 9-17】

```
01    <div id="id-table">
02       <table>
03          <tr>
04             <td>
05                <input type="button"
06                       value="加载新文档"
07                       onclick="on_location_assign_click();">
08             </td>
09          </tr>
10       </table>
11    </div>
```

关于【代码 9-17】的分析如下：

第 05～07 行代码通过<input type="button">标签元素定义了一个按钮。其中，第 07 行代码为这个按钮定义了"onclick"单击事件。

下面接着看一下 JS 脚本代码部分。

【代码 9-18】

```
01  <script type="text/javascript">
02      function on_location_assign_click() {
03          location.assign("http://www.w3c.org");
04      }
05  </script>
```

关于【代码 9-18】的分析如下：

第 02～04 行代码定义了一个事件处理方法（on_location_assign_click()），对应于【代码 9-17】中第 07 行代码定义的 "onclick" 单击事件。其中，第 03 行代码通过调用 Location 对象的 assign()方法加载了新文档，该方法的参数定义为新文档的链接地址。

运行测试页面，效果如图 9.35 所示。点击 "加载新文档" 按钮，页面加载后的效果如图 9.36 所示。

图 9.35　assign()方法（1）

图 9.36　assign()方法（2）

如图 9.36 中的箭头所示，新加载的 W3C 网站首页地址成功地在浏览器中显示出来，这表明【代码 9-18】中第 03 行代码调用的 assign()方法成功。

9.5.4 reload 方法

reload()方法主要用于重新加载当前文档，具体语法格式如下：

```
reload(force);
```

参数说明：

- force：该参数定义为一个布尔值。
- 如果该参数为 false（或未定义），则该方法会检测服务器上的文档是否已改变。如果文档已改变则会再次下载该文档，如果文档未改变则会从缓存中装载该文档（此时与单击浏览器刷新按钮的效果是完全一样的）；
- 如果把该参数为 true，那么无论文档是否改变，均会绕过缓存直接从服务器上重新下载该文档。

下面，来看一个使用 reload()方法的 JavaScript 代码示例（详见源代码 ch09 目录中 ch09-js-window-location-reload.html 文件）。

先看一下 HTML 页面代码部分。

【代码 9-19】

```
01  <div id="id-table">
02      <table>
03          <tr>
04              <td>
05                  <input type="button"
06                          value="重新加载当前文档"
07                          onclick="on_location_reload_click();">
08              </td>
09          </tr>
10      </table>
11  </div>
```

关于【代码 9-19】的分析如下：

第 05～07 行代码通过<input type="button">标签元素定义了一个按钮。其中，第 07 行代码为这个按钮定义了"onclick"单击事件。

下面接着看一下 JS 脚本代码部分。

【代码 9-20】

```
01  <script type="text/javascript">
02      var outWidth = window.outerWidth;
```

```
03        console.log("浏览器窗口外部宽度（outerWidth）: " + outWidth);
04        var outHeight = window.outerHeight;
05        console.log("浏览器窗口外部高度（outerHeight）: " + outHeight);
06        /*
07         * function reload
08         */
09        function on_location_reload_click() {
10            location.reload();
11        }
12  </script>
```

关于【代码 9-20】的分析如下：

第 02～05 行代码借用了 9.2.2 小节中的示例（详见【代码 9-1】），主要用于获取浏览器窗口外部的尺寸大小；

第 09～11 行代码定义了一个事件处理方法（on_location_reload_click()），对应于【代码 9-19】中第 07 行代码定义的 "onclick" 单击事件。其中，第 10 行代码通过调用 Location 对象的 reload() 方法重新加载了当前文档。

运行测试【代码 9-19】和【代码 9-20】所定义的 HTML 页面，效果如图 9.37 所示。浏览器控制台中显示了当前窗口的外部尺寸大小，尝试拉伸窗口边缘、改变窗口大小，然后点击页面中的 "重新加载当前文档" 按钮，页面加载后的效果如图 9.38 所示。

图 9.37　reload() 方法（1）

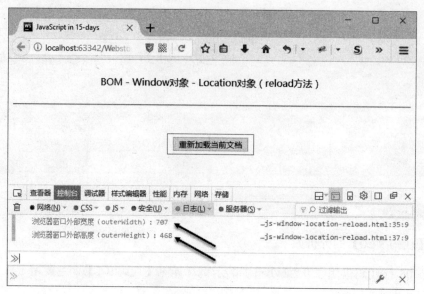

图 9.38 reload()方法（2）

如图 9.38 中的箭头所示，浏览器控制台中显示当前窗口的外部尺寸大小发生了改变，表明【代码 9-20】中第 10 行代码调用的 reload()方法成功。

9.5.5 replace 方法

replace()方法主要是将一个新文档替换当前文档，具体语法格式如下：

```
replace(newUrl);
```

参数说明：

● newUrl：新文档的链接地址。

可能读者会想到 replace()方法与前文中介绍的 assign()方法是否有区别。其实，这两个方法完成的效果上是相同的，均会在浏览器窗口中打开新文档，但这两个方法在细节上还是有所区别的。

区别就是 replace()方法不会在浏览历史中生成一个新记录，当使用该方法后，新的 URL 地址会覆盖浏览器对象中的当前地址记录。可能读者现在还没有完全理解这句话，通过下面的代码示例来帮助理解。

下面是一个使用 replace()方法的 JavaScript 代码示例（详见源代码 ch09 目录中 ch09-js-window-location-replace.html 文件）。

先看一下 HTML 页面代码部分。

【代码 9-21】

```
01    <div id="id-table">
```

```
02      <table>
03         <tr>
04            <td>
05               <input type="button"
06                     value="替换当前文档"
07                     onclick="on_location_replace_click();">
08            </td>
09         </tr>
10      </table>
11   </div>
```

关于【代码 9-21】的分析如下：

第 05～07 行代码通过<input type="button">标签元素定义了一个按钮。其中，第 07 行代码为这个按钮定义了"onclick"单击事件。

下面接着看一下 JS 脚本代码部分。

【代码 9-22】

```
01   <script type="text/javascript">
02       function on_location_replace_click() {
03           location.replace("http://www.w3c.org");
04       }
05   </script>
```

关于【代码 9-22】的分析如下：

第 02～04 行代码定义了一个事件处理方法（on_location_replace_click()），对应于【代码 9-21】中第 07 行代码定义的"onclick"单击事件。其中，第 03 行代码通过调用 location 对象的 replace()方法使用新文档替换了当前文档。

【代码 9-21】和【代码 9-22】与前文中的【代码 9-17】和【代码 9-18】十分类似，这也是为了测试 replace()方法与 assign()方法二者之间的区别。

运行测试页面，效果如图 9.39 所示。点击"替换当前文档"按钮，页面加载后的效果如图 9.40 所示。

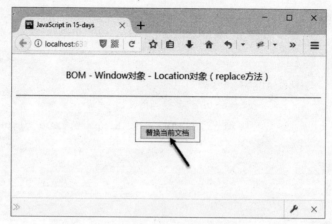

图 9.39　replace()方法（1）

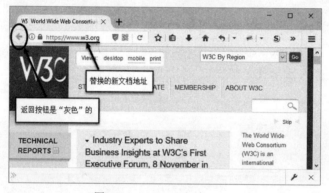

图 9.40　replace()方法（2）

如图 9.40 中的箭头所示，新加载的 W3C 网站首页地址成功地在浏览器中显示出来，这表明【代码 9-22】中第 03 行代码调用的 replace()方法成功。

> 图 9.40 中箭头指向的"返回"按钮（浏览器工具条自带的）是灰色的，这说明是无法进行页面返回操作的，这与 9.5.3 小节中图 9.36 的效果是完全不同的。这也正是 replace()方法与 assign()方法的区别所在，replace()方法是不会在浏览历史中生成一个新记录的（见前文描述），因此是无法进行"返回"操作的。

9.6　History 对象

History 对象是 Window 对象的一个重要子对象，主要用于描述浏览器所访问过的历史信息。History 对象中定义了几个非常有用的方法，具体如表 9-6 所示。

表 9-6　History 对象常用方法

方法名称	描述
back	加载 history 列表中的前一个 URL
forward	加载 history 列表中的下一个 URL
go	加载 history 列表中的某个具体页面

History 对象中还定义了一个非常有用的属性，具体如表 9-7 所示。

表 9-7　History 对象属性

属性名称	描述
length	返回浏览器历史列表中的 URL 数量

另外，关于 History 对象需要补充说明的是，其最初设计是用来表示窗口的浏览历史，但后来出于安全和隐私方面的原因，脚本代码中不再允许 History 对象操作已经实际访问过的 URL 地址。目前，History 对象保留下来的功能仅仅只有 back()、forward()和 go()这几个方法。

下面是一个使用 History 对象的 JavaScript 代码示例（详见源代码 ch09\history 目录中的 ch09-js-window-history-1.html、ch09-js-window-history-2.html 和 ch09-js-window-history-3.html 文件）。

【代码 9-23】（见 ch09-js-window-history-1.html 文件）

```
01    <div id="id-div-history">
02        <p>第1页</p>
03        <p>
04            <input type="button" value="下一页" onclick="history.forward();">
05        </p>
06        <p>
07            跳转<input type="text" id="id-page-go" class="input-page">页
08            <input type="button" value="跳转"
onclick="on_history_go_click();">
09        </p>
10    </div>
11    <script type="text/javascript">
12        console.log("History length is " + history.length);
13        function on_history_go_click() {
14            var vGo = document.getElementById("id-page-go").value;
15            history.go(parseInt(vGo));
16        }
17    </script>
```

关于【代码 9-23】的分析如下：

第 04 行代码通过<input type="button">标签元素定义了一个 "下一页" 按钮，并声明了 "onclick" 事件方法（"history.forward();"）。其中，forward()是 history 对象的方法，表示浏览

器浏览历史列表中的下一个 URL 链接；

第 07 行代码通过<input type="text">标签元素定义了一个输入框，用于输入 history 对象中 go()方法的参数；

第 08 行代码通过<input type="button">标签元素定义了一个"跳转"按钮，并声明了"onclick"事件方法（"on_history_go_click();"）；

第 12 行代码通过 history 对象的 length 属性，在浏览器控制台中输出 History 对象浏览历史列表中的 URL 数量；

第 13～16 行代码定义了一个事件处理方法（on_history_go_click()），对应第 08 行代码声明的"onclick"事件方法。其中，第 14 行代码获取第 07 行代码定义的输入框中用户输入的数据，并保存在变量（vGo）中；第 15 行代码通过调用 History 对象的 go(vGo)方法（参数为变量(vGo)），执行跳转到 History 对象浏览历史列表中的某个 URL 地址页面操作。

【代码 9-24】（见 ch09-js-window-history-2.html 文件）

```
01   <div id="id-div-history">
02       <p>第2页</p>
03       <p>
04           <input type="button" value="上一页" onclick="history.back();">
05           <input type="button" value="下一页" onclick="history.forward();">
06       </p>
07       <p>
08           跳转<input type="text" id="id-page-go" class="input-page">页
09           <input type="button" value="跳转"
onclick="on_history_go_click();">
10       </p>
11   </div>
12   <script type="text/javascript">
13       console.log("History length is " + history.length);
14       function on_history_go_click() {
15           var vGo = document.getElementById("id-page-go").value;
16           history.go(parseInt(vGo));
17       }
18   </script>
```

关于【代码 9-24】的分析如下：

这段代码与【代码 9-23】类似，不同之处是第 04 行代码通过<input type="button">标签元素多定义了一个"上一页"按钮，并声明了"onclick"事件方法（"history.back();"）。其中，back()是 history 对象的方法，表示浏览器浏览历史列表中的上一个 URL 链接。

【代码 9-25】（见 ch09-js-window-history-3.html 文件）

```
01    <div id="id-div-history">
02        <p>第3页</p>
03        <p>
04            <input type="button" value="上一页" onclick="history.back();">
05        </p>
06        <p>
07            跳转<input type="text" id="id-page-go" class="input-page">页
08            <input type="button" value="跳转"
onclick="on_history_go_click();">
09        </p>
10    </div>
11    <script type="text/javascript">
12        console.log("History length is " + history.length);
13        function on_history_go_click() {
14            var vGo = document.getElementById("id-page-go").value;
15            history.go(parseInt(vGo));
16        }
17    </script>
```

关于【代码 9-25】的分析如下：

这段代码也与【代码 9-23】类似，不同之处是第 04 行代码通过<input type="button">标签元素定义了一个"上一页"按钮，并声明了"onclick"事件方法（"history.back();"），替换了原来的"下一页"按钮。

运行测试【代码 9-23】、【代码 9-24】和【代码 9-25】所定义的一组 HTML 页面，效果如图 9.41 所示。打开浏览器控制台，查看输出的调试信息，页面效果如图 9.42 所示，【代码 9-23】中第 12 行代码输出的调试信息显示，History 对象的浏览器历史列表中的 URL 数量为 1。下面，我们手动操作跳转到下一页，页面效果如图 9.43 所示。

图 9.41　History 对象应用（1）

图 9.42　History 对象应用（2）

如图 9.43 中箭头所示，【代码 9-24】中第 13 行代码输出的调试信息显示，History 对象的浏览器历史列表中的 url 数量增加为 2；再次手动操作跳转到下一页，页面效果如图 9.44 所示。如图中箭头所示，【代码 9-25】中第 12 行代码输出的调试信息显示，History 对象的浏览器历史列表中的 url 数量增加为 3；至此，浏览器历史列表中已包含了 3 条 url 地址信息了。

图 9.43　History 对象应用（3）

图 9.44　History 对象应用（4）

点击图 9.44 的"上一页"按钮，执行"history.back()"方法，页面会跳转回浏览历史的上一条记录，页面效果如图 9.45 所示。还可以再次点击"下一页"按钮，执行"history.forward()"方法，页面会返回历史记录的"下一页"，页面效果如图 9.46 所示。

图 9.45　History 对象应用（5）

图 9.46　History 对象应用（6）

如图 9.46 中的箭头所示，我们还可以在输入框中输入想要跳转的页数，点击"跳转"按钮，执行"history.go()"方法，页面会按照指定的数值进行跳转，页面效果如图 9.47 所示。

图 9.47　History 对象应用（7）

如图 9.47 中所示，在执行了 "history.go(-2)" 方法后，页面返回到图 9.41 所示的初始页而。

9.7　Navigator 对象

Navigator 对象也是 Window 对象的一个子对象，主要用于表示与浏览器相关的信息。通过 Navigator 对象可以获取用户正在使用的浏览器名称、代码名称、版本、浏览器语言等很重要的信息。

Navigator 对象中定义了一些非常有用的属性，如表 9-8 所示。

表 9-8　Navigator对象属性

属性名称	描述
appName	返回浏览器的名称
appCodeName	返回浏览器的代码名
appVersion	返回浏览器的平台和版本信息
systemLanguage	返回操作系统使用的默认语言
platform	返回运行浏览器的操作系统平台
cookieEnabled	返回指明浏览器中是否启用 cookie 的布尔值

下面，来看一个使用 Navigator 对象获取浏览器信息的 JavaScript 代码示例（详见源代码 ch09 目录中 ch09-js-window-navigator.html 文件）。

【代码 9-26】

```
01  <script type="text/javascript">
02  console.log("当前浏览器名称: " + navigator.appName);
03  console.log("当前浏览器代码名称: " + navigator.appCodeName);
04  console.log("当前浏览器版本: " + navigator.appVersion);
05  console.log("当前浏览器语言: " + navigator.systemLanguage);
```

```
06    console.log("当前浏览器系统平台: " + navigator.platform);
07    console.log("当前浏览器是否启用 Cookie: " + navigator.cookieEnabled);
08  </script>
```

关于【代码 9-26】的分析如下：

第 02～07 行代码通过 Navigator 对象的一组属性，获取当前使用浏览器的一组相关信息，并在控制台输出了调试信息。

页面效果如图 9.48 所示。Navigator 对象的"appName"属性获取的结果是"Netscape"，而"appCodeName"属性获取的结果"Mozilla"才是真正使用的浏览器代码名。

图 9.48　通过 Navigator 对象获取浏览器的相关信息

9.8　JavaScript 计时器

计时器是 Window 对象所提供的顶层方法，通过 JavaScript 脚本语言允许使用计时器方法实现在一个设定的时间间隔后执行脚本代码，而不是在函数被调用后立即执行。

9.8.1　计时器基础

计时器共定义了两组共 4 个方法，具体如表 9-9 所示。

表 9-9　计时器方法

方法名称	描述
setTimeout()	设定在指定的毫秒数后调用函数或计算表达式
clearTimeout()	取消由 setTimeout()方法设置的计时器
setInterval()	设定按照指定的周期（以毫秒计）来调用函数或计算表达式
clearInterval()	取消由 setInterval()设置的计时器

● setTimeout()方法主要用于在指定的毫秒数后调用函数或计算表达式，其具体语法格式如下：

```
setTimeout(code, millisec);
```

参数说明：

- code: 要调用的函数或计算表达式的 JavaScript 代码，该参数为必需；
- millisec: 在执行代码前需要等待的毫秒数，该参数为必需；
- 返回值: 计时器 id 值。
- clearTimeout()方法主要用于取消由 setTimeout()方法设置的计时器，其具体语法格式如下：

```
clearTimeout(id-setTimeout);
```

参数说明：

- id-setTimeout: 由 setTimeout()方法返回的 id 值。
- setInterval()方法主要用于按照指定的周期（以毫秒计）来调用函数或计算表达式，其具体语法格式如下：

```
setInterval(code, millisec);
```

参数说明：

- code: 要调用的函数或计算表达式的 JavaScript 代码，该参数为必需；
- millisec: 每次在执行代码前要期等待的毫秒数，该参数为必需；
- 返回值: 计时器 id 值。
- clearInterval()方法主要用于取消由 setInterval()方法设置的计时器，其具体语法格式如下：

```
clearInterval(id-setInterval);
```

参数说明：

- id-setInterval: 由 setInterval()方法返回的 id 值。

 setTimeout()方法只会执行 code 一次；如果要多次调用计时器，就需要使用 setInterval()方法或者是递归调用 setTimeout()方法来实现。

9.8.2　setTimeout 计时器

上一小节中介绍了 setTimeout()方法，由于该方法只会触发一次计时器，因此如果想实现循环计时器就需要以递归的方式调用 setTimeout()方法。

下面，来看一个使用 setTimeout()方法的 JavaScript 代码示例（详见源代码 ch09 目录中 ch09-js-window-setTimeout.html 文件）。

先看一下 HTML 页面代码部分：

【代码 9-27】

```
01  <div id="id-table">
02     <table>
03        <tr>
04           <td>
05              <input type="button"
06                  value="start timer"
07                  onclick="startTimer();">
08           </td>
09           <td>
10              <input type="button"
11                  value="stop timer"
12                  onclick="stopTimer();">
13           </td>
14        </tr>
15     </table>
16  </div>
```

关于【代码 9-27】的分析如下：

第 05～07 行代码通过<input type="button">标签元素定义了第一个按钮，用于开始启动计时器的操作。其中，第 07 行代码定义了"onclick"事件处理方法，该方法的函数名为 "startTimer()"；

第 10～12 行代码通过<input type="button">标签元素定义了第二个按钮，用于停止计时器的操作。其中，第 12 行代码定义了"onclick"事件处理方法，该方法的函数名为"stopTimer()"。

下面接着看一下 JS 脚本代码部分。

【代码 9-28】

```
01  <script type="text/javascript">
02      var idTimer;
03      var i = 1;
04      function startTimer() {
05          idTimer = setTimeout("proc_timer()", 1000);
06          console.log("after setTimeout()");
07      }
08      function stopTimer() {
09          clearTimeout(idTimer);
10      }
11      function proc_timer() {
```

```
12              var t = i * 1000;
13              console.log("start timer : " + t + " ms.");
14              i++;
15              startTimer();
16          }
17  </script>
```

关于【代码 9-28】的分析如下：

第 05 行代码通过 "setTimeout()" 方法开启一个计时器。其中，第一个参数定义了回调方法（proc_timer()），第二个参数定义了时间间隔（1000ms）。同时，该方法的返回值（计时器id）保存在变量（idTimer）中；

第 08～10 行代码是 "stopTimer()" 方法的具体实现，其中第 09 行代码通过 "clearTimeout()" 方法停止了第 05 行代码定义的计时器，该方法定义的参数（idTimer）为第 05 行代码返回的计时器 id 值；

第 11～16 行代码是对第 05 行代码定义的回调方法（proc_timer()）的具体实现；

第 12 行代码定义一个变量（t），通过累加器（i）换算出具体的累计时间（单位：ms），并通过第 13 行代码在浏览器控制台中进行输出；

第 14 行代码对累加器（i）执行累加操作（i++）；

第 15 行代码再次调用 "startTimer()" 方法，其实这里就相当于一个递归调用。我们知道计时器 "setTimeout()" 方法只能触发一次计时器，如果想定义循环计时器就需要使用递归方式调用 "setTimeout()" 方法。

那么，使用递归方式与不使用递归公式调用 "setTimeout()" 方法有什么区别呢？下面，我们通过实际代码测试一下。

先测试【代码 9-27】和【代码 9-28】所定义的 HTML 页面，注意此次测试先将【代码 9-28】中第 15 行代码注销，页面初始效果如图 9.49 所示。点击 "start timer" 按钮，页面初始效果如图 9.50 所示。

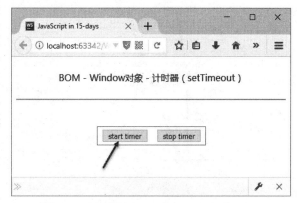

图 9.49　计时器 "setTimeout()" 方法（1）

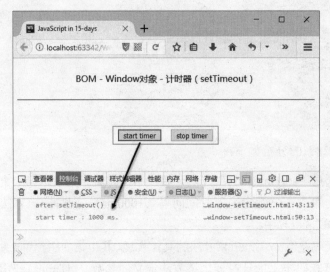

图 9.50　计时器"setTimeout()"方法（2）

开启计时器后，浏览器控制台中先输出【代码 9-28】中第 06 行代码定义的调试信息；在间隔一会儿（大约 1s），输出【代码 9-28】中第 13 行代码定义的调试信息。由此可见，在执行完【代码 9-28】中第 05 行代码定义的"setTimeout()"方法后，并没有立即执行回调方法（proc_timer()）中定义的第 13 行代码，而是先执行了第 06 行代码，这表明计时器定义的时间间隔（1000ms）生效了。

同时，从浏览器控制台中的输出结果来看，"setTimeout()"方法仅执行了一次，只触发了一次计时器，因为只有一行关于累计时间的调试信息输出。

下面，撤销对【代码 9-28】中第 15 行代码的注销，再次运行测试【代码 9-27】和【代码 9-28】所定义的 HTML 页面，效果如图 9.51 所示。

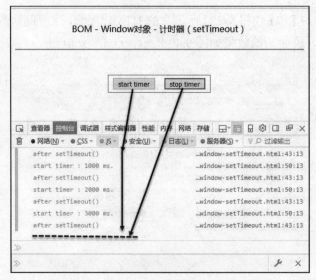

图 9.51　计时器"setTimeout()"方法（3）

如图 9.51 中的箭头所示，从浏览器控制台中输出的关于累计时间的调试信息的结果来看，"setTimeout()"方法被循环调用了，计时器被循环触发。此时，只有点击"stop timer"按钮才能终止累计时间的调试信息继续输出。

9.8.3　setInterval 计时器

上一小节中我们介绍了 setTimeout()方法的使用，包括使用递归的方式调用 setTimeout()方法来实现循环计时器的。下面，我们继续介绍 setInterval()方法的使用，看一下通过该方法如何直接实现循环计时器的功能。

下面，来看一个使用 setInterval()方法的 JavaScript 代码示例（详见源代码 ch09 目录中 ch09-js-window-setInterval.html 文件）。

先看一下 HTML 页面代码部分：

【代码 9-29】

```
01    <div id="id-table">
02       <table>
03          <tr>
04             <td>
05                <input type="button"
06                      value="start timer"
07                      onclick="startTimer();">
08             </td>
09             <td>
10                <input type="button"
11                      value="stop timer"
12                      onclick="stopTimer();">
13             </td>
14          </tr>
15       </table>
16    </div>
```

关于【代码 9-29】的分析如下：

【代码 9-29】与【代码 9-27】相同，第 05～07 行和第 10～12 行代码分别通过<input type="button">标签元素定义了两个按钮，用于开始启动计时器和停止计时器的操作。

下面接着看一下 JS 脚本代码部分。

【代码 9-30】

```
01    <script type="text/javascript">
02        var idTimer;
03        var i = 1;
04        function startTimer() {
05           idTimer = setInterval("proc_timer()", 1000);
```

```
06              console.log("after setInterval()");
07          }
08      function stopTimer() {
09          clearInterval(idTimer);
10          }
11      function proc_timer() {
12          var t = i * 1000;
13          console.log("start timer : " + t + " ms.");
14          i++;
15          }
16  </script>
```

关于【代码 9-30】的分析如下：

第 05 行代码通过 "setInterval()" 方法开启一个计时器。其中，第一个参数定义了回调方法（proc_timer()），第二参数定义了时间间隔（1000ms）。该方法的返回值（计时器 id）保存在变量（idTimer）中；

第 08～10 行代码是"stopTimer()"方法的具体实现，其中第 09 行代码通过"clearInterval()"方法清除了第 05 行代码定义的计时器，该方法定义的参数（idTimer）为第 05 行代码返回的计时器 id 值；

第 11～15 行代码是对第 05 行代码定义的回调方法（proc_timer()）的具体实现；

第 12 行代码定义了一个变量（t），通过累加器（i）换算出具体的累计时间（单位：ms），并通过第 13 行代码在浏览器控制台中进行输出。

【代码 9-30】与【代码 9-28】的区别是【代码 9-30】中并没有对"setInterval()"方法采用递归方式进行调用。

先测试【代码 9-29】和【代码 9-30】所定义的 HTML 页面，效果如图 9.52 所示。点击 "start timer" 按钮，页面初始效果如图 9.53 所示。

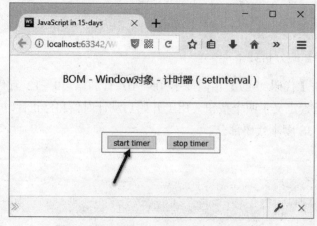

图 9.52　计时器 "setInterval()" 方法（1）

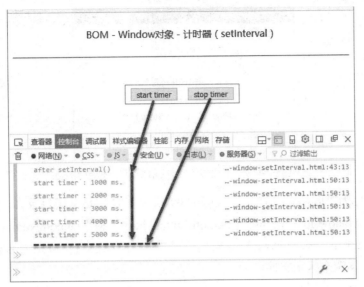

图 9.53　计时器 "setInterval()" 方法（2）

开启计时器后，浏览器控制台中先输出【代码 9-30】中第 06 行代码定义的调试信息。在间隔一会儿（大约 1s），输出【代码 9-30】中第 13 行代码定义的调试信息。由此可见，在执行完【代码 9-30】中第 05 行代码定义的 "setInterval()" 方法后，并没有立即执行回调方法（proc_timer()）中定义的第 13 行代码，而是先执行第 06 行代码，这表明定义的时间间隔（1000ms）生效。

同时，从浏览器控制台中输出的、关于累计时间的调试信息的结果来看，"setInterval()" 方法被循环调用。此时，只有点击 "stop timer" 按钮才能终止累计时间的调试信息继续输出。

9.9　开发实战：摇号抽奖 Web 应用

现实生活中，类似抽奖摇号的场景屡见不鲜。比如，有些城市的机动车牌号要通过摇号来抽取，电商平台上红包大战中要靠手气获取现金奖励。当然用户也都是希望能够在公平的算法下进行。

本实战应用就是通过 JavaScript 脚本语言的 Window 对象，设计一个摇号抽奖的 Web 应用，在算法上实现随机性与公平性。本应用基于 HTML、CSS3 和 JavaScript 等相关技术来实现，具体源码目录结构如图 9.54 所示。

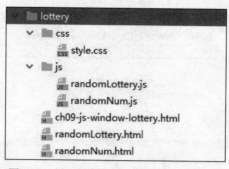

图 9.54　摇号抽奖 Web 应用源码目录结构

应用目录名称为"lottery"（详见源代码 ch09 目录下的 lottery 子目录）；HTML 页面文件名称为"ch09-js-window-lottery.html""randomLottery.html"和"randomNum.html"；CSS 样式文件放在"css"目录下（css\style.css）；js 脚本文件放在"js"目录下，分别为 js\randomLottery.js 和 js\randomNum.js 两个脚本文件。

首先，我们看一下摇号抽奖 Web 应用的主页面代码示例（详见源代码 ch09 目录中 lottery\ch09-js-window-lottery.html 文件）。

【代码 9-31】

```
01  <!doctype html>
02  <html lang="en">
03  <head>
04    <!-- 添加文档头部内容 -->
05    <link rel="stylesheet" type="text/css" href="css/style.css">
06    <title>JavaScript in 15-days</title>
07  </head>
08  <body>
09    <!-- 添加文档主体内容 -->
10    <header>
11        <nav>BOM (Window) - 项目实战：摇号抽奖页面应用</nav>
12    </header>
13    <hr>
14    <div id="id-table">
15      <table>
16        <tr>
17          <td>
18            <input type="button"
19                   value="打开摇号页面"
20                   onclick="on_open_num_click();">
21          </td>
22          <td>
23            <input type="button"
24                   value="关闭摇号页面"
25                   onclick="on_close_num_click();">
```

```
26                </td>
27            </tr>
28        </table>
29        <table>
30            <tr>
31                <td>
32                    <input type="button"
33                        value="打开抽奖页面"
34                        onclick="on_open_lottery_click();">
35                </td>
36                <td>
37                    <input type="button"
38                        value="关闭抽奖页面"
39                        onclick="on_close_lottery_click();">
40                </td>
41            </tr>
42        </table>
43    </div>
44    <!-- 添加文档主体内容 -->
45    <script type="text/javascript">
46        var numWindow;
47        function on_open_num_click() {
48            numWindow = window.open("randomNum.html", "",
49                "width=300,height=200,status=yes");
50        }
51        function on_close_num_click() {
52            numWindow.close();
53        }
54    </script>
55    <script type="text/javascript">
56        var lotteryWindow;
57        function on_open_lottery_click() {
58            lotteryWindow = window.open("randomLottery.html", "",
59                "width=300,height=200,status=yes");
60        }
61        function on_close_lottery_click() {
62            lotteryWindow.close();
63        }
64    </script>
65 </body>
```

关于【代码 9-31】的分析如下：

第 05 行代码使用<link href="css/style.css" />标签元素，引用本应用自定义的 CSS 样式文件；

第 18～20 行和第 23～25 行代码中分别通过<input type="button">标签元素定义了一组共两个按钮，且各自定义相应的"onclick"事件处理方法（"on_open_num_click();"和"on_close_num_click();"），用于打开和关闭摇号页面；

第 32～34 行和第 37～39 行代码中分别通过<input type="button">标签元素定义了另一组共两个按钮，且各自定义相应的"onclick"事件处理方法（"on_open_lottery_click();"和"on_close_lottery_click();"），用于打开和关闭抽奖页面；

第 46 行代码通过"var"关键字定义一个变量（numWindow），用于保存摇号页面窗口对象；

第 47～50 行代码定义了第一个事件处理方法（on_open_num_click()），对应第 20 行代码定义的"onclick"事件方法。其中，第 48 行代码使用 window 对象的 open()方法打开摇号页面（randomNum.html），并将返回值保存在变量（numWindow）中；

第 51～53 行代码定义了第二个事件处理方法（on_close_num_click()），对应第 25 行代码定义的"onclick"事件方法。其中，第 52 行代码使用 window 对象的 close()方法关闭摇号页面（randomNum.html）；

第 56 行代码通过"var"关键字定义一个变量（lotteryWindow），用于保存抽奖页面窗口对象；

第 57～60 行代码定义了第三个事件处理方法（on_open_lottery_click()），对应第 34 行代码定义的"onclick"事件方法。其中，第 58 行代码使用 window 对象的 open()方法打开抽奖页面（randomLottery.html），并将返回值保存在变量（lotteryWindow）中；

第 61～63 行代码定义了第四个事件处理方法（on_close_lottery_click()），对应第 39 行代码定义的"onclick"事件方法。其中，第 62 行代码使用 window 对象的 close()方法关闭抽奖页面（randomLottery.html）。

运行测试【代码 9-31】定义的 HTML 网页，初始效果如图 9.55 所示。页面表格中显示两组共 4 个按钮，分别用于打开/关闭摇号和抽奖这两个页面。

图 9.55　摇号抽奖 Web 应用首页

下面，我们继续看一下摇号页面的 HTML 代码（详见源代码 ch09 目录中

lottery\randomNum.html 文件）。

【代码 9-32】

```
01  <!doctype html>
02  <html lang="en">
03  <head>
04  <!-- 添加文档头部内容 -->
05  <link rel="stylesheet" type="text/css" href="css/style.css">
06  <script type="text/javascript" src="js/randomNum.js"
charset="gbk"></script>
07  <title>JavaScript in 15-days</title>
08  </head>
09  <body onload="init();">
10  <!-- 添加文档主体内容 -->
11  <header>
12      <nav>随机摇号页面</nav>
13  </header>
14  <hr>
15  <div id="id-random-num">
16      恭喜您的号码<span id="id-random-num-span"></span>被选中！
17  </div>
18  </body>
19  </html>
```

关于【代码 9-32】的分析如下：

第 06 行代码使用<script src="js/randomNum.js" charset="gbk"></script>标签元素，引用了本页面自定义的一个 JS 脚本文件；

第 09 行代码中为<body>标签元素定义一个"onload"事件方法（"init();"）；

第 15～17 行代码通过<div>标签元素在页面中定义一个区域，用于显示摇号的结果信息。其中，第 16 行代码通过<span>标签元素定义一个行内区域，专门用来显示动态摇号的过程与结果。

下面接着看一下 HTML 页面所对应的 JS 脚本代码部分（详见源代码 ch09 目录中 lottery\js\randomNum.js 文件）：

【代码 9-33】

<script type="text/javascript">

```
01  var idTimerNum;
02  var t = 1;
03  /*
04   * init()
05   */
```

```
06  function init() {
07      startTimer();
08  }
09  /*
10   * func - startTimer()
11   */
12  function startTimer() {
13      idTimerNum = setInterval("proc_timer_num()", 100);
14  }
15  /*
16   * func - stopTimer()
17   */
18  function stopTimer() {
19      clearInterval(idTimerNum);
20  }
21  /*
22   * func - proc_timer_num()
23   */
24  function proc_timer_num() {
25      if (t < 10) {
26          var rNum = get_random_num();
27          document.getElementById("id-random-num-span").innerHTML = rNum;
28      } else {
29          stopTimer();
30      }
31      t++;
32  }
33  /*
34   * func - get_random_num()
35   */
36  function get_random_num() {
37      var r = parseInt(Math.random() * 100);
38      console.log("random num : " + r);
39      if ((r >= 1) && (r <= 100))
40          return r;
41      else
42          return 0;
43  }
```

＜/script＞

关于【代码 9-33】的分析如下：

第 06～08 行代码定义了一个事件处理方法，是对【代码 9-32】中第 09 行代码中定义的"onload"事件的具体实现。其中，第 07 行代码调用了一个"startTimer()"方法；

第 12～14 行代码是对"startTimer()"方法的具体实现。其中，第 13 行代码使用"setInterval()"

方法开启一个计时器，第一个参数定义了回调方法（proc_timer_num()）；第二参数定义了时间间隔（100ms）；同时，该方法的返回值（计时器 id）保存在变量（idTimerNum）中；

第 26 行代码调用一个"get_random_num()"方法，来获取一个随机数，并将其保存在变量（rNum）中；

第 27 行代码将随机数（rNum）的结果显示在【代码 9-32】中第 16 行代码定义的<span>标签元素内；

第 36～43 行代码是对第 26 行代码调用的产生随机数方法（get_random_num()）的具体实现。其中，第 37 行代码使用 Math 对象的"random()"方法产生一个 1～100 之间的随机数；第 38 行代码将产生的随机数作为调试信息输出到浏览器控制台中进行显示；第 39～42 行代码通过 if 条件选择语句来保证随机数在数字 1～100 之间。

下面，我们继续看一下抽奖页面的 HTML 代码（详见源代码 ch09 目录中 lottery\randomLottery.html 文件）。

【代码 9-34】

```
01  <!doctype html>
02  <html lang="en">
03  <head>
04   <!-- 添加文档头部内容 -->
05   <link rel="stylesheet" type="text/css" href="css/style.css">
06   <script type="text/javascript" src="js/randomLottery.js"
charset="gbk"></script>
07   <title>JavaScript in 15-days</title>
08  </head>
09  <body onload="init();">
10   <!-- 添加文档主体内容 -->
11   <header>
12       <nav>随机抽奖页面</nav>
13   </header>
14   <hr>
15   <div id="id-random-lottery">
16       恭喜您抽中<span id="id-random-lottery-span"></span>元！
17   </div>
18  </body>
19  </html>
```

关于【代码 9-34】的分析如下：

【代码 9-34】与【代码 9-32】的结构大致相同，主要是第 06 行代码通过使用<script src="js/randomLottery.js" charset="gbk"></script>标签元素，引用了本页面自定义的一个 JS 脚本文件。

下面接着看一下 HTML 页面所对应的 JS 脚本代码部分（详见源代码 ch09 目录中 lottery\js\randomLottery.js 文件）：

【代码 9-35】

```
01  var idTimerLottery;
02  var t = 1;
03  /*
04   * init()
05   */
06  function init() {
07      startTimer();
08  }
09  /*
10   * func - startTimer()
11   */
12  function startTimer() {
13      idTimerLottery = setInterval("proc_timer_lottery()", 50);
14  }
15  /*
16   * func - stopTimer()
17   */
18  function stopTimer() {
19      clearInterval(idTimerLottery);
20  }
21  /*
22   * func - proc_timer()
23   */
24  function proc_timer_lottery() {
25      if (t < 10) {
26          var rLottery = get_random_lottery();
27          document.getElementById("id-random-lottery-span").innerHTML =
rLottery;
28      } else {
29          stopTimer();
30      }
31      t++;
32  }
33  /*
34   * func - get_random_num()
35   */
36  function get_random_lottery() {
37      var r = Math.random().toFixed(2);
38      console.log("random num : " + r);
39      if ((r >= 0) && (r <= 1))
```

```
40          return r;
41      else
42          return 0;
43  }
```

关于【代码 9-35】的分析如下：

【代码 9-35】与【代码 9-33】的结构大致相同，主要是第 36～43 行代码定义的产生随机数方法（get_random_lottery()）略有改动。其中，第 37 行代码通过使用 Math 对象的"random()"方法产生一个 0～1 之间的且保留两位小数的随机数。

下面我们返回图 9.55 所示的页面，然后点击"打开摇号页面"按钮，效果如图 9.56 所示。在弹出的摇号页面中，随机抽取一个选中的号码（65）。另外，读者在测试时会发现号码在每间隔很短时间后随机变化，直到最后经过一定的时间后选中该号码，这个效果正好符合摇号的过程。如果想关闭摇号页面，可以点击"关闭摇号页面"按钮即可。

下面继续返回图 9.55 所示的页面，再次点击"打开抽奖页面"按钮，效果如图 9.57 所示。在弹出的抽奖页面中，随机抽取一个红包奖励（0.61 元），数额非常符合现实情况。

图 9.56　摇号页面

图 9.57　抽奖页面

9.10　本章小结

本章主要介绍 JavaScript 浏览器对象模型（BOM）的相关知识，包括 Window 对象、消息框、Screen 对象、Location 对象、History 对象和 Navigator 对象等方面的内容，并通过一些具体示例进行讲解。本章的内容是 JavaScript 脚本语言编程中的重点内容，掌握这些内容是进行实际项目开发的必备技能之一。

第 10 章

JavaScript与文档对象模型（DOM）

JavaScript 脚本语言最重要的功能是与文档对象模型（DOM）的交互操作。JavaScript 通过文档对象模型（DOM）提供的接口，可以实现对 HTML 内容（如 HTML 元素标签以及这些元素标签所包含的文本）的操作方法。本章主要介绍关于 JavaScript 与文档对象模型（DOM）编程的知识。

10.1 文档对象模型（DOM）编程基础

10.1.1 文档对象模型（DOM）介绍

文档对象模型（Document Object Model，简称 DOM）是 W3C 组织推荐的处理可扩展标记语言的标准编程接口。DOM 是一种与平台和语言均无关的应用程序接口（API），可以动态地访问程序和脚本，更新其内容、结构以及文档风格。

DOM 被划分为三个部分，分别是核心 DOM、XML DOM 和 HTML DOM。下面简单介绍这三类 DOM 的概念。

- 核心 DOM：定义一套标准的适用于任何结构化文档的对象；
- XML DOM：定义一套标准的专门适用于 XML 文档的对象；
- HTML DOM：定义一套标准的专门适用于 HTML 文档的对象。JavaScript 就是专门使用 HTML DOM 的脚本语言。

其实，HTML DOM 的结构是被组织成一种树形结构来实现的（便于查询与检索），如图 10.1 所示。

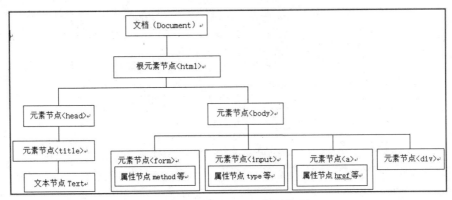

图 10.1　HTML DOM 树结构图

DOM 编程是 JavaScript 语言的核心内容之一，是实现 HTML 动态网页的基础。在 HTML 文档中，每一项内容均可视为 DOM 的一个节点，通过 JavaScript 脚本语言可以添加、修改、删除或重构 HTML DOM 中的这些节点，以实现对 HTML 文档的改变。

10.1.2　DOM 模型中获得对象的方法

通过 JavaScript 脚本语言获取 DOM 中的对象，必须使用 Document 对象。当浏览器载入一个 HTML 文档后，该 HTML 文档就会成为一个 Document 对象。通过 Document 对象就可以使用 JavaScript 脚本语言对 HTML DOM 中的元素节点进行操作。

其中，Document 对象中提供三个主要方法用于获取 DOM 对象，具体如下：

● getElementById()方法：返回带有指定 id 的第一个对象的引用，语法如下：

```
document.getElementById(id);
```

● getElementsByName()方法：返回带有指定名称的对象集合，语法如下：

```
document.getElementsByName(name);
```

● getElementsByTagName()方法：返回带有指定标签名的对象集合，语法如下：

```
document.getElementsByTagName(tagname);
```

另外，Document 对象是 Window 对象的子集，因此还以可通过 window.document 方式进行使用。

下面，看一个使用 JavaScript 获取 DOM 模型对象的代码示例（详见源代码 ch10 目录中 ch10-js-dom-html.html 文件）。

先看一下 HTML 页面代码部分：

【代码 10-1】

```
01   <div id="id-table">
02       <table>
03           <tr>
```

```
04              <td>
05                  <input type="button"
06                      id="id-input-id"
07                      value="getElementById()获取 DOM 对象" />
08              </td>
09              <td>
10                  <input type="button"
11                      name="name-input-name"
12                      value="getElementsByName()获取 DOM 对象" />
13              </td>
14          </tr>
15      </table>
16  </div>
```

关于【代码 10-1】的分析如下：

第 05～07 行和第 10～12 行代码分别通过<input type="button">标签元素定义一组按钮，且均添加了"value"属性值；

另外，第 06 行代码为第一个<input>标签元素定义了"id"属性，而第 11 行代码为第二个<input>标签元素定义了"name"属性。

下面接着看一下 JS 脚本代码部分：

【代码 10-2】

```
01  <script type="text/javascript">
02      var v_id = document.getElementById("id-input-id").value;
03      console.log(v_id);
04      var v_name =
document.getElementsByName("name-input-name")[0].value;
05      console.log(v_name);
06      var v_tag = document.getElementsByTagName("input");
07      console.log("length : " + v_tag.length);
08      var len = v_tag.length;
09      for(i=0; i<len; i++)
10          console.log(v_tag[i].value);
11  </script>
```

关于【代码 10-2】的分析如下：

第 02 行代码通过"var"关键字定义了第一个变量（v_id），并通过 getElementById()方法获取【代码 10-1】中第 05～07 行代码定义的<input>标签元素对象，并将返回值保存在变量（v_id）中；

第 04 行代码通过"var"关键字定义了第二个变量（v_name），并通过 getElementsByName()方法获取【代码 10-1】中第 10~12 行代码定义的<input>标签元素对象，并将返回值保存在变量（v_name）中。这里需要注意，使用 getElementsByName()方法获取的是对象的数组，因此此处需要使用数组下标的形式来获取具体的标签元素对象；

第 06 代码通过"var"关键字定义了第三个变量（v_tag），并通过 getElementsByTagName()
方法获取文档内所有定义的<input>标签元素对象，并将返回值保存在变量（v_tag）中；

第 07 行代码中通过 length 属性获取数组变量（v_tag）的长度，并在第 09～10 行代码中
通过 for 循环语句，在浏览器控制台中输出 HTML 文档内定义的所有<input>标签元素对象的
"value"属性值。

运行测试【代码 10-1】和【代码 10-2】所定义的 HTML 页面，并使用浏览器控制台查看
输出的调试信息，页面效果如图 10.2 所示。

图 10.2　JavaScript 获取 DOM 对象的方法

从【代码 10-2】中第 03 行代码输出的结果来看，通过 getElementById()方法可以获取指
定"id"属性的对象；

从【代码 10-2】中第 05 行代码输出的结果来看，通过 getElementsByName()方法可以获取
指定"name"属性的对象集合；

而【代码 10-2】中第 07 行和第 10 行代码输出的结果来看，通过 getElementsByTagName()
方法可以获取指定标签元素对象的集合，且通过"length"属性可以取得集合的长度。

以上就是通过 HTML DOM 模型获取对象的基本方法，这些方法是 JavaScript 与 HTML
DOM 编程的基础，希望读者尽快理解并掌握。

10.1.3　HTML DOM 编程基础

本小节将介绍 HTML DOM。其实，DOM 也就是我们所说的 HTML DOM，确切来说就是
W3C 标准定义的 HTML 文档对象模型的英文缩写（Document Object Model for HTML）。

HTML DOM 定义了可用于 HTML 的一系列标准的对象，以及访问和处理 HTML 文档的标准方法。通过 HTML DOM 可以访问所有的 HTML 元素，以及这些元素所包含的文本和属性。通过 JavaScript 脚本语言，可以对这些 HTML 元素的内容进行修改和删除，同时还可以创建新的元素。

表 10-1 列举了 HTML DOM 中一些常用的元素。

表 10-1　HTML DOM 常用元素说明

名称	说明	
Document	代表整个 HTML 文档，可用来访问页面中所有的元素	
Anchor	代表超链接<a>元素	
Body	代表 HTML 文档中的<body>元素	
Button	代表按钮<button>元素	
Form	代表表单<form>元素	
Frameset	代表框架<frameset>元素	
Iframe	代表<iframe>元素	
Image	代表图像<img>元素	
Input	type=button	代表 HTML 表单中的按钮
	type=checkbox	代表 HTML 表单中的选择框
	type=file	代表 HTML 表单中的文件上传框 fileupload
	type=hidden	代表 HTML 表单中的隐藏域
	type=password	代表 HTML 表单中的密码域
	type=radio	代表 HTML 表单中的单选框
	type=reset	代表 HTML 表单中的重置按钮
	type=submit	代表 HTML 表单中的确认按钮
	type=text	代表 HTML 表单中的文本输入域
Meta	代表<meta>元素	
Link	代表<link>元素	
Style	代表某个单独的样式声明	
Select	代表 HTML 表单中的选择列表。	
Option	代表 HTML 表单中的选择列表的选项<option>元素	
Table	代表表格<table>元素	
TableRow	代表表格行<tr>元素	
TableData	代表表格单元格<td>元素	
Textarea	代表多行文本域<textarea>元素	
Object	代表对象<Object>元素	

对于 HTML 标签元素，通常可以定义"id"属性、"name"属性、"class"属性、"value"属性和"style"属性等，通过元素名称及其属性，就可以实现对 HTML DOM 的访问、删除、更新和插入等功能操作。

10.2 JavaScript 获取 DOM 对象

本节介绍如何通过 JavaScript 脚本语言获取 DOM 对象，具体包括通过属性名称、标签（tag）和样式（class）等方式获取 DOM 对象的方法。

10.2.1 通过 id 获取 DOM 元素对象

在前文中介绍 Document 对象提供 getElementById()方法，用于通过指定的 "id" 属性值来获取对第一个对应的 DOM 元素对象的引用，该方法的语法形式如下：

```
document.getElementById(id);
```

参数说明：

● id：表示指定元素的 id 属性值；
● 返回值：指定元素的对象。

下面，看一个使用 getElementById()方法（设定 id 属性为该方法的参数）获取 DOM 元素对象的代码示例（详见源代码 ch10 目录中 ch10-js-dom-getElementById.html 文件）。

先看一下 HTML 页面代码部分：

【代码 10-3】

```
01   <p id="id-p">
02       第一段段落
03   </p>
04   <p id="id-p">
05       第二段段落
06   </p>
```

关于【代码 10-3】的分析如下：

● 第 01～03 行代码通过<p>标签元素定义了第一段段落文本，并添加了 "id" 属性值（"id-p"）；
● 第 04～06 行代码通过<p>标签元素定义了第二段段落文本，并添加了同样的 "id" 属性值（"id-p"）。

在 HTML 中 id 属性值是不能重复定义的，因为 id 属性的含义就是元素的唯一标识（不过即使这样定义，也不会影响对 HTML 文档的解析）。另外，如果读者使用的是智能型的软件开发平台，这样的错误是会被开发平台识别出来，并有错误提示信息的。

下面接着看一下 JS 脚本代码部分：

【代码 10-4】

```
01    <script type="text/javascript">
02        var v_id_p = document.getElementById("id-p");
03        console.log(v_id_p);
04        console.log(v_id_p.innerText);
05    </script>
```

关于【代码 10-4】的分析如下：

第 02 行代码通过"var"关键字定义了一个变量（v_id_p），并通过 getElementById()方法（参数定义为"id-p"）获取了 id 属性值为"id-p"的<p>标签元素对象，并将返回值保存在变量（v_id_p）中；

第 03 行代码直接在控制台中输出变量（v_id_p）的具体内容；

第 04 行代码直接在控制台中输出变量（v_id_p）的"innerText"属性内容。

运行测试【代码 10-3】和【代码 10-4】所定义的 HTML 页面，效果如图 10.3 所示。从浏览器控制台中输出的信息来看，通过 getElementById()方法（设定 id 属性为参数）获取 DOM 元素对象时，获取的是第一个<p>标签元素对象。

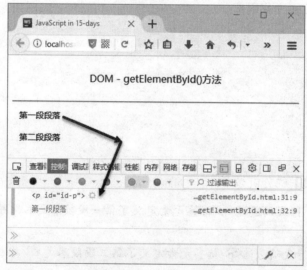

图 10.3　JavaScript 通过 id 获取元素对象的方法（1）

下面，将鼠标移动到浏览器控制台中的第二个"节点"上方，页面效果如图 10.4 所示。浏览器调试器中高亮部分的提示清楚地表明通过 getElementById()方法获取的是第一个<p>标签元素对象。

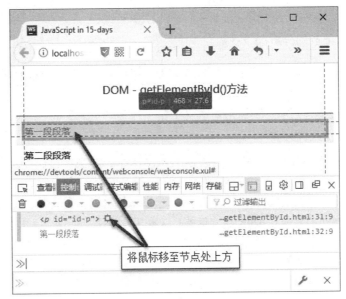

图 10.4 JavaScript 通过 id 获取元素对象的方法（2）

这段代码示例还表明即使定义了具有相同 id 属性值的标签元素，getElementById()方法也仅仅获取其中的第一个元素。

10.2.2 通过 name 获取 DOM 元素对象

Document 对象还提供 getElementsByName()方法，用于通过指定的 name 属性值来获取对相应的 DOM 元素对象集合的引用，该方法的语法形式如下：

```
document.getElementsByName(name);
```

参数说明：

- name：表示指定元素的 name 属性值；
- 返回值：指定元素的对象集合。

下面，看一个使用 getElementsByName()方法（参数设定为 name 属性）获取 DOM 元素对象集合的代码示例（详见源代码 ch10 目录中 ch10-js-dom-getElementsByName.html 文件）。

先看一下 HTML 页面代码部分：

【代码 10-5】

```
01   <p name="name-p">
02       第一段段落
03   </p>
04   <p name="name-p">
05       第二段段落
06   </p>
07   <p name="name-p">
08       第三段段落
```

```
09    </p>
```

关于【代码 10-5】的分析如下：

第 01～03 行代码通过<p>标签元素定义了第一段段落文本，并且添加了 "name" 属性值（"name-p"）；

第 04～06 行代码通过<p>标签元素定义了第二段段落文本，也添加了同样的 "name" 属性值（"name-p"）；

第 07～09 行代码通过<p>标签元素定义了第三段段落文本，也添加了同样的 "name" 属性值（"name-p"）。

 与 id 属性值不同的是 name 属性值是可以重复定义的。

下面接着看一下 JS 脚本代码部分：

【代码 10-6】

```
01    <script type="text/javascript">
02        var v_name_p = document.getElementsByName("name-p");
03        console.log(v_name_p);
04        var len = v_name_p.length;
05        for(i=0; i<len; i++)
06            console.log(v_name_p[i].innerText);
07    </script>
```

页面效果如图 10.5 所示。从浏览器控制台中输出的信息来看，通过 getElementsByName() 方法（参数设定为 name 属性值）获取 DOM 元素对象时，获取的是一个对象集合（NodeList 类型）。

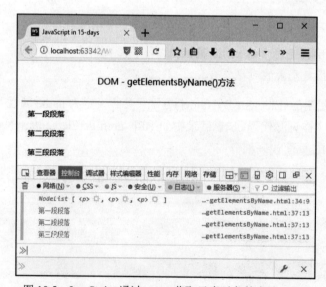

图 10.5　JavaScript 通过 name 获取元素对象的方法（1）

下面，将鼠标移动到浏览器控制台中的第二个"节点"上方，页面效果如图 10.6 所示。浏览器调试器中高亮部分的提示清楚地表明通过 getElementsByName()方法获取了第二个<p>标签元素对象。

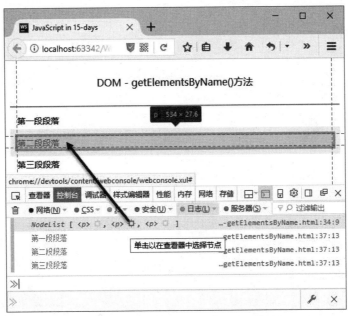

图 10.6　JavaScript 通过 name 获取元素对象的方法（2）

这段代码示例表明通过 getElementsByName()方法（参数设定为元素的 name 属性值），将会获取所有定义为相同 name 属性值的元素集合。

10.2.3　通过 tag 标签获取 DOM 元素对象

在前文中还介绍 Document 对象提供 getElementsByTagName()方法，用于通过对指定的 tag 标签元素来获取对相应的 DOM 元素对象集合的引用，该方法的语法形式如下：

```
document.getElementsByTagName(tagname);
```

参数说明：

● 　tagname：表示指定元素的 tag 标签名称;

● 　返回值：指定标签元素的对象集合。

下面，看一个使用 getElementsByTagName()方法（参数设定为元素的 tagname 属性值）获取 DOM 元素对象集合的代码示例（详见源代码 ch10 目录中 ch10-js-dom-getElementsByTagName.html 文件）。

先看一下 HTML 页面代码部分：

【代码 10-7】

```
01    <p >
02        第一段段落
03    </p>
04    <p>
05        第二段段落
06    </p>
07    <p>
08        第三段段落
09    </p>
```

下面接着看一下 JS 脚本代码部分：

【代码 10-8】

```
01    <script type="text/javascript">
02        var v_tag_p = document.getElementsByTagName("p");
03        console.log(v_tag_p);
04        var len = v_tag_p.length;
05        for(i=0; i<len; i++)
06            console.log(v_tag_p[i].innerText);
07    </script>
```

关于【代码 10-8】的分析如下：

第 02 行代码通过"var"关键字定义了一个变量（v_tag_p），并通过 getElementsByTagName()方法（参数设定"p"）获取标签元素为<p>的对象集合，并将返回值保存在变量（v_tag_p）中。注意 getElementsByTagName()方法返回的是标签元素的对象集合（HTMLCollection 类型）；

第 03 行代码直接在控制台中输出变量（v_tag_p）的具体内容；

第 04 行代码通过"length"属性获取了变量（v_tag_p）的长度；

第 05～06 行代码通过 for 循环语句在控制台中输出了全部<p>标签元素对象所定义的文本内容。

页面初始效果如图 10.7 所示。从浏览器控制台中输出的信息来看，通过 getElementsByTagName()方法（设定 tag 标签元素为参数）获取 DOM 元素对象时，获取的是一个对象集合（HTMLCollection 类型）。

图 10.7　JavaScript 通过 tag 标签元素获取元素对象的方法（1）

下面，将鼠标移动到浏览器控制台中的第三个"节点"上方，页面效果如图 10.8 所示。浏览器调试器中高亮部分的提示清楚地表明通过 getElementsByTagName()方法获取了第三个 <p>标签元素对象。

图 10.8　JavaScript 通过 tag 标签元素获取元素对象的方法（2）

这段代码示例表明通过 getElementsByTagName()方法（参数设定义为 tag 标签名称），将会获取 HTML 文档中所有该标签元素的元素集合。

10.2.4 通过 class 获取 DOM 元素对象

为同类标签元素添加同一样式类（class）的方法在 HTML 文档中也是比较常用的。为此，Document 对象专门提供 getElementsByClassName()方法（注意该方法是 HTML5 版本新增的），用于通过指定的 class 类名来获取对相应元素对象集合的引用，该方法的语法形式如下：

```
document.getElementsByClassName(classname);
```

参数说明：

- classname：表示指定元素的样式类（class）名称；
- 返回值：指定元素的对象集合。

下面，看一个通过样式类（class）名称、使用 getElementsByClassName()方法获取 DOM 元素对象集合的代码示例（详见源代码 ch10 目录中 ch10-js-dom-getElementsByClassName.html 文件）。

先看一下 HTML 页面代码部分：

【代码 10-9】

```
01    <p class="class-p">
02        第一段段落
03    </p>
04    <p class="class-p">
05        第二段段落
06    </p>
07    <p class="class-p">
08        第三段段落
09    </p>
```

下面接着看一下 JS 脚本代码部分：

【代码 10-10】

```
01    <script type="text/javascript">
02        var v_class_p = document.getElementsByClassName("class-p");
03        console.log(v_class_p);
04        var len = v_class_p.length;
05        for(i=0; i<len; i++)
06            console.log(v_class_p[i].innerText);
07    </script>
```

关于【代码 10-10】的分析如下：

第 02 行代码通过"var"关键字定义了一个变量（v_class_p），并通过 getElementsByClassName()方法（参数设定为"class-p"）获取了类名为"class-p"的<p>标签元素对象集合，并将返回值保存在变量（v_class_p）中。注意，getElementsByClassName()方法返回的也是对象的集合（HTMLCollection 类型）；

第 03 行代码直接在控制台中输出变量（v_class_p）的具体内容；

第 04 行代码通过"length"属性获取变量（v_class_p）的长度；

第 05～06 行代码通过 for 循环语句在控制台中输出了所有类名为"class_p"的标签元素对象所定义的文本内容。

页面初始效果如图 10.9 所示。从浏览器控制台中输出的信息来看，通过 getElementsByClassName()方法、以类名为参数获取 DOM 元素对象时，获取的是一个对象集合（HTMLCollection 类型）。

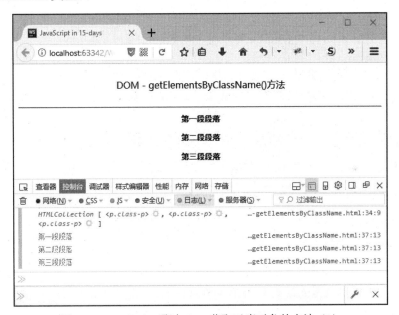

图 10.9　JavaScript 通过 class 获取元素对象的方法（1）

下面，将鼠标移动到浏览器控制台中的"节点"上方，页面效果如图 10.10 所示。浏览器调试器中高亮部分的提示清楚地表明通过 getElementsByClassName()方法获取了第一个<p>标签元素对象。

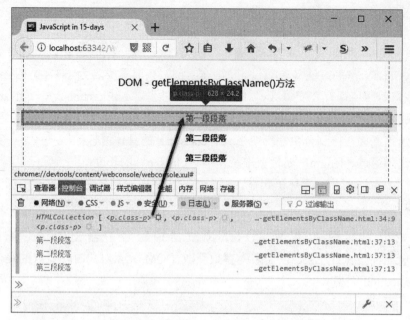

图 10.10　JavaScript 通过 class 获取元素对象的方法（2）

这段代码示例表明通过 getElementsByClassName()方法（参数设定为样式类(class)名称），将会获取 HTML 文档中全部类名称为该样式类(class)的标签元素的集合。

10.2.5　通过父节点、子节点获取 DOM 元素对象

在 W3C 标准规范中，Document 对象还提供了通过父节点、子节点和相邻节点来获取对元素对象引用的方法，其中关于节点方法的说明如下：

- parentNode：获取该节点的父节点；
- childNodes：获取该节点的子节点数组；
- firstChild：获取该节点的第一个子节点；
- lastChild：获取该节点的最后一个子节点；
- nextSibling：获取该节点的下一个相邻节点；
- previoursSibling：获取该节点的上一个相邻节点。

下面，看一个通过各种节点方法获取 DOM 元素对象的 JavaScript 代码示例（详见源代码 ch10 目录中 ch10-js-dom-nodes.html 文件）。

【代码 10-11】

```
01      <!-- 添加文档主体内容 -->
02      <div id="id-div-p"><p>第一段段落</p><p>第二段段落</p><p>第三段段落
</p></div>
```

```
03        <!-- 添加 JavaScript 脚本内容 -->
04        <script type="text/javascript">
05            var v_div_p = document.getElementById("id-div-p");
06            console.log(v_div_p);
07            var v_nodeList = v_div_p.childNodes;
08            console.log(v_nodeList);
09            console.log(v_div_p.firstChild.nodeName);
10            console.log(v_div_p.firstChild.innerText);
11            console.log(v_div_p.lastChild.nodeName);
12            console.log(v_div_p.lastChild.innerText);
13            console.log(v_div_p.firstChild.nextSibling.innerText);
14            console.log(v_div_p.lastChild.previousSibling.innerText);
15            var v_parent_node = v_div_p.firstChild.nextSibling.parentNode;
16            console.log(v_parent_node);
17        </script>
```

关于【代码 10-11】的分析如下：

第 02 行代码通过<div>和<p>标签元素定义了三段段落文本，并且为<div>标签元素定义了 id 属性（id="id-div-p"）。这里特别需要读者注意的是，将第 02 行代码写成一行是为了保证 firstChild 和 lastChild 等属性能够兼容 IE、Chrome、FireFox 等各个版本的浏览器；

第 04～17 行代码通过<script>标签定义了一段嵌入式 JavaScript 脚本；

第 05 行代码通过"var"关键字定义了一个变量（v_div_p），并通过 getElementById()方法（参数定义为"id-div-p"）获取了 id 值为"id-div-p"的<div>标签元素对象，并将返回值保存在变量（v_div_p）中；

第 15 行代码通过"var"关键字定义了一个变量（v_parent_node），用于保存通过"parentNode"属性获取变量（v_div_p）的第一个子节点的下一个相邻节点的父节点。其实，通过这么复杂的逻辑获取的就是<div>标签元素对象。

页面效果如图 10.11 所示。通过 parentNode、childNodes、firstChild、lastChild、nextSibling 和 previoursSibling 属性，可以有效在父节点、子节点和相邻节点之间进行操作。

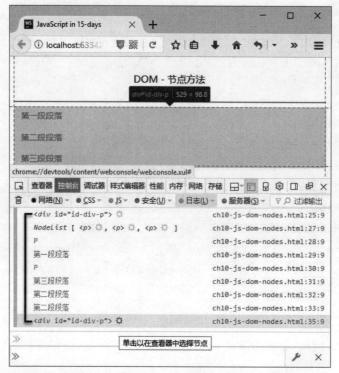

图 10.11　JavaScript 通过父节点、子节点获取元素对象的方法

10.3　JavaScript 动态操作 DOM 对象

本节介绍如何通过 JavaScript 脚本语言动态操作 DOM 对象，具体包括动态操作 DOM 对象、属性和样式等方法。

10.3.1　动态操作 DOM 元素对象

Document 对象提供对元素对象的新建、插入、修改、删除和克隆等动态操作方法，关于这些方法的说明如下：

- createElement()方法：用于创建新元素对象；
- appendChild()方法：用于添加子节点；
- insertBefore(newNode, relNode)方法：用于插入新节点；
- replaceChild(newNode, oldNode)方法：用于替换原有旧节点；
- removeChild(node)方法：执行移除节点操作；
- cloneNode()方法：完成克隆节点操作。其中，如果使用"true"参数代表深度克隆，如果使用"false"参数代表浅度克隆。

下面，看一个通过以上方法动态操作 DOM 元素对象的 JavaScript 代码示例（详见源代码 ch10 目录中 ch10-js-dom-dyn-node.html 文件）。

先看一下 HTML 页面代码部分：

【代码 10-12】

```
01   <div id="id-table">
02     <table>
03       <tr>
04         <td><button onclick="on_create_ele()">动态创建元素
</button></td>
05         <td><button onclick="on_insert_ele()">动态插入元素
</button></td>
06         <td><button onclick="on_replace_ele()">动态替换元素
</button></td>
07         <td><button onclick="on_remove_ele()">动态移除元素
</button></td>
08       </tr>
09       <tr>
10         <td><button onclick="on_clone_ele()">动态克隆元素
</button></td>
11         <td><button onclick="on_clone_div_deep()">动态深克隆
</button></td>
12         <td><button onclick="on_clone_div_no_deep()">动态浅克隆
</button></td>
13         <td></td>
14       </tr>
15     </table>
16   </div>
17   <div id="id-div-node"></div>
```

关于【代码 10-12】的分析如下：

第 01～16 行代码通过一组<button>标签元素定义了执行相关动态操作 DOM 元素对象的功能按钮；

第 17 行代码通过<div>标签元素定义一个空的区域，并且为<div>标签元素定义了 id 属性（id="id-div-node"）。

下面接着看一下 JS 脚本代码部分：

【代码 10-13】

```
01   <script type="text/javascript">
02     var v_div_node = document.getElementById("id-div-node");
03     function on_create_ele() {
04       var v_p1 = document.createElement("p");
```

```
05          v_p1.innerText = "第一段段落";
06          v_div_node.appendChild(v_p1);
07          var v_p2 = document.createElement("p");
08          v_p2.innerText = "第二段段落";
09          v_div_node.appendChild(v_p2);
10          var v_p3 = document.createElement("p");
11          v_p3.innerText = "第三段段落";
12          v_div_node.appendChild(v_p3);
13      }
14    function on_insert_ele() {
15          var v_new_p1 = document.createElement("p");
16          v_new_p1.innerText = "动态插入段落1";
17          v_div_node.insertBefore(v_new_p1, v_div_node.firstChild);
18          var v_new_p2 = document.createElement("p");
19          v_new_p2.innerText = "动态插入段落2";
20          v_div_node.insertBefore(v_new_p2, v_div_node.lastChild);
21      }
22    function on_replace_ele() {
23          var v_replace_p1 = document.createElement("p");
24          v_replace_p1.innerText = "动态替换段落1";
25          v_div_node.replaceChild(v_replace_p1, v_div_node.firstChild);
26          var v_replace_p2 = document.createElement("p");
27          v_replace_p2.innerText = "动态替换段落2";
28          v_div_node.replaceChild(v_replace_p2, v_div_node.lastChild);
29      }
30    function on_remove_ele() {
31          v_div_node.removeChild(v_div_node.firstChild);
32          v_div_node.removeChild(v_div_node.lastChild);
33      }
34    function on_clone_ele() {
35          var v_clone_first_node = v_div_node.firstChild.cloneNode(true);
36          console.log(v_clone_first_node);
37          v_div_node.appendChild(v_clone_first_node);
38          var v_clone_last_node = v_div_node.lastChild.cloneNode(true);
39          console.log(v_clone_last_node);
40          v_div_node.appendChild(v_clone_last_node);
41      }
42    function on_clone_div_deep() {
43          var v_clone_div_deep = v_div_node.cloneNode(true);
44          console.log(v_clone_div_deep);
45          v_div_node.appendChild(v_clone_div_deep);
46      }
47    function on_clone_div_no_deep() {
48          var v_clone_div_no_deep = v_div_node.cloneNode(false);
49          console.log(v_clone_div_no_deep);
```

```
50                    v_div_node.appendChild(v_clone_div_no_deep);
51            }
52 </script>
```

关于【代码 10-13】的分析如下：

第 02 行代码通过 "var" 关键字定义一个变量（v_div_node），并通过 getElementById()方法（使用参数"id-div-node"）获取了 id 值为"id-div-node"的<div>标签元素对象，返回值保存在变量（v_div_node）中；

第 03～13 行代码是【代码 10-12】中定义的事件处理函数 "on_create_ele()" 的具体实现。其中，主要使用 createElement()方法创建一组<p>标签元素对象，并分别使用 appendChild()方法将新创建的<p>标签元素对象追加到第 02 行代码获取的<div>标签元素对象（v_div_node）中；

第 14～21 行代码是【代码 10-12】中定义的事件处理函数 "on_insert_ele()" 的具体实现。其中，主要使用 createElement()方法新建一组<p>标签元素对象，并使用 insertBefore()方法将新创建的<p>标签元素对象分别插入到第 02 行代码获取的<div>标签元素对象（v_div_node）中的第一个子节点和最后一个子节点之前；

第 22～29 行代码是【代码 10-12】中定义的事件处理函数 "on_replace_ele()" 的具体实现。其中，主要使用 createElement()方法新建一组<p>标签元素对象，并使用 replaceChild()方法将新创建的<p>标签元素对象分别替换第 02 行代码获取的<div>标签元素对象（v_div_node）中的第一个子节点和最后一个子节点；

第 30～33 行代码是【代码 10-12】中定义的事件处理函数 "on_remove_ele()" 的具体实现。其中，主要使用 removeChild()方法移除第 02 行代码获取的<div>标签元素对象（v_div_node）中的第一个子节点和最后一个子节点；

第 34～41 行代码是【代码 10-12】中定义的事件处理函数 "on_clone_ele()" 的具体实现。其中，主要使用 cloneNode()克隆<div>标签元素的第一个子节点和最后一个子节点，并分别使用 appendChild()方法将克隆的对象追加到第 02 行代码获取的<div>标签元素对象（v_div_node）中；

第 42～46 行代码是【代码 10-12】中定义的事件处理函数 "on_clone_div_deep()"的具体实现"。主要用于执行深度克隆对象操作，既克隆对象及其全部子对象；

第 47～51 行代码是【代码 10-12】中定义的事件处理函数 "on_clone_div_no_deep()"的具体实现。主要用于执行浅度克隆对象操作，即仅克隆对象本身。

页面初始效果如图 10.12 所示。先点击 "动态创建元素" 按钮，执行第 03～13 行代码所定义的 "on_create_ele()" 函数，页面效果如图 10.13 所示，通过 "on_create_ele()" 函数动态创建的 DOM 元素在页面中成功显示出来。

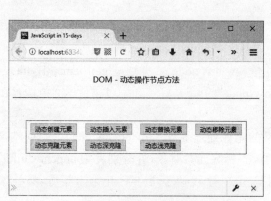
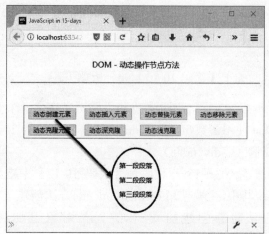

图 10.12　JavaScript 动态操作元素对象的方法（1）　　图 10.13　JavaScript 动态操作元素对象的方法（2）

　　下面，继续点击"动态插入元素"按钮，执行第 14～21 行代码所定义的"on_insert_ele()"函数，页面效果如图 10.14 所示。如图中箭头所示，通过"on_insert_ele()"函数动态插入的 DOM 元素在页面中成功显示出来。

　　下面，继续点击"动态替换元素"按钮，执行第 22～29 行代码所定义的"on_replace_ele()"函数，页面效果如图 10.15 所示，通过"on_replace_ele()"函数动态替换的 DOM 元素在页面中成功显示出来。

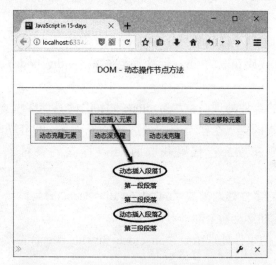
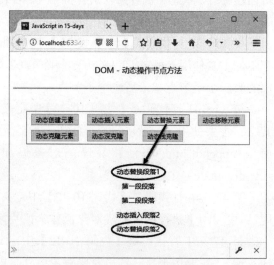

图 10.14　JavaScript 动态操作元素对象的方法（3）　　图 10.15　JavaScript 动态操作元素对象的方法（4）

　　读者还可以点击其他按钮，查看每个按钮的运行效果，此处我们省略。

10.3.2　动态操作 DOM 元素属性

　　Document 对象提供对元素对象属性的获取、设置和移除等动态操作方法，关于这些方法的说明如下：

- getAttribute()方法：用于获取元素属性；
- setAttribute()方法：用于设置元素属性；
- removeAttribute()方法：用于移除元素属性；
- attributes 属性：用于获取元素全部属性。

下面，看一个通过以上方法动态操作 DOM 元素属性的 JavaScript 代码示例（详见源代码 ch10 目录中 ch10-js-dom-dyn-attribute.html 文件）。

先看一下 HTML 页面代码部分：

【代码 10-14】

```
01    <div id="id-table">
02       <table>
03          <tr>
04          <td><button onclick="on_get_id_click()">获取 id 属性</button></td>
05          <td><button onclick="on_get_name_click()">获取 name 属性
</button></td>
06          <td><button onclick="on_get_class_click()">获取 class 属性
</button></td>
07          </tr>
08          <tr>
09          <td><button onclick="on_set_id_click()">设置 id 属性</button></td>
10          <td><button onclick="on_set_name_click()">设置 name 属性
</button></td>
11          <td><button onclick="on_set_class_click()">设置 class 属性
</button></td>
12          </tr>
13          <tr>
14          <td><button onclick="on_get_all_attributes_click()">获取全部属性
</button></td>
15          <td><button onclick="on_remove_class_click()">移除 class 属性
</button></td>
16          <td></td>
17          </tr>
18       </table>
19    </div>
20    <p id="id-p" name="name-p" class="class-p">段落文本</p>
21    <div id="id-div"></div>
```

下面接着再看一下 JS 脚本代码部分：

【代码 10-15】

```
01    <script type="text/javascript">
02       var v_id_p = document.getElementById("id-p");
03       var v_id_div = document.getElementById("id-div");
```

```
04          function on_get_id_click() {
05              var v_id = v_id_p.getAttribute("id");
06              v_id_div.innerText += "id : '" + v_id + "'\n";
07          }
08          function on_get_name_click() {
09              var v_name = v_id_p.getAttribute("name");
10              v_id_div.innerText += "name : '" + v_name + "'\n";
11          }
12          function on_get_class_click() {
13              var v_class = v_id_p.getAttribute("class");
14              v_id_div.innerText += "class : '" + v_class + "'\n";
15          }
16          function on_set_id_click() {
17              v_id_p.setAttribute("id", "id-p-new");
18              var v_id = v_id_p.getAttribute("id");
19              v_id_div.innerText += "id : '" + v_id + "'\n";
20          }
21          function on_set_name_click() {
22              v_id_p.setAttribute("name", "name-p-new");
23              var v_name = v_id_p.getAttribute("name");
24              v_id_div.innerText += "name : '" + v_name + "'\n";
25          }
26          function on_set_class_click() {
27              v_id_p.setAttribute("class", "class-p-new");
28              var v_class = v_id_p.getAttribute("class");
29              v_id_div.innerText += "class : '" + v_class + "'\n";
30          }
31          function on_get_all_attributes_click() {
32              var v_all_attribute = v_id_p.attributes;
33              var len = v_all_attribute.length;
34              v_id_div.innerText += "All attributes is:\n'";
35              for(var i=0; i<len; i++)
36                  v_id_div.innerText +=
37                      v_all_attribute[i].nodeName + " : " +
38                      v_all_attribute[i].nodeValue + "\n";
39          }
40          function on_remove_class_click() {
41              v_id_p.removeAttribute("class");
42          }
43  </script>
```

关于【代码 10-15】的分析如下：

第 02 行代码通过"var"关键字定义了一个变量（v_id_p），并通过 getElementById()方法（参数设定为"id-p"）获取了【代码 10-14】中 id 值为"id-p"的\<p\>标签元素，返回值保存在变量（v_id_p）中；

　　第 03 行代码通过"var"关键字定义了一个变量（v_id_div），并通过 getElementById()方法（参数设定为"id-div"）获取了【代码 10-14】中 id 值为"id-div"的<div>标签元素对象，返回值保存在变量（v_id_div）中。

　　页面初始效果如图 10.16 所示，页面中显示了一组功能按钮和一个段落文本。下面，点击"获取 id 属性"按钮，执行第 04～07 行代码所定义的"on_get_id_click()"函数，页面效果如图 10.17 所示，页面中显示<p>标签元素的"id"属性值。

图 10.16　JavaScript 动态操作元素对象属性的方法（1）

图 10.17　JavaScript 动态操作元素对象属性的方法（2）

　　下面，继续点击"获取 name 属性"按钮，执行第 08～11 行代码所定义的"on_get_name_click()"函数，页面效果如图 10.18 所示，页面中显示<p>标签元素的"name"属性值。

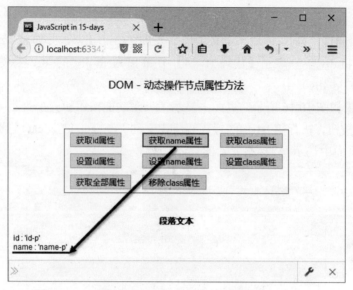

图 10.18　JavaScript 动态操作元素对象属性的方法（3）

下面，继续点击"获取 class 属性"按钮，执行第 12～15 行代码所定义的"on_get_class_click()"函数，页面效果如图 10.19 所示，页面中显示<p>标签元素的"class"样式属性值。

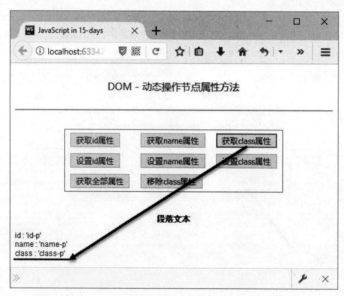

图 10.19　JavaScript 动态操作元素对象属性的方法（4）

读者还可以点击其他按钮查看演示效果，此处省略，不再赘述。

10.3.3　动态操作 DOM 元素样式

Document 对象提供了对元素对象样式的动态操作方法，主要是通过"style"属性来实现的。关于使用"style"属性的语法如下：

```
document.getElementById("id").style.property = "new value"
```

通过"style"属性可以改变元素的样式有：背景、边框、边距、尺寸、方向、布局、定位、字体和对齐方式等多种风格样式。

下面，看一个动态操作 DOM 元素样式的 JavaScript 代码示例（详见源代码 ch10 目录中 ch10-js-dom-dyn-style.html 文件）。

先看一下 HTML 页面代码部分：

【代码 10-16】

```
01    <div id="id-table">
02        <table>
03          <tr>
04          <td><button onclick="on_style_bgcolor_click()">改变段落背景颜色
</button></td>
05          <td><button onclick="on_style_border_click()">改变段落边框样式
</button></td>
06          <td><button onclick="on_style_font_click()">改变段落字体样式
</button></td>
07          </tr>
08          <tr>
09    <td><button onclick="on_style_margin_padding_click()">改变段落边距样式
</button></td>
10          <td><button onclick="on_style_size_click()">改变段落尺寸样式
</button></td>
11          <td><button onclick="on_style_position_click()">改变段落定位方式
</button></td>
12          </tr>
13          <tr>
14          <td><button onclick="on_style_align_click()">改变段落对齐方式
</button></td>
15          <td><button onclick="on_style_hidden_click()">设置段落隐藏样式
</button></td>
16          <td><button onclick="on_style_visible_click()">设置段落可见样式
</button></td>
17          </tr>
18        </table>
19    </div>
20    <p id="id-p">段落文本风格样式</p>
```

下面接着看一下 JS 脚本代码部分：

【代码 10-17】

```
01    <script type="text/javascript">
02        var v_id_p = document.getElementById("id-p");
```

```
03          function on_style_bgcolor_click() {
04              v_id_p.style.backgroundColor = "#eee";
05          }
06          function on_style_border_click() {
07              v_id_p.style.border = "1px #666 solid";
08          }
09          function on_style_font_click() {
10              v_id_p.style.font = "bold 24px/1.6em '黑体'";
11          }
12          function on_style_margin_padding_click() {
13              v_id_p.style.margin = "16px";
14              v_id_p.style.padding = "8px";
15          }
16          function on_style_size_click() {
17              v_id_p.style.width = "320px";
18              v_id_p.style.height = "64px";
19          }
20          function on_style_position_click() {
21              v_id_p.style.margin = "64px auto";
22          }
23          function on_style_align_click() {
24              v_id_p.style.textAlign = "right";
25          }
26          function on_style_hidden_click() {
27              v_id_p.style.visibility = "hidden";
28          }
29          function on_style_visible_click() {
30              v_id_p.style.visibility = "visible";
31          }
32  </script>
```

关于【代码 10-17】的分析如下：

第 02 行代码通过"var"关键字定义了一个变量（v_id_p），并通过 getElementById()方法（使用参数设定为"id-p"）获取了 id 值为"id-p"的\<p\>标签元素，返回值保存在变量（v_id_p）中；

第 03～05 行代码是【代码 10-16】中定义的事件处理函数"on_style_bgcolor_click()"的具体实现。其中，主要使用"style.backgroundColor"属性重新设置了\<p\>标签元素的背景颜色样式（backgroundColor = "#eee"）；

第 06～08 行代码是【代码 10-16】中定义的事件处理函数"on_style_border_click()"的具体实现。其中，主要使用"style.border"属性重新设置了\<p\>标签元素的边框样式（border = "1px

#666 solid"）；

第 09～11 行代码是【代码 10-16】中定义的事件处理函数"on_style_font_click()"的具体实现。其中，主要使用"style.font"属性重新设置了<p>标签元素的字体样式（font = "bold 24px/1.6em '黑体'"）。

页面初始效果如图 10.20 所示。页面中显示了一组功能按钮和一个段落文本。

图 10.20　JavaScript 动态操作元素对象样式的方法（1）

下面，点击"改变段落背景颜色"按钮，执行第 03～05 行代码所定义的"on_style_bgcolor_click()"函数，页面效果如图 10.21 所示，页面中段落文本的背景颜色被改变了。

图 10.21　JavaScript 动态操作元素对象样式的方法（2）

下面，继续点击"改变段落边框样式"按钮，执行第 06～08 行代码所定义的"on_style_border_click()"函数，页面效果如图 10.22 所示，页面中的段落文本显示出边框样式。

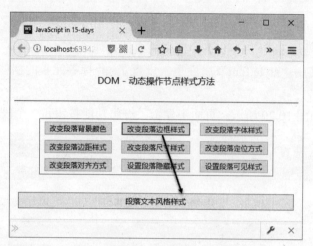

图 10.22　JavaScript 动态操作元素对象样式的方法（3）

下面，继续点击"改变段落字体样式"按钮，执行第 09～11 行代码所定义的"on_style_font_click()"函数，页面效果如图 10.23 所示，页面中段落文本的字体样式被改变了。

图 10.23　JavaScript 动态操作元素对象样式的方法（4）

此处我们省略点击其他按钮的操作，读者可自行测试。

10.4 开发实战：风格页面切换

相信大多数读者都会有这样的网页体验，就是在页面中通过选项来变换整个页面的样式风格。其实，这项功能在早期的桌面应用程序中就已经出现，网页应用正是成功将其借鉴过来，并进一步发扬光大，直至今日已经成为一项主流设计。

在 HTML 页面中实现风格页面切换，主要就是通过 JavaScript 脚本语言实现切换页面整体 CSS 样式代码的操作。本应用基于 HTML、CSS3 和 JavaScript 等相关技术来实现，具体源码的目录结构如图 10.24 所示。

图 10.24　风格页面切换源码目录结构

如图 10.24 所示，应用目录名称为"stylePage"（详见源代码 ch10 目录下的 stylePage 子目录）；HTML 页面文件名称为"ch10-js-dom-stylePage.html"；CSS 样式文件放在"css"目录下（css\style.css）；JS 脚本文件放在"js"目录下（js\stylePage.js）。

首先，我们看一下风格页面切换 Web 应用的 HTML 页面代码（详见源代码 ch10 目录中 stylePage\ch10-js-dom-stylePage.html 文件）。

【代码 10-18】

```
01  <!doctype html>
02  <html lang="en">
03  <head>
04  <!-- 添加文档头部内容 -->
05  <link rel="stylesheet" type="text/css" href="css/style.css">
06  <script type="text/javascript" src="js/stylePage.js"
charset="gbk"></script>
07  <title>JavaScript in 15-days</title>
08  </head>
09  <body>
10  <!-- 添加文档主体内容 -->
11  <header>
12      <nav class="default">DOM - 项目实战：风格页面切换</nav>
13  </header>
14  <hr>
15  <div>
16      <table>
17          <tr>
18              <td>
19          <button class="default" onclick="on_style_light_click()">页面轻量
级风格</button>
20              </td>
21              <td>
22          <button class="default" onclick="on_style_default_click()">页面默
认风格</button>
23              </td>
```

```
24                  <td>
25                  <button class="default" onclick="on_style_dark_click()">页面重量
级风格</button>
26                  </td>
27              </tr>
28          </table>
29      </div>
30      <div>
31          <h3 class="default">标题文本风格样式</h3>
32      </div>
33      <p class="default">段落文本风格样式</p>
34      <p class="default">段落文本风格样式段落文本风格样式</p>
35      <p class="default">段落文本风格样式段落文本风格样式段落文本风格样式</p>
36  </body>
```

关于【代码 10-18】的分析如下：

第 05 行代码使用<link href="css/style.css" />标签元素引用了本应用自定义的 CSS 样式文件；

第 06 行代码使用<script src="js/stylePage.js" charset="gbk"></script>标签元素，引用了本页面自定义的一个 JS 脚本文件；

第 19 行、第 22 行和第 25 行代码中分别通过<button class="default">标签元素定义了一组共三个按钮，且各自定义了相应的"onclick"事件处理方法（"on_style_light_click();"、"on_style_default_click();"和" on_style_derk_click();"），用于切换风格页面；

第 31 行代码通过<h3>标签元素定义了一个标题，第 33～35 行通过<p>标签元素的定义了一组 3 个段落文本。

 这里为各种标签均添加了样式类（class）定义，属性值为"default"表示默认样式风格。

下面接着看一下 HTML 页面所对应的 JS 脚本代码部分（详见源代码 ch10 目录中stylePage\js\stylePage.js 文件）：

【代码 10-19】

```
01  /*
02   * func - default style
03   */
04  function on_style_default_click() {
05      var i;
06      var v_nav = document.getElementsByTagName("nav");
07      for(i=0; i<v_nav.length; i++)
08          v_nav[i].className = "default";
09      var v_h3 = document.getElementsByTagName("h3");
```

```
10      for(i=0; i<v_h3.length; i++)
11          v_h3[i].className = "default";
12      var v_buttton = document.getElementsByTagName("button");
13      for(i=0; i<v_buttton.length; i++)
14          v_buttton[i].className = "default";
15      var v_p = document.getElementsByTagName("p");
16      for(i=0; i<v_p.length; i++)
17          v_p[i].className = "default";
18  }
19  /*
20   * func - light style
21   */
22  function on_style_light_click() {
23      var i;
24      var v_nav = document.getElementsByTagName("nav");
25      for(i=0; i<v_nav.length; i++)
26          v_nav[i].className = "light";
27      var v_h3 = document.getElementsByTagName("h3");
28      for(i=0; i<v_h3.length; i++)
29          v_h3[i].className = "light";
30      var v_buttton = document.getElementsByTagName("button");
31      for(i=0; i<v_buttton.length; i++)
32          v_buttton[i].className = "light";
33      var v_p = document.getElementsByTagName("p");
34      for(i=0; i<v_p.length; i++)
35          v_p[i].className = "light";
36  }
37  /*
38   * func - dark style
39   */
40  function on_style_dark_click() {
41      var i;
42      var v_nav = document.getElementsByTagName("nav");
43      for(i=0; i<v_nav.length; i++)
44          v_nav[i].className = "dark";
45      var v_h3 = document.getElementsByTagName("h3");
46      for(i=0; i<v_h3.length; i++)
47          v_h3[i].className = "dark";
48      var v_buttton = document.getElementsByTagName("button");
49      for(i=0; i<v_buttton.length; i++)
50          v_buttton[i].className = "dark";
51      var v_p = document.getElementsByTagName("p");
52      for(i=0; i<v_p.length; i++)
53          v_p[i].className = "dark";
54  }
```

关于【代码 10-19】的分析如下：

第 04～18 行、第 22～36 和第 40～54 行分别实现了三个方法，对应于【代码 10-18】中第 19 行、第 22 行和第 25 行代码定义的"onclick"事件处理方法（"on_style_light_click();"、"on_style_default_click();"和" on_style_dark_click();"）；用户通过这三个"onclick"事件处理方法，就可以实现风格页面切换的操作。

这段代码主要是通过设定"className"的属性值，来实现整体修改页面标签元素样式的方法。其中，"light"代表"页面轻量级风格"；"default"代表"页面默认风格"；"dark"代表"页面重量级风格"，具体可以看"style.css"样式文件中的定义。

HTML 页面效果如图 10.25 所示。点击"页面轻量级风格"按钮，页面打开后的效果如图 10.26 所示。再点击"页面重量级风格"按钮，页面打开后的效果如图 10.27 所示。如果再点击"页面默认风格"按钮，页面会返回图 10.25 中所示的初始页面的风格。

图 10.25　风格页面切换源码（1）

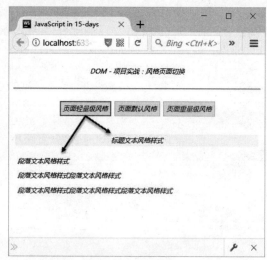

图 10.26　风格页面切换源码（2）

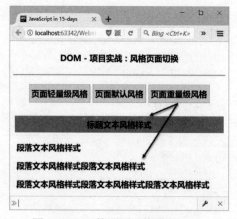

图 10.27　风格页面切换源码（3）

10.5 本章小结

　　本章主要介绍 JavaScript 文档对象模型（DOM）编程的知识，包括文档对象模型（DOM）编程基础、JavaScript 获取 DOM 对象的方法以及 JavaScript 动态操作 DOM 对象的方法，并通过一些具体示例进行讲解。本章介绍的是 JavaScript 脚本语言编程中的重点内容，掌握这些内容是进行实际项目开发的必备技能之一。

第 11 章

JavaScript与表单对象

表单（Form）是 HTML 文档中非常重要的组成部分，JavaScript 脚本语言通过表单对象模型提供的接口，可以实现与 HTML 表单的交互操作。本章主要介绍关于 JavaScript 与 HTML 表单对象编程的知识。

11.1 表单（Form）对象模型基础

表单（Form）对象模型其实就是代表 HTML 表单，在 HTML 文档中通过<form>标签元素实现。在 HTML 文档中可以定义多个表单元素，而且每定义一次<form>标签元素，就会创建一个 Form 对象。

HTML 表单（Form）通常有卷标<label>标签元素，输入框<input>标签元素（比如：文本输入框、密码框、单选框、复选框、重置按钮和提交按钮等），下拉菜单<select>标签元素，文本输入域<textarea>标签元素，分组框<fieldset>标签元素和按钮<button>标签元素等。另外，HTML5 表单还增加许多全新的元素和特性，极大地丰富表单编程的功能。当然，无论 HTML 表单如何定义，其功能总是不变的，主要就是用于向服务端提交数据。

关于表单<form>标签元素常用的属性及其功能的描述如下：

- id 属性：设置表单的 id;
- name 属性：设置表单的名称;
- action 属性：设置表单的提交地址（一般为服务器端地址）;
- method 属性：设置表单发送到服务器的 HTTP 方式（"GET"或"POST"）;
- target 属性：设置表单提交到服务器后的页面打开方式;
- acceptCharset 属性：设置服务器可接受的字符集;
- enctype 属性：设置表单编码内容的 MIME 类型。

另外，表单<form>标签元素常用的方法描述如下：

- reset()方法：把表单中所有的输入元素重置为默认值;
- submit()方法：提交表单。

11.2 操作表单（Form）对象属性

上一节中介绍 HTML 表单（Form）中定义了很多属性，通过 JavaScript 脚本语言可以对这些属性进行操作。

下面，看一个获取表单（Form）对象属性的 JavaScript 代码示例（详见源代码 ch11 目录中 ch11-js-form-prop.html 文件）。

先看一下 HTML 页面代码部分：

【代码 11-1】

```
01   <div id="id-div-form">
02       <form id="id-form"
03             name="name-form"
04             action="#"
05             method="get"
06             target="_blank"
07             accept-charset="GBK">
08           <label>空白表单</label>
09       </form>
10   </div>
```

关于【代码 11-1】的分析如下：

第 02～09 行代码通过<form>标签元素定义一个表单，且依次添加"id"属性（"id-form"）、"name"属性（"name-form"）、"action"属性（"#"）、"method"属性（"get"）、"target"属性（"_blank"）和"accept-charset"属性（"GBK"）。

下面接着看一下 JS 脚本代码部分：

【代码 11-2】

```
01   <script type="text/javascript">
02       var frm = document.forms["name-form"];
03       console.log("Form's id : " + frm.id);
04       console.log("Form's name : " + frm.name);
05       console.log("Form's action : " + frm.action);
06       console.log("Form's method : " + frm.method);
07       console.log("Form's target : " + frm.target);
08       console.log("Form's target : " + frm.acceptCharset);
09   </script>
```

关于【代码 11-2】的分析如下：

第 02 行代码通过"var"关键字定义了一个变量（frm），并使用 document.forms["name-form"]方法（参数设定为表单 name 属性）获取表单元素对象，并将返回值保存在变量（frm）中；

第 03～08 行代码依次通过变量（frm）获取表单的"id"属性、"name"属性、"action"属性、"method"属性、"target"属性和"acceptCharset"属性，并在浏览器控制台输出这些属性的内容。

运行测试【代码 11-1】和【代码 11-2】所定义的 HTML 表单页面，并使用调试器查看控制台输出的调试信息，页面效果如图 11.1 所示。

图 11.1　JavaScript 获取表单（Form）元素对象属性

11.3　获取表单（Form）元素内容

HTML 表单（Form）主要用于定义一些 HTML 标签元素，这些元素可以支持各种类型信息的输入，然后统一进行提交。这一节我们介绍 JavaScript 脚本语言如何获取表单（Form）元素内容。

下面，看一个获取表单（Form）元素内容的 JavaScript 代码示例（详见源代码 ch11 目录中 ch11-js-form-elements.html 文件）。

先看一下 HTML 页面代码部分：

【代码 11-3】

```
01    <div id="id-div-form">
02        <form id="id-form"
03            name="name-form"
04            action="#"
05            method="get"
```

```
06              target="_blank"
07              accept-charset="GBK">
08          <table>
09              <caption>JavaScript 获取表单（Form）元素</caption>
10              <tr>
11                  <td><label>用户名：</label></td>
12                  <td><input type="text" value="king"/></td>
13              </tr>
14              <tr>
15                  <td><label>密码：</label></td>
16                  <td><input type="password" value="123456"/></td>
17              </tr>
18              <tr>
19                  <td><input type="reset" value="重置"/></td>
20                  <td><input type="submit" value="提交"/></td>
21              </tr>
22          </table>
23      </form>
24  </div>
```

关于【代码 11-3】的分析如下：

第 02～23 行代码通过<form>标签元素定义了一个表单，表单内定义了一些 HTML 元素用于输入信息。

其中，第 12 行代码定义一个<input type="text">标签元素，用于输入用户名；

第 16 行代码定义一个<input type="password">标签元素，用于输入密码；

第 19 行代码定义一个<input type="reset">标签元素，作为表单的重置按钮；

第 20 行代码定义一个<input type="submit">标签元素，作为表单的提交按钮。

下面接着看一下 JS 脚本代码部分：

【代码 11-4】

```
01  <script type="text/javascript">
02      var frm = document.forms["name-form"];
03      var len = frm.length;
04      console.log("Form's length : " + len);
05      for(var i=0; i<len; i++)
06          console.log("Form's element : " + frm.elements[i].value);
07  </script>
```

关于【代码 11-4】的分析如下：

第 02 行代码通过 "var" 关键字定义一个变量（frm），并使用 document.forms["name-form"] 方法（通过表单 name 属性）获取表单元素对象；

第 03 行代码通过 Form 对象的"length"属性获取表单（frm）对象的长度，并在第 04 行代码中定义在控制台中进行输出；

第 05～06 行代码通过 for 循环语句依次在控制台中输出表单（frm）内元素的"value"属性值。

页面效果如图 11.2 所示。浏览器控制台中输出的信息表明 HTML 表单元素中输入的信息被 JavaScript 脚本代码成功获取，即使是"重置"和"提交"按钮的"value"属性值也包括在内。

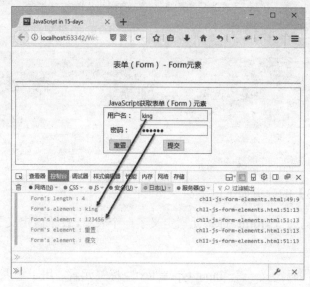

图 11.2　JavaScript 获取表单（Form）内元素对象内容

11.4　使用表单（Form）对象方法

11.1 节中介绍表单（Form）对象有两个常用方法，分别是表单重置（reset）方法和提交（submit）方法。这一节我们就介绍 JavaScript 脚本语言如何使用表单（Form）对象方法。

下面，看一个使用表单（Form）对象方法的 JavaScript 代码示例（详见源代码 ch11 目录中 ch11-js-form-reset-submit.html 文件）。

先看一下 HTML 页面代码部分：

【代码 11-5】

```
01    <div id="id-div-form">
02        <form id="id-form"
03            name="name-form"
04            action="ch11-js-form-reset-submit.php"
```

```
05              method="get"
06              target="_blank"
07              accept-charset="GBK">
08           <table>
09              <caption>JavaScript 获取表单（Form）元素</caption>
10              <tr>
11                 <td><label>用户名：</label></td>
12                 <td><input type="text" name="form-username"
value=""/></td>
13              </tr>
14              <tr>
15                 <td><label>密码：</label></td>
16                 <td><input type="password" name="form-pwd"
value=""/></td>
17              </tr>
18              <tr>
19           <td><input type="button" value="重置"
onclick="on_form_reset_click();"/></td>
20              <td><input type="button" value="提交"
onclick="on_form_submit_click();"/></td>
21              </tr>
22           </table>
23        </form>
24     </div>
```

关于【代码 11-5】的分析如下：

第 02～23 行代码通过<form>标签元素定义了一个表单，表单内定义了一些 HTML 元素用于输入信息。其中，最关键的是第 04 行代码定义的"action"属性值（ch11-js-form-reset-submit.php）表示提交到本地 PHP 服务器上的这个文件进行处理。另外，对于 PHP 编程的内容就不在本书进行介绍了，感兴趣的读者可自行参阅相关资料进行学习和了解。

其中，第 12 行代码定义一个<input type="text">标签元素，用于输入用户名；

第 16 行代码定义一个<input type="password">标签元素，用于输入密码；

第 19 行代码定义一个<input type="button">标签元素，并定义了"onclick"事件方法，作为表单的重置按钮；

第 20 行代码定义一个<input type="button">标签元素，并定义了"onclick"事件方法，作为表单的提交按钮。

下面接着看一下 JS 脚本代码部分：

【代码 11-6】

```
01     <script type="text/javascript">
02          var frm = document.forms["name-form"];
```

```
03        function on_form_reset_click() {
04            frm.reset();
05        }
06        function on_form_submit_click() {
07            frm.submit();
08        }
09    </script>
```

关于【代码 11-6】的分析如下：

第 02 行代码通过"var"关键字定义一个变量（frm），并使用 document.forms["name-form"] 方法（通过表单 name 属性）获取表单元素对象；

第 03～05 行代码定义了第一个事件处理方法（on_form_reset_click()），对应【代码 11-5】中第 19 行代码定义的"onclick"事件。其中，第 04 行代码通过变量（frm）调用表单（Form）对象的"reset()"方法对表单进行重置操作；

第 06～08 行代码定义了第二个事件处理方法（on_form_submit_click()），对应【代码 11-5】中第 20 行代码定义的"onclick"事件。其中，第 07 行代码通过变量（frm）调用表单（Form）对象的"submit()"方法对表单进行提交操作，提交到的目的地址就是【代码 11-5】中第 04 行代码定义的"action"属性值所指定的服务器地址。

页面初始效果如图 11.3 所示。可以在表单内的输入框中填写一些信息，然后点击"重置"按钮进行操作，页面效果如图 11.4 所示。通过点击表单中的"重置"按钮，输入框中的内容被清空了，表明【代码 11-6】中第 04 行代码定义的"reset()"方法操作成功。

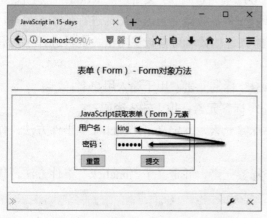

图 11.3　JavaScript 使用表单（Form）对象方法（1）

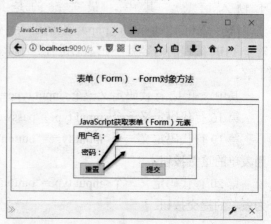

图 11.4　JavaScript 使用表单（Form）对象方法（2）

下面，再在表单内的输入框中赶写一些信息，页面效果如图 11.5 所示。点击"提交"按钮进行操作，页面效果如图 11.6 所示。

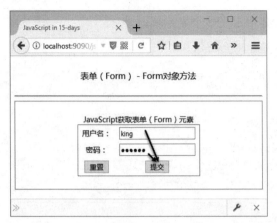 

图 11.5　JavaScript 使用表单（Form）对象方法（3）　图 11.6　JavaScript 使用表单（Form）对象方法（4）

如图 11.6 中的箭头所示，服务器端页面显示出客户端表单中用户提交的数据信息，表明【代码 11-6】中第 07 行代码定义的"submit()"方法操作成功。

11.5　开发实战：用户信息表单

HTML 表单（Form）是 Web 开发中非常重要的元素，通过在 HTML 页面中使用表单可以实现将各种类型的数据信息提交到服务器的功能，在实际项目开发中用途很广。

本实战应用通过 JavaScript 脚本语言和表单（Form）对象，实现一个用户信息表单页面，并实现输入信息的合法性验证，表单重置和提交等功能。本应用基于 HTML、CSS3 和 JavaScript 等相关技术来实现，具体源码目录结构如图 11.7 所示。

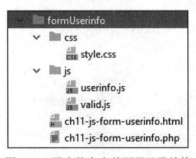

图 11.7　用户信息表单源码目录结构

如图 11.7 所示，应用目录名称为"formUserinfo"（详见源代码 ch11 目录下的 formUserinfo 子目录）；HTML 页面文件名称为 "ch11-js-form-userinfo.html"；CSS 样式文件放在"css"目录下（css\style.css）；js 脚本文件放在"js"目录下（包括 js\userinfo.js 和 js\valid.js 两个脚本文件）。

首先，看一下用户信息表单页面的 HTML 代码（详见源代码 ch11 目录中

formUserinfo\ch11-js-form-userinfo.html 文件），其中定义多个文本域。

【代码 11-7】

```
01  <!doctype html>
02  <html lang="en">
03  <head>
04  <!-- 添加文档头部内容 -->
05  <link rel="stylesheet" type="text/css" href="css/style.css">
06  <script type="text/javascript" src="js/valid.js" charset="gbk"></script>
07  <script type="text/javascript" src="js/userinfo.js"
    charset="gbk"></script>
08  <title>JavaScript in 15-days</title>
09  </head>
10  <body onload="init();">
11  <!-- 添加文档主体内容 -->
12  <header>
13      <nav>表单（Form） - 用户信息表单</nav>
14  </header>
15  <hr>
16  <div id="id-div-form">
17      <form id="id-form"
18          name="name-form"
19          action="ch11-js-form-userinfo.php"
20          method="GET"
21          target="_blank"
22          accept-charset="GBK">
23          <table>
24              <caption>用户信息（填写）</caption>
25              <tr>
26                  <td class="tdtitle">用户 id</td>
27                  <td>
28                      <input type="text"
29                          id="id-input-userid"
30                          name="form-name-userid"
31                          class="input64"
32                          onblur="on_userid_blur(this.id);">
33                  </td>
34                  <td class="tdtips">用户 id 由8位数字（可重复）组成</td>
35              </tr>
36              <tr>
37                  <td class="tdtitle">用户名</td>
38                  <td>
39                      <input type="text"
40                          id="id-input-username"
41                          name="form-name-username"
```

```
42                             class="input128"
43                             onblur="on_username_blur(this.id);">
44                     </td>
45         <td class="tdtips">英文字母开头、由6-14个字符(大小写字母、数字、"-"或".")
组成</td>
46             </tr>
47             <tr><td class="tdtitle">出生日期</td>
48                 <td>
49                     <input type="text"
50                             id="id-input-birth"
51                             name="form-name-birth"
52                             class="input128"
53                             onblur="on_birth_blur(this.id);">
54                 </td>
55                 <tdclass="tdtips">出生日期格式：yyyymmdd 或 yyyy-mm-dd</td>
56             </tr>
57             <tr>
58                 <td class="tdtitle">手机</td>
59                 <td>
60                     <input type="text"
61                             id="id-input-mobile"
62                             name="form-name-mobile"
63                             class="input128"
64                             onblur="on_mobile_blur(this.id);">
65                 </td>
66                 <td class="tdtips">手机：13813800000，前两位为数字13</td>
67             </tr>
68             <tr>
69                 <td class="tdtitle">固话</td>
70                 <td>
71                     <input type="text"
72                             id="id-input-phone"
73                             name="form-name-phone"
74                             class="input128"
75                             onblur="on_phone_blur(this.id);">
76                 </td>
77         <td class="tdtips">固话：010-12345678、(010)12345678、
0123-1234567</td>
78             </tr>
79             <tr>
80                 <td class="tdtitle">邮箱</td>
81                 <td>
82                     <input type="text"
83                             id="id-input-email"
84                             name="form-name-email"
```

```
85                            class="input128"
86                            onblur="on_email_blur(this.id);">
87                    </td>
88                    <td class="tdtips">邮箱：email@domain.com</td>
89                </tr>
90                <tr>
91                    <td></td>
92                    <td>
93                        <input type="button" value="重置"
94                            onclick="on_form_reset_click();"/>
95                        <input type="button" value="提交"
96                            onclick="on_form_submit_click();"/>
97                    </td>
98                    <td></td>
99                </tr>
100            </table>
101        </form>
102    </div>
103 </body>
```

关于【代码 11-7】的分析如下：

第 05 行代码使用<link href="css/style.css" />标签元素引用本应用自定义的 CSS 样式文件；

第 06 行代码使用<script src="js/valid.js" charset="gbk"></script>标签元素，引用本应用自定义的第一个 js 脚本文件，该脚本文件主要用于输入信息的合法性验证；

第 07 行代码使用<script src="js/userinfo.js" charset="gbk"></script>标签元素，引用本应用自定义的第二个 js 脚本文件，该脚本文件主要用于表单的重置与提交操作；

第 10 行代码中为<body>标签元素定义一个"onload"事件方法（"init();"），"onload"事件主要是在页面窗体加载完成后被触发；

第 17～101 行代码通过<form>标签元素定义一个用户信息表单，且依次添加了"id"属性（"id-form"）、"name"属性（"name-form"）、"action"属性（"ch11-js-form-user info.php"）、"method"属性（"GET"）、"target"属性（"_blank"）和"accept-charset"属性（"GBK"）。

其中，第 19 行代码定义的"action"属性值（ch11-js-form-userinfo.php）表示提交到本地 PHP 服务器上的该文件进行处理；

第 23～100 行代码通过<table>标签元素定义用户信息表单中的输入项。在<table>表格中，加入了大量的"class"属性用于表格样式，这些"class"属性是通过 CSS 样式文件（css/style.css）来定义的。其中，在第 28～32 行、第 39～43 行、第 49～53 行、第 60～64 行、第 71～75 行和第 82～86 行代码中，分别通过<input type="text">标签元素定义了一系列的文本输入框，且各自定义了相应的"onblur"事件处理方法；

第 93～94 行代码定义一个<input type="button">标签元素，并定义"onclick"事件方法（"on_form_reset_click();"），作为表单的重置按钮；

第 95～96 行代码定义一个<input type="button">标签元素，并定义"onclick"事件方法（"on_form_submit_click();"），作为表单的提交按钮。

关于表单验证的脚本代码（src="js/valid.js"）这里就不详细介绍了，读者可以参阅前面章节中的内容进行了解（见【代码 7-29】）。

下面，看一下关于表单重置与提交的 JavaScript 脚本代码（详见源代码 ch11 目录中formUserinfo\js\userinfo.js 文件）

【代码 11-8】

```
01  var frm;
02  /*
03   * init()
04   */
05  function init() {
06      frm = document.forms["name-form"];
07  }
08  /*
09   * on_form_reset_click()
10   */
11  function on_form_reset_click() {
12      frm.reset();
13  }
14  /*
15   * on_form_submit_click()
16   */
17  function on_form_submit_click() {
18      frm.submit();
19  }
```

关于【代码 11-8】的分析如下：

第 01 行代码通过"var"关键字定义一个变量（frm），用于保存表单（Form）元素对象；

第 05～07 行代码定义第一个事件处理方法（init()），对应【代码 11-7】中第 10 行代码定义的"onload"事件方法。其中，第 06 行代码使用 document.forms["name-form"]方法（通过表单 name 属性）获取表单元素对象，并将返回值保存在变量（frm）中；

第 11～13 行代码定义第二个事件处理方法（on_form_reset_click()），对应【代码 11-7】中第 94 行代码定义的"onclick"事件。其中，第 12 行代码通过变量（frm）调用表单（Form）对象的"reset()"方法进行表单重置操作；

第 17～19 行代码定义第三个事件处理方法（on_form_submit_click()），对应【代码 11-7】中第 96 行代码定义的"onclick"事件。其中，第 18 行代码通过变量（frm）调用表单（Form）对象的"submit()"方法来进行表单的提交操作，提交的目的地址就是【代码 11-7】中第 19 行代码定义的"action"属性值所指定的服务器地址。

页面打开后的初始效果如图 11.8 所示。页面表格中显示一组文本域输入框，分别用于输入"用户 id""用户名""出生日期""手机""固话"和"邮箱"等信息。

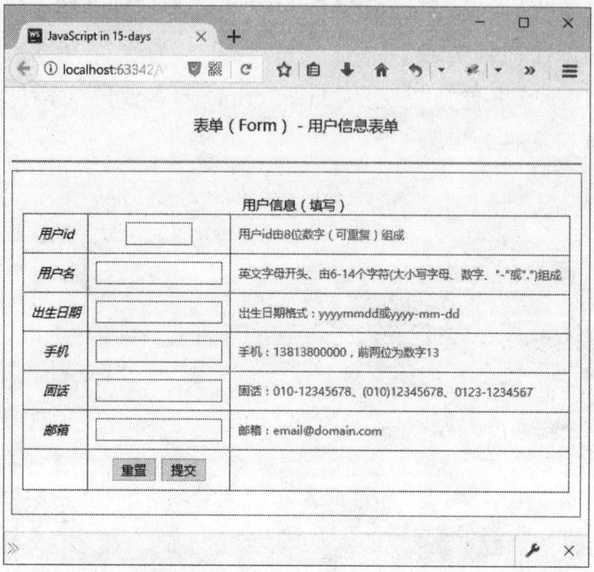

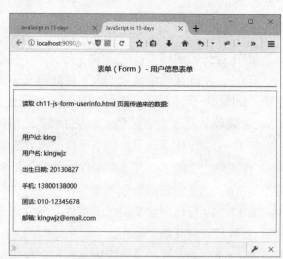

图 11.8　用户信息表单（1）

在图 11.8 中的表单内填写相关的个人信息，页面效果如图 11.9 所示。个人信息填写完成后，还可以点击表单中的"重置"按钮进行信息重置（这里重量的效果不再赘述，读者可自行操作）。

下面，重点测试"提交"功能，点击表单中的"提交""按钮，页面效果如图 11.10 所示。图 11.9 中表单的信息全部被成功提交到服务器的页面中，这就表明【代码 11-8】中第 18 行代码定义的表单提交方法（"submit()"）操作成功。

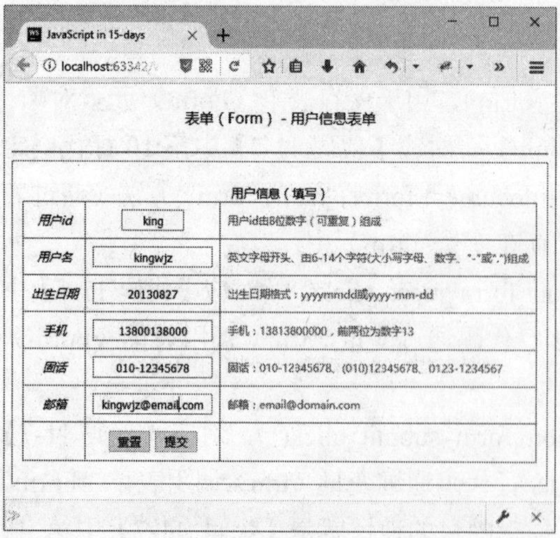

图 11.9　用户信息表单（2）

图 11.10　用户信息表单（3）

另外，本书中在代码测试时使用的是 PHP 服务器文件，其实换成 ASP 或 JSP 等服务器文件处理效果是相同的，读者可以根据实际情况进行选择。

11.6　本章小结

本章主要介绍 JavaScript 脚本语言与 HTML 表单（Form）对象模型编程的相关知识，包括通过 JavaScript 如何操作表单（Form）对象的属性，如何获取表单（Form）元素以及如何使用表单（Form）对象方法等内容，并通过一些具体示例进行深入讲解。本章介绍的内容是 JavaScript 脚本语言编程中的重点内容，掌握这些内容是进行实际项目开发的必备技能之一。

第 12 章

JavaScript事件编程

JavaScript 事件编程是创建动态网页的基础，本章用简单、易懂的方式介绍关于 JavaScript 事件编程的基础知识以及一些基本应用示例。

12.1 HTML 事件基础

本节先简单介绍 HTML DOM 事件的基础内容，包括 HTML 事件的基本概念、事件规范、事件类型以及 Event 对象等方面的内容。

12.1.1 HTML 事件

其实从严格意义上来讲，我们所说的 JavaScript 事件编程并不是指 JavaScript 脚本语言自身定义了事件，而是指 JavaScript 脚本语言具有监听事件和处理事件的机制。事件本身是由 HTML 规范所定义的，JavaScript 通过 HTML DOM 可以对事件进行响应。

JavaScript 脚本语言使设计人员具有创建 HTML 动态网页的能力，具体来说就是指 JavaScript 可以通过 HTML DOM 实现监听、捕获和处理 HTML 事件的操作。

浏览器页面在加载过程中会触发一个"onload"事件，而我们可以针对该事件编写一个 JavaScript 事件处理函数，来执行自己需要的用户代码，如下所示：

【代码 12-1】

```
01  document.body.onload = function(e) {
02  // TODO
03  // 自定义代码
04  }
```

【代码 12-1】中包含很多有用的知识点，具体说明如下：

- 事件名称：表示 HTML 事件的名称。【代码 12-1】中的"onload"就是事件名称；
- 事件类型：表示 HTML 事件的类型。【代码 12-1】中的"onload"事件为窗口（Window）事件类型；

- 事件目标：表示 HTML 事件发生关系的目标对象。【代码 12-1】中的"body"就是事件目标；
- 事件处理函数（方法）：表示 HTML 事件触发后调用的函数（方法）。【代码 12-1】中 function 为函数（方法）；
- 事件对象：表示 HTML 事件发生时的状态。【代码 12-1】中 function 函数（方法）内的参数"e"就是事件对象。

12.1.2　HTML 事件类型

HTML 事件按照属性类别，大致可以分为以下几类：

- 窗口事件（Window Event）：窗口事件仅在<body>和<frameset>标签元素中有效，具体见表 12-1 所示。

表 12-1　HTML 窗口事件

名称	说明
onload	表示当整个 HTML 文档被载入时的事件

- 表单事件（Form Event）：表单事件仅在<form>标签元素中有效，具体见表 12-2 所示。

表 12-2　HTML 表单事件

名称	说明
onsubmit	表示当表单被提交时的事件
onreset	表示当表单被重置时的事件
onchange	表示当表单元素改变时的事件
onselect	表示当元素被选中时的事件
onfocus	表示当元素获得焦点时的事件
onblur	表示当元素失去焦点时的事件

- 键盘事件（Keyboard Event）：键盘事件表示通过操作键盘触发事件，具体见表 12-3 所示。

表 12-3　HTML 键盘事件

名称	说明
onkeydown	表示当键盘被按下时的事件
onkeyup	表示当键盘被释放时的事件
onkeypress	表示当键盘被按下后又松开时的事件

- 鼠标事件（Mouse Event）：鼠标事件表示通过鼠标触发事件，具体见表 12-4 所示。

表 12-4　HTML 鼠标事件

名称	说明
onclick	表示当鼠标被单击时的事件
ondblclick	表示当鼠标被双击时的事件
onmousedown	表示当鼠标左键被按下时的事件
onmousemove	表示当鼠标指针移动时的事件
onmouseup	表示当鼠标左键被松开时的事件
onmouseover	表示当鼠标指针悬停于某元素对象时发生的事件
onmouseout	表示当鼠标指针移出某元素对象时发生的事件

● 其他事件：另外，还有一些 HTML 事件，比如媒体事件等，在上述的表格中没有列举，读者可以参阅有关 HTML 事件的文档进行了解。

12.1.3　HTML DOM 事件流

HTML DOM 事件流描述的是 HTML 页面中处理事件的顺序，包括以下三个阶段：事件捕获阶段，处于目标阶段和事件冒泡阶段。具体说明如下：

● 事件捕获阶段：捕获阶段的事件是从 document 到<html>，再到<body>，一直到目标对象（比如某个<div>标签元素）；

● 处于目标阶段：事件在目标对象（比如某个<div>标签元素）上发生并处理，不过事件处理通常会被看成是冒泡阶段的一部分；

● 事件冒泡阶段：事件目标对象（比如某个<div>标签元素）依次向上，再次传回到 document。

● 下面将 HTML DOM 事件流用流程图的方式进行展示，来帮助读者加深理解，如图 12.1 所示。

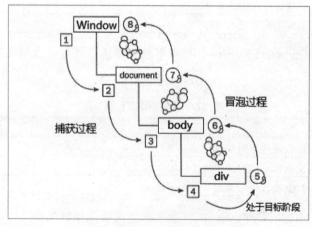

图 12.1　HTML DOM 事件流示意图

12.2 JavaScript 与窗口事件

本节介绍 JavaScript 脚本语言处理窗口（Window）事件的内容，主要为窗口加载事件的处理方法。

12.2.1 窗口（Window）加载事件

窗口（Window）加载事件名称为"onload"，该事件会在页面加载完成后被立即触发，通常在\<body>标签元素内进行定义。

下面，看一个使用"onload"事件的 JavaScript 代码示例（详见源代码 ch12 目录中 ch12-js-event-onload-basic.html 文件）。

【代码 12-2】

```
01  <body onload="on_page_load()">
02  <!-- 添加 JavaScript 脚本内容 -->
03  <script type="text/javascript">
04      function on_page_load() {
05          console.log("js event - onload 窗口加载事件");
06      }
07  </script>
08  </body>
```

关于【代码 12-2】的分析如下：

第 01 行代码在\<body>标签元素中定义了"onload"事件，事件处理方法名称为 "on_page_load()"；

第 04～06 行代码是"on_page_load()"事件处理方法的具体实现，其中，第 05 行代码在浏览器控制台中输出一行调试信息。

运行测试【代码 12-2】所定义的 HTML 页面，页面输出效果如图 12.2 所示。从浏览器控制台中输出的内容来看，【代码 12-2】中第 01 行代码定义的"onload"事件被成功触发。

图 12.2　窗口（Window）加载事件（1）

12.2.2　窗口（Window）加载多个事件

下面，看一个同时定义多个"onload"事件的 JavaScript 代码示例（详见源代码 ch12 目录中 ch12-js-event-onload-multi.html 文件）。

【代码 12-3】

```
01  <body onload="on_load_a();on_load_b();on_load_c();">
02  <!-- 添加 JavaScript 脚本内容 -->
03  <script type="text/javascript">
04      function on_load_a() {
05          console.log("js event - onload 窗口加载事件 - a");
06      }
07      function on_load_b() {
08          console.log("js event - onload 窗口加载事件 - b");
09      }
10      function on_load_c() {
11          console.log("js event -窗口加载事件 - c");
12      }
13  </script>
14  </body>
```

关于【代码 12-3】的分析如下：

第 01 行代码在<body>标签元素中同时定义了多个"onload"事件，事件处理方法名称依次为"on_load_a();" "on_load_b();"和"on_load_c()"；

第 04～06 行代码、第 07～09 行代码和第 10～12 行代码是对多个"onload"事件处理方法的具体实现，其中每个事件处理方法均在浏览器控制台中输出了一行调试信息。

页面效果如图 12.3 所示。从浏览器控制台中输出的内容来看，【代码 12-3】中第 01 行代码定义的多个"onload"事件被依次成功触发，而触发的顺序就是按照所定义的顺序来执行的。

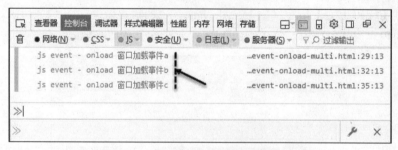

图 12.3　窗口（Window）加载事件（2）

12.2.3　窗口（Window）加载事件（JS 方式）

我们还可以通过 JavaScript 语言的方式直接定义"onload"事件（详见源代码 ch12 目录中 ch12-js-event-onload-js.html 文件）。

【代码 12-4】

```
01  <body>
02  <!-- 添加 JavaScript 脚本内容 -->
03  <script type="text/javascript">
04      window.onload = function() {
05          console.log("js event - window.onload 窗口加载事件(js方式)");
06      }
07  </script>
08  </body>
```

关于【代码 12-4】的分析如下：

第 01 行代码在<body>标签元素中没有定义"onload"事件，这里与【代码 12-2】和【代码 12-3】不同；

第 04～06 行代码直接通过 window 对象定义"onload"事件处理方法（匿名函数方式：window.onload = function() {}），其中第 05 行代码在浏览器控制台中输出了一行调试信息。

页面输出的效果如图 12.4 所示。从浏览器控制台中输出的内容来看，【代码 12-4】中第 04～06 行代码通过 Window 对象定义的"onload"事件被成功触发。

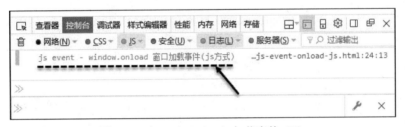

图 12.4　窗口（Window）加载事件（3）

12.3　JavaScript 与表单事件

本节介绍 JavaScript 脚本语言处理表单（Form）事件的内容，主要包括表单变化、重置和提交事件的处理方法。

12.3.1　表单（Form）元素变化事件

表单（Form）元素变化事件名称为"onchange"，该事件会在表单内元素的内容发生变化时被触发。

下面，看一个使用"onchange"事件的 JavaScript 代码示例（详见源代码 ch12 目录中 ch12-js-event-form-onchange.html 文件）。

先看一下 HTML 页面代码部分：

【代码 12-5】

```
01    <div id="id-event-form">
02       <form id="id-form" name="name-form" action="#" method="get">
03          <table>
04             <tr>
05                <td><label>用户名：</label></td>
06                <td>
07                   <input type="text"
08                          id="id-username"
09                          value=""
10                          onchange="on_username_change(this.id)" />
11                </td>
12             </tr>
13             <tr>
14                <td><label>性别：</label></td>
15                <td>
16                   <select id="id-gender" onchange="on_gender_change(this.id)">
17                      <option value="male">男</option>
18                      <option value="female">女</option>
19                   </select>
20                </td>
21             </tr>
22          </table>
23       </form>
24    </div>
```

关于【代码 12-5】的分析如下：

第 02～23 行代码通过<form>标签元素定义一个表单，并且添加了"name"属性值（"name-form"）；

其中，第 07～10 行代码通过<input>标签元素在表单内添加一个文本输入框，并且定义了"onchange"事件处理方法，该方法的函数名称为"on_username_change()"，参数设定为"this.id"用于传递<input>标签元素的"id"属性值；

第 16～19 行代码通过<select>标签元素在表单内添加一个下拉菜单选择框，并且定义了"onchange"事件处理方法，该方法的函数名称为"on_gender_change()"，参数设定为"this.id"，用于传递<select>标签元素的"id"属性值。

下面接着看一下 JS 脚本代码部分：

【代码 12-6】

```
01  <script type="text/javascript">
02      function on_username_change(thisid) {
03          var id = document.getElementById(thisid);
04          console.log("username is changed to " + id.value);
05      }
06      function on_gender_change(thisid) {
07          var id = document.getElementById(thisid);
08          console.log("gender is changed to " +
id.options[id.options.selectedIndex].value);
09      }
10  </script>
```

关于【代码 12-6】的分析如下：

第 02～05 行代码是"on_username_change()"方法的具体实现，当用户改变【代码 12-5】中第 07～10 行代码定义的<input>文本输入框的内容后，会将改变的内容输出到浏览器控制台中进行显示；

第 06～09 行代码是"on_gender_change()"方法的具体实现，当用户改变【代码 12-5】中第 16～19 行代码定义的<select>下拉菜单选择框的选项后，会将修改后的选项内容输出到浏览器控制台中显示。

页面初始效果如图 12.5 所示。在页面表单中的文本输入框和下拉菜单选择框中输入一些内容，页面效果如图 12.6 所示。"onchange"事件被触发后，事件处理函数成功将调试信息输出到浏览器控制台中。

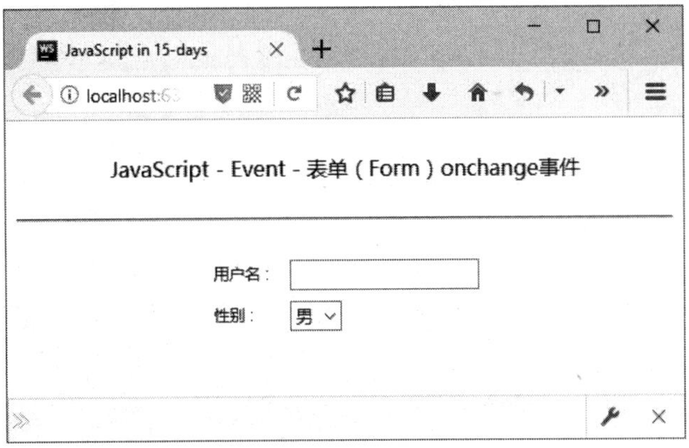

图 12.5　表单（Form）onchange 事件（1）

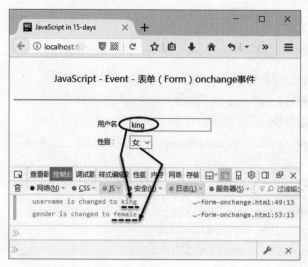

图 12.6　表单（Form）onchange 事件（2）

12.3.2　表单（Form）元素被选中事件

表单（Form）元素被选中事件名称为"onselect"，该事件会在表单元素内的文本内容被选中时触发。

下面，看一个使用"onselect"事件的 JavaScript 代码示例（详见源代码 ch12 目录中 ch12-js-event-form-onselect.html 文件）。

先看一下 HTML 页面代码部分：

【代码 12-7】

```
01    <div id="id-event-form">
02       <form id="id-form" name="name-form" action="#" method="get">
03          <table>
04             <tr>
05                <td>
06                   <label for="id-textarea">文本域：</label>
07                </td>
08                <td>
09                   <textarea id="id-textarea"
10                         onselect="on_textarea_select(this.id)">
11                   </textarea>
12                </td>
13             </tr>
14          </table>
15       </form>
16    </div>
```

关于【代码 12-7】的分析如下：

第 02～15 行代码通过<form>标签元素定义了一个表单，并且添加了"name"属性值（"name-form"）。

其中，第 09～11 行代码通过<textarea>标签元素在表单内添加了一个文本域，并且定义了"onselect"事件处理方法（"on_textarea_select(this.id)"），参数设定为"this.id"，用于传递<textarea>标签元素的"id"属性值。

下面接着看一下 JS 脚本代码部分：

【代码 12-8】

```
01   <script type="text/javascript">
02        function on_textarea_select(thisid) {
03            var id = document.getElementById(thisid);
04            var selectedTxt = id.value.slice(id.selectionStart,
id.selectionEnd)
05            console.log("selected value : " + selectedTxt);
06        }
07   </script>
```

关于【代码 12-8】的分析如下：

第 02～06 行代码是【代码 12-7】中第 10 行代码定义的"on_textarea_select()"方法的具体实现。当用户选中第 05 行代码定义的<textarea>文本中的某些内容后，会将选中的内容输出到浏览器控制台中显示。其中，获取选中文本的起始点和结束点之间的内容是通过"selectionStart"和"selectionEnd"属性实现的。

页面初始效果如图 12.7 所示。在页面表单的文本域中输入一些内容，然后选中其中的一部分文本，页面效果如图 12.8 所示。"onselect"事件被触发后，事件处理函数将选中的文本成功输出到浏览器控制台中。

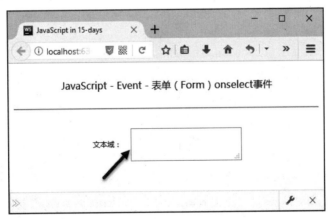

图 12.7　表单（Form）onselect 事件（1）

图 12.8　表单（Form）onselect 事件（2）

12.3.3　表单（Form）元素焦点事件

表单（Form）元素获取焦点和失去焦点事件的名称分别为"onfocus"和"onblur"，这两个事件会在表单内元素获取焦点和失去焦点时被触发。

下面，看一个使用"onfocus"和"onblur"事件的 JavaScript 代码示例（详见源代码 ch12 目录中 ch12-js-event-form-focus-blur.html 文件）。

先看一下 HTML 页面代码部分：

【代码 12-9】

```
01    <div id="id-event-form">
02        <form id="id-form" name="name-form" action="#" method="get">
03            <table>
04                <tr>
05                    <td>
06                        <label>焦点事件：</label>
07                    </td>
08                    <td>
09                        <input type="text"
10                                id="id-focus"
11                                value=""
12                                onfocus="on_focus(this.id)"
13                                onblur="on_blur(this.id)" />
14                    </td>
15                </tr>
```

```
16          </table>
17      </form>
18  </div>
```

关于【代码 12-9】的分析如下：

第 02～17 行代码通过<form>标签元素定义了一个表单，并且添加了"name"属性值
（"name-form"）；

其中，第 09～13 行代码通过<input>标签元素在表单内添加了一个文本输入框，并且分别
在第 12 行和第 13 行代码中定义"onfocus"和"onblur"两个事件的处理方法，方法的函数名
称分别为"on_focus()"和"on_blur()"，参数设定为"this.id"，用于传递<input>标签元素的"id"
属性值。

下面接着看一下 JS 脚本代码部分：

【代码 12-10】

```
01  <script type="text/javascript">
02      function on_focus(thisid) {
03          var id = document.getElementById(thisid);
04          console.log("id-focus get focus.");
05      }
06      function on_blur(thisid) {
07          var id = document.getElementById(thisid);
08          console.log("id-focus lose focus.");
09      }
10  </script>
```

关于【代码 12-10】的分析如下：

第 02～05 行代码是【代码 12-9】中第 12 行代码定义的"on_focus(this.id)"方法的具体实现。
当【代码 12-9】中第 09～13 行代码定义的<input>标签元素获取焦点后，第 04 行代码会将调
试信息输出到浏览器控制台中；

第 06～09 行代码是【代码 12-9】中第 13 行代码定义的"on_blur(this.id)"方法的具体实现。
当【代码 12-9】中第 09～13 行代码定义的<input>标签元素失去焦点后，第 08 行代码同样会
将调试信息输出到浏览器控制台中。

页面初始效果如图 12.9 所示。当我们使用鼠标点击输入框，使其获取焦点时，浏览器控
制台中输出【代码 12-10】中第 04 行代码定义的调试信息。

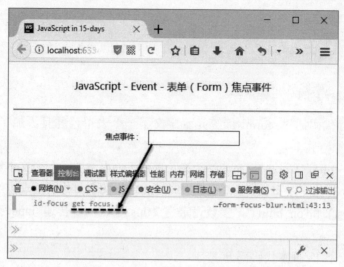

图 12.9　表单（Form）onfocus 事件

当再次使用鼠标点击页面其他位置，使得输入框失去焦点时，页面效果如图 12.10 所示。浏览器控制台中输出【代码 12-10】中第 08 行代码定义的调试信息。

图 12.10　表单（Form）onblur 事件

12.3.4　表单（Form）重置与提交事件

表单（Form）元素重置和提交事件的名称分别为 "onreset" 和 "onsubmit"，在表单内点击 reset 和 submit 按钮时这两个事件会被触发。

下面，看一个使用 "onreset" 和 "onsubmit" 事件的 JavaScript 代码示例（详见源代码 ch12目录中 ch12-js-event-form-reset-submit.html 文件）。

先看一下 HTML 页面代码部分：

【代码 12-11】

```
01    <div id="id-event-form">
02        <form id="id-form"
03              name="nform"
04              action="#"
05              method="get"
06              onreset="return on_reset();"
07              onsubmit="return on_submit();">
08          <table>
09              <tr>
10                  <td>
11                      <label>Text : </label>
12                  </td>
13                  <td>
14                      <input type="text" id="id-text" name="ntext" value=""
/>
15                  </td>
16              </tr>
17              <tr>
18                  <td></td>
19                  <td>
20                      <input type="reset" value="重置" />
21                      <input type="submit" value="提交" />
22                  </td>
23              </tr>
24          </table>
25        </form>
26    </div>
```

下面接着看一下 JS 脚本代码部分：

【代码 12-12】

```
01    <script type="text/javascript">
02        function on_reset() {
03            console.log("form reset : " + nform.ntext.value);
04        }
05        function on_submit() {
06            console.log("form submit : " + nform.ntext.value);
07        }
08    </script>
```

关于【代码 12-12】的分析如下：

第 02～04 行代码是【代码 12-11】中第 06 行代码定义的"on_reset()"方法的具体实现，其中第 03 行代码通过"nform"属性值获取了【代码 12-11】中第 14 行代码定义的<input>标签元素中的内容，并将调试信息输出到浏览器控制台中；

第 05～07 行代码是【代码 12-11】中第 07 行代码定义的"on_submit()"方法的具体实现，其中第 06 行代码通过"nform"属性值获取了【代码 12-11】中第 14 行代码定义的<input>标签元素中的内容，并将调试信息输出到浏览器控制台中。

页面初始效果如图 12.11 所示。在输入框中输入一些信息，页面效果如图 12.12 所示。

图 12.11　表单（Form）重置与提交事件（1）

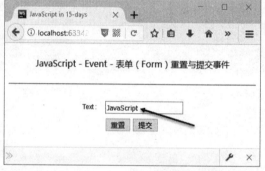

图 12.12　表单（Form）重置与提交事件（2）

点击表单中的"重置"按钮，页面效果如图 12.13 所示，表单中输入框的内容被清空，浏览器控制台中输出了【代码 12-12】中第 03 行代码定义的调试信息。及表明【代码 12-11】中第 06 行代码定义的"onreset"事件方法操作成功。

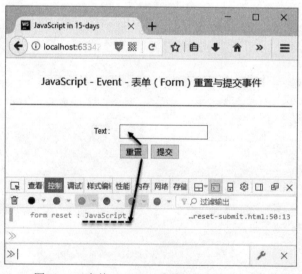

图 12.13　表单（Form）重置与提交事件（3）

下面，继续在表单输入框中输入内容，点击表单中的"提交"按钮，页面效果如图 12.14

所示。浏览器控制台中输出了【代码 12-12】中第 06 行代码定义的调试信息，这表明【代码 12-11】中第 07 行代码定义的 "onsubmit" 事件方法操作成功。

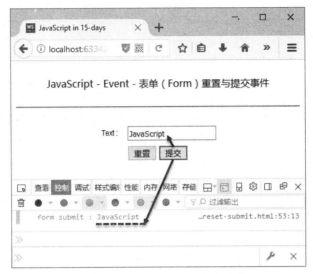

图 12.14　表单（Form）重置与提交事件（4）

另外，从【代码 12-12】与【代码 11-8】的执行效果来看，JavaScript 表单提交可以通过多种方式来实现，希望读者尽可能全部掌握，便于在实际项目开发中灵活运用。

12.4　JavaScript 与键盘事件

本节介绍 JavaScript 脚本语言处理键盘事件的内容，主要包括键盘按键被按下、按键被松开和按键被按下又释放等事件的处理方法。

12.4.1　键盘按键按下事件

键盘按键被按下事件名称为 "onkeydown"，用户在表单中按下一个键盘按键时该事件会被触发。

下面，看一个使用 "onkeydown" 事件的 JavaScript 代码示例（详见源代码 ch12 目录中 ch12-js-event-onkeydown.html 文件）。

先看一下 HTML 页面代码部分：

【代码 12-13】

```
01    <div id="id-event-form">
02        <form id="id-form" name="name-form" action="#" method="get">
03            <table>
```

```
04              <tr>
05                  <td>
06                      <label>键盘事件 onkeydown : </label>
07                  </td>
08                  <td>
09                      <input type="text" onkeydown="on_keydown(event)" />
10                  </td>
11              </tr>
12          </table>
13      </form>
14  </div>
```

下面接着看一下 JS 脚本代码部分：

【代码 12-14】

```
01  <script type="text/javascript">
02      function on_keydown(e) {
03          var keynum;
04          var keychar;
05          if(window.event) {
06              keynum = e.keyCode;    // IE
07          } else if(e.which) {
08              keynum = e.which; // Netscape/Firefox/Opera
09          }
10          console.log(keynum);
11          keychar = String.fromCharCode(keynum);
12          console.log(keychar);
13      }
14  </script>
```

关于【代码 12-14】的分析如下：

第 02～13 行代码是"on_keydown(e)"方法的具体实现，通过参数"e"的"keyCode"属性和"which"属性获取用户按下按键的 Unicode 编码，然后通过 String 对象的"fromCharCode()"方法转换成字符，并将内容输出到浏览器控制台中显示。

页面效果如图 12.15 所示。当在表单的文本输入框内输入字符"8A6B"时，每按下一个键，浏览器控制台中随之输出表示该按键的 Unicode 编码和字符（包括输入大写字母时按下的 Shift 键）。

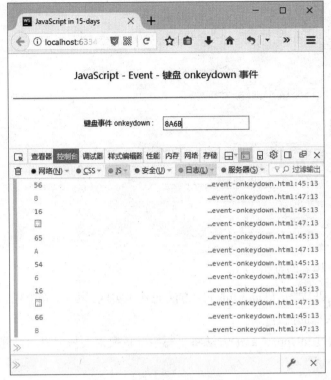

图 12.15　键盘按下 onkeydown 事件

12.4.2　键盘按键释放事件

键盘按键释放事件的名称为"onkeyup"，用户在表单中按下一个键盘按键时该事件就会被触发。

下面，看一个使用"onkeyup"事件的 JavaScript 代码示例（详见源代码 ch12 目录中 ch12-js-event-onkeyup.html 文件）。

先看一下 HTML 页面代码部分：

【代码 12-15】

```
01    <div id="id-event-form">
02      <form id="id-form" name="name-form" action="#" method="get">
03        <table>
04          <tr>
05            <td>
06              <label>键盘事件 onkeyup : </label>
07            </td>
08            <td>
09              <input type="text" id="id-input-keyup"
onkeyup="on_keyup(this.id)" />
10            </td>
```

```
11                    </tr>
12                  </table>
13             </form>
14       </div>
```

下面接着看一下 JS 脚本代码部分：

【代码 12-16】

```
01   <script type="text/javascript">
02       function on_keyup(thisid) {
03           var v_txt = document.getElementById(thisid).value;
04           console.log(v_txt.toUpperCase());
05       }
06   </script>
```

关于【代码 12-16】的分析如下：

第 02～05 行代码是"on_keyup(this.id)"方法的具体实现。其中，第 03 行代码通过参数"this. id"获取了文本输入框的内容；

第 04 行代码通过 toUpperCase()方法将小写字母转换为大写字母后，再输出到浏览器控制台中进行显示。

页面效果如图 12.16 所示。在表单的文本输入框内输入小写字母"abcde"，随后浏览器控制台中依次输出转换后的大写字母。

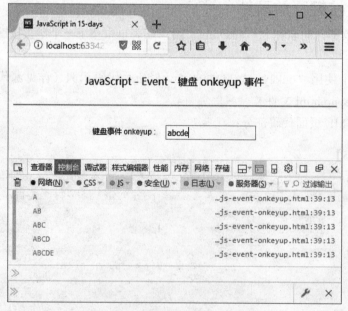

图 12.16　键盘按下 onkeyup 事件

12.4.3　键盘按键按下并释放事件

键盘按键按下并释放事件的名称为"onkeypress"，用户在表单中按下一个键并释放该按键时该事件被触发。另外，"onkeypress"事件与"onkeydown"事件在操作效果上很接近，区别不是很大。

下面，看一个综合使用"onkeypress"和"onkeydown"事件的 JavaScript 代码示例（详见源代码 ch12 目录中 ch12-js-event-onkeypress.html 文件）。

先看一下 HTML 页面代码部分：

【代码 12-17】

```
01    <div id="id-event-form">
02        <form id="id-form" name="name-form" action="#" method="get">
03          <table>
04              <tr>
05                  <td>
06                      <label>键盘事件 onkeypress : </label>
07                  </td>
08                  <td>
09                      <input type="text"
10                          onkeydown="on_keydown(event)"
11                          onkeypress="on_keypress(event)" />
12                  </td>
13              </tr>
14          </table>
15        </form>
16    </div>
```

下面接着看一下 JS 脚本代码部分：

【代码 12-18】

```
01    <script type="text/javascript">
02    function on_keydown(e) {
03          var keynum;
04          var keychar;
05          if(window.event) {
06              keynum = e.keyCode; // IE
07          } else if(e.which) {
08              keynum = e.which;   // Netscape/Firefox/Opera
09          }
10          keychar = String.fromCharCode(keynum);
11          console.log("onkeydown : " + keychar);
12      }
13      function on_keypress(e) {
14          var keynum;
```

```
15        var keychar;
16        if(window.event) {
17            keynum = e.keyCode; // IE
18        } else if(e.which) {
19            keynum = e.which;   // Netscape/Firefox/Opera
20        }
21        keychar = String.fromCharCode(keynum);
22        console.log("onkeypress : " + keychar);
23    }
24 </script>
```

关于【代码 12-18】的分析如下：

第 02～12 行代码是"on_keydown(e)"方法的具体实现，通过参数 "e" 的 "keyCode" 属性和 "which" 属性获取用户按下按键的 Unicode 编码，然后通过 "fromCharCode()" 方法转换成字符，并将内容输出到控制台中显示；

第 13～23 行代码是"on_keypress(e)"方法的具体实现，具体代码功能与第 02～12 行代码定义的"on_keydown(e)"方法类似。

页面效果如图 12.17 所示。在页面表单的文本输入框中输入小写字母 "abc"，从控制台中输出的调试信息来看，"onkeypress" 事件输出的仍是小写字母；而 "onkeydown" 事件输出的却是大写字母，这正是 "onkeypress" 事件与 "onkeydown" 事件二者之间很重要的区别。

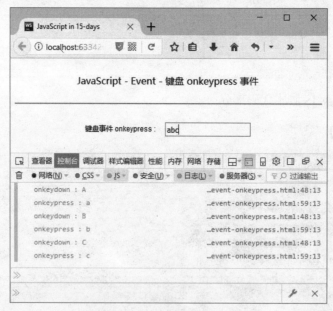

图 12.17　键盘按下 onkeypress 事件

12.5　**JavaScript 与鼠标事件**

本节介绍 JavaScript 脚本语言处理鼠标事件的内容，主要包括单击、双击、按下、松开和悬停鼠标等事件的处理方法。

12.5.1　鼠标单击事件

鼠标单击事件的名称为 "onclick"，用户使用鼠标点击一个对象时该事件被触发。需要值得注意的是，这个单击事件是指按下鼠标按键后又释放的过程，是特指这个连贯动作（主要是与按下鼠标按键相区别）。

下面，看一个使用 "onclick" 事件的 JavaScript 代码示例（详见源代码 ch12 目录中 ch12-js-event-onclick.html 文件）。

先看一下 HTML 页面代码部分：

【代码 12-19】

```
01  <div id="id-div" onclick="on_click(this.id)">
02      div - onclick 事件
03  </div>
04  <span id="id-span1" onclick="on_click(this.id)">
05      span1 - onclick 事件
06  </span>
07  <span id="id-span2" onclick="on_click(this.id)">
08      span2 - onclick 事件
09  </span>
10  <span id="id-span3" onclick="on_click(this.id)">
11      span3 - onclick 事件
12  </span>
13  <p id="id-p" onclick="on_click(this.id)">
14      p - onclick 事件
15  </p>
```

下面接着看一下 JS 脚本代码部分：

【代码 12-20】

```
01  <script type="text/javascript">
02      function on_click(thisid) {
03          var val = document.getElementById(thisid).innerText;
04          console.log(val);
05      }
06  </script>
```

关于【代码 12-20】的分析如下：

第 02~05 行代码是"on_click(thisid)"方法的具体实现，通过参数"thisid"获取标签元素内定义的文本内容，并将内容输出到控制台中显示。

页面效果如图 12.18 所示。在页面中的<div>、<span>和<p>标签元素内单击鼠标按键，控制台中随之输出通过事件处理方法获取的各个标签元素内定义的内容。

图 12.18　鼠标 onclick 事件

12.5.2　鼠标双击事件

鼠标双击事件名称为"ondblclick"，用户使用鼠标双击一个对象时该事件被触发。注意，这里的双击是指连续两次间隔时间很短的点击动作；如果间隔时间稍长，可能就会变成两次单击操作。

下面，看一个使用"ondblclick"事件的 JavaScript 代码示例（详见源代码 ch12 目录中 ch12-js-event-ondblclick.html 文件）。

先看一下 HTML 页面代码部分：

【代码 12-21】

```
01  <p id="id-p1" onclick="on_click(this.id)">
02      p1 - only onclick event
03  </p>
04  <p id="id-p2" ondblclick="on_dblclick(this.id)">
05      p2 - only ondblclick event
06  </p>
07  <p id="id-p3"
```

```
08        onclick="on_click(this.id)"
09        ondblclick="on_dblclick(this.id)">
10         p3 - both onclick & ondblclick event
11    </p>
```

下面接着看一下 JS 脚本代码部分：

【代码 12-22】

```
01    <script type="text/javascript">
02        function on_click(thisid) {
03            console.log(thisid + " onclick event.");
04        }
05        function on_dblclick(thisid) {
06            console.log(thisid + " ondblclick event.");
07        }
08    </script>
```

关于【代码 12-22】的分析如下：

第 02～04 行代码是"on_click(thisid)"方法的具体实现，通过参数"thisid"获取标签元素的"id"属性值，并将内容输出到控制台中显示；

第 05～07 行代码是"on_dblclick(thisid)"方法的具体实现，通过参数"thisid"获取了标签元素的"id"属性值，并将内容输出到控制台中显示。

页面初始效果如图 12.19 所示。我们先在页面中分别单击和双击"p1"标签元素，控制台中输出了通过事件处理方法生成的调试信息，页面效果如图 12.20 所示。单击"p1"标签元素后控制台中输出了调试信息，而双击"p1"标签元素后控制台中没有任何输出。

图 12.19　鼠标 ondblclick 事件（1）

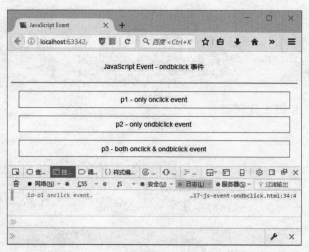

图 12.20　鼠标 ondblclick 事件（2）

再次在页面中单击和双击"p2"标签元素的操作，控制台中输出了通过事件处理方法生成的调试信息，页面效果如图 12.21 所示。单击"p2"标签元素后控制台中没有任何输出，而双击"p2"标签元素后控制台中输出了调试信息。

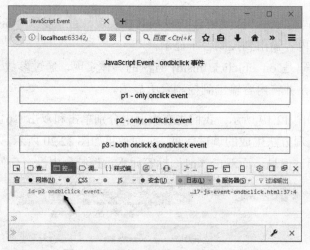

图 12.21　鼠标 ondblclick 事件（3）

再次在页面中单击"p3"标签元素，控制台中输出了通过事件处理方法生成的调试信息，页面效果如图 12.22 所示。单击"p3"标签元素后控制台中输出了调试信息（"id-p3 onclick event"），表示单击事件方法处理了用户的单击操作。

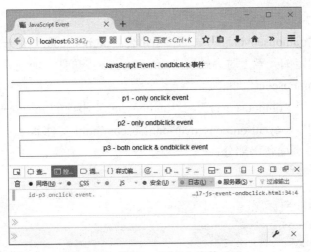

图 12.22 鼠标 ondblclick 事件（4）

当再次在页面中双击"p3"标签元素时，控制台中输出了通过事件处理方法生成的调试信息，页面效果如图 12.23 所示。双击"p3"标签元素后控制台输出了调试信息（"id-p3 onclick event"），并注意后面的数字"2"，表示用户执行了两次单击事件操作；同时，控制台还输出了调试信息（"id-p3 ondblclick event"），表示用户执行了一次双击事件操作。由此可见，如果同时定义"onclick"鼠标单击和"ondblclick"鼠标双击两个事件，那么一次双击操作同时也会被单击事件处理方法捕获，并当作是两次单击操作。

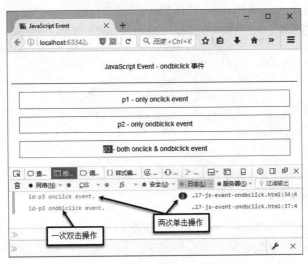

图 12.23 鼠标 ondblclick 事件（5）

12.5.3 鼠标悬停与移出事件

鼠标悬停事件名称为"onmouseover"，在用户将鼠标指针移动到指定的对象范围上时该事件被触发。鼠标移出事件名称为"onmouseout"，在用户将鼠标指针移出指定的对象范围后时该事件被触发。

鼠标悬停事件"onmouseover"与鼠标移出事件"onmouseout"是一对相关的鼠标事件，当鼠标指针移动到指定的元素上时会触发"onmouseover"事件，而当鼠标指针离开该指定的元素时又会触发"onmouseout"事件。

下面，看一个使用"onmouseover"与"onmouseout"事件的 JavaScript 代码示例（详见源代码 ch12 目录中 ch12-js-event-onmouseover-onmouseout.html 文件）。

先看一下 HTML 页面代码部分：

【代码 12-23】

```
01   <div id="id-div-outer" class="div-outer"
02        onmouseover="on_mouseover(this.id)"
onmouseout="on_mouseout(this.id)">
03        <div id="id-div-inner" class="div-inner"
04             onmouseover="on_mouseover(this.id)"
onmouseout="on_mouseout(this.id)">
05        </div>
06   </div>
```

下面接着看一下 JS 脚本代码部分：

【代码 12-24】

```
01   <script type="text/javascript">
02        function on_mouseover(thisid) {
03             var id = document.getElementById(thisid);
04             console.log("mouse over " + id.id);
05        }
06        function on_mouseout(thisid) {
07             var id = document.getElementById(thisid);
08             console.log("mouse out " + id.id);
09        }
10   </script>
```

关于【代码 12-24】的分析如下：

第 02～05 行代码是"on_mouseover(thisid)"方法的具体实现，通过参数"thisid"获取了标签元素对象，并将调试信息输出到控制台中显示；

第 06～09 行代码是"on_mouseout(thisid)"方法的具体实现，通过参数"thisid"获取了标签元素对象，并将调试信息输出到控制台中显示。

页面效果如图 12.24 所示。在页面中的外层<div>标签元素与内层<div>标签元素之间移动鼠标指针时，控制台中随之输出了通过事件处理方法提示的鼠标悬停与移出的调试信息。

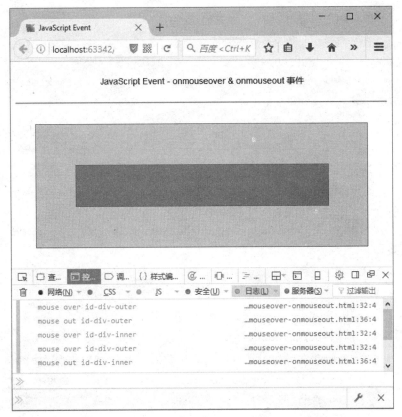

图 12.24　鼠标 onmouseover 和 onmouseout 事件

12.5.4　获取鼠标坐标位置

实际应用中，鼠标悬停事件"onmouseover"经常可以用来获取鼠标在屏幕或浏览器客户端的位置坐标。

下面，看一个通过"onmouseover"事件获取鼠标位置的 JavaScript 代码示例（详见源代码 ch12 目录中 ch12-js-event-mouse-pos.html 文件）。

先看一下 HTML 页面代码部分：

【代码 12-25】

```
01   <div id="id-div-screen" class="div-pos"></div>
02   <div id="id-div-client" class="div-pos"></div>
03   <div id="id-div-click" class="div-pos"></div>
```

下面接着看一下 JS 脚本代码部分：

【代码 12-26】

```
01   <script type="text/javascript">
```

```
02          document.onmouseover = function(e) {
03              e = e || window.event;
04              var v_screen_pos =
05                  "currnt mouse screen pos is " + "X=" + e.screenX + " : " + "Y="
+ e.screenY;
06              var v_client_pos =
07                  "currnt mouse client pos is " + "X=" + e.clientX + " : " + "Y="
+ e.clientY;
08              document.getElementById("id-div-screen").innerText =
v_screen_pos;
09              document.getElementById("id-div-client").innerText =
v_client_pos;
10              return false;
11          };
12          document.onclick = function(e) {
13              e = e || window.event;
14              document.getElementById("id-div-click").innerText =
15                  "click mouse screen pos is " + e.screenX + " : " + e.screenY
+ "\r\n" +
16                  "click mouse client pos is " + e.clientX + " : " + e.clientY
+ "\r\n";
17              return false;
18          };
19      </script>
```

关于【代码 12-26】的分析如下：

第 02～11 行代码是 document 对象上 "onmouseover" 事件方法的具体实现，通过参数 "e" 获取了鼠标的屏幕位置坐标（screenX 和 screenY）和浏览器客户端位置坐标（clientX 和 clientY），并将位置坐标信息输出到【代码 12-25】中第 01～02 行代码定义的<div>标签元素中；

第 12～18 行代码是 document 对象上 "onclick" 事件方法的具体实现，同样通过参数 "e" 获取了鼠标的屏幕位置坐标和浏览器客户端位置坐标，并将位置坐标信息输出到【代码 12-25】中第 03 行代码定义的<div>标签元素中。

页面效果如图 12.25 所示。通过使用屏幕位置属性（screenX 和 screenY）和浏览器客户端位置属性（clientX 和 clientY），在鼠标悬停 "onmouseover" 事件和鼠标单击 "onclick" 事件处理方法中成功输出了鼠标的位置信息。

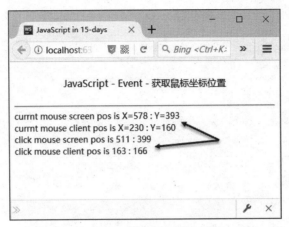

图 12.25　获取鼠标位置事件

12.6　开发实战：鼠标点击获取标签

本节的开发实战主要实现通过鼠标点击获取页面中标签名称的 Web 页面应用。具体就是通过 JavaScript 脚本语言操作 HTML DOM 事件参数，借助鼠标单击操作获取页面标签名称的方法。

本应用基于 HTML、CSS3 和 JavaScript 等相关技术来实现，具体源代码目录结构如图 12.26 所示。

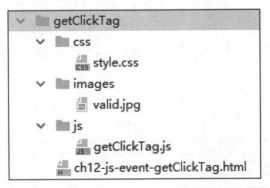

图 12.26　鼠标点击获取标签 Web 应用源码目录结构

如图 12.26 所示，应用目录名称为"getClickTag"（详见源代码 ch12 目录下的 getClickTag 子目录）；HTML 页面文件名称为"ch12-js-event-getClickTag.html"；CSS 样式文件放在"css"目录下（css\style.css）；js 脚本文件放在"js"目录下（js\getClickTag.js 脚本文件）；图片文件放在"images"目录下（images\valid.jpg）。

首先，看一个鼠标点击获取标签 Web 应用的 HTML 页面代码示例（详见源代码 ch12 目录中 getClickTag\ch12-js-event-getClickTag.html 文件）。

【代码 12-27】

```
01  <!doctype html>
02  <html lang="en">
03  <head>
04  <!-- 添加文档头部内容 -->
05  <link rel="stylesheet" type="text/css" href="css/style.css">
06  <script type="text/javascript" src="js/getClickTag.js"
charset="gbk"></script>
07  <title>JavaScript in 15-days</title>
08  </head>
09  <body onmousedown="on_getclicktag_load(event);">
10  <!-- 添加文档主体内容 -->
11  <header>
12      <nav>Event- 开发实战：鼠标点击获取标签</nav>
13  </header>
14  <hr>
15  <div id="id-div-form">
16      <form>
17          <table>
18              <caption>用户信息（填写）</caption>
19              <tr>
20                  <td class="tdtitle">用户名</td>
21                  <td>
22                      <input type="text"
23                             id="id-input-username"
24                             name="form-name-username"
25                             class="input128">
26                  </td>
27                  <td class="tdtips">eg. king</td>
28              </tr>
29              <tr>
30                  <td class="tdtitle">密码</td>
31                  <td>
32                      <input type="password"
33                             id="id-input-pwd"
34                             name="form-name-pwd"
35                             class="input128">
36                  </td>
37                  <td class="tdtips">eg. 123456</td>
38              </tr>
39              <tr>
40                  <td class="tdtitle">验证码</td>
41                  <td>
42                      <input type="text"
43                             id="id-input-valid"
44                             name="form-name-valid"
45                             class="input64">
46                  </td>
47                  <td class="tdtips"><img src="images/valid.jpg"></td>
48              </tr>
```

```
49          <tr>
50              <td></td>
51              <td>
52                  <input type="button" value="重置"/>
53                  <input type="button" value="登录"/>
54              </td>
55              <td></td>
56          </tr>
57      </table>
58  </form>
59  </div>
60  </body>
```

关于【代码 12-27】的分析如下：

第 05 行代码使用<link href="css/style.css" />标签元素，引用了本应用自定义的 CSS 样式文件；

第 06 行代码使用<script src="js/getClickTag.js" charset="gbk"></script>标签元素，引用了本页面自定义的一个 js 脚本文件；

第 09～60 行代码中，在<body>标签元素内定义了若干个页面元素，具体包括<header>头部、<nav>导航、<form>表单、<table>表格、<td>单元格、<input>输入框、<input>按钮和<img>图片等标签元素。

其中，第 09 行代码中为 <body> 标签元素定义了 "onmousedown" 事件方法（"on_getclicktag_load(event);"）。

下面测试【代码 12-27】定义的 HTML 网页，初始效果如图 12.27 所示。页面中主要定义了一个页眉标题和一个表单。当然，本应用主要实现的功能不是表单提交，而是通过鼠标点击操作获取所点击的标签元素名称。

图 12.27　鼠标点击获取标签页面

431

下面接着看一下 HTML 页面所对应的 JS 脚本代码部分（详见源代码 ch12 目录中getClickTag\js\getClickTag.js 文件）：

【代码 12-28】

```
01  /**
02   * func - onload
03   * @param e
04   */
05  function on_getclicktag_load(e) {
06      var vEvent = e || window.event;
07      var vTarget, vTagName;
08      if (vEvent.target) {
09          vTarget = vEvent.target;
10          vTagName = vTarget.tagName;
11      } else if (vEvent.srcElement) {
12          vTarget = vEvent.srcElement;
13          vTagName = vTarget.tagName;
14      } else {
15          vTarget = null;
16          vTagName = null;
17      }
18      console.log("Mouse clicked on <" + vTagName + "> element.");
19  }
```

关于【代码 12-28】的分析如下：

第 05～19 行代码定义了一个事件处理方法，是对【代码 12-27】中第 09 行代码中定义的"onmousedown"事件方法（"on_getclicktag_load(event);"）的具体实现；

其中，第 06 行代码定义了一个变量（vEvent），该变量用于保存 Event 事件参数；

第 07 行代码定义了两个变量（vTarget 和 vTagName）。其中，变量"vTarget"用于保存DOM 对象，变量"vTagName"用于保存 DOM 对象代表的标签元素名称；

第 08～17 行代码使用 if 条件语句判断"target"参数或"srcElement"参数是否有效，并根据判断结果将获取的 DOM 对象及其标签元素名称保存在第 07 行代码定义的两个变量（vTarget 和 vTagName）中。另外，"target"参数和"srcElement"参数均是表示 DOM 对象的标签元素，但两个参数适用的浏览器不同，同时使用这两个参数是为了实现浏览器的兼容性；

第 18 行代码将获取的 DOM 对象标签元素名称（vTagName）输出到浏览器控制台中进行显示。

运行测试【代码 12-27】和【代码 12-28】所定义的 HTML 页面，然后在页面中点击各个标签元素，页面效果如图 12.28 所示。浏览器控制台中依次输出了用户点击<header>头部、<nav>导航、<form>表单、<caption>标题、<input>输入框、<input>按钮和<img>图片等标签元素的提示信息。

图 12.28　鼠标点击获取标签页面

12.7　本章小结

本章主要介绍了 JavaScript 事件编程的知识，包括 HTML 事件基础、DOM 事件流、JavaScript 窗口事件、JavaScript 表单事件、JavaScript 键盘事件和 JavaScript 鼠标事件等方面的内容，并通过一些具体示例进行讲解。本章介绍的内容同样是 JavaScript 脚本语言编程中的重点内容，掌握这些内容是进行实际项目开发的重要基础。

第 13 章

Ajax技术

从本章开始，我们将向读者介绍 JavaScript 脚本语言的高级应用——著名的 Ajax 异步交互技术。Ajax 异步交互是一项很著名的 JavaScript 技术，具有功能强大、简单易用和应用广泛等特点，是一项深受广大 Web 前端设计人员所推崇的开发技术。

13.1 Ajax 基础

本节先介绍 Ajax 的基本概念、发展历史和规范标准等基础知识，让读者先了解一下这个全新的技术。

13.1.1 Ajax 是什么

Ajax 是一种创建交互式 Web 网页应用的前端开发技术。Ajax 的英文全拼为"Asynchronous JavaScript And XML"，翻译成中文为"异步的 JavaScript 和 XML"技术。

从以上关于 Ajax 定义的描述，我们大致可以概括出以下几个要点：

- Ajax 首先是一种技术，而不是一种全新的程序设计语言；
- Ajax 技术是基于 JavaScript 脚本语言和 XML（标准通用标记语言的子集）实现的；
- Ajax 的特点是通过异步方式快速创建动态网页。

到底什么是异步方式呢？异步方式是相对于同步方式而言的，同步方式是指在发出指令后要等待收到反馈后才会继续执行，而异步方式是指在发出指令后不需要等收到反馈就会继续执行下去。

对于传统网页而言，每一次更新页面的数据后均需要重新加载或刷新一下页面才会看到效果。那么有没有在无须重新加载或刷新页面的情况下，就可以实现更新页面数据的方式呢？

Ajax 恰恰就是这样一种能够实现页面异步交互的技术，Ajax 可以实现与后台服务器进行少量数据交换，从而在不重新加载或刷新整个页面的前提下，就可以对页面（通常是局部区域）数据进行异步更新的操作。

13.1.2　Ajax 工作原理

Ajax 技术的核心就是"XMLHttpRequest"对象，JavaScript 脚本语言通过该对象就可以在不重新加载或刷新整个页面的前提下，与 Web 服务器进行数据交换。简单来说，就是在不刷新页面的情况下，就可以产生页面局部刷新的效果。

我们知道在 BS（Browser-Server）模式下，浏览器端与 Web 服务器端是通过发出 HTTP 请求来完成数据传输的。而通过 Ajax 方式，可以实现浏览器端与 Web 服务器端之间的异步数据传输。Ajax 方式的优点不言而喻，使用少量的数据传输就可以实现页面更新，大大提高了网页的访问速度。

严格来讲，Ajax 是一种独立于 Web 服务器的浏览器技术，能够兼容几乎所有的主流浏览器。在编程实践上，Ajax 方式通过 JavaScript、HTML（XML）与 CSS 这类早已成为 Web 标准的成熟技术，与各种 Web 服务器平台实现异步通讯。

关于 Ajax 方式的工作原理，读者可以参考图 13.1（为广大设计人员普遍认可的原理图），有助于加深理解。

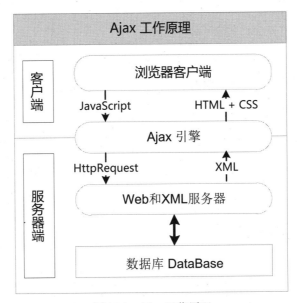

图 13.1　Ajax 工作原理

如图 13.1 所示，Ajax 引擎（一个比较高大上的称谓，实际就是指 Ajax 技术在浏览器平台上的实现）在客户端与服务器端起到了类似桥梁的关键作用。在图 13.1 中，如果去掉了 Ajax 引擎，实际上就是最基本、最传统的 Web 应用的工作方式。

13.1.3　Ajax 工作方式

上一小节中我们提到过，Ajax 技术的核心就是"XMLHttpRequest"对象。事实也确实如此，Ajax 的工作方式完全离不开"XMLHttpRequest"对象的参与。不过我们先不深入讨论

"XMLHttpRequest"对象的方法与属性，而是先通过一个具体代码示例描述一下 Ajax 的工作方式。

下面这个简单的 Ajax 应用示例实现了异步方式读取本地文本文档的操作，比较简单（详见源代码 ch13 目录中 ch13-ajax-basic.html 文件）。通过这个代码示例的演示效果，读者可以体会到 Ajax 工作方式的特点。

先看一下 HTML 页面代码部分：

【代码 13-1】

```
01   <div id="id-div-form">
02       <form id="id-form"
03           name="name-form"
04           action="#"
05           method="get"
06           target="_blank"
07           accept-charset="utf-8">
08           <table>
09               <caption>Ajax - 工作方式</caption>
10               <tr>
11                   <td class="td-label"><label>动态修改内容</label></td>
12                   <td id="id-td-ajax">Ajax 方式 - 原始内容</td>
13               </tr>
14               <tr>
15                   <td class="td-label"><label>Ajax 方式</label></td>
16                   <td><input type="button" value="提交"
onclick="on_ajax_click();"/></td>
17               </tr>
18           </table>
19       </form>
20   </div>
```

关于【代码 13-1】的分析如下：

第 02～19 行代码通过<form>标签元素定义了一个表单。

其中，第 04 行代码定义"action"属性值为"#"；

第 05 行代码定义"method"提交方式为"get"；

第 08～18 行代码通过<table>标签元素定义了一个表格。其中，第 12 行代码定义一个<td>单元格，并添加了"id"属性（"id-td-ajax"）；第 16 行代码通过<input type="button" />标签元素定义一个按钮，并定义"onclick"事件处理方法（"on_ajax_click();"）。

下面接着看一下 Ajax 脚本代码部分：

【代码 13-2】

```
01   <script type="text/javascript">
```

```
02          var xhr;
03          function on_ajax_click() {
04              if (window.ActiveXObject) {
05                  xhr = new ActiveXObject("Microsoft.XMLHTTP");
06              } else if (window.XMLHttpRequest) {
07                  xhr = new XMLHttpRequest();
08              } else {
09                  xhr = null;
10              }
11              if (xhr) {
12                  xhr.onreadystatechange = handleStateChange;
13                  xhr.open("GET", "ajax-basic.txt", true);
14          xhr.setRequestHeader("CONTENT-TYPE",
"application/x-www-form-urlencoded");
15                  xhr.send(null);
16              }
17          }
18          function handleStateChange() {
19              if (xhr.readyState == 4) {
20                  if (xhr.status == 200) {
21                      console.log("The server response: " + xhr.responseText);
22                      document.getElementById("id-td-ajax").innerHTML =
xhr.responseText;
23                  }
24              }
25          }
26      </script>
```

关于【代码 13-2】的分析如下：

第 02 行代码定义一个变量（xhr），用于保存"XMLHttpRequest"对象；

第 03～17 行代码定义一个事件处理方法，实现【代码 13-1】中第 16 行代码定义的"onclick"事件处理方法（"on_ajax_click();"）；

其中，第 04～10 行代码通过 if 条件选择语句创建"XMLHttpRequest"对象的实例，并保存在变量（xhr）中。这样定义"XMLHttpRequest"对象的方式是为了兼容各种版本的浏览器（尤其是老版本的 Internet Explorer 浏览器），因为各个厂商浏览器对于创建"XMLHttpRequest"对象的方式是不同的，后面我们还会详细介绍这几行代码；

第 11 行代码通过 if 条件选择语句来判断"XMLHttpRequest"对象（xhr）是否创建成功；

第 12 行代码定义了"XMLHttpRequest"对象的回调处理方法（handleStateChange）；

第 13 行代码通过"open()"方法建立对服务器端文件的连接（本例中的请求方式较简单，就是一个本地的文本文件"ajax-basic.txt"）；

第 15 行代码通过"send()"方法向服务器端发出请求；

第 18～25 行代码定义一个回调处理方法，实现第 12 行代码定义的回调方法

（handleStateChange）。其中，使用了"XMLHttpRequest"对象的多个参数来判断和获取服务器端返回的数据信息，后面我们会详细地进行介绍；

第 22 行代码将服务器端返回的数据信息动态更新到【代码 13-1】中第 12 行代码定义的页面中标签元素（"id-td-ajax"）中。

下面通过 FireFox 浏览器测试【代码 13-1】和【代码 13-2】所定义的 HTML 页面，页面初始效果如图 13.2 所示。我们点击表单中的"提交"按钮，页面效果如图 13.3 所示。

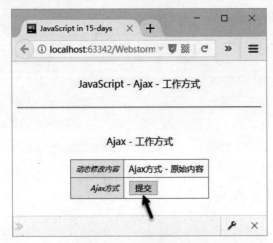

图 13.2　Ajax 工作方式（1）　　　　　图 13.3　Ajax 工作方式（2）

如图 13.3 中的箭头所示，表格中的数据被动态更新。那么，动态更新的数据从何而来呢？读者可以打开【代码 13-2】中第 13 行代码定义的本地文本文件"ajax-basic.txt"来查看一下就清楚了，如图 13.4 所示。

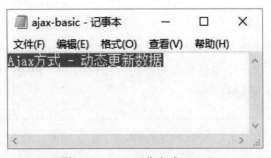

图 13.4　Ajax 工作方式（3）

如图 13.4 所示，文本文件中的内容全部被更新到客户端的页面中间。读者可能会有疑问，类似的功能通过 JavaScript 脚本代码也很容易实现。但二者完全不在一个层面上，JavaScript 脚本代码本质还是纯客户端技术，而本例中的 Ajax 方式已经将服务器端功能加进来。当类似 ASP、JSP 或 PHP 这类的服务器端开发语言与 Ajax 方式相结合，那么 Web 应用能完成的功能与纯客户端技术就不可同日而语。

13.2　XMLHttpRequest 对象

本节介绍 Ajax 技术中的核心部分 —— XMLHttpRequest 对象。实际上，在上一节中我们就已经使用 XMLHttpRequest 对象了，下面我们就详细介绍 XMLHttpRequest 对象的属性和方法以及具体应用示例。

13.2.1　创建 XMLHttpRequest 对象

XMLHttpRequest 对象是实现 Ajax 方式的核心，通过 JavaScript 脚本语言创建一个 XMLHttpRequest 对象实例，然后通过该对象实例编写 Ajax 代码。目前，几乎全部的主流浏览器都支持 XMLHttpRequest 对象。不过，XMLHttpRequest 对象目前还不是 W3C 标准或任何 Web 标准规范，因此也导致不同厂商的浏览器在创建 XMLHttpRequest 对象的方式上略有不同。

其实，XMLHttpRequest 对象最早是由微软公司在其 Internet Explorer 浏览器上推出的，在早期的 Internet Explorer（IE5、IE6）浏览器上 XMLHttpRequest 对象是作为一个 ActiveX 对象（微软的技术，读者可以去补充学习）实现的。

后来，其他知名厂商（Chrome、Firefox、Safari、Opera 等）也陆续推出自己的浏览器对 XMLHttpRequest 对象的实现。XMLHttpRequest 对象在这些浏览器上是作为一个 JavaScript 对象实现的。微软公司也是在 IE7 版本后，将 XMLHttpRequest 对象作为一个 JavaScript 对象来实现。

对于老版本的 Internet Explorer（IE5、IE6）浏览器，创建 XMLHttpRequest 对象的方法是使用 ActiveX 对象，具体代码写法如下：

```
xhr = new ActiveXObject("Microsoft.XMLHTTP");
```

对于当前的主流浏览器（Chrome、Firefox、Safari、Opera、IE7+等）都内建了 XMLHttpRequest 对象，具体代码写法如下：

```
xhr = new XMLHttpRequest();
```

综合上面的两种创建 XMLHttpRequest 对象，实例的方式，我们可以将这两种方式整合到一起来保证浏览器的兼容性，具体代码写法如下：

【代码 13-3】

```
01  var xhr;
02  if (window.XMLHttpRequest) {
03      // code for IE7+, Firefox, Chrome, Opera, Safari
04      xmlhttp = new XMLHttpRequest();
05  } else {
06      // code for IE6, IE5
07      xmlhttp = new ActiveXObject("Microsoft.XMLHTTP");
```

```
08  }
```

关于【代码 13-3】的分析如下：

这是段创建 XMLHttpRequest 对象实例的代码。通过 if 条件选择语句来判断浏览器是否支持"XMLHttpRequest"对象，如果支持就直接创建 XMLHttpRequest 对象实例，否则就通过 ActiveXObject 对象创建 XMLHttpRequest 对象实例。

13.2.2　发送 XMLHttpRequest 请求

在创建 XMLHttpRequest 对象实例后，就可以通过该实例向服务器端发送请求，如同【代码 13-2】。使用 XMLHttpRequest 对象向服务器发送请求，必须用到以下两种方法。

open()方法：该方法用于建立与服务器的连接，定义请求类型、URL 链接以及是否异步处理等操作，具体语法如下：

```
open(method, url, async);
```

参数说明：

- method：请求的类型（GET 或 POST 方式）；
- url：请求文件在服务器上的位置；
- async：定义同步或异步方式，true（异步）、false（同步）。
- send()方法：该方法用于向服务器发送请求的操作，具体语法如下：

```
send(string);
```

参数说明：

- string：GET 方式时定义为"null"；POST 方式时定义 url 参数。

如果打算使用如 HTML 表单的方式发送服务器请求，还需要使用到 setRequestHeader() 方法。

- setRequestHeader()方法：该方法主要用于定义 HTTP 头，具体语法如下：

```
setRequestHeader(header, value);
```

参数说明：

- header：定义 HTTP 头的名称;
- value：定义 HTTP 头的值。

在关于 HTML 表单（Form）的介绍中就描述过"GET"和"POST"这两种请求方式的区别了，在 Ajax 方式中也是同样适用的，这里不再赘述。

13.2.3 完成 XMLHttpRequest 响应

发送完 XMLHttpRequest 对象请求后，自然就需要获取来自服务器端的响应，此时就需要使用 XMLHttpRequest 对象的 responseText 或 responseXML 属性。

关于 XMLHttpRequest 对象的这两个属性的介绍如下：

● responseText：定义获取的字符串形式的响应数据；
● responseXML：定义获取的 XML 格式的响应数据。

那么如何使用 XMLHttpRequest 对象的这两个属性呢？如果来自服务器的响应不是 XML 格式，最好使用 responseText 属性来获取数据；如果来自服务器的响应是 XML 格式，且需要作为 XML 对象进行解析，就使用 responseXML 属性来获取数据。另外，对于 XML 格式的响应，使用 responseText 属性来获取数据也是没有问题的，只不过再想转换为 XML 格式比较麻烦。

13.2.4 Ajax 事件处理

前面介绍了 XMLHttpRequest 对象的方法和属性，自然还要有事件处理方式。不过 Ajax 方式仅仅定义了一个事件，就是"onreadystatechange"事件。虽然只定义一个事件，但也能足够实现 Ajax 方式的各种功能。

Ajax 方式在处理"onreadystatechange"事件时，XMLHttpRequest 对象定义了与之相关的三个属性，具体介绍如下：

● readyState 属性：表示 XMLHttpRequest 对象的状态，状态值在 0~4 之间发生变化，具体说明如下：
  ➢ 0：表示请求未初始化；
  ➢ 1：表示服务器连接已建立；
  ➢ 2：表示请求服务器已接收；
  ➢ 3：表示请求服务器处理中；
  ➢ 4：表示请求服务器已完成，且响应已就绪。
● onreadystatechange 属性：定义回调函数方法，每当 readyState 属性值发生改变时，就会调用该函数方法；
  ➢ status 属性：表示返回结果的状态。其中，比较常用的状态码如下。
  ➢ 200：表示服务器响应正常；
  ➢ 404：表示未找到页面；

根据上面的介绍，可以大致描述一下"onreadystatechange"事件的工作机制。每当 XMLHttpRequest 对象请求被发送到服务器端时，需要执行一些基于响应的任务，此时 readyState 属性值就会发生改变，紧接着就会触发"onreadystatechange"事件，再调用 onreadystatechange 属性所定义的回掉函数方法，在该方法内就可以将服务器返回的数据更新到客户端页面中。

13.3 Ajax 应用实例

前面我们介绍了 Ajax 技术和 XMLHttpRequest 对象的基本知识，其实学习 Ajax 技术的最好方式还是通过代码实例来掌握。这一节中我们就通过几个典型的应用实例来介绍 Ajax 方式编程的特点。

13.3.1 Ajax 方式读取 XML 文件

在【代码 13-1】和【代码 13-2】中，我们介绍了一个简单的、读取文本文件的代码实例。其实，通过 Ajax 技术不但可以读取文本文件，还可以解析 XML 格式文件。

下面这个简单的 Ajax 应用实现了异步方式读取 XML 格式文件的方法（详见源代码 ch13 目录中 ch13-ajax-load-xml.html 文件）。

先看一下 HTML 页面代码部分：

【代码 13-4】

```
01    <div id="id-div-form">
02        <form id="id-form"
03            name="name-form"
04            action="#"
05            method="get"
06            target="_blank"
07            accept-charset="utf-8">
08        <table>
09            <caption>Ajax - 读取 XML 文件</caption>
10            <tr>
11                <td class="td-label"><label>源文件</label></td>
12                <td>xml-table.xml</td>
13            </tr>
14            <tr>
15                <td class="td-label"><label>Ajax 方式</label></td>
16        <td><input type="button" value="读取"
onclick="on_ajax_load_xml_click();"/></td>
17            </tr>
18        </table>
19      </form>
20    </div>
21    <div id="id-xml-table"></div>
```

下面接着看一下 Ajax 脚本代码部分：

【代码 13-5】

```
01    <script type="text/javascript">
```

```
02          var g_xhr;
03          function creatXMLHttpRequest() {
04              var xhr;
05              if (window.ActiveXObject) {
06                  xhr = new ActiveXObject("Microsoft.XMLHTTP");
07              } else if (window.XMLHttpRequest) {
08                  xhr = new XMLHttpRequest();
09              } else {
10                  xhr = null;
11              }
12              return xhr;
13          }
14          function on_ajax_load_xml_click() {
15              g_xhr = creatXMLHttpRequest();
16              if (g_xhr) {
17                  g_xhr.onreadystatechange = handleStateChange;
18                  g_xhr.open("GET", "xml-table.xml", true);
19          g_xhr.setRequestHeader("CONTENT-TYPE",
"application/x-www-form-urlencoded");
20                  g_xhr.send(null);
21              }
22          }
23          function handleStateChange() {
24              if (g_xhr.readyState == 4) {
25                  if (g_xhr.status == 200) {
26                      console.log("The server response: " + g_xhr.responseText);
27          document.getElementById("id-xml-table").innerHTML =
g_xhr.responseText;
28                      console.log("The server response: " + g_xhr.responseXML);
29          document.getElementById("id-xml-table").innerHTML +=
g_xhr.responseXML;
30                  }
31              }
32          }
33  </script>
```

关于【代码 13-5】的分析如下：

第 02 行代码定义一个全局变量（g_xhr），用于保存"XMLHttpRequest"对象；

第 03～13 行代码定义一个自定义函数方法"creatXMLHttpRequest()"（参考【代码 13-3】），用于创建"XMLHttpRequest"对象实例；

第 14～22 行代码定义了一个事件处理方法，实现了【代码 13-4】中第 16 行代码定义的"onclick"事件处理方法（"on_ajax_load_xml_click();"）；

第 15 行代码通过调用"creatXMLHttpRequest()"方法获取了"XMLHttpRequest"对象实例，并保存在全局变量（g_xhr）中；

第 17 行代码通过"XMLHttpRequest"对象的"onreadystatechange"属性，定义了的回调函数方法（handleStateChange）；

第 18 行代码通过"open()"方法建立了对服务器端 XML 文件（"xml-table.xml"）的连接；其中，"GET"定义了请求方式，"true"定义了异步方式；

第 20 行代码通过"send()"方法向服务器端发出请求；

第 23~32 行代码定义了一个回调函数的处理方法，实现第 17 行代码定义的回调方法（handleStateChange）；

其中，第 24 行代码通过 if 条件选择语句判断"readyState"属性值是否等于数值 4，来表示服务器连接是否已完成，响应状态是否已就绪；

第 25 行代码通过 if 条件选择语句判断"status"属性值是否等于数值 200，来表示服务器响应是否正常；

第 27 行代码通过"XMLHttpRequest"对象的"responseText"属性，将服务器端返回的数据信息动态更新到【代码 13-4】中第 21 行代码定义的页面<div>标签元素（"id-xml-table"）中；

第 29 行代码再次通过"XMLHttpRequest"对象的"responseXML"属性，将服务器端返回的数据信息动态追加到【代码 13-4】中第 21 行代码定义的页面<div>标签元素（"id-xml-table"）中；

另外，下面是 XML 文件（"xml-table.xml"）的代码内容。

【代码 13-6】

```
01    <table>
02       <tbody>
03          <tr>
04             <th>No</th>
05             <th>Name</th>
06             <th>Title</th>
07          </tr>
08          <tr>
09             <td>1</td>
10             <td>king</td>
11             <td>CTO</td>
12          </tr>
13          <tr>
14             <td>2</td>
15             <td>king</td>
16             <td>CTO</td>
17          </tr>
18       </tbody>
```

```
19    </table>
```

该 XML 文件实际上是定义了一个 HTML 表格的内容。

下面通过 FireFox 浏览器测试一下【代码 13-4】和【代码 13-5】所定义的 HTML 页面，页面初始效果如图 13.5 所示。我们点击表单中的"读取"按钮，页面效果如图 13.6 所示。

图 13.5　Ajax 方式读取 XML 文件（1）

图 13.6　Ajax 方式读取 XML 文件（2）

如图 13.6 中的箭头所示为【代码 13-5】中第 27 行代码通过"responseText"属性获取的服务器端数据，在页面中以表格的形式动态更新出来。而【代码 13-5】中第 29 行代码通过"responseXML"属性获取的服务器端数据在页面中仅仅显示一行文本（表示是一个 XML 文档对象）。

其实，【代码 13-5】中第 18 行代码打开的是同一个 XML 文档，但"responseText"属性和"responseXML"属性显示的效果却不相同。这是因为"responseXML"属性返回的是一个XML 文档对象，需要解析后才能正确读取其内容。

13.3.2　Ajax 方式解析 XML 文件

在【代码 13-1】和【代码 13-2】中，我们介绍了一个简单的、读取文本文件的代码实例。其实，通过 Ajax 技术不但可以读取文本文件，还可以解析 XML 格式文件。

下面这个简单的 Ajax 应用实现异步方式解析 XML 格式文件的方法（详见源代码 ch13 目录中 ch13-ajax-parse-xml.html 文件）。

先看一下 HTML 页面代码部分：

【代码 13-6】

```
01    <div id="id-div-form">
```

```
02        <form id="id-form"
03             name="name-form"
04             action="#"
05             method="get"
06             target="_blank"
07             accept-charset="utf-8">
08          <table>
09            <caption>Ajax - 解析 XML 文件</caption>
10            <tr>
11               <td class="td-label"><label>源文件</label></td>
12               <td>xml-table.xml</td>
13            </tr>
14            <tr>
15               <td class="td-label"><label>Ajax 方式</label></td>
16      <td><input type="button" value="解析"
onclick="on_ajax_parse_xml_click();"/></td>
17            </tr>
18          </table>
19        </form>
20    </div>
21    <div id="id-xml-table"></div>
```

关于【代码 13-6】的分析如下：

【代码 13-6】与【代码 13-4】类似，稍稍改动的就是在第 16 行代码中<input>标签元素的定义，将"value"属性值改为"解析"，将"onclick"事件处理方法名称进行了修改（"on_ajax_parse_xml_click();"）。

下面主要看一下 Ajax 脚本代码部分：

【代码 13-7】

```
01    <script type="text/javascript">
02        var g_xhr;
03        function creatXMLHttpRequest() {
04            var xhr;
05            if (window.ActiveXObject) {
06                xhr = new ActiveXObject("Microsoft.XMLHTTP");
07            } else if (window.XMLHttpRequest) {
08                xhr = new XMLHttpRequest();
09            } else {
10                xhr = null;
11            }
12            return xhr;
13        }
14        function on_ajax_parse_xml_click() {
15            g_xhr = creatXMLHttpRequest();
```

```
16              if (g_xhr) {
17                  g_xhr.onreadystatechange = handleStateChange;
18                  g_xhr.open("GET", "xml-table.xml", true);
19          g_xhr.setRequestHeader("CONTENT-TYPE",
"application/x-www-form-urlencoded");
20                  g_xhr.send(null);
21              }
22          }
23          function handleStateChange() {
24              if (g_xhr.readyState == 4) {
25                  if (g_xhr.status == 200) {
26                      console.log("The server response: " + g_xhr.responseXML);
27      document.getElementById("id-xml-table").innerHTML =
parseXMLTable(g_xhr.responseXML);
28                  }
29              }
30          }
31          function parseXMLTable(xmlDoc) {
32              var vTds = xmlDoc.getElementsByTagName("td");
33              var vTd, vNodeValue;
34              var t = 1;
35          var vTable =
"<table><tbody><tr><th>No</th><th>Name</th><th>Title</th></tr>";
36              for (var i = 0; i < vTds.length; i++) {
37                  vTd = vTds[i];
38                  vNodeValue = vTd.childNodes[0].nodeValue;
39                  console.log("<td>" + vNodeValue + "</td>");
40                  if (t == 1) {
41                      vTable += "<tr><td>" + vNodeValue + "</td>";
42                      t = 2;
43                  } else if (t == 2) {
44                      vTable += "<td>" + vNodeValue + "</td>";
45                      t = 3;
46                  } else if (t == 3) {
47                      vTable += "<td>" + vNodeValue + "</td></tr>";
48                      t = 1;
49                  } else {
50                      break;
51                  }
52              }
53              vTable += "</tbody></table>";
54              return vTable;
55          }
56  </script>
```

关于【代码 13-7】的分析如下：

第 02 行代码定义一个全局变量（g_xhr），用于保存"XMLHttpRequest"对象；

第 03～13 行代码定义一个自定义函数方法"creatXMLHttpRequest()"（参考【代码 13-3】），用于创建"XMLHttpRequest"对象实例；

第 14～22 行代码定义一个事件处理方法，实现了【代码 13-6】中第 16 行代码定义的"onclick"事件处理方法（"on_ajax_parse_xml_click();"）；

其中，第 15 行代码通过调用"creatXMLHttpRequest()"方法获取了"XMLHttpRequest"对象实例，并保存在全局变量（g_xhr）中；

第 17 行代码通过"XMLHttpRequest"对象的"onreadystatechange"属性，定义了的回调函数的方法（handleStateChange）；

第 18 行代码通过"open()"方法建立对服务器端 XML 文件（"xml-table.xml"）的连接；其中，"GET"定义了请求方式，"true"定义了异步方式；

第 20 行代码通过"send()"方法向服务器端发出请求；

第 23～30 行代码定义一个回调函数处理方法，实现第 17 行代码定义的回调方法（handleStateChange）；

其中，第 24 行代码通过 if 条件选择语句判断"readyState"属性值是否等于数值 4，来表示服务器连接是否已完成，响应状态是否已就绪；

第 25 行代码通过 if 条件选择语句判断"status"属性值是否等于数值 200，来表示服务器响应是否正常；

第 27 行代码通过将"XMLHttpRequest"对象的"responseXML"属性作为参数，传递给自定义函数方法"parseXMLTable()"，并将该函数的返回值动态追加到页面<div>标签元素（"id-xml-table"）中；

第 31～55 行代码定义的自定义函数方法"parseXMLTable()"是本代码实例的关键部分，其实现了对 XML 格式文件的解析；

其中，第 32 行代码定义了一个变量（vTds），并通过参数（xmlDoc）调用"getElementsByTagName()"方法获取<td>标签对象集合，并将返回值保存在变量（vTds）中；从第 27 行代码中可以知道，参数（xmlDoc）表示的是"XMLHttpRequest"对象的"responseXML"属性，具体为一个 XML 文档对象（HTML 文档是 XML 文档的一个子集）。因此，可以使用"getElementsByTagName()"方法来获取<td>标签集合；

第 35～53 行代码主要的目的就是解析 XML 文档，并将其转换成表格<table>格式后动态更新到页面中；

第 36～52 行代码通过 for 循环语句读取了集合变量（vTds）。其中，第 38 行代码使用 XML 文档的 DOM 属性（"childNodes"和"nodeValue"）获取了节点元素数组及其属性值；

第 40～51 行代码将属性值转换成表格<table>格式。

页面初始效果如图 13.7 所示。点击表单中的"解析"按钮，页面效果如图 13.8 所示。【代码 13-7】中第 27 行代码通过"responseXML"属性获取的服务器端数据在页面中以表格的形式动态更新出来，与图 13.6 不同，在页面中仅仅显示了一行文本，这说明 XML 文档被解析成功。

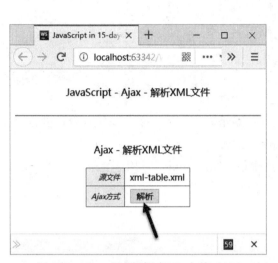

图 13.7　Ajax 方式解析 XML 文件（1）

图 13.8　Ajax 方式解析 XML 文件（2）

13.3.3　GET 请求方式

前面的几个代码实例仅仅是几种获取服务器上的信息的方法，其实 Ajax 方式最大的优势还是异步处理提交到服务器上下文环境数据信息的技术。

我们先介绍一个通过 GET 请求方式实现 Ajax 技术的代码实例（详见源代码 ch13 目录中 ch13-ajax-get.html 文件）。

先看一下 HTML 页面代码部分：

【代码 13-8】

```
01  <div id="id-div-form">
02    <form id="id-form"
03        name="name-form"
04        action="#"
05        method="get"
06        target="_blank"
07        accept-charset="utf-8">
08      <table>
09        <caption>Ajax - GET 请求方式</caption>
10        <tr>
11          <td class="td-label"><label>用户名</label></td>
12          <td><input type="text"
```

```
13                          id="id-input-username"
14                          onblur="on_username_blur(this.id);"/>
15              </td>
16              <td id="id-td-hint"></td>
17          </tr>
18      </table>
19   </form>
20  </div>
```

关于【代码 13-8】的分析如下：

第 02～19 行代码通过<form>标签元素定义了一个表单；

第 12～14 行代码通过<input type="text" />标签元素定义了一个文本输入框，并定义了"onblur"事件处理方法（"on_username_blur(this.id);"）；

第 16 行代码为<td>标签元素定义了"id"属性值（"id-td-hint"），用于显示通过 Ajax 方式获取的服务器端信息。

下面接着看一下 Ajax 脚本代码部分：

【代码 13-9】

```
01  <script type="text/javascript">
02      var g_xhr;
03      function creatXMLHttpRequest() {
04          var xhr;
05          if (window.ActiveXObject) {
06              xhr = new ActiveXObject("Microsoft.XMLHTTP");
07          } else if (window.XMLHttpRequest) {
08              xhr = new XMLHttpRequest();
09          } else {
10              xhr = null;
11          }
12          return xhr;
13      }
14      function on_username_blur(thisid) {
15          var param;
16          var p_username = document.getElementById(thisid).value;
17          param = "ch13-ajax-get.php?username=" + p_username;
18          g_xhr = creatXMLHttpRequest();
19          if (g_xhr) {
20              g_xhr.onreadystatechange = handleStateChange;
21              g_xhr.open("GET", param, true);
22          g_xhr.setRequestHeader("CONTENT-TYPE",
```

```
"application/x-www-form-urlencoded");
23                g_xhr.send(null);
24            }
25        }
26        function handleStateChange() {
27            if (g_xhr.readyState == 4) {
28                if (g_xhr.status == 200) {
29                    console.log("The server response: " + g_xhr.responseText);
30                    document.getElementById("id-td-hint").innerHTML =
g_xhr.responseText;
31                }
32            }
33        }
34  </script>
```

关于【代码 13-9】的分析如下：

第 02 行代码定义一个全局变量（g_xhr），用于保存"XMLHttpRequest"对象；

第 03～13 行代码定义一个自定义函数方法"creatXMLHttpRequest()"（参考【代码 13-3】），用于创建"XMLHttpRequest"对象实例；

第 14～25 行代码定义一个事件处理方法（on_username_blur(thisid)），实现【代码 13-8】中第 14 行代码定义的"onblur"事件处理方法（"on_username_blur(this.id);"）；

第 15 行代码定义一个变量（param），用于保存请求 URL 地址的字符串；

第 16 行代码获取【代码 13-8】中第 12～14 行代码定义的文本输入框中用户填入的数据信息，并保存在变量（p_username）中；

第 17 行代码通过将服务器端 PHP 文件（ch13-ajax-get.php）与变量（p_username）组合成一个带传递参数的 URL 合法地址字符串，并保存在变量（param）中；

第 18 行代码通过调用"creatXMLHttpRequest()"方法获取"XMLHttpRequest"对象实例，并保存在全局变量（g_xhr）中；

第 20 行代码通过"XMLHttpRequest"对象的"onreadystatechange"属性，定义了回调函数方法（handleStateChange）；

第 21 行代码通过"open()"方法建立了对服务器的连接。其中，请求方式定义为"GET"方式；"URL"服务器地址定义为变量（param）表示的字符串；"true"表示使用异步方式进行通信；

第 23 行代码通过"send()"方法向服务器端发出请求；

第 26～33 行代码定义了一个回调函数处理方法，实现第 20 行代码定义的回调方法（handleStateChange）；

其中，第 27 行代码通过 if 条件选择语句判断"readyState"属性值是否等于数值 4，来表示服务器连接是否已完成，响应状态是否已就绪；

第 28 行代码通过 if 条件选择语句判断"status"属性值是否等于数值 200，来表示服务器响应是否正常；

第 30 行代码通过"XMLHttpRequest"对象的"responseText"属性，将服务器端返回的登录提示信息动态更新到【代码 13-8】中第 16 行代码定义的\<td\>标签元素（"id-td-hint"）中；

另外，下面是 PHP 服务器文件（"ch13-ajax-get.php"）的代码内容。

【代码 13-10】

```
01  <?php
02  $username = $_GET["username"];
03  $response = "";
04  if($username == "king") {
05      $response = "Check OK.";
06  } else {
07      $response = $username." has existed.";
08  }
09  echo $response;
10  ?>
```

该 PHP 文件代码实现的功能很简单，通过判断用户提交的"用户名"数据信息来决定返回给 HTML 客户端页面什么样的提示信息。关于 PHP 语法的内容这里就不深入讨论，感兴趣的读者可以自行学习。

页面初始效果如图 13.9 所示。在表单的输入框中输入任意一个用户名，页面效果如图 13.10 所示。

图 13.9　Ajax 之"GET"请求方式（1）

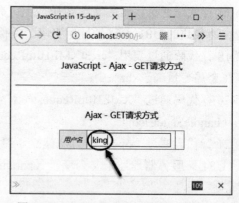

图 13.10　Ajax 之"GET"请求方式（2）

如图 13.10 中的箭头所示，输入完毕后用任意一种方式触发"onblur"事件，页面效果如图 13.11 所示。服务器端返回的提示信息表明输入的用户名通过服务器端的验证；如果尝试另一个用户名，页面效果如图 13.12 所示。输入的第二个用户名被服务器端提示已经存在，这与

【代码 13-10】定义的 PHP 代码是相吻合的。

图 13.11　Ajax 之 "GET" 请求方式（3）

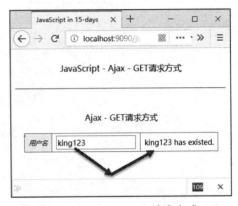

图 13.12　Ajax 之 "GET" 请求方式（4）

本小节介绍的 Ajax 代码实例在 Web 应用中用户注册的场景会经常会用到，该功能可以提示用户名是否已经被注册过，如果是就需要换一个新的用户名来注册。

13.3.4　POST 请求方式

本小节介绍一个通过 POST 请求方式实现 Ajax 技术的代码实例（详见源代码 ch13 目录中 ch13-ajax-post.html 文件）。

先看一下 HTML 页面代码部分：

【代码 13-11】

```
01    <div id="id-div-form">
02        <form id="id-form"
03            name="name-form"
04            action="#"
05            method="post"
06            target="_blank"
07            accept-charset="utf-8">
08        <table>
09            <caption>Ajax - POST 请求方式</caption>
10            <tr>
11                <td class="td-label"><label>用户名</label></td>
12                <td><input type="text" id="id-input-username" value=""
/></td>
13            </tr>
14            <tr>
15                <td class="td-label"><label>密码</label></td>
16                <td><input type="password" id="id-input-pwd" value=""
/></td>
17            </tr>
```

```
18              <tr>
19                  <td class="td-label"><label>Ajax 方式</label></td>
20                  <td>
21                      <input type="button"
22                              id="id-input-login"
23                              value="登录"
24                              onclick="on_login_click(this.id);"/>
25                  </td>
26              </tr>
27              <tr>
28                  <td class="td-label"><label>提示</label></td>
29                  <td id="id-td-hint"></td>
30              </tr>
31          </table>
32      </form>
33  </div>
```

下面接着看一下 Ajax 脚本代码部分：

【代码 13-12】

```
01  <script type="text/javascript">
02      var g_xhr;
03      function creatXMLHttpRequest() {
04          var xhr;
05          if (window.ActiveXObject) {
06              xhr = new ActiveXObject("Microsoft.XMLHTTP");
07          } else if (window.XMLHttpRequest) {
08              xhr = new XMLHttpRequest();
09          } else {
10              xhr = null;
11          }
12          return xhr;
13      }
14      function on_login_click(thisid) {
15          var param;
16          var p_username =
document.getElementById("id-input-username").value;
17          var p_pwd = document.getElementById("id-input-pwd").value;
18          param = "username=" + p_username + "&pwd=" + p_pwd;
19          g_xhr = creatXMLHttpRequest();
20          if (g_xhr) {
21              g_xhr.onreadystatechange = handleStateChange;
22              g_xhr.open("POST", "ch13-ajax-post.php", true);
23          g_xhr.setRequestHeader("CONTENT-TYPE",
"application/x-www-form-urlencoded");
```

```
24              g_xhr.send(param);
25          }
26      }
27      function handleStateChange() {
28          if (g_xhr.readyState == 4) {
29              if (g_xhr.status == 200) {
30                  console.log("The server response: " + g_xhr.responseText);
31                  document.getElementById("id-td-hint").innerHTML =
g_xhr.responseText;
32              }
33          }
34      }
35  </script>
```

关于【代码 13-12】的分析如下：

第 02 行代码定义一个全局变量（g_xhr），用于保存"XMLHttpRequest"对象；

第 03~13 行代码定义一个自定义函数方法"creatXMLHttpRequest()"（参考【代码 13-3】），用于创建"XMLHttpRequest"对象实例；

第 14~26 行代码定义一个事件处理方法（"on_login_click(thisid)"），实现【代码 13-11】中第 24 行代码定义的"onclick"事件处理方法（"on_login_click(this.id);"）；

其中，第 15 行代码定义一个变量（param），用于保存请求 URL 地址参数的字符串；

第 16 行代码获取【代码 13-11】中第 12 行代码定义的文本输入框中用户填入的"用户名"数据信息，并保存在变量（p_username）中；

第 17 行代码获取【代码 13-11】中第 16 行代码定义的文本输入框中用户填入的"密码"数据信息，并保存在变量（p_pwd）中；

第 18 行代码将变量（p_username）与变量（p_pwd）组合成一个 URL 参数字符串，并保存在变量（param）中；

第 19 行代码通过调用"creatXMLHttpRequest()"方法获取"XMLHttpRequest"对象实例，并保存在全局变量（g_xhr）中；

第 21 行代码通过"XMLHttpRequest"对象的"onreadystatechange"属性，定义了回调函数方法（handleStateChange）；

第 22 行代码通过"open()"方法建立对服务器的连接。其中，请求方式定义为"POST"方式；"URL"服务器地址定义为 PHP 文件（"ch13-ajax-post.php"）；"true"表示使用异步方式进行通信；

第 24 行代码通过"send()"方法向服务器端发出请求，并使用变量（param）作为该方法的传递参数。这正是"POST"方式与"GET"方式二者之间的区别；

第 27~34 行代码定义一个回调函数的处理方法，实现第 21 行代码定义的回调方法（handleStateChange）；

其中，第 28 行代码通过 if 条件选择语句判断"readyState"属性值是否等于数值 4，来表示服务器连接是否已完成，响应状态是否已就绪；

第 29 行代码通过 if 条件选择语句判断 "status" 属性值是否等于数值 200，来表示服务器响应是否正常；

第 31 行代码通过 "XMLHttpRequest" 对象的 "responseText" 属性，将服务器端返回的登录提示信息动态更新到【代码 13-11】中第 29 行代码定义的 <td> 标签元素（"id-td-hint"）中。

另外，下面是 PHP 服务器文件（"ch13-ajax-post.php"）的代码内容。

【代码 13-13】

```php
01  <?php
02  $username = $_POST["username"];
03  $pwd = $_POST["pwd"];
04  $response = "";
05  if(($username == "king")&&($pwd == "123456")) {
06      $response = "Login OK.";
07  } else {
08      $response = $username." has not existed or password wrong.";
09  }
10  echo $response;
11  ?>
```

该 PHP 文件代码实现的功能很简单，通过判断用户提交的 "用户名" 和 "密码" 数据信息来决定返回给 HTML 客户端页面什么样的提示信息。另外，在正式项目开发中对于 "密码" 数据信息一般是要使用多种加密方式进行处理，此处为了简明就省去了。

页面初始效果如图 13.13 所示。在表单中输入任意用户名和密码信息，页面效果如图 13.14 所示。输入完毕后单击 "登录" 按钮，页面效果如图 13.15 所示。服务器端返回的提示信息表明输入的用户名和密码信息通过了服务器端的验证；如果尝试输入另一个用户名或密码，页面效果如图 13.16 所示。

第二次输入的用户名和密码信息被服务器端提示不存在或密码错误，这与【代码 13-13】定义的 PHP 代码是相吻合的。

图 13.13　Ajax 之 "POST" 请求方式（1）

图 13.14　Ajax 之 "POST" 请求方式（2）

图 13.15 Ajax 之 "POST" 请求方式（3）　　　图 13.16 Ajax 之 "POST" 请求方式（4）

本节介绍的 Ajax 代码实例在 Web 应用的用户登录场景中经常会用到，可以提示用户输入的用户名或密码是否正确。

13.4 本章小结

本章主要介绍 Ajax 技术的基础知识，包括 Ajax 技术基础、工作原理与工作方式、XMLHttpRequest 对象等方面的内容，并通过具体实例逐一进行讲解。希望本章的内容能为读者深入学习 JavaScript 技术做好铺垫。

第 14 章

JavaScript框架介绍

时至今日，在计算机程序设计语言的历史中，可能没有任何一种程序语言能够像 JavaScript 脚本语言这样，拥有数量如此之多的开发框架。更难能可贵的是，在所有这些基于 JavaScript 脚本语言开发出来的框架中，有相当一部分是非常优秀的、能够被广大 Web 开发人员高度认可的。

本章作为 JavaScript 脚本语言内容的延伸，内容求精而不求全，旨在向读者介绍一些优秀的 JavaScript 框架基础知识和基本用法，为读者学习 JavaScript 框架开发打下基础。

14.1 Prototype.js 框架

本节介绍一个曾经非常有名的 Prototype.js 框架。虽然目前仍使用该框架的开发人员不多，但该框架可以说是 JavaScript 框架的鼻祖，之后很多非常著名的 JavaScript 框架均是沿用了该框架的设计理念与风格。

14.1.1 Prototype.js 框架基础

Prototype.js 框架最初是由 Sam Stephenson 开发出来的，其对 JavaScript 做了大量的扩展，实现了不少功能强大、且非常实用的、Web 2.0 标准的 js 库（包括对 Ajax 技术的支持）。从严格意义来讲，Prototype.js 不像是一个框架，而更接近于一个 JavaScript 基础类库，是一个具有很高学习价值的类库。

相信很多读者第一次看到 Prototype.js 框架的名称，一定会联想到本书前文中介绍过的，JavaScript 语法中的原型 "prototype" 属性。虽然目前为止，关于 Prototype.js 框架的任何官方文档没有介绍过二者的关联，但 Prototype.js 框架却是在 JavaScript 原型 "prototype" 属性的基础上构建而成的。这从一个侧面也反映出，JavaScript 语法中的原型 "prototype" 属性的强大之处。

由于篇幅的限制，关于 Prototype.js 框架的应用，我们只介绍一些最基本和最简单的内容。首先，如果想在 HTML 网页中使用 Prototype.js 框架，那么就一定要先用<script>标签引入

Prototype.js 框架的类库文件，具体如下：

```
<script type="text/javascript" src="path/prototype.js"></script>
```

其中，"src"属性引用的是"prototype.js"文件，就是 Prototype.js 框架官方网站（http://prototypejs.org）提供的类库文件，目前该类库的最新版本是 1.7.3，不过似乎已经很久没有更新了。

14.1.2 通过"$()"方法操作 DOM

Prototype.js 框架为操作 DOM 设计了一个"$()"方法，该方法的功能类似于 JavaScript 脚本语言中的"document.getElementById()"方法。不过，"$()"方法功能更强大一些，其不但可以获取一个"id"值，还可以获取一组"id"值，使用起来更加方便灵活。

下面，就看一个使用"$()"方法的 Prototype.js 代码示例（详见源代码 ch14 目录中 ch14-prototype-dom.html 文件）。

先看一下 HTML 代码部分：

【代码 14-1】

```
01  <div id="id-div-form">
02    <form>
03      <table>
04        <caption></caption>
05        <tr>
06          <td>姓名（Name）</td>
07          <td>
08            <input type="text"
09                   id="id-input-text-name"
10                   value="king" />
11          </td>
12        </tr>
13        <tr>
14          <td>性别（Gender）</td>
15          <td>
16            <input type="text"
17                   id="id-input-text-gender"
18                   value="male" />
19          </td>
20        </tr>
21        <tr>
22          <td>邮箱（Email）</td>
23          <td>
24            <input type="text"
25                   id="id-input-text-email"
26                   value="king@email.com" />
```

```
27                    </td>
28                </tr>
29                <tr>
30                    <td>$() 操作一个 DOM</td>
31                    <td>
32                        <input type="button"
33                            id="id-input-button-single"
34                            value="click me!"
35                            onclick="on_single_click(this.id);" />
36                    </td>
37                </tr>
38                <tr>
39                    <td>$() 操作一组 DOM</td>
40                    <td>
41                        <input type="button"
42                            id="id-input-button-multi"
43                            value="click me!"
44                            onclick="on_multi_click(this.id);" />
45                    </td>
46                </tr>
47            </table>
48        </form>
49 </div>
```

关于【代码 14-1】的分析如下：

这段代码主要就是定义了一个表单，表单内定义了一组文本输入框和一组按钮控件。

第 08～10 行、第 16～18 行和第 24～26 行代码分别通过<input type="text">标签定义了一组文本输入框，并分别定义了"id"属性值；

第 32～35 行和第 41～44 行代码分别通过<input type="button">标签定义了一组按钮，并分别定义了"onclick"事件方法。其中，第一个按钮用于获取一个 DOM 元素，第二个按钮用于获取一组 DOM 元素。

下面，先看第一段 Prototype.js 脚本代码部分：

【代码 14-2】

```
01 <script type="text/javascript">
02     function on_single_click(thisid) {
03         var v_id = $("id-input-text-name");
04         console.log(v_id.value);
05     }
06 </script>
```

关于【代码 14-2】的分析如下：

第 02～05 行代码定义了一个事件处理方法，对应【代码 14-1】中第 35 行代码定义的"onclick"事件方法（"on_single_click(this.id);"）；

其中，第 03 行代码通过"$()"方法获取【代码 14-1】中第 08～10 行代码定义的"id"属性值为"id-input-text-name"的文本输入框，并将返回值（DOM 对象）保存在变量（v_id）中；

第 04 行代码通过 DOM 对象（v_id）将"value"属性值直接在浏览器控制台中进行输出。

下面通过 FireFox 测试【代码 14-1】和【代码 14-2】所定义的 HTML 页面，页面初始效果如图 14.1 所示。点击第一个按钮，通过"$()"方法操作一个 DOM 元素，页面效果如图 14.2 所示。从浏览器控制台中输出的结果来看，【代码 14-2】中第 03～04 行代码成功通过"$()"方法获取一个 DOM 元素对象及其属性值。

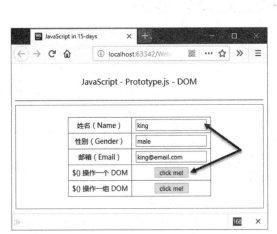

图 14.1　Prototype.js 操作 DOM（1）

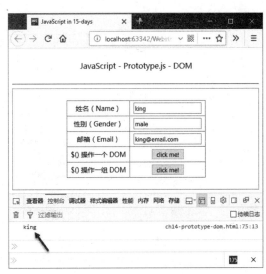

图 14.2　Prototype.js 操作 DOM（2）

下面，接着看第二段 Prototype.js 脚本代码部分：

【代码 14-3】

```
01  <script type="text/javascript">
02      function on_multi_click(thisid) {
03          var v_ids = $(
04              "id-input-text-name",
05              "id-input-text-gender",
06              "id-input-text-email"
07          );
08          for (let i = 0; i < v_ids.length; i++)
09              console.log(v_ids[i].value);
10      }
11  </script>
```

关于【代码 14-3】的分析如下：

　　第 02～10 行代码定义了一个事件处理方法，对应【代码 14-1】中第 44 行代码定义的"onclick"事件方法（"on_multi_click(this.id);"）；

　　其中，第 03～07 行代码通过"$()"方法同时获取【代码 14-1】中第 08～10 行代码定义的"id"属性值为"id-input-text-name"、第 16～18 行代码定义的"id"属性值为"id-input-text-gender"和第 24～26 行代码定义的"id"属性值为"id-input-text-email"的一组共 3 个文本输入框，并将返回值（DOM 对象）保存在数组变量（v_ids）中；

　　第 08～09 行代码通过使用 for 循环语句将 DOM 对象（v_ids）的"value"属性值依次在浏览器控制台中进行输出。

　　下面通过 FireFox 测试【代码 14-1】和【代码 14-3】所定义的 HTML 页面，页面初始效果如图 14.3 所示。

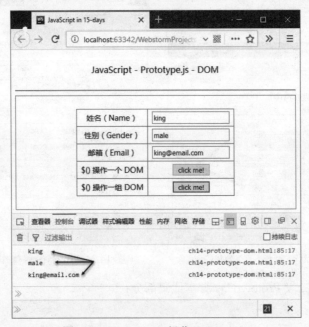

图 14.3　Prototype.js 操作 DOM（3）

　　如图 14.3 中的箭头所示，从浏览器控制台中输出的结果来看，【代码 14-3】成功通过"$()"方法同时获取 3 个 DOM 元素对象及其属性值。那么使用 Prototype.js 框架技术是不是比使用纯 JavaScript 技术更简洁、更高效呢？

14.1.3　通过"$F()"方法操作表单

　　Prototype.js 框架为操作表单（Form）设计一个"$F()"方法，该方法可以直接获取表单控件中的"value"属性值。

　　下面，就看一个使用"$F()"方法操作表单的 Prototype.js 代码示例（详见源代码 ch14 目录中 ch14-prototype-form.html 文件）。

首先是 HTML 代码部分：

【代码 14-4】

```
01    <div id="id-div-form">
02        <form>
03            <table>
04                <caption></caption>
05                <tr>
06                    <td>姓名（Name）</td>
07                    <td>
08                        <input type="text"
09                            id="id-input-text-name"
10                            value="king" />
11                    </td>
12                </tr>
13                <tr>
14                    <td>性别（Gender）</td>
15                    <td>
16                        <input type="text"
17                            id="id-input-text-gender"
18                            value="male" />
19                    </td>
20                </tr>
21                <tr>
22                    <td>邮箱（Email）</td>
23                    <td>
24                        <input type="text"
25                            id="id-input-text-email"
26                            value="king@email.com" />
27                    </td>
28                </tr>
29                <tr>
30                    <td>$F() 操作表单</td>
31                    <td>
32                        <input type="button"
33                            id="id-input-button-single"
34                            value="click me!"
```

```
35                        onclick="on_form_click(this.id);" />
36                    </td>
37                </tr>
38            </table>
39        </form>
40    </div>
```

关于【代码 14-4】的分析如下：

这段代码主要是定义了一个表单，表单内定义了一组文本输入框和一个按钮控件。

第 08～10 行、第 16～18 行和第 24～26 行代码分别通过<input type="text">标签定义了一组文本输入框，并分别定义了"id"属性值；

第 32～35 行代码通过<input type="button">标签定义了一个按钮，并定义了"onclick"事件方法（"on_form_click(this.id);"）。

下面是 Prototype.js 脚本代码部分：

【代码 14-5】

```
01  <script type="text/javascript">
02      function on_form_click(thisid) {
03          console.log($F("id-input-text-name"));
04          console.log($F("id-input-text-gender"));
05          console.log($F("id-input-text-email"));
06      }
07  </script>
```

关于【代码 14-5】的分析如下：

第 02～06 行代码定义了一个事件处理方法，对应【代码 14-4】中第 35 行代码定义的 "onclick"事件方法（"on_form_click(this.id);"）。

其中，第 03～05 行代码依次通过"$F()"方法获取【代码 14-4】中第 08～10 行、第 16～18 行和第 24～26 行代码定义的 3 个文本输入框，注意这里"$F()"方法通过标签控件的 "id"属性直接获取"value"属性值，这与"$()"方法是有一定区别的。

下面通过 FireFox 测试【代码 14-4】和【代码 14-5】所定义的 HTML 页面，页面初始效果如图 14.4 所示。点击表单中的按钮，通过"$F()"方法操作表单元素，页面效果如图 14.5 所示。

从浏览器控制台输出的结果来看，【代码 14-5】成功通过"$F()"方法获取表单中各个文本输入框的"value"属性值。

图 14.4　Prototype.js 操作表单（1）

图 14.5　Prototype.js 操作表单（2）

14.1.4　String 对象扩展方法

Prototype.js 框架为 String 对象设计了多个扩展方法，丰富了字符串操作的功能。这里我们列举一个 "stripTags()" 方法，该方法可以将 HTML 或 XML 代码中的全部标签或标记去除，并转换成文本字符串。

下面，看一个使用 String 对象扩展的 "stripTags()" 方法的 Prototype.js 代码示例（详见源代码 ch14 目录中 ch14-prototype-string.html 文件）。

首先是 HTML 代码部分：

【代码 14-6】

```
01   <div id="id-div-form">
02      <form>
03         <table>
04            <caption></caption>
05            <tr id="id-tr-name">
06               <td>姓名（Name）</td>
07               <td>king</td>
08            </tr>
09            <tr>
10               <td>方法:stripTags()</td>
11               <td>
12                  <input type="button"
13                     id="id-input-button-string"
14                     value="click me!"
```

465

```
15                              onclick="on_string_click(this.id);" />
16                  </td>
17              </tr>
18          </table>
19      </form>
20  </div>
```

关于【代码 14-6】的分析如下：

这段代码主要是定义了一个表单，表单内定义了一个表格和一个按钮控件。

第 05～08 行代码通过<tr>标签定义了表格内的一行文本，并为该<tr>标签元素定义了"id"属性值；

第 12～15 行代码通过<input type="button">标签定义了一个按钮，并定义了"onclick"事件方法（"on_string_click(this.id);"）。

下面是 Prototype.js 脚本代码部分：

【代码 14-7】

```
01  <script type="text/javascript">
02      function on_string_click(thisid) {
03          var v_div = $("id-tr-name");
04          var v_div_innerHTML = v_div.innerHTML;
05          var v_stripTags =
v_div_innerHTML.stripTags().replace(/(^\s*)|(\s*$)/g, "");
06          console.log(v_stripTags);
07      }
08  </script>
```

关于【代码 14-7】的分析如下：

第 02～07 行代码定义一个事件处理方法，对应【代码 14-6】中第 15 行代码定义的"onclick"事件方法（"on_string_click(this.id);"）；

其中，第 03 行代码通过"$()"方法获取【代码 14-6】中第 05～08 行代码定义的表格行，并将返回值保存在变量（v_div）中；

第 04 行代码通过对象变量（v_div）的"innerHTML"属性，获取该表格行内的 HTML 代码文本，并将返回值保存在变量（v_div_innerHTML）中；

第 05 行代码通过"stripTags()"方法去除了变量（v_div_innerHTML）中的全部 HTML 标签，然后借助正则表达式去除了前后空格，最后将返回值（纯文本）保存在变量（v_stripTags）中；

第 06 行代码直接在浏览器控制台中输出了变量（v_stripTags）的内容，也就是去除了全部 HTML 标签的文本内容。

页面初始效果如图 14.6 所示。点击表格中的按钮，页面效果如图 14.7 所示，从浏览器控制台中输出的结果来看，【代码 14-7】成功通过 "stripTags()" 方法去除了 HTML 代码文本中的全部标签和标记。

图 14.6　Prototype.js 之 String 对象扩展方法（1）

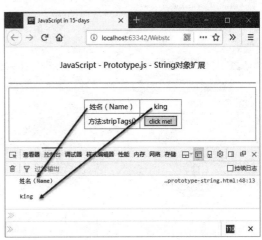

图 14.7　Prototype.js 之 String 对象扩展方法（2）

14.1.5　Event 事件扩展

Prototype.js 框架同样为 Event 事件对象设计了多个扩展方法，丰富了 HTML 页面的事件处理功能。这里由于篇幅限制没法将所有扩展方法一一详述，只选取其中最简单、最常用的扩展方法进行介绍。

下面，看一个使用 Event 对象事件扩展的 Prototype.js 代码示例（详见源代码 ch14 目录中 ch14-prototype-event.html 文件）。

首先是 HTML 代码部分：

【代码 14-8】

```
01  <body>
02  <header>
03   <nav>JavaScript - Prototype.js - Event 事件扩展</nav>
04  </header>
05  <hr>
06  <div id="id-div-form">
07  <form>
08      <table>
09          <tr>
10              <td>文本控件</td>
11              <td>
12                  <input type="text"
13                      id="id-input-text-name"
```

467

```
14                        value="king"/>
15              </td>
16          </tr>
17          <tr>
18              <td>按钮控件</td>
19              <td>
20                  <input type="button"
21                          id="id-input-button-single"
22                          value="click me!"/>
23              </td>
24          </tr>
25      </table>
26  </form>
27 </div>
28 </body>
```

重点是下面的 Prototype.js 脚本代码部分：

【代码 14-9】

```
01 <script type="text/javascript">
02     document.observe('click', function (event) {
03         if (Event.isLeftClick(event)) {
04             var ele = Event.element(event);
05             console.log("left mouse button click tag : <" + ele.tagName + ">");
06         }
07     });
08 </script>
```

关于【代码 14-9】的分析如下：

第 02～07 行代码使用 Event 对象扩展的 "observe" 事件处理方法，其绑定的对象是整个 "document" 文档。其中，"observe" 方法用于为某个对象定义事件处理过程，该方法的第一个参数定义的就是 "click" 事件，而第二个参数定义了事件被激发后的回调函数方法；

第 03～06 行代码使用了 Event 对象扩展的 "isLeftClick" 事件处理方法，该方法用于判断用户行为是否为左键单击操作，如果是则返回 "true"；

其中，第 04 行代码使用了 Event 对象扩展的 "element" 方法，该方法用于返回触发该事件的元素对象。

页面初始效果如图 14.8 所示。使用鼠标左键在页面中进行单击操作，页面效果如图 14.9 所示。从浏览器控制台中输出的结果来看，虽然【代码 14-9】只有短短的几行代码，却实现通过鼠标左键点击获取标签名称的功能。由此可见，Prototype.js 框架简单易用的同时，功能也是非常强大的。

图 14.8　Prototype.js 之 Event 事件扩展方法（1）　　图 14.9　Prototype.js 之 Event 事件扩展方法（2）

14.2　jQuery 框架

本节简单介绍大名鼎鼎 jQuery 框架，该框架可以讲占据了 JavaScript 框架领域的半壁江山，是一个集大成的、被广泛使用的框架。

14.2.1　jQuery 框架基础

jQuery 是一个简洁、高效的 JavaScript 框架，其设计的宗旨就是"Write Less，Do More"，翻译过来就是"写更少的代码，做更多的事情"。jQuery 框架最初是由 John Resig 于 2005 年提出构想并研发出来的，构思也是源于对 Prototype.js 框架的改进。出乎意料的是，jQuery 框架一经推出便大受欢迎，目前已经成为业内 JavaScript 优秀框架的翘楚。

jQuery 框架封装了 JavaScript 脚本语言中常用的功能代码，提供一种简便的 JavaScript 脚本语言设计模式，优化了 HTML DOM 操作、Event 事件处理、CSS 选择器接口设计，还完美地实现了 Ajax 交互功能。jQuery 框架提供了强大的插件扩展机制（已内置丰富的插件，便于用户扩展自定义插件），能够兼容各大主流厂商的浏览器（Google Chrome、FireFox、Safari、Opera 和 Internet Explorer 6.0+ 等）。

同样由于篇幅的限制，关于 jQuery 框架的应用，我们还是介绍一些最基本和最简单的内容。如果想在 HTML 网页中使用 jQuery 框架，那么就一定要先用 <script> 标签引入 jQuery 框架的类库文件，具体如下：

```
<script type="text/javascript" src="path/jquery.js"></script>
```

其中，"src"属性引用的"jquery.js"文件，就是 jQuery 框架官方网站（http://jquery.com）提供的类库文件，jQuery 框架更新频率很快，这与其受欢迎的程度和使用率很高是密不可分的。

14.2.2　选择器"$()"应用一

jQuery 框架同样为操作 DOM 设计了一个"$()"方法，该方法的功能类似于 JavaScript 脚本语言中的"document.getElementById()""document.getElementsByTagName()"和"document.getElementsByClassName()"这三个方法的集合体。

下面，看一个使用选择器"$()"方法的 jQuery 代码示例（详见源代码 ch14 目录中 ch14-jquery-dom.html 文件）。

先看一下 HTML 代码部分：

【代码 14-10】

```
01    <div id="id-div-form">
02      <form>
03        <table>
04          <caption></caption>
05          <tr>
06            <td class="td-class-label">姓名（Name）</td>
07            <td>
08              <input type="text"
09                     id="id-input-text-name"
10                     value="king" />
11            </td>
12          </tr>
13          <tr>
14            <td class="td-class-label">性别（Gender）</td>
15            <td>
16              <input type="text"
17                     id="id-input-text-gender"
18                     value="male" />
19            </td>
20          </tr>
21          <tr>
22            <td class="td-class-label">邮箱（Email）</td>
23            <td>
```

```
24                      <input type="text"
25                              id="id-input-text-email"
26                              value="king@email.com" />
27                  </td>
28              </tr>
29              <tr>
30                  <td>$() 操作 id</td>
31                  <td>
32                      <input type="button"
33                              id="id-input-button-id"
34                              value="操作 id"
35                              onclick="on_id_click(this.id);" />
36                  </td>
37              </tr>
38              <tr>
39                  <td>$() 操作 tag</td>
40                  <td>
41                      <input type="button"
42                              id="id-input-button-tag"
43                              value="操作 tag"
44                              onclick="on_tag_click(this.id);" />
45                  </td>
46              </tr>
47              <tr>
48                  <td>$() 操作 class</td>
49                  <td>
50                      <input type="button"
51                              id="id-input-button-class"
52                              value="操作 class"
53                              onclick="on_class_click(this.id);" />
54                  </td>
55              </tr>
56          </table>
57      </form>
58  </div>
```

关于【代码 14-10】的分析如下：

这段代码主要是定义了一组文本输入框和一组按钮控件。

第 06 行、第 14 行和第 22 行代码分别通过<td>标签定义了一组表格的单元格，并分别定义了 CSS 样式类（class="td-class-label"）；

第 08～10 行、第 16～18 行和第 24～26 行代码分别通过<input type="text">标签定义了一组文本输入框，并分别定义了 "id" 属性值；

第 32～35 行、第 41～44 行和第 50～53 行代码分别通过<input type="button">标签定义了一组按钮，并分别定义了 "onclick" 事件方法。

页面初始效果如图 14.10 所示。页面中显示一组文本输入框和一组按钮。

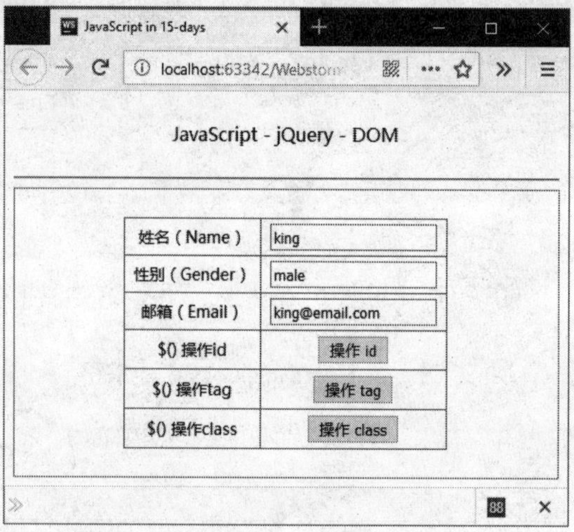

图 14.10　jQuery 框架操作 DOM（1）

下面，先看第一段 jQuery 脚本代码部分：

【代码 14-11】

```
01    <script type="text/javascript">
02        function on_id_click(thisid) {
03            var v_id_name = $("#id-input-text-name");
04            console.log(v_id_name.val());
05            var v_id_gender = $("#id-input-text-gender");
06            console.log(v_id_gender.val());
07            var v_id_email = $("#id-input-text-email");
08            console.log(v_id_email.val());
09        }
10    </script>
```

关于【代码 14-11】的分析如下：

第 02～09 行代码定义了一个事件处理方法，对应【代码 14-10】中第 35 行代码定义的

"onclick"事件方法（"on_id_click(this.id);"）；

其中，第 03 行代码通过"$()"方法获取了【代码 14-10】中第 08～10 行代码定义的"id"属性值为"id-input-text-name"的文本输入框，并将返回值（DOM 对象）保存在变量（v_id_name）中；注意，在使用"id"属性值（"id-input-text-name"）作为"$()"方法的参数时，前面加入了"#"符号作为前导符号。jQuery 框架这样设计的原因，我们在下面的代码示例中会有所介绍；

同样的，第 05 行和第 07 行代码通过"$()"方法获取了【代码 14-10】中第 16～18 行和第 24～26 行代码定义的文本输入框；

第 04 行、第 06 行和第 08 行代码分别通过"val()"方法获取了标签元素的"value"属性值，并在浏览器控制台中进行了输出。

下面通过 FireFox 测试【代码 14-10】和【代码 14-11】所定义的 HTML 页面，点击页面中的"操作 id"按钮，页面效果如图 14.11 所示。从浏览器控制台中输出的结果来看，【代码 14-11】成功通过"$()"方法获取页面中三个文本输入框的"value"属性值。

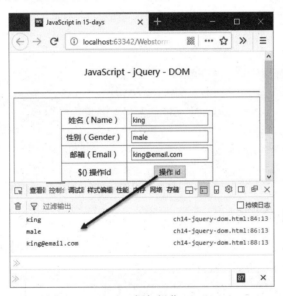

图 14.11　jQuery 框架操作 DOM（2）

下面，接着看第二段 jQuery 脚本代码部分：

【代码 14-12】

```
01    <script type="text/javascript">
02        function on_tag_click(thisid) {
03            var v_id_tag = $("input");
04            for (let i = 0; i < v_id_tag.length; i++)
05                console.log(v_id_tag[i].value);
06        }
07    </script>
```

关于【代码 14-12】的分析如下：

第 02～06 行代码定义了一个事件处理方法，对应【代码 14-10】中第 44 行代码定义的
"onclick"事件方法（"on_tag_click(this.id);"）；

其中，第 03 行代码通过"$()"方法获取了【代码 14-10】中的全部<input>标签元素，并
将返回值（DOM 对象数组）保存在数组变量（v_id_tag）中。注意，在使用"input"作为"$()"
方法的参数时，由于"input"是 HTML 标签名称，因此 jQuery 框架会自动将其识别为全部<input>
标签元素；

第 04～05 行代码通过使用 for 循环语句将 DOM 对象数组（v_id_tag）的"value"属性值
依次在浏览器控制台中进行了输出。

下面通过 FireFox 测试【代码 14-10】和【代码 14-12】所定义的 HTML 页面，点击页面
中的"操作 tag"按钮，页面效果如图 14.12 所示。从浏览器控制台中输出的结果来看，【代码
14-12】成功通过"$()"方法获取了页面中的全部<input>标签元素。

下面，接着看第三段 jQuery 脚本代码部分：

【代码 14-13】

```
01    <script type="text/javascript">
02        function on_class_click(thisid) {
03            var v_id_class = $(".td-class-label");
04            for (let i = 0; i < v_id_class.length; i++)
05                console.log(v_id_class[i].innerText);
06        }
07    </script>
```

关于【代码 14-13】的分析如下：

第 02～06 行代码定义了一个事件处理方法，对应【代码 14-10】中第 53 行代码定义的
"onclick"事件方法（"on_class_click(this.id);"）；

其中，第 03 行代码通过"$()"方法获取了【代码 14-10】中的全部定义有 CSS 样式
（class="td-class-label"）的标签元素，并将返回值（DOM 对象数组）保存在数组变量（v_id_class）
中。注意，在使用 CSS 样式作为"$()"方法的参数时，需要加上标点符号"."作为前导字符；

第 04～05 行代码通过使用 for 循环语句将 DOM 对象数组（v_id_class）的文本内容依次
在浏览器控制台中进行了输出。

下面通过 FireFox 测试【代码 14-10】和【代码 14-13】所定义的 HTML 页面，点击页面
中的"操作 class"按钮，页面效果如图 14.13 所示。从浏览器控制台中输出的结果来看，【代
码 14-13】成功通过"$()"方法获取了页面中的全部定义了 CSS 样式（class="td-class-label"）
的标签元素。

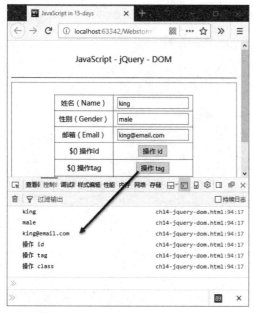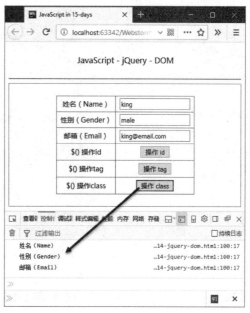

图 14.12　jQuery 框架操作 DOM（3）　　　　图 14.13　jQuery 框架操作 DOM（4）

14.2.3　选择器 "$()" 应用二

jQuery 框架的选择器 "$()" 方法使用起来非常灵活，除了可以根据标签名称、"id" 值或 CSS 类名来选择 DOM 元素，还可以根据具体属性来选择 DOM 元素。

下面，看一个使用选择器 "$()" 方法操作元素属性的 jQuery 代码示例（详见源代码 ch14 目录中 ch14-jquery-prop.html 文件）。

先看一下 HTML 代码部分：

【代码 14-14】

```
01  <div id="id-div-form">
02     <form>
03        <table>
04           <caption></caption>
05           <tr>
06              <td class="td-class-label">姓名（Name）</td>
07              <td>
08                 <input type="text"
09                        id="id-input-text-name"
10                        value="king" />
11              </td>
12           </tr>
13           <tr>
14              <td class="td-class-label">性别（Gender）</td>
15              <td>
```

475

```
16                  <input type="text"
17                         id="id-input-text-gender"
18                         value="male" />
19              </td>
20          </tr>
21          <tr>
22              <td class="td-class-label">邮箱（Email）</td>
23              <td>
24                  <input type="text"
25                         id="id-input-text-email"
26                         value="king@email.com" />
27              </td>
28          </tr>
29          <tr>
30              <td>$() 操作 id</td>
31              <td>
32                  <input type="button"
33                         id="id-input-button-id"
34                         value="获取按钮 type=text 属性"
35                         onclick="on_text_click(this.id);" />
36              </td>
37          </tr>
38          <tr>
39              <td>$() 操作 tag</td>
40              <td>
41                  <input type="button"
42                         id="id-input-button-tag"
43                         value="获取按钮 type=button 属性"
44                         onclick="on_button_click(this.id);" />
45              </td>
46          </tr>
47      </form>
48  </div>
```

关于【代码 14-14】的分析如下：

这段代码与【代码 14-10】类似，同样是定义了一组文本输入框和一组按钮控件。

第 32～35 行和第 41～44 行代码分别通过<input type="button">标签定义了一组按钮，并分别定义了 "onclick" 事件方法。其中，第一个按钮用于获取文本输入框（<input type="text"/>）元素，第二个按钮用于获取按钮（<input type="button"/>）元素。

页面初始效果如图 14.14 所示。页面中显示出了一组文本输入框和一组按钮。

图 14.14　jQuery 框架操作 DOM 属性（1）

下面，先看第一段 jQuery 脚本代码部分：

【代码 14-15】

```
01    <script type="text/javascript">
02        function on_text_click(thisid) {
03            var v_input_text = $("input[type='text']");
04            for (let i = 0; i < v_input_text.length; i++)
05                console.log(v_input_text[i].value);
06        }
07    </script>
```

关于【代码 14-15】的分析如下：

第 02～06 行代码定义了一个事件处理方法，对应【代码 14-14】中第 35 行代码定义的"onclick"事件方法（"on_text_click(this.id);"）；

其中，第 03 行代码通过"$()"方法（$("input[type='text']")）获取了【代码 14-14】中定义的全部文本输入框，并将返回值（DOM 对象）保存在变量（v_input_text）中。注意，选择器"$()"方法对于通过过滤元素属性获取元素的方法，需要将属性和属性值对放在中括号"[ ]"内；

第 04～05 行代码使用 for 循环语句将 DOM 对象数组（v_input_text）的"value"属性值依次在浏览器控制台中进行输出。

下面通过 FireFox 测试【代码 14-14】和【代码 14-15】所定义的 HTML 页面，点击页面中的"获取按钮 type=text 属性"按钮，页面效果如图 14.15 所示。从浏览器控制台中输出的结果来看，【代码 14-15】成功通过"$()"方法获取页面中三个文本输入框的"value"属性值。

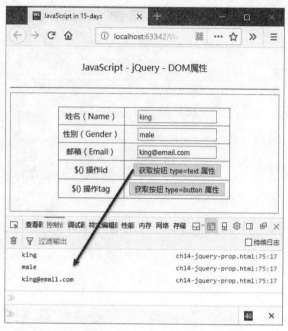

图 14.15　jQuery 框架操作 DOM 属性（2）

下面，接着看第二段 jQuery 脚本代码部分：

【代码 14-16】

```
01    <script type="text/javascript">
02        function on_button_click(thisid) {
03            var v_input_button = $("input[type='button']");
04            for (let i = 0; i < v_input_button.length; i++)
05                console.log(v_input_button[i].value);
06        }
07    </script>
```

关于【代码 14-16】的分析如下：

【代码 14-16】与【代码 14-15】类似，唯一不同的是通过"$()"方法（$("input[type='button']")）获取了【代码 14-14】中定义的全部按钮，并将返回值（DOM 对象）保存在变量（v_input_button）中。

下面通过 FireFox 测试【代码 14-14】和【代码 14-16】所定义的 HTML 页面，点击页面中的"获取按钮 type=button 属性"按钮，页面效果如图 14.16 所示。从浏览器控制台中输出的结果来看，【代码 14-16】成功通过"$()"方法获取页面中两个按钮的"value"属性值。

图 14.16　jQuery 框架操作 DOM 属性（3）

14.2.4　选择器"$()"应用三

本小节我们继续前面的内容，介绍通过选择器"$()"方法操作子元素和伪类来选择 DOM 元素。下面，我们就看一个使用选择器"$()"方法操作子元素和伪类的 jQuery 代码示例（详见源代码 ch14 目录中 ch14-jquery-ul-li.html 文件）。

先看一下 HTML 代码部分：

【代码 14-17】

```
01    <div id="id-div-form">
02        <form>
03            <table>
04                <caption></caption>
05                <tr>
06                    <td class="td-class-label">Name Lists</td>
07                    <td>
08                        <ul>
09                            <li>king</li>
10                            <li>tina</li>
11                            <li>cici</li>
12                        </ul>
13                    </td>
14                </tr>
15                <tr>
16                    <td>$() 获取全部列表项</td>
17                    <td>
18                        <input type="button"
```

```
19                                 id="id-input-button-ul-li"
20                                 value="获取列表元素"
21                                 onclick="on_ul_li_click(this.id);" />
22                          </td>
23                      </tr>
24                      <tr>
25                          <td>$() 获取列表首项</td>
26                          <td>
27                              <input type="button"
28                                  id="id-input-button-li-first"
29                                  value="获取列表首元素"
30                                  onclick="on_li_first_click(this.id);" />
31                          </td>
32                      </tr>
33                      <tr>
34                          <td>$() 获取列表末项</td>
35                          <td>
36                              <input type="button"
37                                  id="id-input-button-li-last"
38                                  value="获取列表末元素"
39                                  onclick="on_li_last_click(this.id);" />
40                          </td>
41                      </tr>
42          </form>
43      </div>
```

关于【代码 14-17】的分析如下：

第 08～12 行代码通过 "<ul><li>" 标签组定义了一个列表；

第 18～21 行、第 27～30 行和第 36～39 行代码分别通过<input type="button">标签定义了一组按钮，并分别定义了 "onclick" 事件方法。其中，第一个按钮用于获取全部列表项，第二个按钮用于获取列表项的首项；第三个按钮用于获取列表项的末项。

下面通过 FireFox 测试【代码 14-17】所定义的 HTML 页面，页面初始效果如图 14.17 所示。页面中显示出一个列表和一组按钮。

下面，先看第一段 jQuery 脚本代码部分：

【代码 14-18】

```
01  <script type="text/javascript">
02      function on_ul_li_click(thisid) {
03          var v_ul_li = $("ul li");
04          for (let i = 0; i < v_ul_li.length; i++) {
05              console.log(v_ul_li[i].innerText);
06          }
07      }
08  </script>
```

关于【代码 14-18】的分析如下：

第 02～07 行代码定义了一个事件处理方法，对应【代码 14-17】中第 21 行代码定义的"onclick"事件方法（"on_ul_li_click(this.id);"）；

其中，第 03 行代码通过"$()"方法（$("ul li")）获取了【代码 14-17】中定义的全部列表项，并将返回值（DOM 对象）保存在变量（v_ul_li）中。注意，通过选择器"$()"方法获取子元素，需要通过空格将父元素和子元素分开来编写；

第 04～06 行代码使用 for 循环语句将 DOM 对象数组（v_ul_li）的列表项文本依次在浏览器控制台中进行了输出。

下面通过 FireFox 测试【代码 14-17】和【代码 14-18】所定义的 HTML 页面，点击页面中的"获取列表元素"按钮，页面效果如图 14.18 所示。从浏览器控制台中输出的结果来看，【代码 14-18】成功通过"$()"方法获取了页面中全部列表项的文本内容。

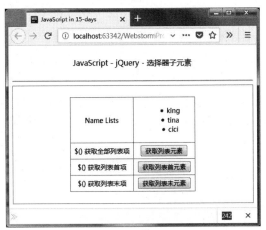

图 14.17　jQuery 框架操作 DOM 子元素（1）

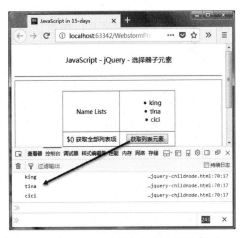

图 14.18　jQuery 框架操作 DOM 子元素（2）

下面，接着看第二段 jQuery 脚本代码部分：

【代码 14-19】

```
01    <script type="text/javascript">
02        function on_li_first_click(thisid) {
03            var v_ul_li_first = $("ul li:first");
04            console.log("first li : " + v_ul_li_first[0].innerText);
05        }
06    </script>
```

关于【代码 14-19】的分析如下：

第 02～05 行代码定义了一个事件处理方法，对应【代码 14-17】中第 30 行代码定义的"onclick"事件方法（"on_li_first_click(this.id);"）；

其中，第 03 行代码通过"$()"方法（$("ul li:first")）获取了【代码 14-17】中定义的列表首项，并将返回值（DOM 对象）保存在变量（v_ul_li_first）中。注意，选择器"$()"方法通过使用伪类（:first）获取了全部列表项的首项。

下面通过 FireFox 测试【代码 14-17】和【代码 14-19】所定义的 HTML 页面，点击页面中的"获取列表首元素"按钮，页面效果如图 14.19 所示。从浏览器控制台中输出的结果来看，【代码 14-19】成功通过"$()"方法获取了页面中全部列表项中首项的文本内容。

最后，看一下第三段 jQuery 脚本代码部分：

【代码 14-20】

```
01  <script type="text/javascript">
02      function on_li_last_click(thisid) {
03          var v_ul_li_last = $("ul li:last");
04          console.log("last li : " + v_ul_li_last[0].innerText);
05      }
06  </script>
```

关于【代码 14-20】的分析如下：

第 02～05 行代码定义了一个事件处理方法，对应【代码 14-17】中第 39 行代码定义的"onclick"事件方法（"on_li_last_click(this.id);"）；

其中，第 03 行代码通过"$()"方法（$("ul li:last")）获取了【代码 14-17】中定义的列表末项，并将返回值（DOM 对象）保存在变量（v_ul_li_last）中。注意，选择器"$()"方法通过使用伪类（:last）获取了全部列表项的末项。

测试 HTML 页面，点击页面中的"获取列表末元素"按钮，页面效果如图 14.20 所示。从浏览器控制台中输出的结果来看，【代码 14-20】成功通过"$()"方法获取了页面中全部列表项中末项的文本内容。

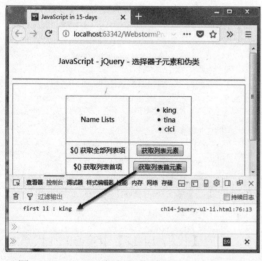

图 14.19　jQuery 框架操作 DOM 子元素（3）

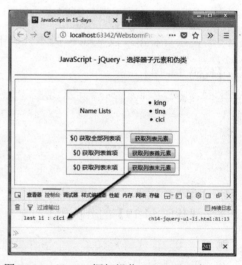

图 14.20　jQuery 框架操作 DOM 子元素（4）

14.2.5　jQuery 事件处理

　　jQuery 框架事件处理是整个 jQuery 编程的核心部分，熟练掌握 jQuery 框架的事件处理机制，可以极大地提高 JavaScript 编程的效率。

　　下面，看一个最基本的 jQuery 事件处理的代码示例（详见源代码 ch14 目录中 ch14-jquery-event.html 文件）。

　　先看一下 HTML 代码部分：

【代码 14-21】

```
01    <div id="id-div-form">
02      <form>
03        <table>
04          <caption></caption>
05          <tr>
06            <td class="td-class-label">姓名 (Name) </td>
07            <td>
08              <input type="text"
09                     id="id-input-text-name"
10                     value="" />
11            </td>
12          </tr>
13          <tr>
14            <td class="td-class-label">性别 (Gender) </td>
15            <td>
16              <input type="text"
17                     id="id-input-text-gender"
18                     value="" />
19            </td>
20          </tr>
21          <tr>
22            <td class="td-class-label">邮箱 (Email) </td>
23            <td>
24              <input type="text"
25                     id="id-input-text-email"
26                     value="" />
27            </td>
28          </tr>
29          <tr>
30            <td>获取表单数据</td>
31            <td>
32              <input type="button"
33                     id="id-input-button-load"
34                     value="获取表单数据" />
35            </td>
```

```
36              </tr>
37          </table>
38      </form>
39  </div>
```

关于【代码 14-21】的分析如下：

【代码 14-21】与前面的几个 HTML 页面代码类似，主要的区别就是表单中的文本输入框的"value"属性没有定义初始化值（后面是通过脚本代码动态初始化的）。

重点是下面的 jQuery 脚本代码部分：

【代码 14-22】

```
01  <script type="text/javascript">
02      $(document).ready(function () {
03          var v_id_name = $("#id-input-text-name");
04          v_id_name.val("king");
05          var v_id_gender = $("#id-input-text-gender");
06          v_id_gender.val("male");
07          var v_id_email = $("#id-input-text-email");
08          v_id_email.val("king@email.com");
09      });
10      $("#id-input-button-load").click(function () {
11          var v_id_name = $("#id-input-text-name");
12          console.log(v_id_name.val());
13          var v_id_gender = $("#id-input-text-gender");
14          console.log(v_id_gender.val());
15          var v_id_email = $("#id-input-text-email");
16          console.log(v_id_email.val());
17      });
18  </script>
```

关于【代码 14-22】的分析如下：

第 02～09 行代码使用了就绪"ready"事件处理方法，绑定了整个"document"文档对象，在 HTML 文档加载完成时会触发该事件；因此，"$(document).ready()"方法就类似于 HTML DOM 的"onload"事件处理方法；

第 03～08 行代码通过 jQuery 框架的"val()"方法完成了对表单中文本输入框的动态初始化操作；

第 10～17 行代码使用了单击"click"事件处理方法，绑定了按钮（"id-input-button-load"）对象，在用户单击该按钮时会触发该事件。因此，"$("#id-input-button-load").click()"方法就等同于 HTML DOM 的"onclick"事件处理方法；

第 11～16 行代码通过 jQuery 框架的"val()"方法获取了表单中文本输入框的"value"属性值，并输出到浏览器控制台中。

页面初始效果如图 14.21 所示。页面表单中初始化过程中，文本输入框动态加载了文本内容；下面，点击页面中的"获取表单数据"按钮，页面效果如图 14.22 所示。从浏览器控制台中输出的结果来看，【代码 14-22】中第 10～17 行代码实现了与"onclick"事件处理方法相同的功能。

图 14.21　jQuery 框架事件处理方法（1）

图 14.22　jQuery 框架事件处理方法（2）

14.3　本章小结

本章主要介绍了 JavaScript 框架方面的内容，包括 Prototype.js 和 jQuery 这两大主流框架的基本知识，并通过一些具体实例进行了详细介绍。希望本章介绍的内容能为读者深入学习 JavaScript 框架技术做好铺垫。

第 15 章

实战开发：Ajax异步登录

本章的实战开发我们介绍一个基于 Ajax 技术实现的异步登录主页，主要实现在单一页面用户登录的操作，以及动态添加页面元素的功能。

传统的 Web 登录方式一般都是先显示一个登录界面，用户登录成功后再根据用户权限跳转到相应的页面中去。但目前很多网站在用户登录这一环节上，都开始采用 Ajax 异步方式来设计。

所谓的 Ajax 异步登录方式，就是用户在打开网页后会浏览到一些常规的页面内容，但对于一些需要权限才能浏览的隐藏内容，就需要用户在页面中登录成功后才能显示出来。而且使用 Ajax 登录方式，都是在同一页面中操作完成的，一般不会出现传统方式的页面跳转操作，在用户体验上更趋完美。

15.1 项目架构

本实战开发是通过 Ajax 技术，设计一个用户登录页面，实现了异步提交以及动态添加元素的功能。整体架构基于 HTML、CSS3 和 JavaScript 等相关技术来实现，具体源码目录结构如图 15.1 所示。

如图 15.1 所示，HTML 页面主页名称为"index.html"；

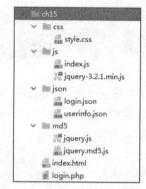

图 15.1 Ajax 异步登录应用源代码结构

PHP 服务器文件名称为"login.php"；CSS 样式文件放在"css"目录下（style.css）；js 脚本文件放在"js"目录下（index.js）；json 文件放在"json"目录下（login.json 和 userinfo.json）；另外还添加了一个"md5"文件夹用于存放加密脚本文件（jquery.md5.js）。

15.2 HTML 前端代码

首先，我们看一下 Ajax 异步登录应用的 HTML 代码（详见源代码 ch15 目录中 index.html 文件）。

【代码 15-1】

```
01<!doctype html>
02<html lang="en">
03<head>
04    <!-- 添加文档头部内容 -->
05    <link rel="stylesheet" type="text/css" href="css/style.css">
06    <script type="text/javascript" src="js/index.js"
charset="utf-8"></script>
07    <script type="text/javascript" src="md5/jquery.js"
charset="gbk"></script>
08    <script type="text/javascript" src="md5/jquery.md5.js"
charset="gbk"></script>
09    <title>JavaScript in 15-days</title>
10</head>
11<body>
12    <!-- 添加文档主体内容 -->
13    <header>
14        <nav>JavaScript 实战开发 - Ajax 主页</nav>
15    </header>
16    <hr>
17    <div id="id-div-login">
18        id：<input type="text" id="id-input-login-id" />
19        密码：<input type="password" id="id-input-login-pwd" />
20        <input type="button"
21               id="id-input-login"
22               value="登录"
23               onclick="on_login_click(this.id);return false;" />
24    </div>
25    <div id="id-div-login-ok" class="div-login" hidden="hidden">
26    </div>
27    <br>
28    <div id="id-div-userinfo">
29    </div>
30</body>
31</html>
```

关于【代码 15-1】的分析如下：

第 05 行代码使用<link href="css/style.css" />标签元素，引用了本应用自定义的 CSS 样式文件；

第 06 行代码使用<script src="js/index.js" charset="utf-8"></script>标签元素，引用了本应用自定义的 JS 脚本文件，该脚本文件主要用于实现 Ajax 异步登录功能；

第 17～24 行代码通过<div>标签元素定义了用户登录区域。

其中，第 18 行代码定义的<input type="text">文本输入框用于输入"用户 id"；

第 19 行代码定义的<input type="password">密码输入框用于输入"用户密码"；

第 20～23 行代码定义的<input type="button">按钮用于 Ajax 异步提交"用户 id"和"用

户密码"的操作。其中，第 23 行代码定义了按钮的" onclick "事件处理方法
（"on_login_click(this.id);"）；

第 25～26 行代码通过<div id="id-div-login-ok">标签元素定义了用户登录信息提示区域，
并通过"hidden"属性定义了初始的隐藏状态（在页面中是不可见的）；

第 28～29 行代码通过<div id="id-div-userinfo">标签元素定义了页面信息（客户信息）加
载的区域。

15.3　异步登录的 JavaScript 脚本代码

下面，我们看一下关于异步登录的 JavaScript 脚本代码（详见源代码 ch15 目录中 js\index.js
文件）

【代码 15-2】

```
01var g_xhr_ui;
02var g_xhr_login;
03var g_id;
04$(document).ready(function () {
05    on_init_userinfo();
06});
07function createXMLHttpRequest() {
08    var xhr;
09    if (window.ActiveXObject) {
10        xhr = new ActiveXObject("Microsoft.XMLHTTP");
11    } else if (window.XMLHttpRequest) {
12        xhr = new XMLHttpRequest();
13    } else {
14        xhr = null;
15    }
16    return xhr;
17}
18function on_init_userinfo() {
19    g_xhr_ui = createXMLHttpRequest();
20    if (g_xhr_ui) {
21        g_xhr_ui.onreadystatechange = handleStateChangeInit;
22        g_xhr_ui.open("GET", "json\\userinfo.json", true);
23        g_xhr_ui.setRequestHeader("CONTENT-TYPE",
"application/x-www-form-urlencoded");
24        g_xhr_ui.send(null);
25    }
26}
27function handleStateChangeInit() {
28    if (g_xhr_ui.readyState == 4) {
29        if (g_xhr_ui.status == 200) {
```

488

```
30            var resText = g_xhr_ui.responseText;
31            console.log("The server response: " + resText);
32            var jsonObj = JSON.parse(resText);
33            var len = jsonObj.length;
34            console.log("json length : " + len);
35            var v_table = "<table>" + "<caption>客户信息表</caption>" +
"<th>No</th>" + "<th>Company</th>" + "<th>WebSite</th>" + "<th>Email</th>" + "<th
class='th-oper'>Oper.</th>";
36            for (let i = 0; i < len; i++) {
37                let v_tr =
38                    "<tr>" +
39                    "<td>" + jsonObj[i].cid + "</td>" +
40                    "<td>" + jsonObj[i].cname + "</td>" +
41                    "<td>" + jsonObj[i].csite + "</td>" +
42                    "<td>" + jsonObj[i].cemail + "</td>" +
43                    "<td class='td-oper'>" + "<a href='#'>Edit</a>" + "</td>" +
44                    "</tr>";
45                v_table += v_tr;
46            }
47            v_table += "</table>";
48            document.getElementById("id-div-userinfo").innerHTML = v_table;
49        }
50    }
51}
52function on_login_click(thisid) {
53    var param;
54    var p_id = document.getElementById("id-input-login-id").value;
55    g_id = p_id;
56    var p_pwd = document.getElementById("id-input-login-pwd").value;
57    var md5_pwd = $.md5(p_pwd);
58    param = "id=" + p_id + "&pwd=" + md5_pwd;
59    g_xhr_login = createXMLHttpRequest();
60    if (g_xhr_login) {
61        g_xhr_login.onreadystatechange = handleStateChangeLogin;
62        g_xhr_login.open("POST", "login.php", true);
63    g_xhr_login.setRequestHeader("CONTENT-TYPE",
"application/x-www-form-urlencoded");
64        g_xhr_login.send(param);
65    }
66}
67function handleStateChangeLogin() {
68    var vLoginStatus;
69    if (g_xhr_login.readyState == 4) {
70        if (g_xhr_login.status == 200) {
71            var vLoginStatus = g_xhr_login.responseText;
72            console.log("The server response: " + vLoginStatus);
73            if (vLoginStatus == "1") {
74                document.getElementById("id-div-login").hidden = true;
75                document.getElementById("id-div-login-ok").hidden = false;
```

```
76                document.getElementById("id-div-login-ok").innerHTML =
77                    "id : " + g_id + "  <a
href='index.html'>Logout</a>";
78
document.getElementsByClassName('th-oper')[0].style.visibility = "visible";
79                let o_td_oper = document.getElementsByClassName('td-oper');
80                let len = o_td_oper.length;
81                for (let i = 0; i < len; i++)
82                    o_td_oper[i].style.visibility = "visible";
83            } else {
84                document.getElementById("id-div-login").hidden = false;
85                document.getElementById("id-div-login-ok").hidden = true;
86                document.getElementById("id-input-login-id").value = "";
87                document.getElementById("id-input-login-pwd").value = "";
88            }
89        }
90    }
91}
```

关于【代码 15-2】的分析如下：

第 01～02 行代码定义了两个全局变量（g_xhr_ui 和 g_xhr_login），用于保存 "XMLHttpRequest" 对象；

第 03 行代码定义了一个全局变量（g_id），用于保存 "用户 id"；

第 04～06 行代码定义了页面初始化加载时调用的方法，此处是通过 jQuery 方式来实现的。其中，第 05 行代码调用了一个自定义方法（on_init_userinfo()），用于页面信息（客户信息）的初始化操作；

第 07～17 行代码定义了一个自定义函数方法 "createXMLHttpRequest()"，用于创建 "XMLHttpRequest" 对象实例；

第 18～26 行代码是自定义函数方法（on_init_userinfo()）的实现，定义了具体的 Ajax 功能代码。其中，第 22 行代码通过异步方式加载了本地的 JSON 文件（json\userinfo.json），用于获取客户信息；

第 27～51 行代码是对第 21 行代码定义的 Ajax 回调函数的实现，该回调函数实现了客户信息在页面中的初始化操作；

第 52～66 行代码定义了一个事件处理方法（"on_login_click(thisid)"），实现了【代码 15-1】中第 23 行代码定义的 "onclick" 事件处理方法（"on_login_click(this.id);"）；

其中，第 53 行代码定义了一个变量（param），用于保存请求 URL 地址参数的字符串；

第 54 和第 56 行代码获取了【代码 15-1】中定义的用户 id 和用户密码信息；

第 57 行代码通过 MD5 加密算法对用户密码进行了加密；

第 58 行代码将用户 id 和用户密码组合成一个 URL 参数字符串，并保存在变量（param）中；

第 59 行代码通过调用 "createXMLHttpRequest()" 方法获取了 "XMLHttpRequest" 对象实例，并保存在全局变量（g_xhr_login）中；

第 62 行代码通过 "open()" 方法建立了对服务器的连接。其中，请求方式定义为 "POST"方式；"url" 服务器地址定义为 PHP 文件（"login.php"）；"true" 表示使用异步方式进行通信；

第 64 行代码通过 "send()" 方法向服务器端发出请求，并使用了变量（param）作为该方法的传递参数；

第 67～91 行代码定义了一个回调函数处理方法，实现了第 61 行代码定义的回调方法（handleStateChangeLogin）；

其中，第 68 行代码定义了一个变量（vLoginStatus），用于保存登录状态信息；

第 71 行代码将服务器端返回的 "XMLHttpRequest" 对象的 "responseText" 属性值保存在第 68 行代码定义的变量（vLoginStatus）中；

第 73～88 行代码通过 if 条件选择语句判断变量（vLoginStatus）中保存的登录状态信息，然后根据判断结果将登录状态信息动态更新到【代码 15-1】中第 28～29 行代码定义的区域中。

15.4　服务器端代码

除了前端外，我们还要设置服务器端。下面是 PHP 服务器文件（"login.php"）的代码内容。

【代码 15-3】

```php
01  <?php
02  $response = "0";
03  $id = $_POST["id"];
04  $pwd = $_POST["pwd"];
05  $json_file = "json/login.json";
06  if(file_exists($json_file)) {
07      $json_contents = file_get_contents($json_file);
08      $php_arr = json_decode($json_contents);
09      $len = count($php_arr);
10      for($i=0; $i<$len; $i++) {
11          if(($id == $php_arr[$i]->id) && ($pwd == $php_arr[$i]->pwd)) {
12              $response = "1";
13              break;
14          }
15      }
16  } else {
17      $response = "json file does not exist.";
18  }
19  echo $response;
20  ?>
```

该 PHP 文件代码实现了获取本地 JSON 文件内容的功能，通过判断用户提交的 "用户 id"

和"密码"数据信息来决定返回给 HTML 客户端页面什么样的提示信息。

下面通过 FireFox 测试【代码 15-1】、【代码 15-2】和【代码 15-3】所定义的 Ajax 应用示例，页面初始效果如图 15.2 所示。

页面中显示出来"客户信息表"的内容，在"Ajax 登录区域"中输入用户 id 和密码信息，页面效果如图 15.3 所示。输入完毕后点击"登录"按钮，页面效果如图 15.4 所示。

图 15.2　Ajax 异步登录应用（1）

图 15.3　Ajax 异步登录应用（2）

从浏览器中显示的结果来看，输入的用户 id 和密码信息通过了服务器端的验证，登录区域中显示了"用户 id"名称和"Logout"注销链接。同时，表格中的"Edit"操作链接全部被激活，处于可以使用的状态。

点击登录区域中的"Logout"注销链接，页面初始效果如图 15.5 所示。从浏览器中显示的结果来看，页面又重新返回到图 15.2 所示的初始页面状态。

图 15.4　Ajax 异步登录应用（3）

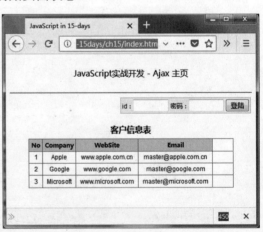
图 15.5　Ajax 异步登录应用（4）

本章介绍的实战开发 Ajax 登录应用方式是非常流行的，在很多 Web 应用场景下都会使用到，希望读者更多地掌握 Ajax 技术并将其应用到实际项目开发中。